COURS PRATIQUE

DE

CONSTRUCTION

DEUXIÈME ÉDITION REVUE ET AUGMENTÉE

T. V   34*

LAVAL

IMPRIMERIE TYPOGRAPHIQUE E. JAMIN

49, QUAI D'AVESNIÈRES, 49

COURS PRATIQUE

DE

CONSTRUCTION

RÉDIGÉ CONFORMÉMENT AU PARAGRAPHE CINQ

DU PROGRAMME OFFICIEL DES CONNAISSANCES PRATIQUES

EXIGÉES POUR DEVENIR INGÉNIEUR

TERRASSEMENTS — OUVRAGES D'ART — CONDUITE DES TRAVAUX
MATÉRIEL — FONDATIONS — DRAGUAGE
MORTIERS ET BÉTONS — MAÇONNERIE — BOIS — MÉTAUX — PEINTURE
JAUGEAGE DES EAUX — RÈGLEMENT DES USINES

A L'USAGE

des Ingénieurs et des Conducteurs des ponts et chaussées et des chemins de fer
des Agents voyers, des Architectes et des Entrepreneurs de travaux publics, des Ingénieurs
des mines, des Gardes-mines, des Officiers et Gardes du génie et de l'artillerie
des Inspecteurs et Gardes généraux des forêts

PAR

L. PRUD'HOMME

INGÉNIEUR CIVIL, CONDUCTEUR PP^{al} AU CORPS DES PONTS ET CHAUSSÉES
(Service du contrôle des chemins de fer à Saint-Étienne)

DEUXIÈME ÉDITION REVUE ET AUGMENTÉE

350 FIGURES DANS LE TEXTE

TOME PREMIER

PARIS

LIBRAIRIE POLYTECHNIQUE DE J. BAUDRY, ÉDITEUR
15, rue des Saints-Pères
LIÉGE, RUE LAMBBERT-LE-BÈGUE, 19

1881

PRÉFACE.

Cet ouvrage se compose de deux volumes comprenant ensemble sept grandes sections. Les matières traitées sont les suivantes :

TOME I.

TOME II.

Ayant été autorisé en 1863 à nous présenter aux examens pour le grade d'ingénieur des ponts et chaussées, nous avions rédigé ce cours exclusivement pour notre instruction personnelle, et il n'était nullement destiné à la publicité ; mais nos collègues ayant

I

reconnu que notre ouvrage serait utile aux conducteurs appelés à diriger des travaux, nous avons dû céder à leurs instances et faire imprimer notre travail.

Le succès de la première édition a dépassé nos espérances.

Notre ouvrage a été honoré de la Souscription des *Ministres des Travaux publics*, de l'*Intérieur*, de la *Guerre* et de celle de plusieurs *Conseils généraux*.

Nous comptons au nombre de nos souscripteurs 19 inspecteurs généraux, 90 ingénieurs en chef, 78 ingénieurs ordinaires, 17 sous-ingénieurs, plusieurs officiers supérieurs du génie, 38 agents voyers en chef, un grand nombre de chefs de section, conducteurs et agents des ponts et chaussées, des chemins de fer et du service vicinal.

Les 19 *inspecteurs généraux* qui ont souscrit sont :

MINES : MM. Cacarrié et Tournaire.

PONTS ET CHAUSSÉES : MM. Graeff, Pairier, Pascal, Schérer, Machart, Cambuzat, Marx, Martin, Hérard, Delestrac, Hardy, Chabas, Raillard, Lagrange, Decomble, Frécot et Raoulx.

Notre traité a été rédigé de manière à répondre à toutes les questions du paragraphe 5 du programme officiel des connaissances exigées des conducteurs pour le grade d'ingénieur. Il est en même temps l'*Historique de nos travaux*.

L'article *Souterrain* et la section VII sont en sus du paragraphe 5 du programme.

Pour rédiger ce cours, nous avons dû, à l'instar de tous les auteurs, consulter les ouvrages spéciaux sur chaque matière, en extraire des articles, coordonner et agencer tous nos documents, de manière à en faire un tout complet.

Nous avons consulté en outre un très grand nombre de devis du service des ponts et chaussées et des chemins de fer, et nous avons eu recours aux connaissances de plusieurs de nos collègues qui ont acquis une longue expérience des travaux. M. Diéval, conducteur principal à Gien, nous a donné des renseignements précieux sur plusieurs questions et notamment sur le règlement des usines hydrauliques.

Notre publication ne renferme donc rien qui ne soit déjà connu, puisque toutes les choses qu'il contient peuvent se trouver généralement ailleurs, mais dispersées, noyées dans des ouvrages nombreux, dans des recueils et documents que l'on ne parvient à se procurer qu'avec beaucoup de peine et à prix d'argent. Nous donnons cependant aussi beaucoup de choses qui, bien que connues, ne se trouvent point dans les ouvrages spéciaux.

L'avantage de notre cours, son utilité pratique, consiste dans la réunion de notions de toutes sortes, exposées d'après la marche ou les prescriptions indiquées par le paragraphe V du programme officiel. Il évitera ainsi un très grand nombre de recherches aux conducteurs qui travaillent à se préparer au concours pour le grade d'ingénieur, et il permettra aux jeunes gens qui ont embrassé la carrière des travaux publics, soit dans les ponts et chaussées, le service vicinal, les chemins de fer ou les entreprises, d'y trouver les connaissances qu'ils doivent posséder dans la pratique journalière des travaux qui leur sont confiés.

Notre ouvrage renfermant l'ensemble des connaissances pratiques nécessaires à tous les constructeurs appelés à diriger des ateliers, permettra donc aux jeunes gens de se former plus vite à la pratique des travaux.

Nous dirons maintenant qu'au sujet de notre publication, nous avons reçu de tous les points de la France plus de *deux cents* lettres de félicitations de nos souscripteurs. Nous ne pouvons en reproduire ici que quelques-unes :

1° *Lettre de M. DE MONTGOLFIER, nommé Ingénieur en chef des Ponts et chaussées en 1877.*

Saint-Etienne, le 2 mai 1870.

« Votre traité pratique de construction est un ouvrage extrêmement intéressant et qui vous fait le plus grand honneur. Il sera étudié et consulté avec fruit non seulement par les conducteurs qui désirent passer leurs examens pour le grade d'ingénieur, mais encore par tous ceux qui ont à s'occuper de l'art des constructions. »

Signé : DE MONTGOLFIER.

—

2° *Lettre de M. CACARRIÉ, nommé en 1873 inspecteur général des mines et du contrôle des chemins de fer, à Paris.*

Saint-Etienne, le 10 mai 1870.

« J'ai voulu lire votre ouvrage en entier et avec attention avant de vous dire tout le bien que j'en pense. Le plan en est méthodique et l'exécution parfaitement satisfaisante. Ce cours pratique de construction, en dehors de son but spécial, sera encore utile à tous ceux qui ont à mettre la main à de grands travaux. »

Signé : CACARRIÉ.

3° Lettre de M. PIQUART, agent voyer en chef du département de la Loire.

Saint-Etienne, le 9 juin 1870.

« J'ai lu entièrement votre cours pratique de construction ; il est appelé à rendre de grands services aux jeunes gens qui veulent embrasser la carrière des travaux publics, et peut être consulté avec fruit par toutes les personnes qui s'occupent de constructions.

« J'apprécie tellement le mérite de votre ouvrage que je me propose de prendre les mesures nécessaires pour que chaque agent voyer du département en ait un exemplaire à sa disposition.

Signé : PIQUART.

—

4° Lettre de M. JACQUET, nommé en 1873, ingénieur en chef du département du Rhône à Lyon.

Lyon, le 28 décembre 1870.

« Votre ouvrage me semble constituer un travail de la plus grande importance et d'une utilité incontestable pour les ingénieurs et pour tous ceux qui ont à diriger des constructions. »

Signé : JACQUET.

—

5° Lettre de M. FOUCHÉ, agent voyer en chef du département de la Seine-Inférieure.

Rouen, le 5 décembre 1871.

« Je suis possesseur de votre cours de construction depuis plusieurs mois déjà. J'en ai apprécié et j'en apprécie chaque jour la remarquable et très pratique conception. Je serais très désireux que chaque agent-voyer de canton le possédât. »

Signé : FOUCHÉ.

Nota. — Par lettre du 21 février 1872, M. l'agent voyer en chef Fouché a demandé QUARANTE exemplaires.

—

6° *Lettre de M. PRULHIÈRE, agent voyer en chef du département du Morbihan.*

Vannes, le 17 mars 1872.

« J'ai lu avec beaucoup d'intérêt votre cours pratique de construction que vous avez bien voulu me faire adresser sur ma demande, et je voudrais qu'il fût entre les mains des agents voyers mes collaborateurs, qui y puiseraient des connaissances utiles et des renseignements pratiques dont ils retireraient le plus grand avantage pour la direction et l'exécution des travaux dont ils sont chargés. Peut-être me sera-t-il donné de réaliser ce désir ! »

Signé : PRULHIÈRE.

—

7° *Lettre de M. SCHLŒSING, ingénieur en chef, chargé du service des Ponts et Chaussées et du service vicinal du département du Tarn-et-Garonne.*

Montauban, le 6 juin 1872.

« J'aurais voulu répondre depuis longtemps à votre lettre du 4 octobre dernier, mais avant de le faire, je désirais lire une partie au moins de votre ouvrage pour me faire une opinion personnelle sur votre travail. J'ai pu le faire et j'éprouve un vrai plaisir à vous dire que par la netteté de l'exposition, la simplicité du plan, le caractère pratique des formules à employer et la multiplicité des détails de construction, votre ouvrage sera fort utile à tous ceux qui s'occupent de travaux publics, et que sa lecture m'a vivement intéressé. J'espère donc que le succès ne vous fera pas défaut. Ce sera une récompense bien légitime de la peine que vous avez prise à recueillir de nombreux matériaux, à les classer et à rédiger votre cours pratique de construction. Je vous félicite d'avoir su trouver au milieu des travaux nombreux et importants que vous avez dirigés les loisirs nécessaires à une si grosse besogne. »

Signé : SCHOELSING.

—

8° *Lettre de M. MICHAUD, ingénieur des Ponts et chaussées à Lyon.*

Lyon, le 25 novembre 1875.

« J'ai pu parcourir certaines parties de votre cours pratique de construction ; j'ai été frappé de la multiplicité des renseignements pratiques qu'il renferme sur tous les genres de travaux. La lecture en est d'ailleurs rendue très facile et même attrayante par les nombreuses figures intercalées dans le texte. Je vous félicite d'avoir pu mener à bien un aussi important travail qui est appelé à rendre d'incontestables services à tous ceux qui ont à s'occuper de construction. »

Signé : MICHAUD.

—

9° *Lettre de M. GERMAIN, conducteur principal des Ponts et Chaussées, chevalier de la Légion d'honneur.*

Orléans, le 27 avril 1870.

« Je vous félicite sincèrement de la publicité de votre ouvrage. C'est une bonne fortune pour nous tous, vieux et jeunes conducteurs, et pour les constructeurs en général.

Votre traité renferme une foule de descriptions et de formules, et je vous avoue que moi-même je m'empresserai de
profiter d'une quantité de données et de démonstrations
que vous expliquez avec une grande lucidité.

Votre ouvrage est détaillé et dans un ordre parfaitement
logique ; tout l'ensemble dénote chez l'auteur une connais-
sance approfondie de ce qu'il veut enseigner. »

Signé : GERMAIN.

—

EXTRAIT

DU BULLETIN D'AVRIL 1870 DE LA SOCIÉTÉ DES CONDUCTEURS
DES PONTS ET CHAUSSÉES ET DES GARDES-MINES

Notre camarade M. Prud'homme vient de doter notre
bibliothèque d'un exemplaire de son *Cours pratique de
construction*. Nous n'avons pas à parler de la valeur incontestable de cet ouvrage, fruit d'un grand savoir et d'une
longue exérience. Ce que nous voulons ici, c'est témoigner
à son auteur notre part de reconnaissance, et rappeler à tous
que M. Prud'homme est le premier de nos collègues qui,
avec M. Lecompte, dès 1862, s'est présenté pour subir les
examens d'ingénieur et a tenté bravement de frayer la voie
où s'est depuis engagé si résolûment, pour en sortir victo-
rieux, M. Caillié. A coup sûr M. Prudhomme, par ce seul
fait, a bien mérité de la reconnaissance du corps des conducteurs.

Signé : EUG. BLONDEL,

Membre de la Société.

L'accueil favorable fait à notre première édition, le
nombre et la qualité des sonscripteurs, et les nombreuses lettres de félicitations que nous avons reçues
indiquent que notre publication a pu être de quelque
utilité à une classe nombreuse de constructeurs dont

les connaissances pratiques assureront la bonne exécution des travaux.

DES EXAMENS

AU GRADE D'INGÉNIEUR DES PONTS ET CHAUSSÉES

Extrait du rapport adressé à l'Empereur
Par Son Excellence M. le Ministre des Travaux publics.

(*Moniteur universel* du 8 octobre 1867).

Paris, 5 octobre 1867.

Sire,

La situation des conducteurs des ponts et chaussées a déjà, dans diverses circonstances, appelé l'attention de Votre Majesté. Auxiliaires utiles des ingénieurs, les conducteurs concourent à l'exécution des routes, des chemins de fer, des canaux, des ports maritimes. L'administration ne peut que rendre justice à leur intelligence, à leur zèle et à leurs efforts, et Votre Majesté m'a chargé de lui proposer les mesures qui pourraient améliorer et élever leur condition.

La loi du 30 novembre 1850 a posé en principe que le corps des ingénieurs des ponts et chaussées se recruterait en partie parmi les conducteurs embrigadés ; elle a fixé au sixième des emplois vacants chaque année la part qui leur est réservée. D'un autre côté, la loi a subordonné ces facultés d'avancement à des épreuves destinées à justifier, à la suite de concours et d'examens publics, la capacité du conducteur qui prétend au titre et à la fonction d'ingénieur.

Un réglement d'administration publique, qui remonte au 23 août 1851, a déterminé le mode d'exécution de la loi et établi les conditions d'aptitude et le programme d'examen à exiger des candidats qui se présenteraient au concours. Mais depuis *seize ans*, quelques conducteurs seulement ont essayé de passer l'examen, *aucun n'y a réussi*.

En recherchant les causes qui jusqu'ici ont empêché les conducteurs des ponts et chaussées de passer avec succès les examens qui leur sont imposés pour obtenir le grade d'ingénieur, il m'a été facile de reconnaître que cet insuccès était dû non-seulement à la difficulté trop grande de l'examen lui-même, mais surtout au nombre et à la diversité des matières qui s'y trouvent comprises.

Les candidats sont appelés à soutenir un examen unique qui porte sur l'ensemble des matières scientifiques qui, dans les écoles spéciales, font l'objet d'examens successifs. La nécessité de se préparer sur tous les sujets à la fois rend le succès beaucoup plus difficile, sinon tout à fait impossible.

Le système de concours et de l'examen, juste et salutaire en lui-même, n'est pas de nature à décourager les conducteurs. En effet, depuis 1847, ils sont assujettis, pour entrer dans la carrière, à des examens qui peuvent être considérés comme équivalents, sur un grand nombre de points, à ceux qui sont exigés des jeunes gens qui se préparent à l'école de Saint-Cyr. Les conducteurs possèdent donc des connaissances acquises, et de plus, ils ont contracté de bonne heure l'habitude de soutenir les épreuves d'un concours.

Je considère qu'il serait nécessaire de diviser ces épreuves et d'établir entre les examens un intervalle de temps nécessaire pour les préparer.

Il y aurait lieu d'examiner en outre si certaines conditions scientifiques comprises dans le programme répondent à des nécessités pratiques bien démontrées, et si elles ne pourraient pas, sans inconvénient véritable pour le service, être retranchées des derniers examens à passer pour l'admission au titre d'ingénieur.

La révision du règlement d'administration publique du 23 août 1851 et les propositions que je viens de soumettre à Votre Majesté me paraissent de nature à répondre à ses intentions justes et bienveillantes en faveur des conducteurs des ponts et chaussées. Ces mesures assureraient enfin l'exécution de la loi du 30 novembre 1850 ; elles exerceraient une influence heureuse sur le recrutement des conducteurs des ponts et chaussées et entretiendraient parmi eux une émulation favorable au bien du service.

Signé : De Forcade.

A la suite de ce rapport, un décret modifiant le règlement d'administration publique du 23 août 1851, a été rendu le 7 mars 1868 et un arrêté ministériel annexé à ce décret a déterminé les matières d'un nouveau programme d'examen. Ces matières se résument ainsi qu'il suit :

§ 1ᵉʳ. *Application de la géométrie descriptive* à la coupe des pierres et à la charpente.

§ 2. *Physique*. — Lois de la pesanteur. Hydrostatique. Chaleur. Magnétisme. Électricité. Électro-magnétisme. Télégraphie électrique. Production et propagation du son. Production et propagation de la lumière.

§ 3. *Chimie*. — Métalloïdes, métaux. Fabrication des fers, fontes et aciers. Alliages. Chimie organique.

§ 4. *Géologie*. — Terrains, minéraux. Roches.

§ 5. *Exécution des travaux*. — Fait l'objet principal de la publication de notre *Cours pratique de construction* et s'y trouve étudiée dans toutes ses parties.

§ 6. *Mécanique*. — Mouvement. Forces. Dynamique. Statique.

§ 7. *Machines*. — Objet des machines. Résistances passives. Moteurs animés. Roues hydrauliques. Pompes. Machines à vapeur.

§ 8. *Routes*. — Tracé. Construction. Entretien.

§ 9. *Ponts, viaducs, souterrains*. — Ponts et viaducs en maçonnerie. Ponts en charpente. Ponts et viaducs en fer et en fonte. Ponts suspendus. Ponts mobiles. Exécution des souterrains. (Cette dernière partie, *Exécution des souterrains*, se trouve dans notre travail.)

§ 10. *Chemins de fer*. — Tracé. Construction de la voie. Entretien et police de la voie. Frais de construction des chemins de fer.

§ 11. *Construction des bâtiments*. — Maçonnerie. Charpente. Menuiserie. Serrurerie. Couverture des édifices en tuiles, en ardoises, en zinc et en fer galvanisé. Escaliers en pierre, en bois et en fonte.

§ 12. *Hydraulique*. — Écoulement de l'eau par des orifices, par des vannes et des déversoirs. Mouvement de l'eau dans les tuyaux de conduite et dans les canaux découverts. Jaugeage des cours d'eau, etc. (Se trouve en partie dans notre travail).

§ 13. *Navigation intérieure*. — Rivières. Canaux.

§ 14. *Desséchements, drainage, irrigations*.

§ 15. *Ports maritimes*. — Marées. Vents. Établissement d'un port. Principaux ouvrages qui composent un port.

§ 16. *Administration et droit administratif*. — Division et organisation des pouvoirs publics en France. Autorité judiciaire et juridictions administratives. Notions élémentaires de droit civil comprenant les immeubles, les meubles, le domaine de l'État, le domaine public, le droit de propriété, le droit d'accession dans les immeubles, l'usufruit, les servitudes actives et passives, etc. Expropriation pour cause d'utilité publique. Occupation temporaire de terrains. Dommages divers résultant de l'exécution des travaux. Classement et déclassement des routes. Police des routes ; police des chemins de fer. Instruction des affaires d'usines. Lit des cours d'eau ; chemin de halage. Police des cours d'eau. Associations syndicales. Desséchement des marais ; suppression des étangs insalubres, irrigations des terres, drainage. Pêche fluviale et police de la pêche. Comptabilité du ministère des travaux publics.

Ce programme diffère de l'ancien dans les modifications suivantes :

1° En *algèbre*, la théorie des exposants fractionnaires et des exponentielles a été supprimée ;

2° En *géométrie analytique*, la géométrie à deux et à trois dimensions a été supprimée ;

3° En *géométrie descriptive*, la théorie des plans tangents, des intersections de surface et des solides a été retranchée.

En ce qui concerne la géométrie analytique, nous pensons qu'à part la discussion des équations des courbes du deuxième degré, les candidats au grade d'ingénieur devront connaître cette science pour comprendre la mécanique rationnelle ; car comment résoudre, par exemple, sans géométrie analytique, cette question, entre autres, du programme : *Trajectoire d'un point pesant dans le vide.*

La mécanique des corps solides n'est d'ailleurs que l'application de la géométrie analytique et même du calcul différentiel et intégral ; cela est si vrai, que M. de Saint-Germain, qui vient d'ouvrir un cours à Paris, pour les conducteurs des ponts et chaussées, a commencé par enseigner la géométrie analytique.

Quant à la géométrie descriptive, il nous paraît bien difficile de comprendre la stéréotomie sans connaître la théorie des plans tangents et des intersections de surfaces et des solides.

L'avantage de ce programme, c'est que les candidats n'avaient plus à se préoccuper, au moment de l'examen, de la géométrie analytique ni de la géométrie descriptive.

Une autre amélioration sérieuse, réelle, incontestable, c'est la division des épreuves et l'établissement, entre les examens, d'un intervalle de temps nécessaire pour les préparer. L'examen unique, sur toutes les matières à la fois, ainsi que l'exigeait l'ancien programme, en y comprenant même les examens de conducteur, sur lesquels il revenait, était la plus grande des difficultés à vaincre.

La division des épreuves a rendu le succès possible ; aussi l'obstacle infranchissable pendant *dix-neuf* ans a été surmonté, et la loi du 30 novembre 1850 a reçu pour la première fois une sanction en 1869. M. Caillié, Jean, conducteur des ponts et chaussées, ayant subi les épreuves d'une manière victorieuse, a été nommé, par décret en date du 15 septembre 1869, au grade d'ingénieur.

Aujourd'hui, on compte *dix* conducteurs qui sont arrivés au grade d'ingénieur des ponts et chaussées. Nous donnons ci-après leurs noms avec les dates de leur nomination.

NOMS	NAISSANCE	CONDUCTEUR	INGÉNIEUR	
			de 3ᵉ classe	de 2ᵉ classe
CAILLIÉ (Jean). .	18 septemb. 1832	1 avril 1855	15 septm. 1869	20 août 1874
SOYER (Eugène). .	21 juin 1831	1 mai 1854	30 août 1871	10 mai 1875
WALLET (Em.-Ad.)	25 octobre 1832	1 juin 1855	1 août 1873	1 février 1878
ROUSSEAU (Léon)	2 mai 1837	1 mai 1860	id.	
COLIN (Edmond). .	15 mars 1839	1 décembre 1860	1 août 1876	
LACAZE (Jean) . .	16 août 1835	16 octobre 1857	1 septemb. 1877	
BONNEAU (Martin)	28 février 1837	1 juillet 1859	id.	
HUGUES.	20 août 1836	1 septembre 1861	id.	
PARIS.	29 avril 1832	1 juillet 1860	id.	
LECŒUR	12 fév. 1835	1 juin 1861	21 juin 1878.	

Ces dix conducteurs sont arrivés au grade d'ingénieur après avoir subi avec succès les épreuves imposées par le programme officiel du 7 mars 1868. Cependant il a été reconnu que ces épreuves étaient encore trop difficiles, car un dernier décret en date du 12 décembre 1877 a simplifié les examens. Les délais d'un an entre les trois épreuves préparatoires ou définitives peuvent être portées à deux ans et même au-delà, sur la demande des candidats. Le résultat reste acquis si l'on échoue à la suivante. A l'examen oral, les candidats ne seront plus interrogés sur les questions théoriques. Enfin, ce décret a abaissé le minimum des points exigés des deux tiers aux trois cinquièmes.

Il y a donc lieu d'espérer que dans un avenir prochain le corps des conducteurs aura fourni un large contingent d'ingénieurs des ponts et chaussées.

Nous avons apporté notre pierre à l'édifice ; nous avons été le promoteur de l'application de la loi du 30 novembre 1850, car nous étions inscrit en qualité de candidat au grade d'ingénieur, dès 1858 (*Décision ministérielle du 30 décembre* 1858). Ce sont nos demandes qui, avec celles faites en 1862 par notre collègue Lecompte, ont provoqué la décision ministérielle du 20 décembre 1862, laquelle a ouvert le concours en 1863, et c'est l'insuccès des candidats qui a appelé l'attention de l'empereur, d'où le décret précité du 7 mars 1868, et par suite la sanction de la loi.

Saint-Étienne, le 19 juillet 1880.

Louis PRUD'HOMME.

COURS PRATIQUE

DE

CONSTRUCTION

EXÉCUTION DES TRAVAUX

SECTION I.

TERRASSEMENTS.

1. On appelle *terrassements* les travaux qui ont pour but de modifier le relief naturel du sol au moyen de déblais ou de remblais.

ARTICLE I.

Déblais et remblais.

2. DÉBLAIS. — Les déblais sont classés suivant leur nature et les moyens employés pour en opérer l'extraction. On distingue les *déblais simples* ou *ordinaires* et les *déblais de rochers*.

3. DÉBLAIS SIMPLES. — On considère comme déblais simples :

Ceux qui peuvent être fouillés à la pelle, la bêche ordinaire ou le louchet, sans qu'on soit obligé de les piocher pour les enlever. Tels sont : la terre ordinaire, la vase, la tourbe, le sable et les pierrailles ;

Ceux qui ne peuvent être enlevés à la pelle qu'après avoir été attaqués préalablement avec la pioche ordinaire, la tranche ou la pointe de pioche.

On appelle *tranche* la pioche de l'outil connu sous le nom de *tournée* ou *pioche montoise*. On appelle *pointe de pioche* la partie formant pic dans la pioche montoise.

Les déblais qui doivent être entamés à la pioche ordinaire ou à la pioche montoise, pour être ensuite enlevés à la pelle et chargés dans les tombereaux ou les brouettes, sont : la terre franche, les cailloux roulés, l'argile, la glaise, la marne et le tuf ordinaire.

4. FOUILLE ET CHARGE. — On ne peut apprécier la quantité de terre que peut fouiller un terrassier qu'au moyen d'expériences directes, cette quantité variant avec la nature et la dureté des terres. Cependant la terre végétale, le sable, la tourbe sont à peu près les mêmes partout. On admet qu'un terrassier peut en une journée fouiller à la bêche et charger en brouettes 15 mètres cubes de terre végétale, sable ou tourbe. Dans les terrains ordinaires que l'on ne peut enlever à la pelle qu'après les avoir piochés, un ouvrier peut fouiller et charger en brouettes 8 à 10 mètres cubes de terre.

5. JET A LA PELLE. — On admet aussi que dans une journée un ouvrier terrassier peut enlever et jeter à la pelle, à 3 ou 4 mètres dans le sens horizontal, un cube de 15 mètres de terre végétale, sable ou tourbe.

6. GRADINS. — Lorsqu'une fouille doit avoir une grande profondeur et qu'il y a impossibilité d'y faire descendre les brouettes pour enlever les terres, on exécute les déblais en jetant les terres du fond de la fouille sur la berge au moyen de gradins étagés sur les parois de la fouille. C'est ainsi qu'on a exécuté les fouilles des culées du pont de Bonson, près Saint-Rambert-sur-Loire.

Les gradins s'établissent quelquefois avec des planches et se placent à une distance verticale de 1m 60 à 2 mètres les uns des autres. Les ouvriers se placent sur ces gradins et ils jettent sur l'étage supérieur les terres qu'on leur envoie de l'étage immédiatement inférieur. Les terres arrivent ainsi du fond de la fouille jusque sur la berge. Pour que cette manœuvre soit possible, quand on emploie des planches pour gradins, il faut que la paroi de la fouille soit en talus, de manière à permettre de disposer les gradins en retraite les uns sur les autres.

Dans le génie militaire, on désigne la nature de la terre par le nombre qui exprime le rapport du nombre des hommes employés à piocher et charger à celui des rouleurs qui parcourent le premier relais de 30 mètres. Si un homme suffit pour le chargement d'une brouette pendant que le rouleur parcourt le relais de 30 mètres, on dit que la terre est *à un seul homme* ; s'il faut plus d'un homme à la fouille, 2 piocheurs et un chargeur pour deux rouleurs, par exemple, on dit que la terre est *à un homme et demi*. Elle peut être *à deux hommes, à deux hommes et demi, à trois hommes,* etc. On paye alors la terre à des prix qui varient avec la nature de la terre ainsi déterminée. Mais, pour cela, il est également nécessaire de connaître le nombre de piocheurs qui peuvent fournir de la terre à 1 pelleteur. Pour le déterminer, on constate le temps employé par les deux ouvriers. Soit θ le temps employé à piocher 1 mètre cube de terre et θ' celui employé à charger. Si le temps θ employé à piocher est double de celui à charger, il est clair qu'il faudra 2 chargeurs pour que le pelleteur travaille sans interruption. Le rapport $\dfrac{\theta}{\theta'}$ représente donc le nombre de piocheurs nécessaire pour entretenir le chargeur. Par conséquent $\dfrac{\theta}{\theta'} + 1$ ou $\dfrac{\theta + \theta'}{\theta'}$ indiquera le nombre total de piocheurs et chargeurs nécessaire pour fouiller et charger 1 mètre cube de terre.

Connaissant le prix de la journée de l'ouvrier, on aura donc le prix de la fouille et de la charge.

7. EXÉCUTION DES DÉBLAIS. — Les déblais de toute nature doivent être exécutés selon les formes et dispositions des

plans et profils arrêtés à l'avance ou en cours d'exécution.

L'exécution des fouilles consiste généralement à ameublir les terres en les piochant par couches successives de 0ᵐ 20 à 0ᵐ 30 d'épaisseur et à les enlever au fur et à mesure, en les jetant dans les véhicules de transport.

Il faut, autant que possible, quand la fouille a de grandes dimensions, attaquer les déblais par leur partie inférieure, en dressant le fond de la fouille, afin de faciliter le pelletage des terres. Dans ce cas on peut procéder par la *méthode de la sape et de l'abatage*. On pratique, dans la face des terres à déblayer, des entailles ou cheminées verticales qui ont pour but de séparer les masses à détacher successivement. On sape ensuite les terres à la base, c'est-à-dire que l'on creuse en dessous et horizontalement une tranchée plus ou moins profonde, suivant la cohésion des terres. La chute de la masse de déblai ne doit jamais résulter directement de la sape elle-même, parce qu'il y aurait danger pour les ouvriers; mais elle doit toujours être déterminée par l'enfoncement de pieux armés en fer et frettés par le haut, et que l'on fait pénétrer à coups de masse dans la partie supérieure du déblai à exécuter.

La masse de terre à faire tomber d'un seul coup ne doit jamais avoir plus de 3 mètres de hauteur; et, à cet effet, lorsque le déblai est plus considérable, sa hauteur doit être divisée par banquettes successives espacées verticalement de 3 mètres au plus.

Toutes les fois que l'on pratique des déblais à la sape, on doit avoir soin de placer à demeure et au sommet des talus un ouvrier guetteur, toujours prêt à avertir les ouvriers qui sont au bas.

On peut, par ce procédé, faire tomber des masses de terre de 20 à 30 mètres cubes.

8. ORGANISATION DES ATELIERS DE TERRASSEMENT. — L'organisation des chantiers de terrassement consiste dans une bonne disposition des ateliers.

On appelle *atelier* l'ensemble de plusieurs ateliers élémentaires. Chaque atelier élémentaire se compose d'un piocheur, chargeant lui-même les brouettes, si la terre est facilement pénétrable ; et d'un rouleur, qui transporte les terres à un relais. Si la terre est dure, l'atelier élémentaire se composera d'un piocheur, d'un chargeur et d'un rouleur.

Le piocheur et le chargeur doivent être constamment occupés pendant que le transport s'effectue, et le rouleur ne doit jamais être arrêté par les chargeurs.

Les ateliers élémentaires doivent être disposés entre eux de manière à ne pas se gêner les uns les autres, afin que le travail puisse s'y faire facilement.

Les remaniements inutiles de terre doivent être évités autant que possible ; mais les moyens d'exécution varient nécessairement avec la nature des terres et les dimensions de la fouille.

Les rampes et les relais doivent être disposés de la manière la plus convenable, et les travaux ne doivent jamais subir d'interruption par l'encombrement des véhicules employés, au point de chargement et sur la ligne des transports.

On distingue deux modes d'exécution des terrassements ; le premier consiste à fermer les remblais avec les déblais, et s'appelle *système par compensation ;* le second consiste dans l'exécution soit d'un déblai dont les terres sont mises en dépôts ou en cavaliers sur les côtés de la fouille, soit d'un remblai fait au moyen d'emprunts. Ce mode s'appelle *système par dépôts et emprunts.*

Le système par compensation peut exiger quelquefois de très-longs transports ; le système par dépôts et emprunts exige l'occupation d'une plus grande étendue de terrain. Dans l'exécution d'un travail, on adoptera donc le système le moins onéreux, ce dont il sera toujours facile de se rendre compte.

Lorsque le transport des terres à grande distance peut devenir trop coûteux, on exécute le remblai au moyen d'emprunts, ou le déblai au moyen de dépôts.

Nous allons indiquer la manière de procéder pour l'exécution d'une fouille avec mise des déblais en dépôts.

9. Exécution d'un déblai au moyen de brouettes. — Supposons qu'il s'agisse d'exécuter le déblai d'une fouille *abcde* (fig. 1, A).

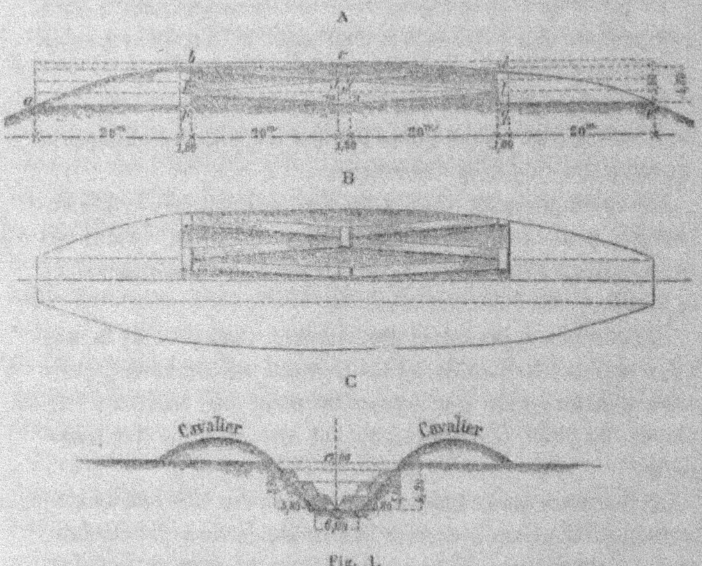

Fig. 1.

A. Profil en long d'une tranchée. B. Plan. C. Profil en travers suivant MN

On partagera la fouille, dans le sens de sa longueur, en tranchées de 20 mètres de longueur chacune et séparées entre elles par un palier horizontal de 1^m 50 de largeur. On partagera également la fouille, dans le sens de sa hauteur, en zones de 1^m 60. Cette disposition permettra d'établir, en cours d'exécution, des plans inclinés de 20 mètres de longueur avec une pente de 0^m 08 par mètre, ce qui correspond à a longueur de 30 mètres sur un plan horizontal. Il en résulte que les terres seront élevées à 1^m 60, à l'extrémité du relais, hauteur qui représente celle du jet vertical à la pelle.

Sur chaque longueur de 20 mètres, on établira un atelier

composé d'autant d'ateliers élémentaires qu'il y aura de fois 2 mètres dans la largeur de la tranchée.

La fouille qui nous occupe comprendra donc quatre ateliers principaux, composés chacun de plusieurs ateliers élémentaires.

On commencera le déblai par la couche la plus élevée, et on enlèvera sans difficulté toute la zone supérieure située au-dessus de la ligne horizontale bd.

L'atelier placé sur la tranchée bc attaquera ensuite la deuxième zone au point b et exécutera le déblai en suivant le plan incliné bf, lequel plan s'étendra sur toute la largeur de la fouille. Cette zone, nulle au point de départ b, augmente progressivement et atteint 1ᵐ 60 à l'extrémité du plan incliné. On enlèvera ensuite le prisme fbh, en suivant un nouveau plan incliné fh et en ayant soin de ménager sur le talus une rampe de 1ᵐ 50 de largeur, pour que deux rouleurs puissent s'y croiser. Cette rampe se projette sur le profil en long, fig. A, suivant la ligne bf. Cette rampe est nécessaire pour le transport des terres provenant du déblai bfh. On continuera la fouille en enlevant le prisme fhm, en suivant le plan incliné hm et en ménageant sur le côté une nouvelle rampe de 1ᵐ 50 de largeur qui se projette sur la ligne hf. Enfin on enlèvera tout le massif hmp et on transportera les terres en suivant les rampes mh, hf et fb.

Les déblais étant ainsi exécutés jusqu'au fond de la fouille, on procédera à l'enlèvement des rampes, en commençant par la rampe inférieure ; puis l'on réglera ensuite le talus définitif de la fouille.

L'atelier placé sur la tranchée cd opère d'une manière tout à fait semblable.

Les ateliers extrêmes, placés sur les tranchées ab et de enlèveront successivement chaque zone sans difficulté.

Les figures A, B, C de la figure 1 indiquent la position des banquettes en projection verticale, en plan et en coupe.

Les rampes doivent être munies de planches bien propres,

sur lesquelles, en temps de pluie, on jette des décombres pour empêcher les ouvriers de glisser.

On comprend qu'au lieu de réserver des banquettes en terre sur les talus de la fouille, on peut au besoin les remplacer par des planches ou madriers, que l'on soutient avec des tréteaux.

Au lieu de procéder par zones de $1^m 60$ de hauteur, on peut modifier cette épaisseur selon les circonstances et suivant la nature des terres.

Au début, les terres sont transportées à l'extrémité du lieu de dépôt, et le remblai se fait également au moyen de rampes inclinées à $0^m 08$ par mètre et établies sur les talus du remblai au fur et à mesure que l'on élève le dépôt. On peut d'ailleurs, comme pour la fouille, partager la longueur du remblai en parties de 20 mètres.

Lorsqu'au lieu de brouettes, on fait usage de tombereaux ou de camions, la pente des rampes doit alors être réduite à $0^m 05$ ou $0^m 06$.

L'exécution d'une fouille au moyen de brouettes donne lieu, quelle que soit la disposition des banquettes, à des transports horizontaux toujours considérables. Aussi, lorsqu'on peut employer avec avantage des appareils mécaniques pour enlever les terres et les mettre en dépôt, on a recours à ces appareils.

10. FOUILLE PROFONDE ET ÉTROITE. — Lorsqu'une fouille est trop étroite et trop profonde, on ne peut enlever les déblais ni au moyen de brouettes, ni au moyen de gradins disposés par étages, parce que l'emploi des rampes et des gradins est impraticable. En cette circonstance, on retire les déblais de la fouille au moyen d'une caisse attachée à l'extrémité d'une corde enroulée sur un treuil.

11. DÉBLAIS DE ROCHERS. — Les déblais de rochers sont ceux qui, pour leur exécution, exigent l'emploi du pic à roc, de la pince et de la poudre.

Au pic et à la pince. Les roches tendres, qui ne font pas feu au choc du briquet, peuvent être attaquées au pic et à la pince ; tels sont : l'argile tenace, le calcaire des bancs de carrière et le gypse.

Il arrive fréquemment que l'on exécute les déblais dans ces sortes de roches par le mode d'*extraction par abatage.*

Ce mode consiste à pratiquer, au moyen du poinçon et de la masse, de petites saignées ou entailles dans lesquelles on introduit des coins pour produire la rupture de la roche. On obtient ainsi des blocs plus ou moins gros, que l'on finit par détacher soit avec le pic, soit avec la pince ou levier en fer.

A la mine. — Les roches compactes et tenaces, telles que le marbre, le grès, le calcaire siliceux, le schiste, le granit, le basalte, etc., exigent pour leur extraction l'emploi de la mine et des outils accessoires : masses, coins, poinçons, aiguilles, pinces et burins.

La mine a pour but de pétarder la pierre et de la réduire par l'explosion en fragments plus ou moins volumineux.

Le percement du souterrain d'Amboise ayant exigé l'emploi de la mine, voici comment on a procédé pour percer et bourrer les trous de mine :

On pratiquait, dans le bloc à faire sauter, un ou deux trous de forme cylindrique, plus ou moins profonds, suivant la hauteur du bloc à détacher. Ces trous de mine avaient 0ᵐ 06 de diamètre et étaient d'abord ouverts avec un outil appelé *pistolet de mine.* Cet instrument, nommé aussi *fleuret* ou *aiguille* (fig. 2), n'est autre chose qu'une tige de fer ronde, de 0ᵐ 025 à 0ᵐ 030 de diamètre, terminée à son extrémité inférieure par un biseau en acier. Cet outil avait 0ᵐ 70 de longueur. Pour entailler le rocher avec le fleuret,

Fig. 2. un ouvrier tenait l'instrument avec les mains, tandis qu'un autre ouvrier frappait sur la tête de la tige avec une masse en fer.

Lorsque le trou avait 0ᵐ 20 à 0ᵐ 30 de profondeur, on

continuait le forage au moyen d'un autre outil appelé *burin* ou *barre à mine* (fig. 3). Cette sorte d'aiguille avait 1ᵐ 80 de longueur, 0ᵐ 035 de diamètre, et ses deux extrémités étaient terminées par des taillants cintrés et aciérés. Ces taillants avaient 0ᵐ 055 de largeur. La barre à mine ne diffère donc du fleuret que par la grosseur et la longueur ; son poids est d'environ 13ᵏ 50. Pour percer le trou avec la barre à mine, on soulevait successivement cet instrument pour le laisser retomber dans le trou, en lui imprimant à chaque coup un petit mouvement de rotation.

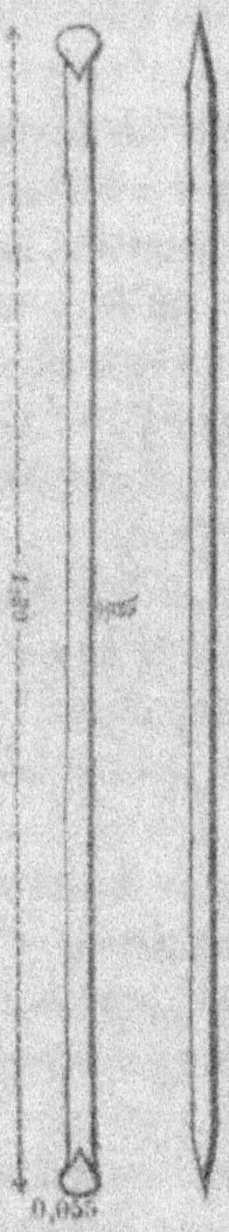

Les fragments désagrégés de la roche étaient retirés, au fur et à mesure du creusage du trou, avec une curette en fer (fig. 4). Cet instrument a la forme d'une tige cylindrique terminée à son extrémité inférieure par une espèce de petit godet ou cuiller à l'aide de laquelle on retirait les détritus.

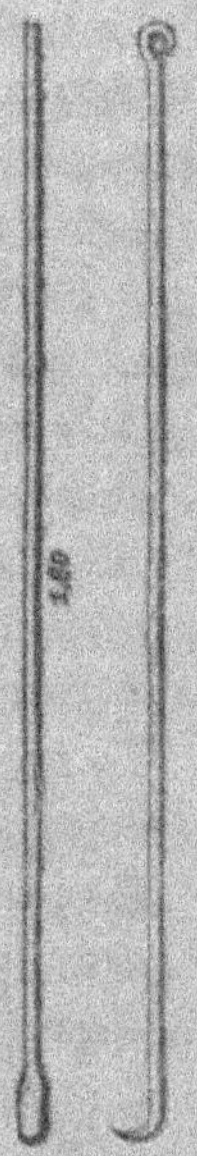

Lorsque le trou de mine était percé à la profondeur voulue, on le curait avec soin, puis on le séchait avec des étoupes passées dans l'œil de la curette.

Fig. 3.

Fig. 4.

Cela fait, on plaçait dans le trou une cartouche au milieu de laquelle était introduite l'extrémité d'une mèche anglaise, dite *fusée de sûreté* ; on poussait ensuite la cartouche au fond du trou au moyen d'un bourroir en bois afin d'éviter toute explosion ; on tendait la mèche le long de la paroi du trou et l'on plaçait sur la cartouche une pelote d'argile ; on terminait le remplissage complet du trou avec des débris de craie tuffeau, en évitant d'employer les débris anguleux qui auraient pu couper les mèches. La craie tuffeau introduite dans le trou était ensuite fortement tassée au moyen d'un bourroir en bois. Enfin on allumait directement le bout extérieur de la mèche ; et comme ces mèches brûlent assez lentement, on avait le temps de se mettre à l'abri de l'explosion.

Lorsque les trous de mine étaient verticaux ou peu inclinés, on se dispensait d'employer des cartouches en versant directement de la poudre dans les trous. On versait d'abord la moitié de la charge de poudre, puis on introduisait la fusée jusqu'à cette poudre, et enfin on mettait l'autre moitié de la poudre. Après avoir placé une pelote d'argile sur cette poudre, on tassait avec le bourroir en bois, puis on bourrait complètement le trou, comme s'il avait été chargé avec une cartouche.

À défaut de craie tuffeau que l'on écrasait pour bourrer les trous, on aurait pu se servir de débris d'argile sèche ou bien de sable fin et sec, et non siliceux.

Lorsque la poudre était mise à nu dans les trous, la charge totale de poudre occupait le tiers de la hauteur du trou.

Si le rocher eût été plus difficile à être attaqué par la mine, on aurait été obligé de mettre une plus grande charge de poudre. On conçoit d'ailleurs que la charge de poudre varie suivant la nature de la roche et suivant le volume des blocs que l'on veut faire sauter.

En général, la charge de poudre peut varier de $0^k 500$ à 2 kilogrammes.

Le meilleur coup de mine est celui qui ne produit qu'un bruit sourd et mat ; celui-là fend la roche sur une grande étendue, sans faire voler beaucoup d'éclats. Presque tous les ouvriers mettent trop de poudre en proportion de la profondeur du trou ; de là les fragments lancés au loin qui causent parfois de si graves accidents, malgré les fascines entassées, les planches, la terre qu'on accumule souvent sur le coup de mine.

Les mèches anglaises dites *fusée de sûreté*, et appelées aussi *étoupilles Bickfort*, du nom de leur inventeur, ont $0^m 005$ ou $0^m 006$ de diamètre. Ce sont des fusées dont le noyau est une traînée de poudre contenue dans une corde enroulée, enveloppée à son tour dans un ruban roulé en hélice à la surface. Ce ruban est goudronné ou enduit de résine, et les mèches sont ainsi garanties de l'humidité.

Ces mèches brûlent plus ou moins lentement, suivant qu'elles sont plus ou moins anciennes et comprimées dans le trou. Moyennement, elles brûlent sur une longueur d'environ $0^m,60$ par minute ; mais il est toujours bon de déterminer cette donnée par une expérience.

La longueur d'une mèche à employer pour un trou de mine doit être déterminée d'après le temps nécessaire aux ouvriers pour se garer des accidents qui pourraient résulter de l'explosion.

Avant l'invention des mèches anglaises, on se servait d'une épinglette afin de ménager, au travers du bourrage, le canal destiné à porter le feu à la poudre où à la cartouche.

L'*épinglette* était une sorte de grande aiguille terminée à son extrémité inférieure par une pointe, et à son extrémité supérieure par un anneau ou œillet (fig. 5). Elle devait être en cuivre afin de ne point produire d'étincelle. Après avoir placé dans le trou de mine la charge de poudre ou la cartouche, on plaçait l'épinglette sur la paroi du trou, dont on effectuait le bourrage, ainsi qu'il a été dit plus haut. On retirait ensuite l'épinglette et on plaçait l'amorce. Cette amorce se faisait quelquefois en versant simplement de la poudre dans le trou de l'épinglette ; d'autres fois avec des canettes ou petites fusées en papier, que l'on mettait en contact avec une mèche soufrée ou un morceau d'amadou, lesquels brûlent assez lentement pour permettre aux mineurs de s'esquiver. Cette manière d'amorcer n'était pas sans inconvénients, parce que l'emploi de l'épinglette a souvent occasionné de graves accidents, surtout dans l'exploitation des roches siliceuses.

Fig. 5. Comme elle doit être souvent en fer, afin de résister

aux efforts de torsion qu'elle subit lorsqu'on la retire du trou de mine, il suffit d'un coup maladroit pour donner lieu à une étincelle et produire une explosion pendant que les mineurs sont occupés à placer la bourre. En outre, les gaz formés par l'inflammation de la poudre peuvent s'échapper par le canal de l'épinglette et ne produisent pas par conséquent tout l'effet qu'on peut en attendre.

Par l'emploi des mèches anglaises, on évite ces inconvénients et on peut en même temps se rendre compte facilement de l'intervalle de temps qui s'écoule entre le moment où l'on met le feu et celui de l'explosion.

Au canal du Forez, nous avons fait exécuter 160,000 mètres cubes de déblais de roches en granit. L'exploitation a eu lieu à la poudre et au moyen des mèches anglaises.

L'emploi du fleuret obligeant à réduire la roche en poussière, ce qui est une perte de temps, on préfère, autant que possible, avoir recours à l'emploi du ciseau qui permet d'enlever la pierre par éclats ; mais au lieu de donner aux trous de mines la forme cylindrique, on leur donne la forme de fentes terminées par une poche. Les rainures étant dirigées convenablement, on obtient des blocs comme l'on veut, notamment dans certaines roches comme le marbre.

Lorsque les trous de mine doivent être pratiqués dans un sol humide, on doit employer des cartouches goudronnées, ou bien enfermer la charge de poudre dans du papier goudronné. Si les eaux sont abondantes, on place la poudre dans des tubes cylindriques en fer blanc.

Dans l'exploitation des roches, on emploie fréquemment aujourd'hui, au lieu de poudre, une substance explosible nouvelle appelée *Dynamite*. C'est un composé chimique détonnant, préparé avec une matière siliceuse, pulvérulente et poreuse, imprégnée de nitro-glycérine. L'ensemble forme une sorte de terre grasse finement grenue de couleur brun-rouge ou blanc-jaunâtre.

La nitro-glycérine est un corps liquide composé de glycérine pure et d'acide azotique mono-hydraté ; ce liquide est dangereux, car il détonne avec une extrême violence sous le choc.

La glycérine est un liquide d'une saveur douce et onctueuse au toucher. On l'extrait de la graisse de mouton.

Par son mélange avec de la terre pulvérulente et poreuse, la nitro-glycérine perd la facilité extrême d'inflammation qui la rendait dangereuse, tout en conservant sa puissance d'explosion.

La Dynamite fabriquée avec des matières plastiques, comme les ocres, produit moins d'effet que celle préparée avec des sables quartzeux, ou avec des cendres de bois ou de houille.

La Dynamite se vend en petites cartouches fermées et de forme cylindrique. Les cartouches que nous avons eu occasion de voir au chemin de fer de Firminy à Annonay, en 1879, étaient formées d'une enveloppe en papier traité par l'acide sulfurique ; la Dynamite était enfermée dans une enveloppe. Les cartouches avaient 0^m12 de longueur sur 0^m02 à 0^m25 de diamètre.

Une cartouche de dynamite enflammée avec une allumette, brûle sans détonation, comme une fusée. Pour qu'elle éclate, il faut que l'inflammation lui soit communiquée d'une manière soudaine et avec choc, par l'explosion d'une capsule ; mais alors, c'est avec une violence extrême.

Les capsules employées au chemin de fer d'Annonay étaient en cuivre rouge, d'un diamètre de 5 millimètres et d'une longueur de 15 à 25 millimètres. La charge de fulminate, dans ces capsules, était de 10 à 12 millimètres ; le reste de la capsule était vide. C'est dans ce vide qu'on introduit la mèche de sûreté.

Le trou de mine étant fait, soit avec le fleuret, soit avec la barre à mine, on le charge en introduisant au fond une ou plusieurs cartouches semblables simplement superposées et en les foulant légèrement avec une baguette en bois. Nous avons vu introduire dans un même trou de mine jusqu'à cinq cartouches ; cela dépend de la charge du coup.

— Une dernière cartouche dite *amorce*, munie à l'avance d'une capsule fulminante et d'une longue mèche de sûreté, est posée sur la charge ; puis on achève de remplir le trou de terre en bourrant très-légèrement, ou bien on y verse simplement du sable. Toutefois, il n'est pas nécessaire de remplir le trou de terre ni de bourrer, qu'il y ait de l'eau dans le trou ou qu'il n'y en ait pas ; mais s'il y en a, il faut avoir la précaution de faire une bonne liaison entre la mèche de sûreté et le papier de la cartouche, pour que l'eau ne pénètre pas dans la capsule ni dans la cartouche. Cette liaison se fait avec de la corde goudronnée.

Le feu étant mis à la mèche, la capsule éclate et fait détonner la dynamite ; le coup part et la roche est disloquée. On voit alors s'élever par des fissures du rocher des vapeurs âcres et irritantes qu'il faut éviter de respirer.

Avec la Dynamite on obtient des coups de mine plus puissants qu'avec la poudre de mine.

Lorsqu'il s'agit de faire une extraction sur une grande échelle dans une roche calcaire, on verse de l'acide chlorhydrique étendu dans les trous de mine ouverts avec le burin. Cet acide attaque les parois du rocher et finit par se transformer en chlorure de calcium. Une partie du trou étant ainsi corrodée, on peut y placer une plus grande quantité de poudre et faire sauter des blocs considérables. Avant d'introduire la poudre, on doit vider la cavité inférieure du trou au moyen de petits seaux fixés au bout d'une corde.

12. PRÉCAUTIONS A PRENDRE DANS L'EXPLOITATION DES ROCHES A LA MINE. — On doit toujours avoir soin de placer au-dessus de la cartouche ou de la charge de poudre une petite pelote d'argile, pour intercepter toute communication entre la charge et la bourre.

Les trous de mine qui n'auraient point fait explosion doivent être dans tous les cas abandonnés. On ne doit jamais les débourrer. Cependant on peut autoriser quelquefois le débourrage à grande eau des mines manquées.

On doit d'ailleurs veiller avec le plus grand soin à ce que les ouvriers ne reviennent aux mines qui auraient manqué, qu'après un temps suffisant pour qu'il y ait certitude complète que la mèche est éteinte.

Lorsque les exploitations ont lieu dans le voisinage de maisons ou bâtiments, on doit prendre toutes les précautions nécessaires pour atténuer l'effet de l'explosion des mines, en ne faisant usage que de petites mines, que l'on recouvre de revêtements en fascines, assez épais pour empêcher les blocs ou débris de rochers d'atteindre ou de dégrader ces bâtiments. Le chef mineur doit faire prévenir les habitants des maisons situées dans le voisinage des travaux, afin qu'ils se tiennent sur leurs gardes quand les mines feront explosion.

Quand l'extraction des roches a lieu dans le voisinage d'une route ou d'un chemin fréquenté, on ne doit faire partir les mines qu'à des heures régulières. Au moment de faire partir les mines, le chef mineur doit d'ailleurs toujours prévenir par le son prolongé d'une trompe ou porte-voix, et par le cri de : *Gare la mine !* Un drapeau rouge doit être élevé aux abords du chantier où l'explosion doit avoir lieu. Enfin on doit aposter sur les chemins, à une distance de 100 mètres au moins de la mine, des hommes qui sont porteurs d'un écriteau sur lequel sont écrits ces mots : *Arrêtez, la mine va partir*. Ces hommes sont chargés d'arrêter les voitures et les passants.

Les ouvriers doivent toujours s'éloigner des mines avant que le feu soit mis aux mèches. Cette dernière opération doit être faite exclusivement par un chef mineur qui reste à cet effet sur le chantier après le départ des autres ouvriers, et n'allume les fusées que lorsque ceux-ci sont suffisamment éloignés et qu'il ne reste plus personne à proximité du chantier. Le chef mineur compte attentivement les coups de mine, et quand il est sûr que toutes les mines sont parties, il l'annonce par un nouveau coup de corne et par le cri : *En place*, et c'est alors seulement que la circulation peut être rétablie.

Le transport de la poudre sur les chantiers doit s'effectuer dans des boîtes en fer-blanc hermétiquement fermées, et par des hommes d'un âge mûr, auxquels il est interdit de fumer.

13. REMBLAIS. — Avant de procéder à l'exécution d'un remblai, on commence par placer sur le terrain, de distance en distance, des gabarits que l'on dispose suivant les formes et dimensions du travail à exécuter. Ces gabarits, ou règles en bois, doivent se dégauchir parfaitement et indiquer l'inclinaison et les alignements des talus.

Le sol destiné à recevoir les remblais doit être nettoyé avec soin et préparé préalablement par un piochage ou labour, de 0^{m}20 à 0^{m}30 de profondeur, de manière à être essarté, dégazonné et purgé de toutes racines, souches d'arbres ou de haies et autres débris végétaux dont la présence nuirait à la liaison des terres avec le sol naturel.

Les remblais ne doivent contenir ni mottes, ni gazons, ni souches, ni racines, ni débris végétaux, ni pierres de fortes dimensions, d'abord parce que ces matières empêcheraient la liaison des terres entre elles, et qu'ensuite elles nuiraient au tassement et pourraient occasionner des filtrations à travers les terrassements, en favorisant le passage de l'eau dans les vides.

Les terres pierreuses ou légères et graveleuses doivent être le plus possible réservées pour les couches supérieures du remblai et le pourtour des ouvrages d'art.

14. RÉGALAGE ET PILONAGE DES REMBLAIS. — Les remblais sont généralement exécutés et régalés par couches de 0^{m}20 d'épaisseur, au fur et à mesure de l'arrivage des terres. Les brouettes et les tombereaux qui opèrent les transports doivent autant que possible passer sur tous les points de chaque couche pour en opérer le tassement, et sans pouvoir jamais suivre la même piste. Toutes les mottes de terre doivent être brisées avec soin à mesure que le régalage se fait.

Le nombre de manœuvres occupés à régaler les terres et à briser les mottes est environ le tiers de celui des chargeurs.

Lorsque le tassement des remblais n'est pas opéré d'une manière suffisante par le passage des brouettes et des tombereaux, on *pilone* les remblais par couches régulières de 0^m20 d'épaisseur, au moyen de pilons en bois du poids de 15 kilogrammes (fig. 6) et d'un diamètre de 0^m20 à 0^m30. Il doit être employé au moins une journée d'ouvrier pour 10 mètres cubes de remblais.

Le pourtour des ouvrages d'art doit toujours être *piloné* avec soin.

Le nombre d'ouvriers occupés à *piloner* les terres d'un remblai est généralement égal à celui des manœuvres occupés à la charge.

On peut aussi obtenir le tassement des remblais au moyen de rouleaux compresseurs mus par des chevaux. C'est ainsi que, pour l'établissement de la levée de Château-Gaillard, à Amboise, on a substitué aux pilons un rouleau compresseur en fonte pesant 800 kilogrammes (fig. 7).

Fig. 6.

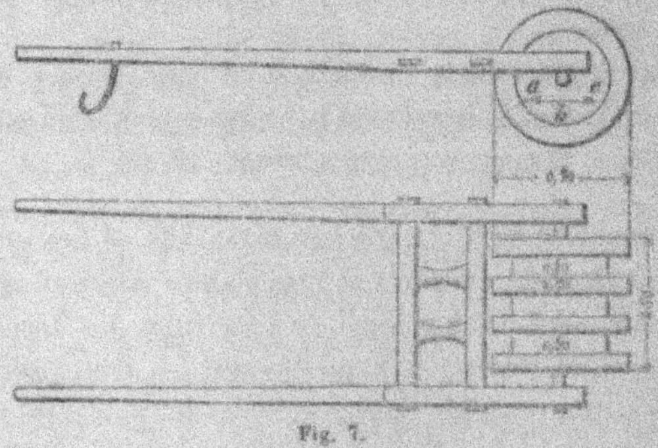

Fig. 7.

Ce rouleau a la forme et les dimensions indiquées au croquis ci-contre. On augmentait son poids en introduisant du sable à l'intérieur par l'ouverture *abc*. Cette ouverture se fermait ensuite au moyen d'une plaque *abc* tournant sur deux charnières *a* et *c*.

Ce rouleau facilitait, par ses cannelures, la liaison des couches de remblais, et il a donné des résultats très-satisfaisants, quant au tassement des terres ; nous avons constaté en outre que son emploi était plus économique que celui des pilons.

15. ARROSAGE DES REMBLAIS. — Lorsque les remblais sont exécutés avec des terres sablonneuses ou graveleuses, on substitue au *pilonage l'arrosage* des couches. Cet arrosage se fait soit avec des arrosoirs de jardinier, soit avec de petites pompes à main en zinc, soit enfin avec des tonneaux.

On arrose d'ailleurs les remblais de toute espèce de terre, lorsque les travaux s'exécutent en temps de sécheresse.

16. BROYAGE DES TERRES EMPLOYÉES EN REMBLAIS. — On peut avoir des remblais à exécuter avec des terres qu'il faut écraser avant de pouvoir les tasser avec les pilons ou le rouleau compresseur. Ainsi, par exemple, les remblais de la levée de Château-Gaillard ont été exécutés avec les déblais provenant du percement du souterrain d'Amboise ; or ces déblais souterrains consistaient en fragments de craie tuffeau plus ou moins volumineux, que l'on était obligé de casser avec des masses en fer. M. l'ingénieur de Vésian, trouvant avec raison que cette main-d'œuvre était onéreuse, fit opérer le cassage des fragments de craie au moyen d'un rouleau brise-mottes dit *rouleau Crosquill*, qui fut fourni par M. Legendre, constructeur à Saint-Jean d'Angély. Ce rouleau est composé de neuf roues en fonte montées sur un seul essieu en fer de 1 mètre de longueur. Les roues sont indépendantes les unes des autres et chacune d'elles a sa circonférence armée de dents. Le diamètre de chaque roue est de 0^m 70 et la saillie des dents sur la circonférence

est de 0^m 03. Le poids total du rouleau est de 715 kilogrammes.

La grosseur des fragments de craie tuffeau étalés en couche sur le remblai de la levée de l'Amasse variait de 0^m 05
à 0^m 15. Les fragments plus volumineux étaient cassés avec
la masse, et l'épaisseur de la couche de remblai se trouvait
généralement de 0^m 15. Après sept ou huit tours du rouleau
Crosquill attelé à un cheval, les morceaux de craie se trouvaient réduits à une grosseur moyenne de 0^m 02 et la couche
du remblai avait alors 0^m 10 à 0^m 12 d'épaisseur. Il est à
remarquer qu'il y avait pulvérisation seulement et non
compression par le passage de ce rouleau. Pour opérer
ensuite le tassement des remblais, on faisait passer le
rouleau compresseur sur chaque couche, dont l'épaisseur
se réduisait définitivement à 0^m 07 ou 0^m 08.

Par l'emploi du rouleau Crosquill, le broyage de la craie
se fit avec plus de régularité et aussi avec plus d'économie.
Nous avons reconnu que cette économie avait été de 0 fr. 17
par mètre cube de remblai.

17. DRESSEMENT DES TALUS. — Les surfaces des talus
en déblai et en remblai doivent être exécutées et dressées
conformément aux profils arrêtés, de manière à être parfaitement lisses et régulières, et à ne présenter ni jarret, ni
flache, ni saillie de plus de 0^m 02, ni trace d'outils ayant
servi au travail.

En ce qui concerne les talus des déblais, on les dégrossit
au moment du creusage de la fouille, de façon à ne laisser à
recouper, lors du règlement, qu'une épaisseur de 0^m 08 à
0^m 10 sur toute la surface du talus. On dresse définitivement le parement soit avec le louchet ou la pioche, soit avec
le pic, selon la dureté des terres. Dans les terrains assez
résistants, on donne généralement aux talus en déblai une
inclinaison de 45 degrés, c'est-à-dire 1 de base pour 1 de
hauteur. Dans un terrain de rocher, l'inclinaison peut être
réduite à 1 de base pour 10 de hauteur, tandis que dans

les terrains qui n'ont pas assez de cohésion, on donne une inclinaison de 2 de base, et même plus, pour 1 de hauteur.

Dans les cas où l'on vient à rencontrer accidentellement des veines de pierres qui ne sont pas de nature à être taillées au pic, on se contente de former ces talus par arrachement en redans ou échelons. L'inclinaison ou la forme de ces talus peut d'ailleurs être modifiée selon les circonstances.

En ce qui concerne les talus de remblai, on les règle soit en cours d'exécution, soit après l'achèvement des remblais, selon qu'on emploie, pour les former, les mêmes terres qui servent aux remblais, ou des terres d'une nature différente.

Ainsi, lorsque les déblais employés en remblais sont des terres végétales de bonne qualité, on exécute les talus au fur et à mesure que l'on élève les remblais et que l'on fait le régalage des terres. On règle le parement des talus suivant des gabarits placés à l'avance sur le terrain. Les surfaces des talus doivent toujours avant leur dressement déborder les profils du tracé de 0^{m}03 à 0^{m}04, afin de pouvoir ensuite recouper proprement lesdits talus. On achève ensuite le dressement de la surface en battant le talus avec une dame plate à manche incliné (fig. 8).

Si les terres employées en remblais ne sont pas propres à former les talus, on exécute les remblais en laissant un maigre de 0^{m}20 à 0^{m}30 pour les talus.

Le revêtement se fait ensuite avec de la bonne terre végétale bien purgée de cailloux au moyen de claies. Cette terre est rapportée par couches successives de 0^{m}15 à 0^{m}20 de hauteur, reliées soigneusement au remblai par une série de redans. Les couches doivent être menées de niveau, bien pilonnées à la dame ronde et dressées latéralement à la dame plate à manche incliné, au fur et à mesure de leur élévation.

Fig. 8.

Si la terre est sèche, elle doit être arrosée légèrement, de manière à faciliter sa liaison au corps du remblai.

La terre végétale employée pour la confection des talus provient souvent de l'assiette préparée pour recevoir le remblai et que l'on a eu soin de mettre en réserve sur les côtés de la fouille.

L'inclinaison des talus en remblai varie suivant la nature des terres ; généralement on établit les talus en remblai avec une pente de 1 et demi de base pour 1 de hauteur.

Dans les cas où on ne tient pas à dresser parfaitement les talus des déblais et remblais, on peut se borner à dégrossir simplement les parements de manière à n'avoir ni saillie ni flache de plus de 0^m05 de hauteur ; mais les talus de remblai doivent être préalablement battus à la dame plate.

18. CORROIS. — Les corrois se disposent suivant la forme et les dimensions prescrites pour l'exécution, et les fouilles destinées à les recevoir doivent être préparées et bien parementées à l'avance.

On peut exécuter un corroi avec toute sorte de terre contenant un mélange d'argile ; mais on choisit autant que possible de l'argile légèrement sablonneuse. Cette terre argileuse doit être examinée avec soin et purgée de matières étrangères, telles que racines, herbes, gazons, pierres, etc.

La terre de corroi est ensuite étendue dans la fouille par couches successives de 0^m15 à 0^m20 d'épaisseur, puis humectée ou arrosée abondamment pendant la sécheresse, et bien battue à l'aide de pilons de 10 à 12 kilogrammes, ou tassée au moyen d'un rouleau compresseur en fonte. Pour obtenir la liaison des couches dans les meilleurs conditions, on se sert de pilons cannelés ou du rouleau cannelé dont nous avons donné le croquis fig. 7. Le pilonage ou le passage du rouleau a pour effet de briser l'argile en menus morceaux, de la réduire en pâte et d'en former par la compression une masse homogène. Les couches successives de 0^m15

d'épaisseur doivent être réduites à 0^{m}10 par le pilonage ou la compression. Un corroi est d'ailleurs suffisamment battu ou comprimé, lorsqu'on a de la peine à y faire pénétrer le bout d'un bâton.

Lorsqu'il s'agit d'établir un corroi derrière des maçonneries hydrauliques, les bajoyers d'une écluse par exemple, on arrose les couches d'argile avec un lait de chaux, lequel fait acquérir au corroi une grande dureté. Les quantités d'eau et de chaux sont déterminées à l'avance par des expériences.

Les corrois sont employés dans les canaux et dans les digues des rivières, pour les rendre étanches et empêcher les filtrations. Ils sont employés aussi pour l'établissement des batardeaux.

19. OUTILS DU TERRASSIER. — Les travaux de défense de la ville d'Amboise contre les inondations et les travaux du canal du Forez ayant donné lieu à des terrassements de toute espèce, nous avons pu examiner les outils généralement employés par les terrassiers, et les reproduire avec leurs dimensions réelles.

Nous rangerons parmi les outils du terrassier : la bêche ou le louchet, la pelle, la pioche montoise dite *tournée* et le pic à roc.

Bêche, louchet. — On emploie la bêche et le louchet pour l'extraction des terres meubles et facilement pénétrables, telles que la terre végétale, la vase, le sable, la tourbe et l'argile. Les déblais sont alors extraits et chargés directement dans les brouettes ou tombereaux.

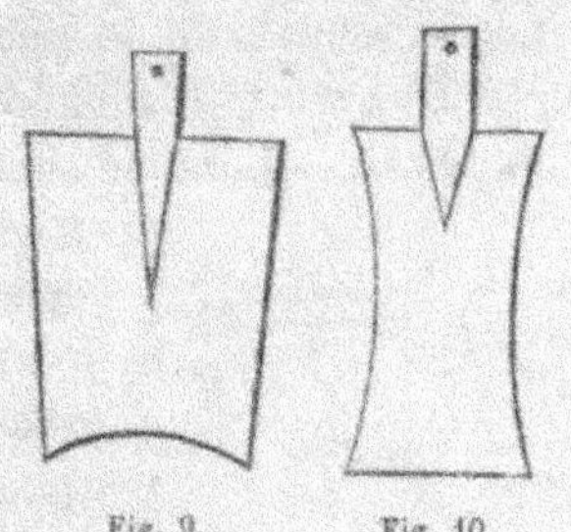

Fig. 9.   Fig. 10.

La figure 9 représente une bêche et la figure 10 un louchet avec leurs dimensions

Pelle. — La pelle sert à charger les terres que l'on est

obligé de piocher pour les enlever. Cette pelle est terminée par une courbe ayant la forme d'une ogive et son manche est légèrement incliné.

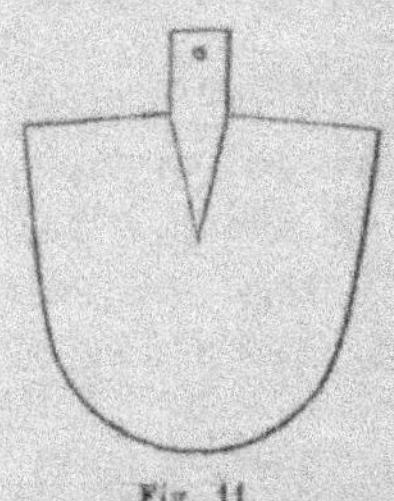

Fig. 11.

La pelle, dont nous donnons le croquis fig. 11, est en fer de 0ᵐ 003 d'épaisseur. Elle a 0ᵐ 34 de largeur au sommet et 0ᵐ 31 de hauteur. Le manche en bois, de 0ᵐ 04 de diamètre, a 1ᵐ 05 de longueur.

La disposition de cette pelle permet d'exécuter facilement le pelletage des terres.

Tournée ou *pioche montoise.* — Cet outil (fig. 12), qui porte encore le nom de *piémontoise*, s'emploie pour piocher les terres que l'on ne peut enlever à la

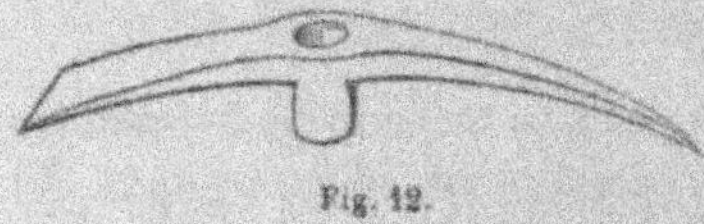

Fig. 12.

bêche ou au louchet.

La piémontoise est terminée d'un côté par une tranche plate en forme d'herminette, et de l'autre par un pic. La tranche a 0ᵐ 28 de longueur et 0ᵐ 09 de largeur à son extrémité. Si les terres sont difficiles à piocher, on se sert d'une piémontoise ayant une tranche plus étroite, 0ᵐ 07 par exemple, au lieu de 0ᵐ 09. Enfin, si les terres ne peuvent être piochées avec la tranche, on les attaque avec le pic.

Les extrémités de la piémontoise doivent être aciérées sur 0ᵐ 05 à 0ᵐ 06 de longueur.

Pic à roc. — Lorsque les terres à déblayer commencent à avoir la consistance du rocher, on se sert du pic et de la pince pour opérer l'extraction. Le pic (fig. 13), est un outil en fer terminé par une pointe aciérée à l'une de ses extré-

Fig. 13.

mités et par un œil à l'autre. Le pic est souvent aussi à deux pointes et le manche se trouve placé au milieu. Le pic à deux pointes ressemble donc à la piémontoise dans laquelle on aurait remplacé l'herminette par une pointe. Le pic à une pointe ressemble à la piémontoise dans laquelle on aurait supprimé l'herminette.

On se sert du pic pour creuser des entailles ou rigoles dans lesquelles on introduit des coins que l'on enfonce avec la masse afin de briser la roche. Les blocs que l'on obtient sont ensuite détachés avec des leviers en fer.

Pointerolle. — La pointerolle (fig. 14) est un outil en fer de 0^m 20 de longueur, aciéré aux deux extrémités, présentant une pointe obtuse d'un côté et une tête carrée de l'autre. Au milieu de sa longueur se trouve placé un manche en bois. Cet outil s'emploie pour pratiquer des saignées dans le roc dur, afin d'extraire les blocs de pierre plus facilement. On frappe sur la tête de la pointerolle avec une massette en fer pouvant peser deux kilogrammes. Cette massette est munie d'un manche court.

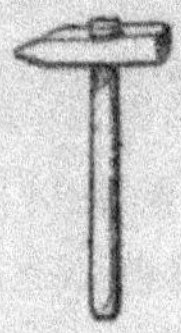

Fig. 14.

ARTICLE II.

Des moyens de transport.

20. TRANSPORTS A LA BROUETTE. — Appelons p le prix de la journée de l'ouvrier rouleur, D la distance réduite du transport, C le cube du chargement ou la capacité de la brouette, L le parcours moyen journalier de la brouette, à charge et à vide, lorsqu'elle fonctionne sans interruption, en faisant la moitié du trajet à charge et l'autre à vide.

Soit x le prix du transport à la distance D.

Puisque l'ouvrier parcourt L mètres dans 1 jour, il parcourra 1 mètre dans $\dfrac{1}{L}$ jour.

Le parcours étant D, le voyage pour l'aller et le retour sera 2 D et le temps employé pour ce voyage sera

$$2D\ \frac{1}{L} = \frac{2D}{L}\ \text{jour,}$$

Ainsi, pour transporter C mètres cubes, le rouleur emploie $\dfrac{2D}{L}$ jour ; donc, pour transporter 1 mètre cube, il emploiera un temps exprimé par $\dfrac{2D}{LC}$ jour.

Le prix de la journée étant p, le prix du transport de 1 mètre cube à la distance D sera donc

$$x = \frac{2p\mathrm{D}}{\mathrm{LC}} = \frac{2p}{\mathrm{LC}}\ \mathrm{D}. \tag{A}$$

Telle est la formule générale du transport à la brouette.

On admet en général pour la brouette que L = 25,000 mètres ; si la brouette employée a une capacité de 40 litres ou 0^m040, ce qui représente $\dfrac{1}{25}$ de mètre cube, la formule (A) devient

$$x = \frac{2p}{25\,000 \times 0,04}\ \mathrm{D} = \frac{2p}{1000}\ \mathrm{D}. \tag{B}$$

Mais cette seconde formule n'est applicable que lorsque C = 0^m04 ; si C a une autre valeur, il faut se servir de la formule (A).

La formule A s'emploie pour les transports effectués soit avec les brouettes à coffre, soit avec la brouette à claire-voie. On peut donc, à l'aide de cette formule, déterminer le prix du transport de 1 mètre cube de déblais en terre, moellons et libages.

21. TRANSPORT A LA CIVIÈRE OU BARD. — Nous verrons plus tard que la civière ou bard se compose d'un brancard dont les deux bras sont réunis entre eux par des traverses sur lesquelles on place les matériaux à transporter. Le bard est porté par deux hommes.

La formule du transport à la civière est la même que celle du transport à la brouette et s'établit de la même manière.

$$x = \frac{2p}{\mathrm{LC}}\ \mathrm{D}.$$

p représente ici le prix total de la journée des deux ouvriers porteurs ; L = 30 000 mètres ; et le cube du chargement est généralement C = 0^{mc}066.

Cette formule sert à déterminer le prix du transport des gros moellons, libages, moellons piqués et pierres de taille d'un poids médiocre.

22. RELAIS A LA BROUETTE. — On appelle *relais* la distance à laquelle un ouvrier rouleur peut conduire une brouette à charge et la ramener à vide, pendant que l'on effectue le chargement d'une autre brouette. Le rouleur doit toujours trouver une brouette pleine lorsqu'il en ramène une vide.

Le temps employé à parcourir le relais dépend de la longueur de ce relais ; celui employé au chargement dépend de la capacité de la brouette. Il y a donc une relation entre la longueur du parcours et la capacité de la brouette. Pour trouver cette relation, il suffit de comparer le temps nécessaire au chargement d'une brouette avec celui employé au relais.

Soit toujours C le cube ou la capacité d'une brouette et appelons q la quantité de mètres cubes qu'un terrassier peut fouiller et charger dans une journée. Le temps nécessaire pour charger 1 mètre cube sera $\frac{1}{q}$ jour, et le temps qu'il faudra employer pour le chargement d'une brouette sera $\frac{C}{q}$ jour.

Soit R le relais, c'est-à-dire le trajet à parcourir pendant le chargement ; l'aller et le retour sera 2R.

Puisque le brouetteur parcourt L mètres dans 1 jour, il parcourt 1 mètre dans $\frac{1}{L}$ jour ; il parcourra donc 2R mètres dans $\frac{2R}{L}$ jour. Par conséquent, pendant le chargement, le rouleur emploiera, pour aller et revenir, un temps exprimé par $\frac{2R}{L}$ jour.

Ainsi, nous avons :

Temps nécessaire au chargement d'une brouette. . $\frac{C}{q}$ jour.

Temps nécessaire pour effectuer le trajet du relais. $\frac{2R}{L}$ jour.

Égalant ces deux quantités, il vient

$$\frac{C}{q} = \frac{2R}{L}$$

D'où l'on déduit

$$R = \frac{LC}{2q}. \tag{C}$$

En admettant

$$L = 25\,000, \quad q = 15 \text{ et } C = 0,04,$$

il vient

$$R = \frac{25\,000 \times 0,04}{2 \times 15} = \frac{1\,000}{30} = \frac{100}{3} = 33 \text{ mètres.}$$

D'où il résulte que les relais ne doivent pas dépasser 33 mètres en terrain horizontal. On donne généralement 30 mètres pour la longueur des relais.

Quand le trajet qu'il y a lieu de faire pour transporter les déblais dépasse un relais de 30 mètres, il faut plusieurs brouetteurs pour tenir tête au chargeur ; on divise alors l'espace à parcourir en un certain nombre de relais où il y a échange de brouettes, et chaque rouleur n'a plus à parcourir qu'une distance de 30 mètres.

Nous ferons remarquer qu'il n'y a pas de temps perdu dans les transports en brouette, attendu qu'un rouleur peut immédiatement remplacer celui qui a terminé son relais et qu'il n'y a qu'échange d'une brouette pleine contre une vide. On a d'ailleurs soin d'avoir, au point de chargement, un assez grand nombre de brouettes pour que plusieurs d'entre elles soient chargées d'avance.

Nous avons supposé que la terre mise dans les brouettes était fouillée et chargée par un seul terrassier ; or, s'il fallait plusieurs ouvriers pour piocher et charger, il est évident que le prix seul de la charge augmenterait, mais que le prix de transport resterait le même et que la longueur du relais ne changerait pas, attendu que le travail de ces ouvriers aboutirait toujours à charger une brouette pendant que le rouleur ferait son trajet de 30 mètres, aller et retour.

23. Transport au tombereau. — Soient en général :

P, le prix de la journée du moteur, c'est-à-dire le prix du tombereau à un ou plusieurs chevaux, conducteur compris ;

D, la distance réduite du trajet ;

C, le chargement de la voiture, exprimé en parties de mètre cube ou en nombre de pavés d'échantillon, de fascines, bottes de piquets, etc. ;

L, le parcours journalier de la voiture marchant sans interruption et faisant la moitié du trajet à charge et l'autre moitié à vide ;

d, la distance répondant au temps perdu pendant le désattelage et le réattelage ;

x, le prix du transport à la distance D.

Puisque le moteur parcourt L mètres dans un jour, il parcourra 1 mètre dans $\dfrac{1}{L}$ jour.

Le parcours étant D, ou l'aller et le retour étant 2D, et le temps perdu pendant le désattelage et le réattelage étant exprimé par une longueur d, le parcours de chaque voyage sera représenté par $2D + d$.

Le temps employé à chaque voyage sera donc

$$(2D + d)\,\frac{1}{L} \quad \text{ou} \quad \frac{2D + d}{L}.$$

Or dans un voyage le moteur transporte C mètres cubes ; donc, pour transporter 1 mètre cube, il mettra un temps exprimé par $\dfrac{2D + d}{LC}$ jour.

Le prix de la journée étant P, le prix de 1 mètre cube transporté à la distance D sera donc :

$$x = \frac{P\,(2D + d)}{LC}. \tag{D}$$

Telle est la formule générale du transport au tombereau, c'est la formule indiquée dans tous les devis de l'administration des ponts et chaussées.

De cette formule on déduit celle du transport à la brouette, en négligeant la distance d, répondant au temps perdu.

Lorsque la distance à parcourir ne dépasse pas 500 mètres, on ne met généralement qu'un cheval à chaque voiture, ce système étant souvent le plus économique. Ainsi, on suppose ordinairement que, pour les déblais de terre de toute nature, les transports s'effectuent par une voiture à un cheval.

On ne met deux chevaux qu'autant qu'il y a beaucoup à monter ou que, le chargement du tombereau étant considérable, un seul cheval fatiguerait trop pour le traîner. Ainsi, on suppose que, pour les tombereaux contenant plus de 1 mètre cube ou chargés de pavés, moellons, pierres calcaires, etc., on emploie une voiture à deux chevaux.

Il est admis que, lorsqu'un tombereau arrive au point de chargement, il doit s'en trouver un autre tout chargé, de sorte qu'il n'y a qu'à désatteler et à réatteler les chevaux. Mais il arrive souvent que cette manœuvre ne s'exécute pas et que le charretier attend que son tombereau soit plein pour recommencer son voyage. Dans ce cas, le temps perdu par le charretier et les chevaux dépend du nombre des chargeurs ; mais, quel que soit ce nombre, le temps perdu est presque toujours plus grand que celui nécessaire pour le désattelage et le réattelage. Il est donc toujours préférable d'avoir un tombereau en charge à la fouille pendant que le charretier conduit les terres à la décharge. Il faut d'ailleurs que les chargeurs ne se reposant pas pendant le trajet du tombereau ; par conséquent, le temps employé au chargement doit être égal au temps employé à parcourir le relais et au déchargement, plus au temps perdu.

Faisons maintenant une application pour le transport par une voiture à un cheval et pour le transport à une voiture à deux chevaux.

1° Supposons qu'il s'agisse de déterminer le prix du transport de 1 mètre cube de déblai au moyen d'une voiture à un cheval.

Un cheval attelé à un tombereau peut traîner un poids de 1 000 kilogrammes ; et comme le poids de 1 mètre cube de terre franche est de 1 400 kilogrammes, le volume C que le cheval pourra transporter par voyage sera donc $\frac{1\,000}{1\,400} = 0^m70$.

Le temps perdu au désattelage, réattelage et autres manœuvres est ordinairement, pour une voiture à un cheval, de dix minutes ou $0^h167 = 0^j017$. Or le moteur parcourt $L = 30\,000$ mètres par jour : de sorte qu'il parcourrait pendant le temps perdu une distance de

$$d = 30\,000 \times 0{,}017 = 510 \text{ mètres.}$$

Nous ferons $d = 500$ mètres.

Le prix de la journée de la voiture à un cheval, conducteur compris, varie suivant les temps et les localités. Nous le supposerons de 8 francs.

Donc, pour les déblais de toute nature, sable, chaux éteinte, jard, etc., on aura :

$$P = 8^f00, \quad d = 500, \quad C = 0^m70 \text{ et } L = 30\ 000 \text{ mètres}$$

Et la formule de transport deviendra :

$$x = \frac{P\ (2D + d)}{LC} = \frac{8\ (2D + 500)}{30\ 000 \times 0,70} = \frac{16}{21\ 000}\ D + \frac{4\ 000}{21\ 000},$$

d'où

$$x = \frac{4}{21} + \frac{16}{21\ 000}\ D = 0^f19 + 0,000\ 76\ D.$$

2° Déterminons maintenant le prix du transport de 1 mètre cube de moellons bruts au moyen d'une voiture à deux chevaux.

Le poids de 1 mètre cube de moellons bruts étant de 1 350 kilogrammes et les deux chevaux attelés ensemble pouvant traîner chacun 800 kilogrammes, ou ensemble 1 600 kilogrammes, il en résulte que le volume C qui pourra être transporté par voyage sera $C = \dfrac{1\ 600}{1\ 350} = 1^m 20$.

Le temps perdu au désattelage et réattelage d'une voiture à deux chevaux est de 17 minutes ou $0^h 28$. Or, la journée étant de dix heures de travail effectif, le temps perdu sera exprimé par 0^j028. Mais la voiture parcourant 36 000 mètres par jour elle parcourrait pendant le temps perdu une distance de 36000 $\times$ 0,028, c'est-à-dire 1 000 mètres. Ainsi

$$d = 1\ 000 \text{ mètres.}$$

En supposant le prix de la voiture à deux chevaux, conducteur compris, égal à 13 francs, il viendra pour le transport des moellons bruts :

$$P = 13 \text{ francs}, \quad d = 1\ 000 \text{ mètres}, \quad C = 1\ 20 \text{ et } L = 36\ 000 ;$$

et la formule de transport deviendra :

$$x = \frac{P\,(2D+d)}{LC} = \frac{13\,(2D+1\,000)}{36\,000 + 1,20} = \frac{13\,000}{43\,200} + \frac{26}{43\,200}\,D.$$

d'où

$$x = 0^f\,30 + 0,000\,60\ D.$$

On voit par ces deux exemples la manière dont il faut s'y prendre pour déterminer les quantités C et d, quantités qui varient avec la nature du chargement. Quant à la valeur de L, on admet qu'elle est de 30 000 mètres pour une voiture à un cheval, de 36 000 pour une voiture à deux chevaux, et de 40 000 pour une voiture à trois chevaux.

24. RELAIS AU TOMBEREAU. — Pour déterminer la longueur du relais au tombereau, il faut comparer le temps employé au chargement avec celui employé au parcours du relais et au désattelage et réattelage, plus au chargement. On aura ainsi une égalité de laquelle on déduira la valeur des relais.

Désignons par C le cube du chargement d'un tombereau, et par q la quantité de mètres cubes qu'un ouvrier peut charger en un jour. Cet ouvrier chargera 1 mètre cube dans $\frac{1}{q}$ jour, et il chargera le tombereau dans $\frac{C}{q}$ jour. S'il y a H ouvriers chargeurs, ils chargeront le tombereau dans $\frac{C}{Hq}$ jour. Tel est le temps employé à la charge du tombereau.

Désignons par R la longueur du relais, l'aller et retour sera 2R. Le temps perdu pour le désattelage et le réattelage étant représenté par une longueur d, le parcours de chaque voyage sera $(2R + d)$. Or la voiture parcourt L mètres dans 1 jour ; elle parcourra donc la distance $(2R + d)$ dans $\frac{2R + d}{L}$ jour.

Appelons θ le temps nécessaire au déchargement par le basculement de la caisse du tombereau.

Le temps total employé au parcours du relais et au désattelage et réattelage, plus au déchargement sera donc

$$\frac{2R}{L} + \frac{d}{L} + \theta$$

et nous pourrons poser l'égalité

$$\frac{C}{Hq} = \frac{2R}{L} + \frac{d}{L} + \theta.$$

d'où l'on déduit

$$R = \frac{L}{2}\left(\frac{C}{Hq} - \frac{d}{L} - \theta \right) \tag{E}$$

Telle est la formule générale qui donne la valeur du relais.

Dans cette formule, nous ferons $q = 12$, car on admet que la quantité de terre qu'un ouvrier peut charger en tombereau dans 1 jour est de 12 mètres cubes. Nous ferons $\theta = 0^{j},0033$, parce que le temps employé au basculement de la caisse est de 2 minutes ou $0^{h}033$, ce qui représente $0^{j},0033$ pour une journée de dix heures de travail. Enfin, nous prendrons $C = 0,500$ et $L = 30\ 000$.

Nous allons maintenant faire plusieurs hypothèses sur cette formule.

1° Supposons que le transport soit effectué par un seul tombereau pendant qu'un homme charge un autre tombereau à l'atelier. La formule ci-dessus nous donnera :

$$R = \frac{30\ 000}{2}\left(\frac{0,500}{1 \times 12} - \frac{500}{30\ 000} - 0,0033 \right),$$

d'où

$$R = 15\ 000\ (0,042 - 0,017 - 0,0033),$$

d'où

$$R = 15\ 000 \times 0,022 = 330\ \text{mètres.}$$

Ce résultat nous fait voir que, si la distance à parcourir dépassait 330 mètres, le chargeur ne se trouverait plus suffisamment occupé. Dans ce cas, on tiendrait tête au chargeur en effectuant les transports au moyen de deux tombereaux attelés chacun à un cheval, mais seulement jusqu'à une distance de 500 mètres, car nous allons voir qu'au delà de cette distance le charretier doit rester seul pour faire lui-même le chargement de sa voiture.

Pour savoir s'il y aurait lieu de mettre deux chargeurs pour une distance inférieure à 330 mètres, il faut dans la formule (E) faire H = 2, et l'on trouve R = 15 mètres. Or, comme on ne se sert pas du tombereau pour une distance si petite, il en résulte qu'il n'y aura qu'à mettre un chargeur pour tenir tête au charretier jusqu'à la distance de 330 mètres, et en supposant toujours le transport effectué par un seul tombereau.

2° Supposons maintenant que les transports soient effectués par deux tombereaux attelés chacun à un cheval, ce qui fait qu'il n'y aura pas de temps perdu pour le désattelage et le réattelage. Dans ce cas, la formule (E) se simplifie et devient

$$R = \frac{L}{2}\left(\frac{C}{Hq} - \theta\right). \qquad (F)$$

Comme on n'emploie pas plus de trois hommes au chargement d'un tombereau, parce qu'un plus grand nombre de chargeurs se gêneraient entre eux, nous donnerons successivement à H les valeurs 3, 2 et 1. Nous prendrons L=30 000 ; q=12 ; C = 0,500 et θ = 0,0033 et la formule ci-dessus nous donnera :

Pour H=3 chargeurs :

$$R = \frac{30\,000}{2}\left(\frac{0{,}50}{3 \times 12} - 0{,}0033\right) = 15\,000 \times 0{,}0106 = 159 \text{ mètres;}$$

Pour H=2 chargeurs :

$$R = \frac{30\,000}{2}\left(\frac{0{,}50}{2 \times 12} - 0{,}0033\right) = 15\,000 \times 0{,}0175 = 262 \text{ mètres ;}$$

Pour $H = 1$ chargeur :

$$R = \frac{30\,000}{2} \left(\frac{0,500}{12} - 0,0033 \right) = 15\,000 \times 0,0384 = 576\,\text{mètres}.$$

On tire de ces résultats les conclusions suivantes :

Avec trois hommes à la charge, le charretier peut parcourir un relais de 150 mètres au plus ; avec deux chargeurs, le relais peut avoir 250 mètres de longueur au plus ; avec un seul chargeur, le relais peut atteindre 500 mètres ; au delà de 500 mètres, le chargeur ne se trouverait pas suffisamment occupé pendant le parcours du relais, et dans ce cas le charretier doit rester seul et faire le chargement lui-même.

D'après ce que nous venons de dire, il sera facile de déterminer le nombre d'hommes à placer au chargement en raison de l'espace à parcourir par les tombereaux. Ainsi, lorsque la distance ne dépassera pas 150 mètres, on mettra trois chargeurs ; pour un relais de 250 mètres, il faudra deux chargeurs ; à partir de 250 mètres, on ne mettra qu'un seul chargeur ; et au delà de 500 mètres, le charretier devra faire lui-même le chargement.

3° Supposons que les transports soient effectués par trois tombereaux attelés chacun à un cheval. Dans ce cas, deux tombereaux doivent être chargés à l'atelier dans l'intervalle du temps employé par le troisième tombereau à parcourir le relais. Pour savoir à quelle distance on pourra employer trois tombereaux, il faudra remplacer dans la formule (F) la quantité C par une valeur double, c'est-à-dire par 2 C, et l'on aura

Pour 3 chargeurs

$$R = \frac{30\,000}{2} \left(\frac{2 \times 0,50}{3 \times 12} - 0,0033 \right) = 15\,000 \times 0,025 = 375\,\text{mètres}$$

Enfin, si l'on voulait employer quatre, cinq ou six, etc., tombereaux aux transports, il faudrait remplacer dans la formule (F) la quantité C par des valeurs triples, quadruples, quintuples, etc., et on en déduirait la longueur du relais. Ainsi, pour quatre tombereaux et trois chargeurs, on trouverait :

$$R = \frac{30\,000}{2}\left(\frac{3 \times 0,50}{3 \times 12} - 0,0033\right) = 15\,000 \times 0,038 = 570 \text{ mètres.}$$

On conclurait de ces résultats qu'avec trois hommes à la charge, on peut employer deux tombereaux de 159 mètres à 375 mètres et trois tombereaux de 375 mètres à 570 mètres de distance par équipe de chargeurs.

Si nous admettons que la capacité des tombereaux que nous avons désignée par C soit déterminée, tout ce que nous venons de dire est indépendant du nombre des chevaux, puisque cette quantité n'aurait pu varier qu'en raison de ce nombre. Le prix de location du moteur comprend d'ailleurs celui du nombre de chevaux.

La formule (D) du transport au tombereau ne comprend que la dépense du parcours proprement dit et celle du désattelage et du réattelage. Il faudra donc compter à part le chargement et le déchargement.

Puisque nous avons appelé q la quantité de mètres cubes qu'un ouvrier peut charger par jour, cet ouvrier chargera 1 mètre cube dans $\frac{1}{q}$ jour. S'il y a H ouvriers chargeurs, ils chargeront 1 mètre de terre dans $\frac{1}{Hq}$. Si p est le prix de la journée d'un ouvrier chargeur, la dépense du chargement de 1 mètre cube de terre sera $p\,\frac{1}{Hq}$ ou $\frac{p}{Hq}$.

Quant au déchargement, nous avons dit qu'il était de $0^l,0033$ pour $0^{mc}50$; donc le temps employé pour décharger 1 mètre cube sera de 0^l0066 ou, ce qui est la même chose, $\frac{0,0033}{C}$, puisque nous avons supposé C $= 0,500$. La dépense du déchargement sera donc $p \times \frac{0,0033}{C}$.

Supposons qu'au moyen de nos formules, nous ayons

trouvé 0^f22 pour le chargement de 1 mètre cube de terre franche, 0^f05 pour le déchargement et $0^f19 + 0,00076$ D pour le transport, nous écrirons les résultats de la manière suivante :

Prix du chargement. . . . . 0^f22

Prix du transport proprement dit. . . $0,19 + 0,00076$ D.

Prix du déchargement. . . . . $0,05$

Prix total du transport. . . . . $0^f46 + 0,00076$ D.

Au moyen de cette dernière formule établie pour la nature de terre à transporter, on calculerait la dépense d'un volume quelconque de cette terre, chargée, transportée à une distance quelconque et déchargée.

25. COMPARAISON DU TRANSPORT A LA BROUETTE ET DU TRANSPORT EN VOITURE. — Le transport à la brouette est moins onéreux que celui au tombereau, lorsqu'il s'agit de parcourir de petites distances. Le contraire a lieu pour les grandes distances. Il y a donc nécessairement une longueur pour laquelle le prix du transport au tombereau est le même que celui du transport en brouette. Pour obtenir cette longueur, il suffit de poser une égalité entre la formule du transport en brouette et celle du transport au tombereau, puis d'en déduire la distance D, que nous supposerons la même dans les deux formules. Nous aurons donc :

$$\frac{2p}{1000}\, D = \frac{P\,(2D + d)}{LC}.$$

d'où

$$2p\text{LCD} = 2\,000\,\text{PD} + 1000\,\text{P}d,$$

d'où

$$(p\text{LC} - 1000\,\text{P})\text{D} = 500\,\text{P}d\,;$$

donc

$$D = \frac{500\,\text{P}d}{p\text{LC} - 1000\,\text{P}}.$$

En prenant les valeurs P, d, L, C du transport en voiture

à un cheval, on aura $P = 8^f 00$, $d = 500$, $C = 0,70$, $L = 30 000$. Quant au prix du chargeur en brouette, nous prendrons $p = 2^f 40$, et on aura

$$D = \frac{500 \times 8 \times 500}{2^f 40 \times 30 000 \times 0,70 - 1000 \times 8} = 60 \text{ mètres environ.}$$

Ainsi, 60 mètres est la distance limite du transport à la brouette, et c'est alors que doit commencer le transport avec la voiture à un cheval. Cependant on se sert généralement de la brouette jusqu'à la distance de 90 mètres ou trois relais, et même quelquefois jusqu'à 120 mètres ou quatre relais.

Lorsqu'on a des rampes à gravir, on est obligé de prendre une voiture à deux ou trois chevaux pour effectuer les transports. Pour connaître, dans ce cas, la limite à laquelle devra cesser le transport en brouette, il suffit de comparer la formule du parcours en brouette à celle du parcours en voiture à deux ou trois chevaux.

Pour la voiture à deux chevaux, on l'obtiendra, en prenant $C = 0^m 90$ au lieu de $1^m 20$, par rapport aux rampes,

$$\frac{2p}{1000} D = \frac{P (2D + d)}{LC},$$

d'où

$$\frac{2 \times 2^f 40}{1000} D = \frac{13 (2D + 1000)}{36 000 \times 0,90},$$

d'où

$$D = \frac{500 \times 13 \times 1000}{2,40 \times 36 000 \times 0,90 - 1000 \times 13} = 100 \text{ mètres environ.}$$

On trouverait que la limite du transport en brouette pour une voiture à trois chevaux serait d'environ 120 mètres.

On admet que, pour les voitures à trois colliers, chaque cheval peut traîner un poids de 700 kilogrammes, ou ensemble 2 100 kilogrammes. On calcule d'après cela la valeur C du chargement d'une voiture à trois chevaux.

26. TRANSPORT AU CAMION. — Le camion n'est autre chose qu'un haquet ou petite voiture à deux roues traînée par trois hommes dont deux sont placés à l'avant, entre les bras du brancard, et le troisième à l'arrière. La contenance de la caisse du camion est de 200 litres, c'est-à-dire $0^{mc}200$.

Les ouvriers occupés à traîner le camion s'appellent *camionneurs* et le transport effectué au moyen de ce véhicule prend le nom de *camionnage*.

Pour établir la formule applicable à ce mode de transport, nous désignerons par P le prix de la journée du moteur ; par D la longueur du parcours ; par d la distance répondant au temps employé pour s'attacher au camion, le décharger et le remettre en marche ; par L le parcours journalier du moteur, et par x le prix du transport de 1 mètre cube à la distance D. En répétant les raisonnements que nous avons faits pour le transport au tombereau, nous trouverons toujours :

$$x = \frac{P(2D + d)}{LC} = \frac{Pd}{LC} + \frac{2P}{LC}D.$$

Dans cette formule, on aura :

P = le prix de la journée des trois camionneurs. Chacun d'eux étant payé 2 fr. 40, les trois hommes seront payés ensemble $2^f 40 \times 3 = 7^f 20 = P$;

L = 30 000 mètres ; c'est le parcours journalier du camion marchant sans interruption et faisant la moitié du trajet à charge et l'autre moitié à vide ;

C = $0^{mc}200$; c'est le chargement de la voiture ;

d = la distance répondant au temps employé à l'attelage et au déchargement. Or ce temps est évalué à 72 secondes ou $0^h02 = 0^j,002$, ce qui correspond à une distance

$$d = 30\,000 \times 0,002 = 60 \text{ mètres.}$$

Donc

$$x = \frac{7^f 20 \times 60}{30\,000 \times 0,20} + \frac{2 \times 7^f 20}{30\,000 \times 0,20}D.$$

d'où

$$x = \frac{432}{6\,000} + \frac{14,40}{6\,000}\,D = 0^f072 = 0^f0024\,D.$$

27. **Relais au camion.** — Lorsque les transports à faire au camion sont importants, on partage l'espace à parcourir en plusieurs relais. Or, comme le temps employé à faire le trajet de chaque relais doit être égal à celui du chargement du camion, nous pourrons trouver facilement la longueur à donner à chaque relais.

Désignons toujours par q le nombre de mètres cubes de terre franche qu'un ouvrier terrassier peut charger dans une journée de dix heures de travail. Cet ouvrier chargera 1 mètre cube dans $\frac{1}{q}$ jour, et s'il y a H chargeurs, le temps employé pour charger 1 mètre cube sera $\frac{1}{Hq}$; donc, le temps nécessaire au chargement du camion sera $\frac{C}{Hq}$.

R étant la longueur du relais, le parcours de chaque voyage sera $2\,R + d$. Donc le temps employé à chaque voyage sera $\frac{2\,R + d}{L}$, et nous aurons l'égalité

$$\frac{C}{Hq} = \frac{2\,R + d}{L},$$

d'où l'on déduit

$$R = \frac{1}{2}\left(\frac{LC}{Hq} - d\right).$$

Généralement le camion est chargé par deux terrassiers, de sorte que $H = 2$. On admet aussi $q = 15$ mètres, et la formule devient alors

$$R = \frac{1}{2}\left(\frac{30\,000 \times 0,20}{2 \times 15} - 60\right),$$

d'où l'on déduit

$$R = 70\ \text{mètres.}$$

Pour les autres relais, on peut négliger le temps perdu, et il vient

$$R = \frac{LC}{2Hq} = \frac{LC}{4q} = \frac{6\,000}{60} = 100 \text{ mètres.}$$

Ainsi le dernier relais sera de 70 mètres et les autres seront de 100 mètres.

28. COMPARAISON DU TRANSPORT EN BROUETTE ET DU TRANSPORT AU CAMION. — Pour connaître la distance à laquelle le camion peut être préféré à la brouette, il suffit de poser une égalité entre les formules de transport de chacun de ces deux modes, et d'en déduire la distance D.

Nous aurons donc $\dfrac{2pD}{1\,000} = \dfrac{2PD}{LC} + \dfrac{Pd}{LC}$, d'où, en résolvant l'équation par rapport à D, on trouvera

$$D = \frac{500\,Pd}{pLC - 1\,000\,P} = \frac{500 \times 7,20 \times 60}{2,40 \times 30000 \times 0,20 - 1000 \times 7,20} = \frac{21\,600}{7200} = 30 \text{ mètres.}$$

Ainsi, au delà de 30 mètres, on doit donner la préférence au camion sur la brouette. Cependant, lorsque les transports se font sur deux rampes, le camion n'est pas plus avantageux que la brouette, et si on lui donne la préférence sur la brouette, ce ne peut être que lorsque les transports ont lieu sur un terrain à peu près horizontal, ou en pente faible.

29. COMPARAISON DU TRANSPORT AU TOMBEREAU ET DU TRANSPORT AU CAMION. — Pour connaître la limite à laquelle on doit laisser le camion et prendre le tombereau, il faut comparer entre elles les deux formules de transport.

La formule du transport à un cheval est

$$x = \frac{P\,(2D + d)}{LC} = \frac{8^f\,00\,(2D + 500)}{30\,000 \times 0,70} \,;$$

celle du transport au camion est

$$x = \frac{P\,(2D + d)}{LC} = \frac{7,20\,(2D + 60)}{30\,000 \times 0,20}.$$

On aura donc

$$\frac{8\,(2D + 500)}{30\,000 \times 0,70} = \frac{7,20\,(2D + 60)}{30\,000 \times 0,20}.$$

Et en résolvant cette équation par rapport à D, on trouve

$$D = 71 \text{ mètres},$$

Ainsi, vers 60 mètres, on pourrait prendre le tombereau à un cheval de préférence au camion.

Mais nous ferons remarquer que, lorsqu'il y a lieu de comparer le camion au tombereau, on geut parfaitement négliger le temps passé au déchargemet du camion, et qu'alors on peut poser

$$\frac{8\,(2D + 500}{30\,000 + 0,70} = \frac{7,20 \times 2D}{30\,000 \times 0,20},$$

d'où l'on déduit D=120 mètres. Ainsi on ne devra laisser le camion pour prendre le tombereau que vers 120 mètres.

30. TRANSPORTS SUR DES RAMPES. — Les formules que nous avons établies pour déterminer les prix du mètre cube de matériaux transportés en brouette, civière, tombereau et camion ne s'appliquent qu'à des distances horizontales. Il résulte de là que, si on rencontre des rampes dans le parcours, il y a lieu de transformer la longueur de chaque rampe en une distance horizontale équivalente.

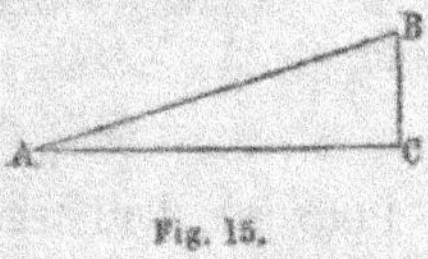

Si l'on considère une rampe AB (fig. 15) ayant pour longueur horizon-

Fig. 15.

tale la ligne AC et pour hauteur verticale la ligne BC,

on dit que la ligne AC est la projection horizontale de la rampe AB, et que la hauteur BC en est la projection verticale.

Cela posé, nous distinguerons le cas où les transports sur des rampes ont lieu en brouette et celui où ils ont lieu au tombereau.

31. Transport en brouette sur des rampes. — Lorsque les transports sur des rampes se font à la brouette ou au camion, il est d'usage de donner aux rampes une pente de 0^{m}08 par mètre, c'est-à-dire une inclinaison d'un douzième. L'expérience a démontré qu'un parcours quelconque sur une rampe ainsi établie est équivalent à une fois et demie la projection horizontale de ce parcours. Ainsi, un parcours en rampe ayant 1 mètre de longueur en projection horizontale équivaut à un parcours horizontal de 1^{m}50.

Il nous est facile maintenant de déterminer la distance horizontale équivalant à une longueur quelconque de rampe. Pour cela, nous distinguerons trois cas.

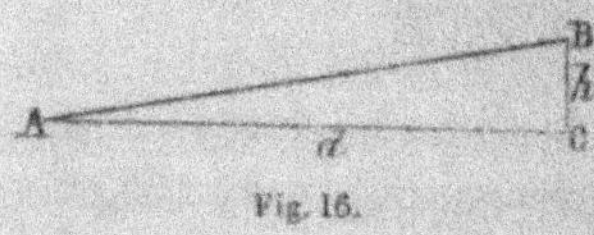

Fig. 16.

1° Supposons qu'une rampe AB (fig. 16) soit établie avec une pente de 0^{m}08 par mètre, c'est-à-dire d'un douzième. On aura

$$h = \frac{d}{12},$$ ou, ce qui est la même chose, $d = 12\,h$.

Or, d'après ce que nous venons de dire, la rampe AB est équivalente en longueur horizontale à une fois et demie sa projection horizontale AC ; donc, en appelant L la longueur horizontale équivalente au parcours AB, on aura

$$L = 1{,}50 \times d = 1{,}50 \times 12h = 18\,h ;$$
donc

$$L = 18h = d + 6h.$$

Pour $h = 1$ mètre, L $= 18$ mètres ; donc aussi : 1 mètre de hauteur verticale correspond à un parcours horizontal de 18 mètres.

2° Supposons qu'une rampe AD (fig. 17) soit établie avec une pente supérieure à 0^m08 ; on aura alors $h > \dfrac{d}{12}$ ou $d < 12h$.

On adoucira alors la rampe AD, en rapportant des remblais et en prolongeant la rampe jusqu'en B, de manière que la ligne BD ait une inclinaison de 0^m08 par mètre. On se trouvera ainsi placé dans le premier cas, et le parcours en rampe de la ligne BD sera encore équivalent à une distance horizontale de $18h$.

Fig. 17.

3° Il peut arriver aussi que la rampe à gravir AC (fig. 18) ait une inclinaison inférieure à 0^m08, et que la hauteur h soit plus petite que $\dfrac{d}{12}$. Dans ce cas, on supposera une ligne CB tracée avec une déclivité de 0^m08 par mètre, et le parcours de cette ligne BC sera équivalent à un parcours horizontal de

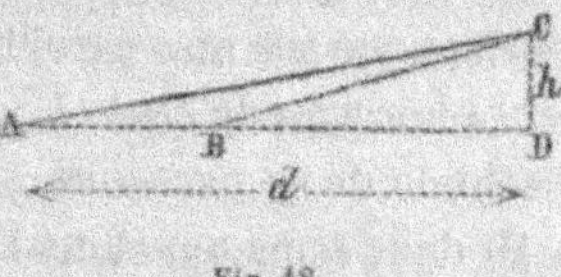

Fig. 18.

$$BD + 6h.$$

Et le parcours total de A en C sera représenté par une distance horizontale équivalant à

$$AB + BD + 6h.$$

c'est-à-dire

$$d + 6h.$$

Nous ferons remarquer que si, au lieu d'admettre des rampes de 0^m08 pour les transports en brouette, on admettait des rampes de 0^m10, le parcours de chaque rampe serait toujours équivalent à un parcours horizontal égal à une fois et demie la projection horizontale de cette rampe. Si donc nous appelons L le parcours en rampe inclinée à un dixième,

d la projection horizontale de la rampe et h sa hauteur, nous aurions

$$d = 10h.$$

$$L = 1,50d = 1,50 \times 10h = 15h\,;$$

donc

$$L = 15h = d + 5h.$$

On ne tient pas compte des rampes lorsqu'elles sont au-dessous d'un quarantième.

32. Transports au tombereau sur des rampes. — Lorsque les transports s'effectuent au tombereau, on suppose les rampes établies avec une pente d'un vingtième, c'est-à-dire de 0^m05 par mètre. On admet dans ce cas qu'un parcours quelconque sur une pareille rampe est équivalent à une distance horizontale égale à une fois et demie la projection horizontale de ce parcours.

Si donc nous appelons L le parcours incliné de la rampe, d la projection horizontale de ce parcours et h sa hauteur, nous aurons

$$d = 20h.$$

et

$$L = 1,50d = 1,50 \times 20h = 30h\,;$$

donc

$$L = 30\,h = d + 10h.$$

33. Manière de compter les transports dans les terrassements. — Les transports des terrassements exécutés aux travaux d'Amboise ont été comptés suivant la ligne la plus courte entre le centre de gravité du déblai et celui du remblai.

La distance qui en résultait était considérée comme formée de trois parties distinctes : distance du centre de gravité de la fouille du bord de la fouille au bord du terrain à remblayer, et distance de ce dernier point au centre de gravité du remblai.

La première se déterminait en ajoutant à la distance horizontale du centre du déblai au bord de la fouille dix fois la hauteur verticale de ce bord au-dessus de ce centre.

La deuxième était la distance du bord du déblai au bord du remblai mesurée horizontalement ; mais si, dans le parcours, il se rencontrait une rampe inclinée à plus de 0^m05 par mètre, la distance précédente était augmentée de cinq fois la hauteur de la rampe mesurée verticalement.

La troisième était la distance du bord du remblai au centre de gravité de ce remblai, et si ce centre était en contrehaut du bord, on ajoutait à la distance horizontale dix fois la hauteur verticale.

34. TRANSPORT VERTICAL AU BOURRIQUET. — Lorsqu'il s'agit de creuser un puits ou bien une mine, l'enlèvement des terres se fait au bourriquet.

Le bourriquet se compose d'une caisse ou panier que l'on remplit de terre et d'un treuil qui sert à monter le panier.

Le treuil a ordinairement 1 mètre de longueur et 0^m20 de diamètre. La corde qui s'enroule sur le treuil a 0^m03 de grosseur, et la contenance du panier ou de la caisse est de $0^{mc}033$.

La manœuvre de cette machine exige ordinairement cinq hommes, savoir : un pour remplir le panier, deux pour tourner la manivelle et deux autres pour décrocher la caisse et la vider. Ces quatre derniers alternent, parce que les deux hommes employés à la manivelle fatigueraient trop s'ils y restaient plus d'une heure de suite.

Pour établir la formule du transport au bourriquet, nous désignerons par

P, le prix de la journée du moteur, c'est-à-dire des ouvriers ;

H, la hauteur à laquelle on doit monter les matériaux ;

h, la hauteur que le panier pourrait parcourir pendant le temps du déchargement du panier ;

C, la capacité du panier ou de la caisse ;

L, la hauteur parcourue en une journée, en montant la

moitié du trajet à charge et en descendant l'autre moitié à vide ;

x, le prix du montage de 1 mètre cube à la hauteur H.

En faisant un raisonnement semblable à celui que nous avons fait pour établir la formule du transport au tombereau, nous trouverons

$$x = \frac{P\,(2H + h)}{LC}.$$

L'expérience a appris que le parcours journalier à la descente d'une caisse contenant $0^{mq}033$ était de 11 420 mètres, et que le parcours de cette même caisse à la remonte était de 8 580 mètres ; d'où il résulte que

$$L = \frac{8\,580 + 11\,420}{2} = \frac{20\,000}{2} = 10\,000 \text{ mètres.}$$

Le temps passé pour vider la caisse, l'accrocher et la décrocher est de 65 secondes, ou $0^h018 = 0^j0018$, ce qui correspond à un parcours de $10\,000 \times 0,0018 = 18$ mètres. Ainsi on a

$$x = P\left(\frac{2H + 18}{10\,000 \times 0,033}\right) = P\left(\frac{H + 9^m00}{5\,000 \times 0,033}\right).$$

P est le prix total de la journée des cinq ou six manœuvres occupés au bourriquet.

35. **TRANSPORT AU WAGON.** — Lorsque la distance à parcourir dépasse 300 mètres, il y a économie à renoncer à l'emploi des tombereaux et à effectuer les transports au moyen de wagons traînés par des chevaux. On ne se sert guère de locomotive pour remorquer les wagons que lorsque la longueur du parcours est de 3 000 mètres.

Les transports au wagon ont fait naître un nouvel élément dont il faut tenir compte : c'est l'établissement de la voie en fer. Cet établissement est d'autant plus onéreux que la longueur du parcours est plus grande ; aussi la quantité de déblai à transporter pour compenser les frais d'installation doit être en raison directe de la distance à parcourir.

Pour connaître la distance à laquelle on doit commencer les transports au wagon, il suffit de comparer entre eux les frais de transports résultant des différents modes à employer. On doit, bien entendu, faire entrer en ligne de compte le prix de la voie de fer provisoire, prix qui est lui-même une fonction de la distance à parcourir.

Avant de donner les formules dont on se sert pour calculer les prix de transports en wagon, nous dirons qu'au chemin de fer de Paris à Saint-Germain le transport des déblais s'est fait au moyen de wagons traînés par des chevaux et ensuite par des locomotives.

Le prix du transport en wagons remorqués par des chevaux se composait ainsi :

Transport proprement dit à 100 mètres. . . .   0f,020
Réparation et graissage des wagons.   0,008
Dépréciation.   0,003
                                                ───────
                 Total par mètre cube. 0f,031

La décharge est revenue par mètre courant à 0f,13, en y comprenant les chevaux qui conduisaient les wagons.

La distance du transport était de 1 000 à 1 500 mètres.

Lorsque la distance des transports était de 3 000 mètres, on employait des locomotives pour remorquer les wagons. Dans ce cas, le transport proprement dit, c'est-à-dire le salaire des mécaniciens, les frais de combustible et de réparation coûtaient :

Le mètre cube. 0f,010
La réparation des wagons.   0,024
Et leur dépréciation.   0,003
                                                ───────
                 Total par mètre cube. 0f,037

La décharge des wagons traînés par les locomotives a coûté :

Pour les chevaux occupés à conduire les wagons du lieu où les déposaient les locomotives jusqu'à la décharge et à les ramener. . . . . . . 0^f,18
Pour les ouvriers. . . . . 0 ,08

Total. . . . . 0^f,26

On voit, d'après cela, qu'il y a avantage, quand on n'est pas pressé, à employer les chevaux à remorquer les wagons.

Le prix de location de 1 mètre linéaire de voie, y compris pose, dépose, transport et dépréciation, varie de 6^f 50 à 8^f 50.

Pour déterminer le prix du transport de 1 mètre cube de terrassements au moyen de wagons traînés par des chevaux, on se sert des formules suivantes :

1° Pour les voies neuves :

$$x = \frac{L + 800}{V} \times 2{,}50 + 0{,}25 + 0{,}000\,45\,D \pm 0{,}02\,DI ; \qquad (1)$$

2° Pour les voies ayant déjà servi :

$$x = \frac{L + 800}{V} \times 2{,}00 + 0{,}25 + 0{,}000\,45\,D \pm 0{,}02\,DI ; \qquad (2)$$

dans lesquelles :

x, représente le prix du mètre cube de terrassements ou de ballast transporté ;

L, la longueur cumulée du déblai et du remblai, exprimée en mètres ;

V, le volume transporté, en mètres cubes. C'est le volume total à exploiter avec les mêmes voies ;

D, la distance horizontale des centres de gravité du déblai et du remblai, exprimée en mètres ;

I, déclivité ou inclinaison moyenne par mètre des voies posées (+ pour les rampes et — pour les pentes).

Ces formules comprennent les mains-d'œuvre supplémentaires pour chargement et déchargement, les faux frais, le bénéfice de l'entrepreneur, la fourniture des wagons et des voies formées de bandes de fer de 0,075 sur 0,02, posées de champ, sans coussinets, sur de petites traverses ; elles ne comprennent pas les frais de fouille.

Application. — Quel est le prix de 1 mètre cube de terrassement transporté au moyen des wagons traînés par des chevaux sur voies provisoires horizontales à une distance de 2 000 mètres, la longueur cumulée des déblais et des remblais étant de 3 000 mètres ? On suppose que le cube total à exploiter est de 50 000 mètres.

La formule n° 1 ci-dessus nous donne

$$V = 50\ 000 \text{ mètres} ; L = 3\ 000 ; D = 2\ 000 \text{ et } I = O.$$

donc

$$x = \frac{3\ 000 + 800}{50\ 000} \times 2,50 + 0,25 + 0,000\ 45 \times 2\ 000.$$

d'où

$$x = \frac{3\ 800}{50\ 000} \times 2,50 + 0,25 + 0,90,$$

$$x = \frac{76}{1000} \times 2,50 + 1,15 = 0,19 + 1,15 = 1^f\ 34,$$

Autres formules. — Le prix du mètre cube de déblais, fouillés, chargés, transportés en wagon, déchargés et régalés, est donné par la formule :

$$x = \frac{12,78\ D + 236}{V} + 0,000\ 192\ D + 0,528. \tag{3}$$

dans laquelle D représente la distance du transport exprimée en mètres, et V le volume transporté, en mètres cubes.

Cette formule comprend :

1° La moins-value et intérêt du capital d'établissement des voies provisoires, que l'on représente par $\dfrac{5,22\ D + 236}{V}$;

2° Les frais de pose et de déplacement des voies $\dfrac{7,56\,D}{V}$;

3° L'intérêt du capital d'achat des wagons, entretien et graissage des wagons, représentés par $0,000\,0436\,D + 0,055$;

4° Les frais d'ouverture de la tranchée, évalués à $0^f\,076$;

5° La fouille de 1 mètre cube de déblais évaluée à $0^f\,144$;

6° Les frais de chargement par mètre cube, $0^f\,161$;

7° Les frais de traction, $0,000\,116\,7\,D + 0^f\,035$;

8° Les frais de déchargement de 1 mètre cube, $0^f\,057$;

9° Les frais d'entretien des voies, $0^f,000\,031\,5\,D$.

Si dans la formule (3) ci-dessus on ajoute un dixième de bénéfice pour l'entrepreneur, le prix du transport de 1 mètre cube sera, en simplifiant,

$$x = \frac{14\,D + 260}{V} + 0,000\,211\,D + 0,58. \qquad (4)$$

Au chemin de fer de Lausanne à Fribourg, les transports au wagon avec chevaux sur voie provisoire étaient réglés d'après les formules suivantes:

1° Pour des rampes n'excédant pas $0^m\,006$ par mètre,

$$x = 0,35 + 0,000\,3\,D. \qquad (5)$$

dans laquelle x représente le prix du transport de 1 mètre cube et D la distance du parcours exprimée en mètres ;

2° Pour des rampes supérieures à $0^m\,006$, et jusqu'à la pente maxima de $0^m\,018$,

$$x = 0,35 + 0,000\,3\,(D + 100\,H). \qquad (6)$$

dans laquelle H représente la hauteur à laquelle les remblais sont élevés.

Ces deux formules 5 et 6 comprennent les frais de traction, graissage, entretien des wagons, renouvellement des pièces usées, etc.

Sur le même chemin de fer de Lausanne à Fribourg, les

transports au wagon, avec chevaux, sur voies définitives, étaient réglés d'après les deux formules suivantes :

$$x = 0{,}35 + 0{,}000\,25\ D \tag{7}$$

$$x = 0{,}35 + 0{,}000\,25\ (D + 100\,H). \tag{8}$$

dans lesquelles x représente le prix à déterminer ;

D, la distance à parcourir exprimée en mètres ;

H, la hauteur à laquelle les remblais sont élevés.

Dans les quatre formules 5, 6, 7 et 8 ci-dessus, la constante ($0^f\,35$) est allouée à l'entrepreneur, en sus du transport proprement dit pour chaque mètre cube de déblais, eu égard aux chargements, aux avancements en cunette.

ARTICLE III.

Wagons et voies de fer.

36. WAGONS DE TERRASSEMENTS. — Le transport des déblais provenant du souterrain d'Amboise s'est effectué au moyen de wagons de terrassements roulant sur une voie de fer provisoire et remorqués par un cheval.

Chaque wagon se composait d'une caisse, d'un châssis et d'un chariot à quatre roues.

La caisse des wagons était mobile autour de son axe et pouvait se renverser soit en avant, soit de côté.

Les wagons de côté, c'est-à-dire ceux qui se renversent de côté, sont connus vulgairement sous le nom de *girafes*, et les wagons de devant, c'est-à-dire ceux qui versent en avant, sous celui de *wagons de bout*.

Les wagons que nous avons employés avaient les formes

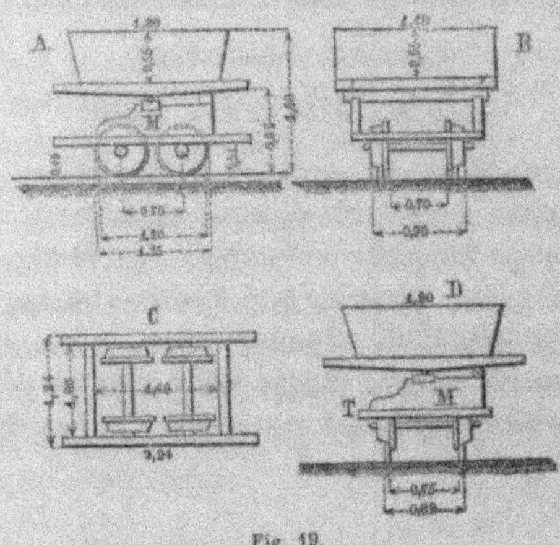

Fig. 19.

et les dimensions indiquées dans le croquis ci-contre (fig. 19).

La figure A représente l'élévation du wagon vu par côté, lorsqu'il verse en avant. La figure B représente l'élévation du wagon vu par derrière, lorsqu'il verse également en avant.

La figure C représente le plan du chariot et des roues.

La figure D représente l'élévation d'un wagon versant de côté. Il est facile de comprendre que le châssis mobile M, portant la caisse, peut se placer à volonté sur le chariot T et de manière à prendre la disposition voulue, afin de permettre à la caisse de verser soit en avant, soit de côté.

La hauteur des wagons au-dessus des rails, y compris les parois latérales de la caisse, était de 1^m 60. C'est la hauteur du jet vertical.

Une plus grande hauteur ne permettrait pas à un ouvrier de charger les wagons avec facilité.

On ne doit pas donner moins de 45 degrés à l'angle de versement, et il est convenable que les terres les plus adhérentes, les terres humides et argileuses puissent se détacher par l'effet de leur propre poids, sans qu'il soit nécessaire d'employer la pelle ou la pioche pour opérer le déchargement.

La caisse des wagons a la forme d'une pyramide quadrangulaire tronquée et renversée. L'inclinaison des parois permet aux terres de glisser plus facilement lors du renversement.

Les caisses des wagons que nous avons employés cubaient chacune 1^m 30 sans surcharge et 1^m 50 avec surcharge.

Les caisses des wagons employés à Andrezieux, ligne de Saint-Étienne à Montbrison, avaient pour dimensions moyennes 2^m 40 de longueur, 2^m 25 de largeur et 0^m 50 de hauteur ; elles cubaient 2^m 70 sans surcharge et 3^m 20 avec surcharge.

Les roues des wagons de terrassements sont légèrement coniques et terminées par un rebord saillant qui les maintient sur les rails. Les roues ont également 0^m 50 de diamètre avec un rebord en saillie de 0^m 025.

37. VOIES DE FER. — Les voies de fer pour le transport des terrassements s'établissent soit avec des rails définitifs, soit avec des rails provisoires.

Les rails définitifs sont les mêmes que ceux qui doivent servir plus tard à l'établissement de la voie définitive du chemin de fer.

Les rails provisoires sont ceux que les entrepreneurs possèdent dans leur matériel et qu'il est nécessaire d'employer sur quelques points, même lorsqu'on doit faire usage de rails définitifs.

Rails définitifs. — Une voie formée avec des rails définitifs présente une plus grande solidité qu'une voie établie avec des rails provisoires ; elle peut, en outre, supporter des charges plus considérables, et surtout les machines locomotives destinées à traîner les wagons. Enfin, l'entretien d'une voie avec rails définitifs est moins onéreux que celui d'une voie avec rails provisoires.

Nous verrons, en traitant de l'exécution des tranchées, les cas où il y a lieu d'employer les rails définitifs.

Rails provisoires. — Les rails provisoires employés pour le transport des terrassements doivent avoir une section suffisante pour pouvoir supporter le poids d'un wagon plein.

On emploie quelquefois pour rails provisoires de simples barres de fer laminé que l'on pose de champ ou sur plat, et bout à bout sur des traverses en bois placées elles-mêmes sur le sol.

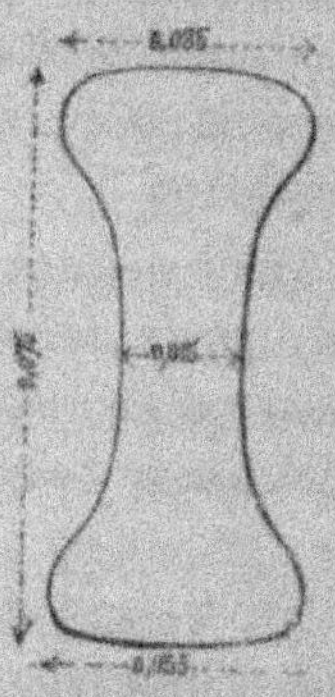

Fig. 20.

Les déblais du souterrain d'Amboise ont été exécutés avec une voie formée avec des rails fixes, au moyen de coussinets en fonte, sur des traverses en bois espacées de 0ᵐ 90. Ces rails (fig. 20) avaient 0ᵐ 075 de hauteur, 0ᵐ 035 de largeur à la base et au sommet, et 0ᵐ 015 de largeur au milieu. Leur espacement, d'axe en axe, était de 0ᵐ 785 ; de sorte que la largeur de l'entre-voie était de 0ᵐ 75.

Les rails employés par l'entrepreneur des travaux du pont d'Andrezieux avaient également la forme indiquée par la figure 20 ; mais leurs dimensions étaient 0ᵐ 09 de hauteur, 0ᵐ 05 de largeur à la base supérieure et à la base inférieure, et 0ᵐ 016 de largeur au milieu.

38. Changements et croisements de voies. — Un changement de voie n'est autre chose qu'une voie courbe qui relie deux voies principales en se raccordant tangentiellement avec chacune d'elles par des arcs de cercle dont le rayon varie de 400 à 500 mètres.

Ainsi, par exemple, considérons deux voies parallèles AB

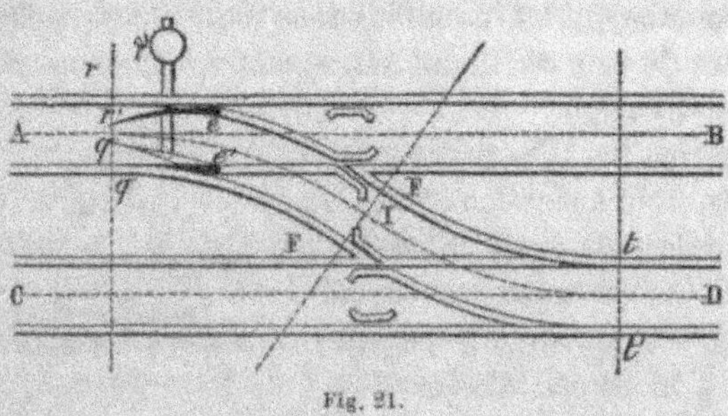

Fig. 21.

et CD reliées entre elles par une voie courbe *rt*, *q' t'* (fig. 21).

Les deux rails intérieurs appartenant l'un à la voie courbe IA, l'autre à la voie rectiligne BA se terminent à leurs extrémités, c'est-à-dire aux points de raccordement avec les rails fixes par des bouts de rails *er*, *e'q'* tournant autour des points *e* et *e'*. Ces bouts de rails, qui portent le nom d'*aiguilles mobiles*, ont généralement 5 mètres de longueur au plus et sont effilés de manière à pouvoir s'appliquer contre les rails de la voie qu'il s'agit de suivre. Ce changement de voie existe à la bifurcation de la station de Saint-Just (Loire); les courbes ont 280 mètres de rayon.

Le jeu des aiguilles mobiles s'explique par la simple inspection de la figure. Ainsi, lorsque les aiguilles occupent la position *er'*, *e'q'*, elles permettent le service de la voie rectiligne AB; mais si elles sont dans la position *er*, *e'q* c'est le service de la voie oblique AID qui est établi.

Les deux aiguilles mobiles sont reliées et maintenues à une distance constante par trois tiges en fer rond de 0ᵐ 035 de diamètre, de telle sorte que l'une des aiguilles *e'q'* étant appliquée contre son rail, l'autre *er'* soit suffisamment écartée du sien pour le passage du rebord des roues de wagons et réciproquement. Cet écartement est de 0ᵐ 12 à la pointe de l'aiguille déviée; au talon de l'aiguille, l'écartement est de 0ᵐ 05 entre les deux champignons des rails. Une autre tige en fer fait mouvoir horizontalement les deux aiguilles au moyen d'un levier coudé, muni à son extrémité d'un contre-poids p qui les maintient dans la position er', $e'q'$ pour le service de voie rectiligne AB, et comme si la voie courbe n'existait pas.

La tige en fer MN, qui relie les aiguilles, et le levier coudé MAE sont représentés par la figure 22. Le point fixe du levier est en A, et la tige horizontale MN est articulée en M. Si on rabaisse l'ex-

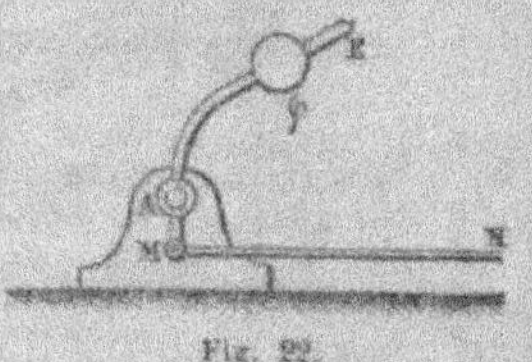

Fig. 22.

trémité E de ce levier, la tige de fer se trouve tirée ; tandis qu'en relevant le levier, la tige MN se trouve repoussée.

La manœuvre des aiguilles se fait par un ouvrier spécial nommé *aiguilleur*.

Cela posé, supposons les aiguilles (fig. 21) dans la position er' $e'q'$; il est clair que le service de la voie AB sera assuré et qu'un wagon pourra circuler, soit dans le sens AB, soit dans le sens BA. Supposons en même temps un wagon engagé sur la voie oblique AID et se dirigeant du point I vers le point A ; dans ce cas, le rebord de la première roue arrivant dans l'angle q' exercera contre l'aiguille $e'q'$ une pression suffisante pour la déranger et l'amener dans la position $e'q$. De même, l'autre aiguille er' sera chassée et amenée dans la position er, et le wagon pourra s'engager facilement sur la voie rectiligne. Les aiguilles reprennent aussitôt après leur première position en vertu du contre poids placé à l'extrémité du levier qui sert à les manœuvrer. Ainsi donc, lorsque les aiguilles sont placées pour le service de la voie rectiligne, un wagon peut également circuler sur la voie oblique en se dirigeant dans le sens IA.

Mais pour aller dans le sens AI, sur la voie oblique, il faudra placer les aiguilles dans la position er, $e'q$. Cette seconde position permettra également à un wagon de circuler dans trois sens : suivant AI et IA sur la voie oblique, et suivant BA sur la voie rectiligne.

Aux points de raccordements t et t' de la voie oblique AID avec la seconde voie rectiligne CD se trouvent également deux aiguilles semblables à celles placées aux points *r* et *q'* (fig. 22).

La figure 23 nous montre une voie rectiligne AB qui se bifurque à partir du point B en deux voies courbes BC et BD. La partie H ou cœur se compose de deux rails soudés ensemble.

Les bouts de rails terminés à une extrémité par les aiguilles sont recourbés à l'autre extrémité E en forme d'oreille, pour faciliter l'entrée des boudins des roues arrivant dans le sens des flèches.

Le mécanisme des aiguilles est le même que dans la figure 21 ci-dessus.

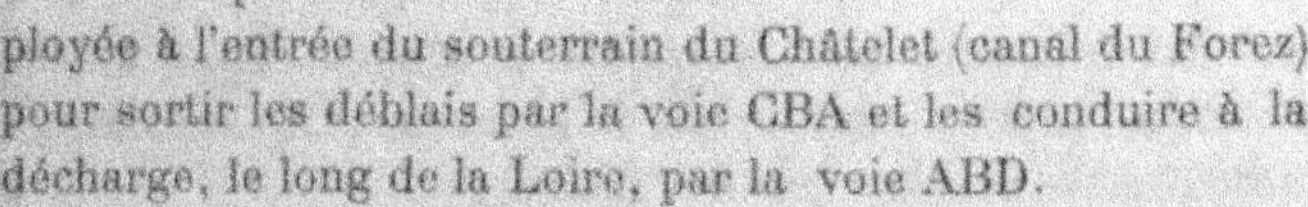

Fig. 23.

Cette disposition de voie a été employée à l'entrée du souterrain du Châtelet (canal du Forez) pour sortir les déblais par la voie CBA et les conduire à la décharge, le long de la Loire, par la voie ABD.

Lorsque deux voies se coupent à angle droit, et généralement sous un angle quelconque, on se sert de plaques tournantes pour faire passer des wagons d'une voie sur une autre.

Une *plaque tournante* consiste en un plateau circulaire, quelquefois en bois et le plus souvent en fonte, tournant sur un pivot placé en son milieu et sur des galets coniques disposés vers sa circonférence. Ces galets sont adaptés à une monture indépendante de la plaque, et formée de tiges de fer qui rayonnent tout autour d'un collier central.

Cette plaque tournante porte sur sa surface deux portions de voie de fer, dirigées à angle droit l'une sur l'autre.

Le *croisement* de deux voies qui se coupent sous un angle aigu, plus ou moins ouvert, a lieu avec facilité par l'emploi de contre-rails. Ainsi, pour suivre une voie sur laquelle on est engagé et éviter de prendre celle que l'on rencontre, on laisse en chacun des quatre points d'intersection et sur chaque rail une solution de continuité de quelques centimètres, afin de donner passage aux bourrelets des roues. Puis, un contre-rail, placé près du rail extérieur de la voie que l'on suit, retient la roue extérieure dans sa direction et empêche le déraillement.

Considérons la figure 24, qui représente deux voies qui se

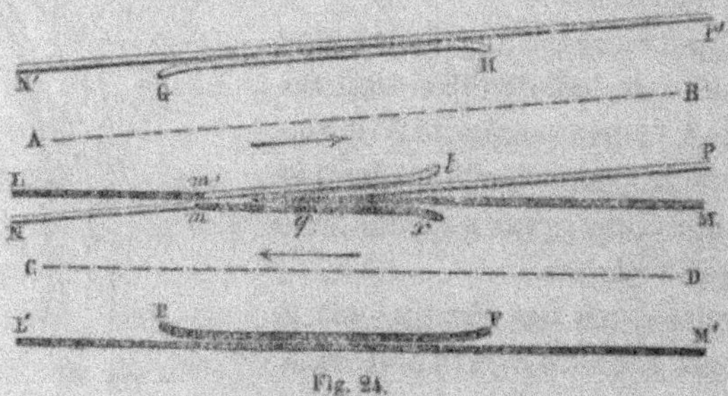

Fig. 24.

croisent et dont les rails intérieurs se coupent. Pour mieux distinguer la première voie AB de la seconde CD, nous avons indiqué cette dernière par des hachures.

Les deux rails, L, N, vont en se rapprochant jusqu'au point m, où leur écartement n'est plus que $0^m 04$, puis ils se recourbent de manière à former contre-rails. Les deux rails P et M assemblés à leur jonction forment au point q une pointe que l'on appelle *cœur*.

L'inspection de la figure suffit pour faire comprendre l'utilité des contre-rails, afin de maintenir sur l'une ou l'autre voie le wagon qui s'y trouve engagé et qui se dirige dans le sens indiqué par des flèches. Ainsi il est facile de voir qu'un wagon placé sur la voie AB serait exposé à dérailler, car les roues qui suivent le rail Nm pourraient tomber dans la rainure mr, au lieu de suivre mt ; c'est pourquoi il faut un contre-rail GH pour guider les roues de gauche du wagon jusqu'à ce que celles de droite soient engagées dans la rainure mt. Pareillement le contre-rail EF empêchera les roues de gauche d'un wagon placé sur la voie CD de s'engager dans la rainure *mt* de la première voie. Chaque wagon sera donc ainsi maintenu sur la voie qu'il doit suivre. La figure est rapportée à l'échelle de $0^m 01$ pour 1 mètre ; nous l'avons prise sur les dessins de la ligne de Nîmes à Montpellier.

La figure 25 représente un croisement d'une voie princi-

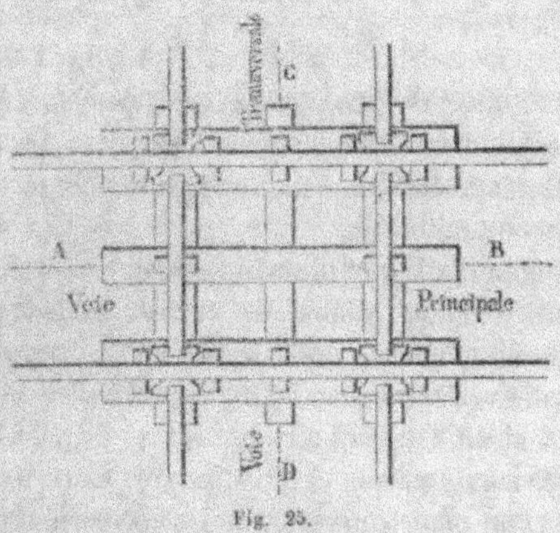

Fig. 25.

pale AB par une voie perpendiculaire CD, avec coussinets d'angles spéciaux. La voie CD s'appelle voie transversale.

La figure est rapportée à l'échelle de $0^m 015$ pour 1 mètre.

39. Gares d'évitement ou voies de garage. — Les gares d'évitement, appelées vulgairement *demi-lunes*, sont des portions de chemin à une seule voie sur lesquelles on a placé une double voie. Un évitement n'est autre chose qu'une certaine longueur de voie posée parallèlement à la voie principale et réunie à cette voie par deux changements disposés en sens contraire. Les véhicules peuvent ainsi quitter la voie

Fig. 26.

principale pour la reprendre ensuite, après s'être rangés dans la gare d'évitement. La figure 26 représente une gare d'évitement.

ARTICLE IV.

Exécution des tranchées profondes.

40. Exécution des tranchées profondes.— L'exécution des déblais en remblais pour l'établissement des chemins de fer se fait généralement au moyen de wagons et de rails provisoires ou définitifs.

Le système d'attaque d'une tranchée, c'est-à-dire le mode d'organisation d'un atelier de terrassements au wagon, dépend de l'importance de la tranchée, du temps fixé pour son exécution, c'est-à-dire le débit journalier de la nature du terrain et du matériel que l'on a à sa disposition. Il faut aussi tenir compte de la disposition des lieux, de la quantité d'eau que l'on peut trouver et de la nécessité de pourvoir à son écoulement.

M. de Mondésir, ingénieur des ponts et chaussées, appelle *petite* tranchée celle dont le débit journalier est de 100 mètres cubes ; tranchée *moyenne* celle dont le débit est de 200 mètres cubes ; et *grande* tranchée celle dont le débit est de 400 à 600 mètres cubes.

On distingue trois manœuvres différentes dans l'exécution d'une tranchée : 1° la fouille et chargé ; 2° le transport des déblais ; 3° la décharge.

41. Fouille et charge. — Lorsqu'il s'agit d'ouvrir une tranchée au tombereau, on attaque les déblais de front, c'est-à-dire sur un grand nombre de points simultanément et sur toute la largeur de la tranchée à creuser.

Lorsqu'on emploie les wagons, on pourrait aussi attaquer de front les déblais d'une tranchée de 12 mètres de largeur en plate-forme, fossés compris, au moyen de quatre voies parallèles à l'axe de cette tranchée et espacées de 3 mètres d'axe en axe. En plaçant un wagon sur chaque voie, c'est-à-dire quatre wagons de front sur ces quatre voies, on excaverait en avançant parallèlement, chaque wagon enlevant la partie du profil qui se trouverait devant lui.

Mais on préfère employer un autre système d'attaque plus expéditif et plus avantageux. Ce système consiste à ouvrir d'abord dans le sens de l'axe de la tranchée une galerie secondaire dans laquelle on établit une voie de transport.

Lorsque la profondeur d'une tranchée ne dépasse pas 6 mètres, on l'exploite par une seule assise ; mais si cette profondeur dépasse 6 mètres, on l'attaque par plusieurs étages successifs. Nous distinguerons donc deux cas : celui où la profondeur maxima de la tranchée ne dépasse pas 6 mètres ; ou bien celui où cette profondeur est plus grande.

PREMIER CAS. — *Tranchée de 6 mètres de profondeur au plus.* — Dans ce cas, on commence presque toujours par ouvrir, dans l'axe du tracé et au niveau définitif de la tranchée, une petite galerie auxiliaire assez large (3 mètres) pour donner plus tard passage à un wagon. Cette galerie auxiliaire porte le nom de *goulet* ou *cunette*.

Les déblais sont enlevés à la brouette ou au tombereau, et le percement de la cunette continue ainsi jusqu'à ce que le déblai et le remblai aient atteint une longueur d'au moins 100 mètres. On commence alors à poser sur le fond de la cunette une voie de fer que l'on prolonge sur le remblai jusqu'au point de déchargement. Dans la tranchée, on donne à cette voie de fer la pente de fond, c'est-à-dire 0^m 003. A la sortie de la tranchée, la pente de la voie de fer se règle sur la hauteur du remblai.

La figure 27 représente en A le profil en long d'une tranchée ; en B, une coupe en travers ; et en C, le plan de ladite tranchée.

Le percement de la cunette *abcd* s'effectue généralement en attaquant les déblais à son extrémité, c'est-à-dire en avant. Des gradins établis à cette extrémité permettent de charger directement les terres dans les wagons, ou dans des wagonets, soit par bout, soit sur le côté. Ces terres sont ensuite transportées et versées à l'extrémité du remblai.

Lorsque la cunette est ouverte sur une longueur suffisante pour permettre d'y loger un train de wagons sur la voie de fer, on continue l'extraction des déblais en abattant les massifs latéraux *abep*, *dcfq* jusqu'à ce que l'excavation de la

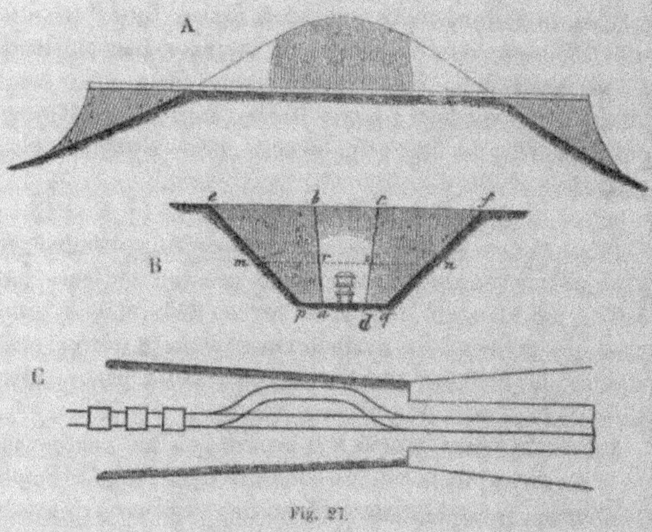

Fig. 27.

tranchée soit complète sur toute sa largeur. Les terres provenant de ces massifs latéraux peuvent être enlevées à la brouette et chargées dans les wagons placés sur la voie de fer de la cunette. L'enlèvement des terres provenant des massifs latéraux peut se faire aussi au moyen de wagons circulant soit sur la voie de fer posée dès l'origine, soit sur de nouvelles voies auxiliaires posées de chaque côté de la voie primitive d'exploitation. On peut donc adopter le mode qui paraît le plus économique suivant la disposition des lieux.

On peut encore procéder de la manière suivante à l'ouverture d'une tranchée :

Après avoir percé la cunette sur une longueur suffisante pour pouvoir y installer un train de wagons, on continue l'extraction des terres latéralement, depuis le sommet de la tranchée jusqu'à un plan horizontal *mn* placé un peu au-dessus du niveau supérieur des wagons. On pose à cette hauteur une plate-forme sur chacun des côtés de la cunette, et sur cette plate-forme on place des madriers transversaux qui vont d'un bord à l'autre de la cunette.

L'extraction des déblais se poursuit ensuite à droite et à gauche, et les terres sont enlevées à la brouette, puis versées directement dans les wagons placés dans la cunette, au-dessous des madriers. L'excavation a lieu ainsi dans toute la largeur de la tranchée, depuis son sommet jusqu'au niveau supérieur des wagons, c'est-à-dire que l'on enlève tout le profil supérieur *emnf*.

On procède ensuite à l'enlèvement des terres provenant des petits massifs latéraux *mrap*, *dsnq*, compris entre le fond de la tranchée et le niveau supérieur des wagons, de la manière que nous avons indiquée plus haut pour l'enlèvement complet des massifs latéraux *abep*, *defq*.

A la sortie de la tranchée, une voie de garage est établie pour les wagons vides qui reviennent de la décharge et qui vont remplacer les wagons pleins au point de chargement dans la cunette.

L'ouverture d'une tranchée s'effectue souvent aussi au moyen de deux voies centrales d'exploitation.

Dans ce cas, on commence toujours par percer dans l'axe de la tranchée et au niveau du plafond une cunette de 3 mètres de largeur; et lorsque le déblai et le remblai ont atteint une longueur d'environ 100 mètres, on établit une voie de fer. Cela fait, on élargit la cunette en abattant à droite ou à gauche un nouveau prisme de terre sur 3 mètres de largeur, et on charge les déblais qui en proviennent dans les wagons placés sur la voie primitive d'exploitation. On a ainsi un nouvel emplacement de 3 mètres de largeur qui permet d'installer une seconde voie d'exploitation à côté de la première.

On continue ensuite le déblayement de la tranchée en procédant de la même manière qu'avec une seule voie d'exploitation. Le chargement des wagons vides placés sur l'une des voies a lieu pendant que les wagons pleins placés sur l'autre voie vont à la décharge et reviennent au point de chargement.

A la sortie de la tranchée, les deux voies centrales d'exploitation sont reliées par des changements de voie, de sorte que chacune des deux voies conduit à la décharge et peut servir, l'une ou l'autre, à garer les wagons vides. (Voir la figure 29.)

Les deux voies centrales et parallèles pourraient aussi se réunir en une seule à l'entrée de la tranchée et se diviser, immédiatement après, en deux branches conduisant à la décharge.

L'inclinaison à donner aux parois des cunettes dépend de la nature des terrains. On doit, dans tous les cas, la faire aussi faible que possible. Comme les terres ne doivent se maintenir sous cette inclinaison que pendant un espace assez limité, elle est toujours plus faible que celle des talus définitifs de la tranchée. Dans le roc et les terrains résistants, la cunette est ouverte à pic ou à peu près.

Dans les terrains argileux, on doit enlever les massifs latéraux et découvrir les talus de la tranchée définitive le plus tôt possible, sans attendre que la cunette soit ouverte sur une grande longueur. On doit également assécher, aussitôt que l'on peut, les talus définitifs de la tranchée en facilitant l'écoulement des eaux.

L'ouverture d'une cunette pour l'exploitation d'une tranchée permet de développer le travail sur un front fort étendu, et par suite d'imprimer une grande impulsion à l'exécution du déblai. Le temps nécessaire pour le percement d'une tranchée dépend ordinairement de celui employé à creuser la cunette, car on pourra employer un nombre de wagons d'autant plus grand que l'ouverture de la cunette se fera avec plus de rapidité. On doit donc chercher à effectuer le percement de la cunette le plus promptement possible.

DEUXIÈME CAS. — *Tranchée à grande hauteur.* — Pour ouvrir une tranchée très-profonde, on la partage en plusieurs assises successives de 4 à 6 mètres de hauteur, et on peut

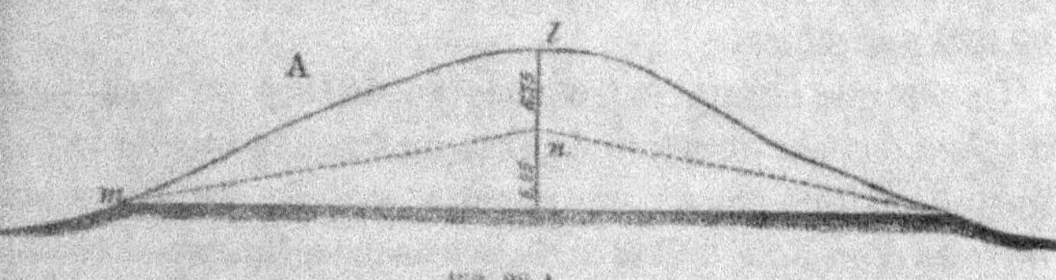

Fig. 28 A.

s'arranger de manière à ne laisser, si l'on veut, à l'assise inférieure qu'une épaisseur égale à la hauteur du wagon.

Nous prendrons pour exemple la tranchée de Sury-le-Com-

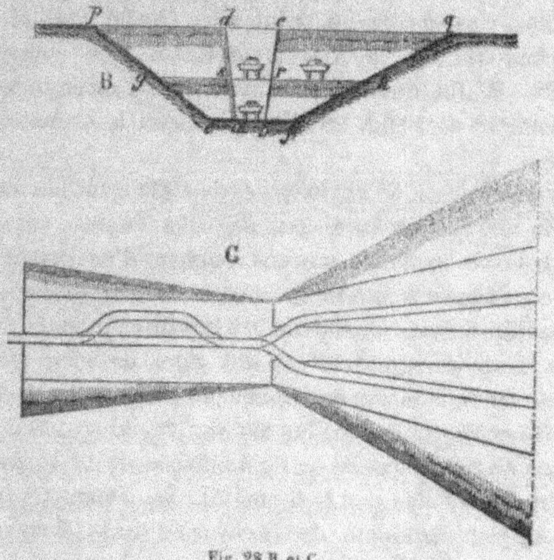

Fig. 28 B et C.

al, ligne du chemin de fer de Saint-Etienne à Montbrison (fig. 28).

Cette tranchée, de 700 mètres de longueur et de 12 mètres de hauteur, a été attaquée par ses deux extrémités.

L'entrepreneur divisa la hauteur de 12 mètres en deux parties, et il prit $5^m 25$ pour la partie inférieure, de manière à établir un plan incliné *mn* de $0^m 015$ de pente (fig. 27, A).

On peut donner à ces plans inclinés jusqu'à $0^m 035$ de déclivité ; mais il est bon de se renfermer dans la limite de $0^m 025$ par mètre.

On attaqua ensuite la tranchée supérieure en pratiquant d'abord dans la direction de l'axe du tracé et suivant le plan incliné *mn* (fig. 28, A), une cunette *srcd* (fig. 28, B), qui fut ouverte d'un bout à l'autre de la tranchée. On enleva ensuite les massifs latéraux au moyen de wagons placés sur de nouvelles voies auxiliaires posées de chaque côté de la voie primitive d'exploitation (fig. 28, C). Ces deux voies auxiliaires venaient se réunir à la voie primitive à l'entrée de la tranchée, c'est-à-dire au point zéro. Quand tout le profil supérieur *mnl* (fig. 28, A) correspondant à la coupe *pghq* (fig. 28, B) fut enlevé, on ouvrit dans l'assise inférieure une cunette *abrs* (fig. 28, B) qui servit à exploiter cette assise.

Pour imprimer à l'exploitation de cette tranchée une plus grande activité, on aurait pu, dès que l'assise supérieure s'est trouvée exploitée sur une longueur d'environ 200 mètres, commencer à ouvrir la cunette de l'assise inférieure, de manière à avoir ainsi deux ateliers de chargement superposés. L'atelier supérieur eût été alors desservi par une voie de fer rejetée sur une banquette réservée à cet effet sur l'un des côtés du plan incliné *mn* (fig. 28, A).

Dans ce cas, les voies de fer se disposent de la manière qui est représentée par la figure 29. La banquette *et* indiquée au plan augmente de longueur au fur et à mesure de l'avancement du travail.

La voie de fer qui sert à l'enlèvement des terres à l'étage supérieur vient tomber dans le plan de la voie inférieure au

pied v de la banquette ménagée sur le côté de l'assise inférieure, et se prolonge ensuite sur le remblai parallèlement à
l'autre voie. Les deux voies sont, en outre, reliées entre
elles à l'entrée de la tranchée et avant le point de déchargement.

Si la hauteur d'une tranchée est telle que l'on soit obligé
de la diviser en trois assises, on commencera par ouvrir une
cunette dans l'assise supérieure que l'on exploite de la manière que nous avons indiquée jusqu'à ce quelle soit suffisamment éloignée du point zéro. Ensuite on attaque successivement les deux autres assises et l'on a ainsi trois
ateliers de chargement superposés. Ces ateliers sont
desservis par des voies de fer rejetées sur des banquettes
que l'on réserve à cet effet à chaque étage sur l'un des
côtés du plan incliné suivant lequel on exploite chaque
assise.

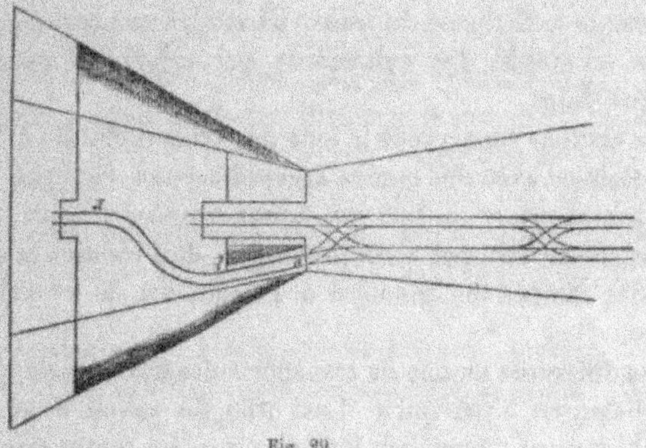

Fig. 29.

Le plan incliné de l'assise supérieure peut avoir jusqu'à
0^m 025 et même 0^m 030 de pente. Celui de la deuxième assise a nécessairement une pente moins forte. Avec les pentes
de 0^m 015 et même de 0^m 007, les wagons pleins descendent
par l'impulsion seule de la gravité et les wagons vides sont
remontés par des chevaux.

Pour ouvrir une tranchée d'une grande profondeur, on

peut aussi, au lieu de diviser les assises par des plans inclinés partant tous du même point zéro, partager ces assises par des plans parallèles et presque horizontaux, c'est-à-dire n'ayant que $0^m 003$ de pente par mètre. Il peut d'ailleurs être nécessaire d'agir ainsi afin de ne pas être obligé de donner au plan incliné d'exploitation de l'assise supérieure une pente trop forte. L'exploitation d'une tranchée par assises horizontales se fait d'ailleurs de la même manière que précédemment ; seulement, à la place des banquettes, on ménage dans chaque assise, le long des talus de la tranchée, des rampes destinées à recevoir la voie de fer appelée à desservir l'atelier de chaque étage.

42. TRANSPORT DES DÉBLAIS. — On peut toujours assurer facilement le transport des déblais par la disposition des voies et des évitements.

Lorsque la distance du transport atteint une certaine longueur, on établit des évitements qui servent à garer les wagons vides.

Les rampes conservées le long des talus définitifs doivent être établies avec des pentes accessibles aux chevaux lorsque le transport a lieu de cette manière ; mais si ce transport se fait par locomotive, on doit réduire la déclivité des rampes de manière à la ramener à $0^m 025$ par mètre.

Les différents modes de transports des terres variant avec les distances à parcourir, il est utile de savoir dans quels cas il convient d'employer les brouettes, les tombereaux, les wagons traînés par des chevaux, et enfin les wagons remorqués par des locomotives.

D'après ce que nous avons dit aux numéros 28 et 29, le camion traîné par des hommes doit être préféré à la brouette lorsque la distance de transport atteint 30 mètres, et qu'on doit laisser le camion pour prendre le tombereau vers 120 mètres.

Nous ajouterons que l'expérience a démontré que vers la

distance de 300 mètres, le cube à enlever étant d'au moins 10 000 mètres, le transport des wagons traînés par des chevaux sur voies de fer est plus économique que celui des tombereaux, et qu'enfin les wagons doivent être remorqués par la locomotive à la distance de 600 à 700 mètres.

43. DÉCHARGE DES DÉBLAIS. — Dans l'établissement des chemins de fer, l'exécution des remblais par couches pilonées, ou même simplement au moyen de tombereaux sans pilonage, serait trop longue et trop onéreuse ; ces grands remblais se font généralement par masse sur toute leur hauteur à la fois et on prolonge la voie de fer sur la plate-forme au fur et à mesure de leur avancement. Les wagons viennent alors se décharger à l'extrémité du remblai.

Les remblais exécutés au wagon sont moins tassés et plus sujets aux affaissements et aux éboulements que ceux exécutés au tombereau ; aussi, pour des remblais d'une faible hauteur et pour une petite distance de transport, on se sert de tombereaux, et l'on trouve, en outre, que ce moyen est souvent plus économique. Mais l'emploi des tombereaux est souvent impraticable dans les terrains détrempés par les eaux, tandis que le service des wagons est toujours possible.

Les chantiers de déchargement doivent, comme ceux de chargement, être organisés de manière à ce que le travail ne soit jamais interrompu, car il faut que les ouvriers et les véhicules ne perdent jamais de temps.

On pourra assurer la décharge en établissant sur la plate-forme du remblai deux ou trois voies de fer, suivant les circonstances.

Si la décharge se fait au moyen de deux voies, on les dispose de la manière indiquée par la figure 29.

Lorsque la décharge se fait au moyen de trois voies, on les dispose de la manière indiquée fig. 30.

Les deux voies d'exploitation de la tranchée viennent se
réunir en une seule qui se divise ensuite en trois. Ces trois
voies se prolongent jusqu'à l'escarpement du remblai.

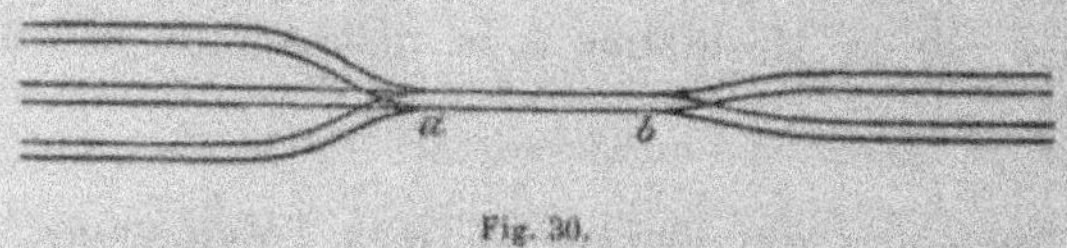

Fig. 30.

Si le transport a lieu au moyen de chevaux, la voie unique *ab* qui réunit la fourche de déchargement aux deux
voies d'exploitation de la tranchée a toujours le moins de
longueur possible. On lui donne généralement une longueur
de 13^m 50 (trois rails) et les deux voies d'exploitation se prolongent jusqu'au point de déchargement.

Mais si le transport a lieu par locomotives, les deux voies
placées près du point de chargement ne règnent que sur
une longueur suffisante au stationnement des wagons pleins
ou vides et se réunissent en une seule qui se prolonge jusqu'à la fourche du déchargement. La raison de cette disposition tient à ce que la locomotive peut effectuer le double
trajet entre le point de chargement et celui de déchargement dans le même temps que s'opère d'un côté le chargement d'un train et de l'autre le déchargement.

Nous admettrons qu'avec trois voies on peut décharger jusqu'à 600 mètres cubes de déblais sur un même
point.

Nous allons maintenant nous occuper de la manœuvre des
wagons, c'est-à-dire de la manière dont s'opère le déchargement.

Le déchargement des wagons se fait de deux manières
différentes : par la méthode anglaise et par la méthode française.

44. Déchargement a l'anglaise. — Cette méthode, appelée aussi *déchargement à la lance*, consiste à placer, à l'ex-

trémité de la voie et un peu plus bas que le niveau des rails, des traverses jointives de manière à former un petit plan incliné sur 1 mètre environ de longueur. Ce plan incliné s'arrête contre le heurtoir, formé par des traverses superposées au bord du remblai (fig. 31, A).

A leur arrivée au remblai, les wagons pleins sont reçus dans une voie de garage d'où ils sont conduits à la décharge. Un cheval est attelé successivement à chaque wagon au moyen d'un crochet à déclic dit *crochet anglais* (fig. 31, C.). Le cheval part au trot et accélère peu à peu sa marche ; il doit être lancé au grand trot et même au galop dès qu'il arrive à 50 mètres environ en avant de l'escarpe du remblai. Le charretier le suit à la course en tenant la corde attachée d'un bout à la bride, de l'autre au crochet anglais. Arrivé près de l'ex-

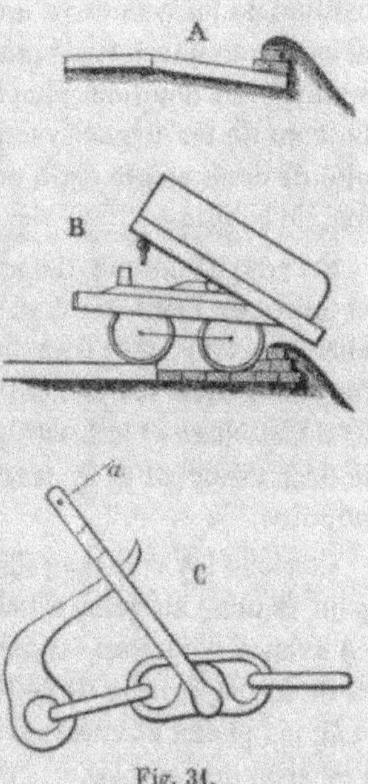

Fig. 31.

trémité de la voie, on tire la corde *a*, et le crochet se détache du wagon ; le cheval se trouve alors dételé et attiré hors de la voie. Le wagon, lancé avec une certaine vitesse, arrive au bout des rails, et l'avant-train vient tomber sur le petit plan incliné tandis que les roues de derrière restent tout près du bout des rails et se trouvent plus élevées que celles de devant d'environ 0^{m}10. Les roues de devant s'arrêtent brusquement contre le heurtoir formé par les traverses empilées, et le wagon se porte en avant en vertu de la vitesse acquise ; la caisse bascule d'elle-même et se vide toute seule, même avec des terres un peu collantes. Le charretier redresse immédiatement la caisse et réattèle le cheval, qui conduit le wagon vide dans la voie de garage et reprend un nouveau wagon plein que l'on dirige sur l'une des autres voies de déchargement.

Au moment où le wagon va basculer, il faut avoir la précaution de faire sauter d'un coup de pelle le crochet qui fixe la caisse au chariot. Le mouvement de bascule des wagons se fait avec d'autant plus de facilité autour de la pièce de bois ou de fer disposée sous la caisse, que le centre de gravité de cette caisse est à peu de distance en arrière de son axe de rotation.

En admettant une distance moyenne de 150 mètres entre le milieu de l'évitement et le bord du remblai, le transport, aller et retour, sera d'environ quatre minutes ; le temps employé aux diverses manœuvres du déchargement, y compris le désattelage et le réattelage, étant d'environ une minute, le déchargement et le transport auront donc lieu en cinq minutes.

Lorsque les voies parallèles ont une longueur suffisante pour la mise au galop du cheval et que le remblai se trouve en avance d'environ 50 mètres, on démonte les croisements et on les rapproche de cette longueur, afin que le dépôt des wagons pleins et vides soit aussi rapproché que possible de l'escarpe du remblai.

Par cette méthode et avec une seule voie, on est parvenu à décharger jusqu'à cent cinquante wagons dans une journée ; mais c'est une exception, car on ne peut guère compter généralement que sur une centaine de wagons par jour.

Lorsque le déchargement s'applique à des terres telles que les glaises humides, qui adhèrent aux parois des caisses, on est obligé d'avoir recours à l'emploi de la pioche pour les détacher après le renversement du wagon.

45. MÉTHODE FRANÇAISE. — Le déchargement des wagons peut se faire aussi par un autre procédé, qui consiste dans l'emploi d'échafaudages spéciaux composés :

1° D'un chariot R roulant sur une voie de fer auxiliaire posée sur le sol naturel, au pied du remblai (fig. 32) ;

Fig. 32.

2° D'une ferme en charpente composée de deux élindes verticales fixées au chariot et réunies à leur sommet par une traverse en bois formant chapeau. Ces élindes sont, en outre, maintenues par des contre-fiches. Une forte barre de fer traverse les élindes au moyen de mortaises pratiquées à cet effet à des hauteurs différentes, de manière à permettre de monter ou descendre cette barre selon l'élévation du remblai ;

3° D'une baleine ou pont de décharge, composé de deux longrines parallèles maintenues solidement par des entre-toises et des boulons. Chaque longrine porte une bande de fer qui fait suite au rail placé sur le remblai, de sorte que le chemin de fer placé sur la baleine n'est que la continuation de la voie de décharge (fig. 32).

Chaque longrine a la forme d'une poutre armée, et l'on peut dire qu'une baleine n'est autre chose que l'ensemble de deux poutres armées portant une voie de fer.

La baleine repose d'un bout sur l'extrémité du remblai en cours d'exécution et de l'autre sur la barre de fer qui traverse les élindes de la ferme en charpente. Le déchargement des terres se fait entre les deux longrines, et la baleine doit pouvoir porter tout un convoi de wagons vides.

Un train de wagons d'une longueur égale à celle de la baleine est amené jusque vers le bord de l'estrade. Les wagons sont alors décrochés et amenés successivement à bras sur la baleine, puis déchargés et poussés ensuite en avant de l'échafaudage. Lorsque le déchargement du convoi est terminé, un cheval reprend le train de wagons vides et l'emmène au lieu de chargement.

Lorsque l'on ne se sert que d'une seule baleine dans l'exécution d'un remblai, on fait le noyau de ce remblai sur $1^m 50$ de largeur au moyen de wagons de devant et on complète le remblai des deux côtés au moyen de wagons versant de côté.

Lorsque les terres commencent à embarrasser le pied de l'échafaudage, on pousse la baleine en avant en faisant rouler le chariot R (fig. 32) et on prolonge la voie provisoire qui porte ce chariot en déplaçant les rails, qui deviennent libres, et en les reportant en avant.

On détermine le mouvement du chariot par le simple effort des ouvriers occupés à la manœuvre des wagons, ou mieux encore au moyen d'un treuil placé en avant. On facilite en même temps le glissement de la baleine sur le remblai au moyen de leviers.

Pour placer à la hauteur convenable l'extrémité de la baleine sur les élindes, on se sert d'un cordage qui s'enroule sur une poulie fixée au chapeau supérieur et vient se rattacher à un tour placé au pied des élindes elles-mêmes.

La longueur d'une baleine dépend de celle du train de wagons que l'on veut mener à la décharge ; elle dépend aussi de la hauteur que le remblai peut avoir. Cette longueur varie de 15 à 25 mètres.

Lorsque la hauteur d'un remblai ne dépasse pas 3 mètres, on ne fait jamais usage de baleine ; pour une hauteur de 3 à 6 mètres, on emploie une baleine ; pour une hauteur de 6 à 10 mètres, on peut établir deux baleines de front. Enfin, pour un remblai de plus de 10 mètres d'élévation, on exécute le travail en deux couches successives, et l'une après l'autre, ou bien simultanément.

On est parvenu à décharger, dans une journée de dix heures et avec une seule baleine, jusqu'à trois cents wagons au moyen d'une seule voie, c'est-à-dire le triple de la quantité qu'on eût déchargée par la méthode anglaise. Cependant la dépense qu'exige l'établissement d'une baleine en a fait abandonner à peu près l'usage, et sur toutes les lignes de chemins de fer on donne la préférence au déchargement à la lance.

46. NOMBRE DE WAGONS NÉCESSAIRES SUR UN CHANTIER. — Supposons un certain nombre m de chevaux attelés à un convoi composé de n wagons, et désignons par L leur parcours journalier.

Soient D la distance à laquelle il faut transporter les terres et d la longueur répondant au temps perdu pendant le chargement et le déchargement des wagons.

Puisque les m chevaux parcourent L mètres dans 1 jour, ils parcourront 1 mètre dans $\frac{1}{L}$ jour.

Le parcours étant D, l'aller et le retour sera 2D, et le temps perdu étant exprimé par une distance d, le parcours de chaque voyage sera représenté par $2D + d$, et le temps employé à chaque voyage sera

$$\frac{2D + d}{L}.$$

Le nombre de voyages que l'on pourra faire dans une journée sera donc

$$\frac{L}{2D + d} \qquad (1)$$

Le nombre de wagons conduits à la décharge dans une journée par un convoi sera donc

$$\frac{nL}{2D + d} \qquad (2)$$

Appelons K le nombre total de wagons que l'on peut mener à la décharge dans une journée au moyen d'une

seule voie ; il est évident que le nombre de convois nécessaires par jour pour aller à la décharge s'obtiendra en divisant K par $\dfrac{nL}{2D + d}$, et l'on aura :

Nombre de convois nécessaires par jour pour aller à la
décharge

$$\frac{K (2D + d)}{nL};\qquad(3)$$

et chacun de ces convois fera le nombre de voyages exprimé
par la formule (1) ci-dessus.

Pour avoir le nombre de wagons nécessaires par jour
pour le service d'une voie, il suffira de multiplier par n le
nombre de convois employés par jour, puisqu'il y a n wagons à chaque convoi ; donc il viendra :

Nombre de wagons nécessaires pour le service de la
voie

$$\frac{K (2D + d)}{L},\qquad(4)$$

Enfin, puisqu'il y a m chevaux attelés à chaque convoi
de n wagons, il est clair qu'on obtiendra le nombre de chevaux à employer par jour en multipliant par m le nombre
de convois donné par la formule (3) ci-dessus, ce qui donnera :

Nombre de chevaux nécessaires pour le service d'une
voie

$$\frac{mK (2D + d)}{nL}.\qquad(5)$$

Pour faire une application de ces formules, nous supposerons qu'on se sert de wagons portant chacun 2 mètres cubes
de terre mesurée en remblai, et que trois chevaux peuvent
remorquer un convoi de dix de ces wagons en parcourant
21 600 mètres par jour, dont la moitié à charge et l'autre à
vide. On suppose la journée de dix heures ou six cents minutes.

L'expérience a appris que l'on pouvait décharger par jour

jusqu'à cent cinquante wagons au moyen d'une seule voie. Si donc la distance du transport est de 2 000 mètres par exemple, il viendra

$$K = 150 ; \quad L = 21\ 600 ; \quad D = 2\ 000 ; \quad n = 10 ; \quad m = 3 ;$$

$$d = 20' = \frac{20' \times 21\ 600}{600} = 720 \text{ mètres.}$$

Et les cinq formules trouvées plus haut nous donneront :

Nombre de voyages à faire par chaque convoi dans 1 jour

$$\frac{21\ 600}{2 \times 2\ 000 + 720} = 4,50 ;$$

Nombre de wagons conduit par jour à la décharge par un convoi

$$\frac{10 \times 21\ 600}{2 \times 2\ 000 + 720} = 45.$$

Nombre de convois nécessaires pour le service d'une voie

$$\frac{150\ (2 \times 2\ 000 + 720)}{10 \times 21\ 600} = 3.$$

Nombre de wagons nécessaires pour le service de la voie

$$\frac{150\ (2 \times 2\ 000 + 720)}{21\ 600} = 32.$$

Nombre de chevaux nécessaires pour le service de la voie.

$$\frac{3 \times 150\ (2 \times 2\ 000 + 720)}{10 \times 21\ 600} = 9.$$

Ainsi il faudra trois convois de dix wagons, et chacun de ces convois fera quatre voyages et demi, c'est-à-dire 4,50.

On attèlera trois chevaux à chaque convoi de dix wagons.

Le nombre de wagons employés pour les trois convois

étant ainsi de trente, il en reste deux en réserve ; mais comme on suppose toujours au moins un dixième de wagons en réserve en sus du nombre de wagons calculé sur rails, le nombre de wagons nécessaires pour le service d'une voie devra être de trente-trois.

Si l'on a deux ou trois voies de transport, il est évident que les nombres de convois, de chevaux et de wagons devront être doublés ou triplés.

Lorsque le transport des wagons se fait par locomotive, le matériel est beaucoup moindre, car il suffit d'employer un nombre de wagons égal au quart de celui exigé par le transport effectué au moyen de chevaux. Mais, d'un autre côté, l'emploi d'une locomotive exige des rails plus forts et des wagons plus solides ; si l'on ajoute à cela la difficulté de se procurer des machines, leur prix élevé et la dépense d'entretien, il en résulte que l'emploi des locomotives ne devient avantageux que lorsque la distance du transport atteint 2 000 mètres. Au delà de cette limite, l'économie va toujours en croissant.

47. OUVERTURE D'UNE TRANCHÉE DANS UN SOL ARGILEUX. — M. l'ingénieur Brabant donne les moyens suivants sur une tranchée qu'il a fait exécuter sur la ligne du Nord dans un terrain argileux, se prenant facilement au louchet, mais dont les parois n'étaient pas susceptibles de se maintenir longtemps à pic sur une grande hauteur.

Cette tranchée, étant située entre deux vallons que traverse le chemin de fer, a été attaquée par les deux extrémités, et les déblais ont été transportés en remblai dans les deux vallons à l'aide de wagons et de voies de fer. Le milieu a été attaqué à la brouette et porté en dépôt sur les deux côtés. Le terrain n'étant pas de nature à se maintenir sur une grande hauteur, et la profondeur de la tranchée étant de 12 mètres, on la divisa en trois assises que l'on fit autant que possible de même épaisseur. Pour activer le chargement des wagons, l'on ouvrait préalablement sur toute la hauteur de l'assise à exploiter deux tranchées longitudinales de 3 mètres de large, dans lesquelles on les faisait entrer et où ils étaient chargés avec beaucoup de facilité au moyen des terres que l'on prenait de chaque côté des petites galeries.

Les terres provenant des déblais à faire pour ouvrir les cunettes étaient, suivant les circonstances, portées en dépôt à la brouette ou jetées à la pelle sur les bords et reprises ensuite pour être chargées en wagon ou chargées à la pelle et portées directement dans les wagons à l'aide d'estacades en planches disposées à cet effet.

Dans l'assise supérieure, qui était la plus large, on fit quatre cunettes, trois seulement dans la seconde assise, et enfin on se borna à deux dans l'assise inférieure.

Le transport des terres provenant de l'ouverture de cette tranchée a été fait au moyen de wagons. Pour l'assise supérieure, ces wagons descendaient seuls sur un plan incliné de $0^m 015$, et ils acquéraient plus de vitesse qu'il n'était nécessaire pour aller jusqu'à la décharge. Lors de l'exploitation des deux autres assises, la pente des voies provisoires n'était plus assez forte, il fallut faire remorquer tous les wagons par des chevaux.

48. OUVERTURE D'UNE TRANCHÉE DANS UN TERRAIN MARÉCAGEUX. — M. Stephenson, ingénieur anglais, indique le moyen suivant qu'il a employé pour ouvrir une tranchée dans un terrain marécageux.

La hauteur du terrain marécageux au-dessus du sol argilo-sableux sur lequel il repose variait de 3 à 10 mètres. Il était tellement mou, que les bestiaux ne pouvaient passer dessus.

Pour ouvrir une tranchée dans ce terrain, on commençait par creuser, des deux côtés du chemin de fer à établir, deux fossés parallèles à l'axe, de $0^m 65$ de profondeur ; et, lorsqu'au moyen de ces fossés on était parvenu à sécher une tranche de marais à la partie supérieure, on extrayait la terre de cette tranche sur une épaisseur de 0^m 35 à 0^m 45 et sur toute la largeur du profil de la tranchée ; puis l'on approfondissait les fossés et on enlevait une nouvelle tranche jusqu'à ce que l'on fût parvenu au niveau indiqué par les profils pour la base de la chaussée du chemin de fer.

Cette manière de procéder, qui consiste à enlever successivement chaque assise d'une tranchée, s'appelle *méthode par décapage*. Dans cette méthode, on dresse les talus définitifs de la tranchée au fur et à mesure de l'approfondissement du déblai, et les assainissements se font graduellement.

49. TRANCHÉE DE SAINT-JUST. — Cette tranchée, dont la masse est à très-peu près de 100000 mètres cubes et la distance moyenne de 1000 mètres, a été ouverte dans un terrain dont la partie supérieure est en terre fortement argileuse, propre à la fabrication des briques, et la partie inférieure en craie. L'épaisseur de la couche d'argile varie entre 3 mètres et 4 mètres. La hauteur totale de la tranchée est de 14 mètres.

Le déblai a été attaqué en deux couches au moyen de deux ateliers distincts.

Le premier atelier enlevait la couche supérieure argileuse et laissait la couche inférieure. Cet atelier avait une pente générale d'environ 0^m014 par mètre, et formait ainsi un plan automoteur qui permettait aux wagons de se rendre du chargement au déchargement sans le secours des chevaux. Ce premier atelier comportait sur toute sa longueur deux voies distinctes, l'une pour les wagons pleins et l'autre pour la remonte des wagons vides. Cette disposition a été motivée uniquement par la crainte d'une rencontre de deux convois, l'un descendant, l'autre remontant ; mais l'entrepreneur a reconnu lui-même, par la suite, qu'on aurait pu remplacer la voie des wagons vides par deux évitements placés aux points de chargement et de déchargement; on aurait ainsi économisé une pose de voie considérable. Ce premier atelier avait deux voies au chargement et quatre au déchargement.

Le deuxième atelier exploitait l'assise inférieure et conservait le niveau de la plate-forme de la tranchée définitive. Il marchait en arrière du premier atelier et achevait le déblai, sauf la banquette qu'on laissait dans chaque talus pour l'emplacement des voies de l'atelier supérieur.

Les deux ateliers étaient reliés entre eux par deux changements de voies, l'un placé à l'entrée de la tranchée, l'autre en avant du point de déchargement ; de sorte que les wagons d'un atelier pouvaient passer sur l'autre.

Le débit moyen de la tranchée a été de 325 mètres cubes par jour et le temps d'exécution a duré quatorze mois ; mais le nombre de jours de travail n'a été que de trois cent treize.

Sans divers cas de force majeure, l'organisation de l'atelier de Saint-Just eût produit moyennement au moins 400 mètres cubes par jour et la tranchée eût été terminée en moins de dix mois.

Le remblai, d'une hauteur maxima de 14 mètres, a été exécuté en deux couches.

50. ÉVITEMENTS. — Nous avons vu au numéro 43 que lorsque le transport avait lieu par locomotive les deux voies placées au point de chargement d'une assise en exploitation se réunissaient en une seule pour se prolonger ainsi jusqu'à la fourche du déchargement. Nous venons de voir également, en parlant de la tranchée de Saint-Just, que bien que le transport ait eu lieu au moyen de chevaux, on avait reconnu qu'il eût été plus économique de réunir les deux voies de chargement en une seule jusqu'à la fourche du déchargement et d'établir deux évitements, l'un au point de chargement, et l'autre au point de déchargement.

Nous dirons donc qu'en général, lorsque la distance du transport atteint une certaine longueur, il y a avantage, quel que soit le mode de transport, soit par locomotive, soit par chevaux, à réunir les deux voies du chargement en une seule qui se prolonge jusqu'à la fourche du déchargement.

Si la distance du transport dépasse 1000 mètres, on place les évitements à 1000 mètres les uns des autres. Or, comme il faut toujours un évitement à chaque point de chargement et de déchargement, il est dès lors facile de calculer le nombre d'évitements nécessaires quand on connaît la longueur comprise entre l'extrémité du déblai et l'origine du remblai, ainsi que la longueur du déblai à transporter en wagon.

On peut toujours supposer aux évitements une longueur de 72 mètres (seize rails).

La longueur des relais établis au moyens d'évitements et le nombre de wagons doivent être réglés de manière à ce que les chevaux parcourent journellement le nombre de kilomètres qu'on aura fixé d'avance pour la moyenne de leur travail.

Il est bon de remarquer que la distance entre le dernier relais et l'évitement du déchargement est variable, ainsi que celle comprise entre l'évitement du chargement et le premier relais, et passe par les valeurs intermédiaires 200, 400, 600 et 800 mètres. L'évitement du déchargement se change à peu près tous les 200 mètres.

ARTICLE V.

Eboulements et glissements des talus.

51. Causes des éboulements et glissements des talus. — L'attraction moléculaire et l'adhérence des couches entre elles sont les forces qui maintiennent à l'état de stabilité un massif quelconque de terre en s'opposant à l'action de la gravité. Par conséquent, les causes qui auront pour effet d'affaiblir la cohésion des terres et le frottement, produiront nécessairement des éboulements ou des glissements. Nous allons maintenant examiner deux cas : les talus en déblai et les talus en remblai.

52. Causes des éboulements et glissements dans les talus de déblai. — Les éboulements et glissements des terres en déblai sont dus à diverses causes, savoir : la nature des terrains, les influences atmosphériques, l'abondance des eaux et l'inclinaison des talus.

1° *Nature des terrains.* — Un terrain composé de couches de sable, de marne et de glaise superposées présente une force de cohésion très-faible, et rarement ces couches sont adhérentes entre elles lorsqu'elles sont exposées à l'action des eaux de source ou de suintement ; le talus, dans ce cas, offre peu de stabilité et ne saurait dès lors rester dans son état normal sans le secours de travaux d'assainissement.

2° *Influences atmosphériques.* — Lorsque, par l'ouverture d'une tranchée, des couches argileuses sont mises à découvert, la sécheresse et l'humidité occasionnent, sur une profondeur plus ou moins grande, soit des retraits et des gonflements alternatifs à la surface, soit des changements incessants dans le volume, soit enfin des crevasses et des gerçures qui, tout en détruisant la cohésion, permettent aux eaux pluviales d'infiltration et aux eaux de sources de détremper et de diviser les massifs et d'engendrer des plans de glissement qui finissent par devenir assez puissants pour produire des mouvements de terre considérables.

La gelée donne lieu à des effets analogues à ceux qui sont occasionnés par les alternatives de sécheresse et d'humidité. Les eaux d'infiltration ne pouvant s'écouler par les issues qui sont bouchées par la gelée sont forcées de pénétrer dans les couches argileuses, qu'elles ramollissent. En outre, les eaux augmentant de volume par la congélation, produisent un gonflement dans les terres, qui, lors du dégel, tendent alors à se contracter. Ce double mouvement a pour effet de désagréger les terres et d'affaiblir la cohésion.

3° *Action de l'eau.* — Les eaux qui occasionnent des éboulements dans les talus sont de deux sortes : les eaux superficielles et les eaux intérieures.

Les eaux superficielles sont celles qui tombent directement sur les talus ou qui descendent de la surface d'un coteau pour s'écouler sur les talus et descendre dans les fossés de la tranchée.

Les eaux intérieures proviennent soit des sources, soit des eaux pluviales qui ont pénétré à travers les terres ou à travers les racines des plantes, soit enfin des eaux de dégel.

4° *Inclinaison des talus.* — L'inclinaison trop rapide des talus provoque souvent aussi des éboulements, et pour éviter ces inconvénients, il convient de donner à ces talus une pente suffisante. L'inclinaison des talus varie d'ailleurs avec la nature des terres.

On rencontre certains terrains, ceux qui renferment des couches argileuses intercalées dans des couches perméables, qui ne se soutiennent sous aucun angle et s'éboulent inopinément. L'eau qui descend à travers les terrains perméables vient former une nappe à la surface de la couche de glaise et

engendrer des glissements dont on ne se rend maître que
par des précautions particulières.

53. CAUSES DES ÉBOULEMENTS DANS LES TALUS DE REM-
BLAIS. — Les causes des éboulements dans les talus de
remblais dépendent :

1° De la nature des terres qui composent le remblai ;

2° De la disposition des couches dans la formation du
remblai ;

3° De la nature et de l'inclinaison du sol sur lequel repose
le remblai.

Les remblais formés avec de mauvaises terres (terre
glaise) ou bien par des couches perméables de sable ou de
boue et interposés entre elles donnent lieu à des éboulements en produisant des tassements inégaux dans les différentes couches et par suite des crevasses par lesquelles l'eau
pénètre dans le corps du remblai.

Lorsque les remblais sont exécutés avec des terres de nature différente, disposées de
manière à former un noyau
central C en terres plus ou
moins imperméables, compris
entre deux prismes latéraux A

Fig. 33.

et B en terres perméables, il peut se produire des éboulements dans les talus (fig. 33).

Dans l'exécution d'un remblai au moyen de wagons, on
commence souvent par former la partie centrale de ce remblai, et l'on complète ensuite les talus avec des terres transportées dans des wagons versant de côté. Il en résulte que
le noyau du remblai est composé de terres provenant des
cunettes et contient une plus grande quantité de terres argileuses que celles qui composent les prismes latéraux. Dans
ce cas, les deux surfaces latérales du noyau central forment
des plans de glissement qui tendent à provoquer l'éboulement des prismes latéraux A et B.

Lorsque le remblai doit être établi sur un sol compressible, il peut y avoir un tassement assez considérable pour produire des éboulements.

Enfin, si le sol sur lequel repose le remblai est incliné, il peut y avoir glissement et déplacement de toute la masse.

Mais quelle que soit la nature des terres qui composent un remblai, la cause principale des éboulements est encore l'action de l'eau. (*Traité des chemins de fer* de Perdonnet.)

54. MOYEN DE PRÉVENIR LES ÉBOULEMENTS ET LES GLISSEMENTS DANS LES TALUS EN DÉBLAI. — D'après les causes qui produisent les éboulements dans les talus en déblai, on doit chercher à protéger les talus des tranchées contre l'action des eaux superficielles et des eaux intérieures de filtration. On doit aussi les mettre à l'abri des influences atmosphériques.

55. DÉFENSE DES TALUS CONTRE L'ACTION DES EAUX SUPERFICIELLES. — Les eaux pluviales, en tombant sur un talus récemment exécuté, produisent fréquemment des dégradations superficielles. Les ravinements suivis d'éboulements qui en résultent ont souvent $0^m 50$ à $0^m 60$, et quelquefois 1 mètre de profondeur.

Dans ce cas, on prévient les effets de cette action destructive en protégeant les talus au moyen d'un revêtement.

Quand le terrain s'y prête, on se borne à y semer de la graine de luzerne, de gazon ou de foin. Les herbes et les racines retiennent alors les molécules de terre et les empêchent d'être entraînées par l'eau. Si la nature du terrain ne permet pas d'y faire un semis, on applique une couche de terre végétale que l'on dresse et que l'on pilone suivant l'inclinaison du talus et sur laquelle on répand les semences. Dans d'autres cas, on remplace la chemise en terre par un revêtement en gazon que l'on applique sur le talus.

On peut aussi consolider les talus au moyen d'une chemise en terre franche établie de la manière suivante : les talus à revêtir sont coupés en redans horizontaux et la terre franche est rapportée sur ces redans par couches horizontales de 0ᵐ 10 d'épaisseur, pilonées à la dame plate.

Enfin il peut arriver que ces revêtements ne soient pas encore suffisants et qu'il soit nécessaire de diminuer le volume et la vitesse des eaux pluviales qui ravinent et désagrègent les talus. A cet effet, on coupe les talus par des banquettes étagées destinées à recevoir les eaux pluviales. Ces banquettes sont espacées les unes des autres de 3 ou 4 mètres (fig. 34) et ont une largeur de 0ᵐ 80 à 1 mètre.

Lorsque les banquettes ont pour but de diminuer la vitesse des eaux, on les établit horizontalement dans le sens de leur largeur et dans celui de leur longueur. Mais si elles doivent en même temps diminuer le volume des eaux, on les établit (fig. 34) avec une pente transversale d'environ 0ᵐ 15 opposée à l'inclinaison du talus. On dispose les banquettes

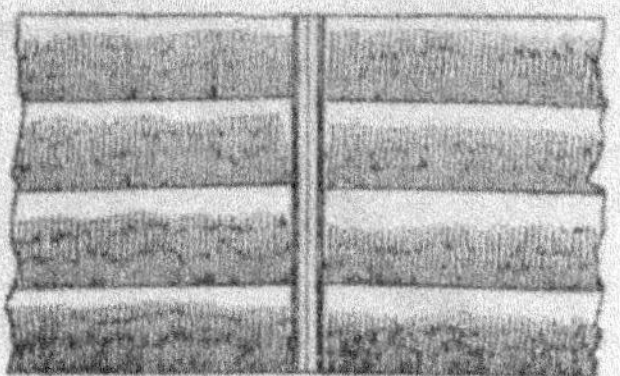

Fig. 34.

dans le sens de leur longueur avec pentes et contre-pentes de 0ᵐ 02 à 0ᵐ 03 par mètre.

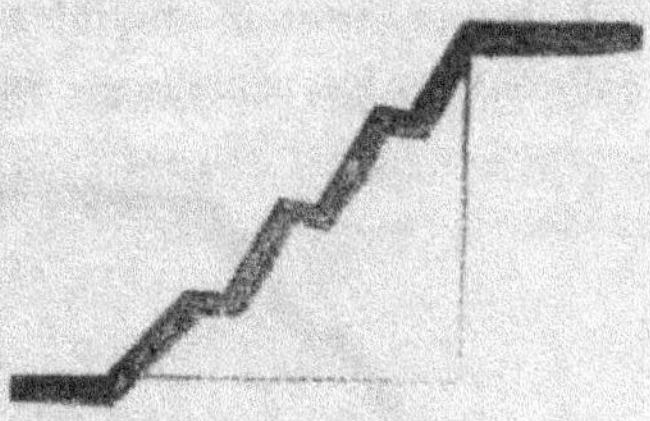

Quand il doit y avoir beaucoup d'eau, on établit un revêtement en maçonnerie ou en gazon sur le fond du caniveau formé par le talus et le sommet de la banquette.

A chaque point bas formé sur le talus par la rencontre de deux pentes longitudinales opposées, on établit une cuvette (fig. 35) pour recevoir les eaux qui coulent sur les banquettes et les conduire dans le fossé de la tranchée.

Fig. 35.

Lorsque les talus sont protégés par une chemise en terre
végétale de 0ᵐ 30 d'épaisseur, les
banquettes présentent la disposition indiquée par la figure 36.

Les cuvettes établies sur les
talus pour recevoir les eaux qui
coulent sur les banquettes sont
faites en maçonnerie ou en gazon

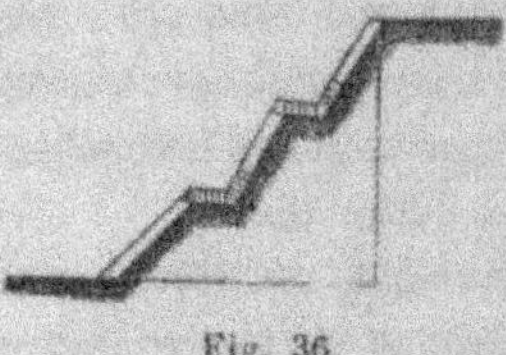

Fig. 36.

et ont la forme indiquée par la figure 37. Elles ont 0ᵐ 80 à 1
mètre de largeur sur 0ᵐ 30 d'épaisseur, avec un évidement
de 0ᵐ 15 de profondeur. On préfère sou-
vent donner aux cuvettes la forme d'un
arc de cercle ayant 0ᵐ 15 de flèche. L'espacement entre les cuvettes est variable;
il peut être de 40 à 50 mètres.

Fig. 37.

Lorsque les eaux pluviales descendent du versant d'un
coteau vers les tranchées, on établit tout le long de la crête
du talus à protéger une pe-
tite banquette A en terre
(fig. 38) dans laquelle on
ménage, de 10 mètres en
10 mètres, des ouvertures
pour laisser passer les eaux
qui descendent sur les talus, soit dans des cheneaux

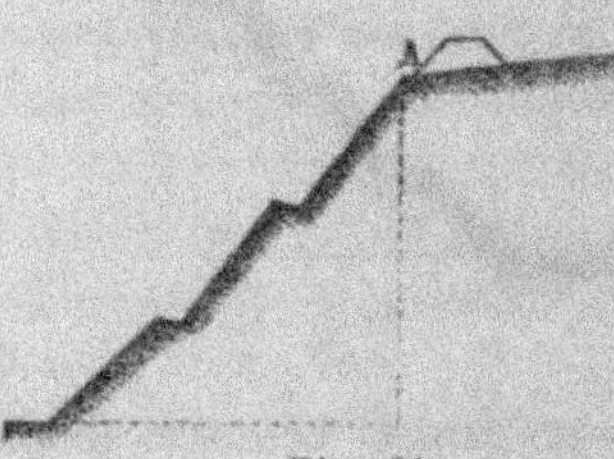

Fig. 38.

en planches, soit dans des cuvettes en tuiles creuses que
l'on place vis-à-vis chaque
saignée. Les ravinements sont
ainsi rendus plus réguliers et
sont plus faciles à réparer.

On donne à la banquette
en terre environ 0ᵐ 30 de
hauteur.

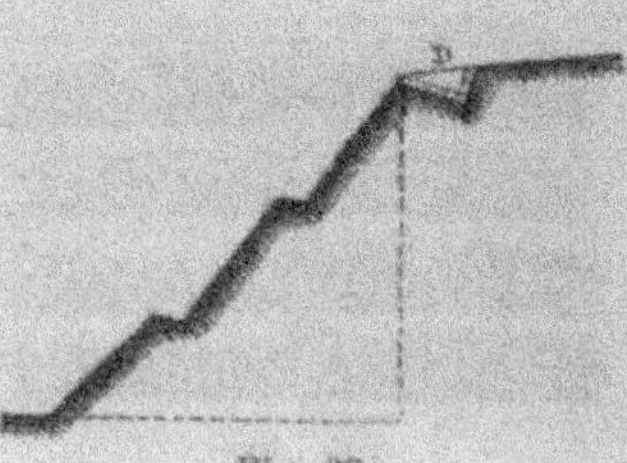

Fig. 39.

Au lieu d'établir une ban-
quette en saillie sur le sommet du talus, on peut pratiquer
un redan D sur la crête même du talus (fig. 39). On donne à

ce redan, appelé *revers d'eau*, une largeur en rapport avec la quantité d'eau qui peut descendre du coteau. On donne à ce revers d'eau des déclivités longitudinales en sens opposés, de manière à obtenir des points bas à la jonction des inclinaisons contraires. Les deux talus du revers d'eau doivent être gazonnés de la même manière que ceux qui forment les banquettes étagées.

56. Défense des talus contre l'action des eaux intérieures de filtration. — Lorsque les éboulements et glissements sont occasionnés par les eaux intérieures de filtration, on prévient ces accidents en facilitant l'écoulement des eaux, en desséchant les couches glaiseuses, en les consolidant et en les mettant à l'abri des influences atmosphériques au moyen de revêtements.

57. Assèchement des talus dans les terrains argileux. — L'assèchement des talus dans les terrains argileux s'obtient par la méthode de M. de Saizilly ou par la méthode des collecteurs.

58. Méthode Saizilly. — Cette méthode consiste dans l'établissement de caniveaux d'assainissement dans les talus d'une tranchée.

Si une couche de terrain perméable repose sur un banc de glaise, les eaux d'infiltration traverseront la couche perméable et viendront former une nappe à la surface du massif glaiseux, et provoqueront des éboulements en suintant dans les talus.

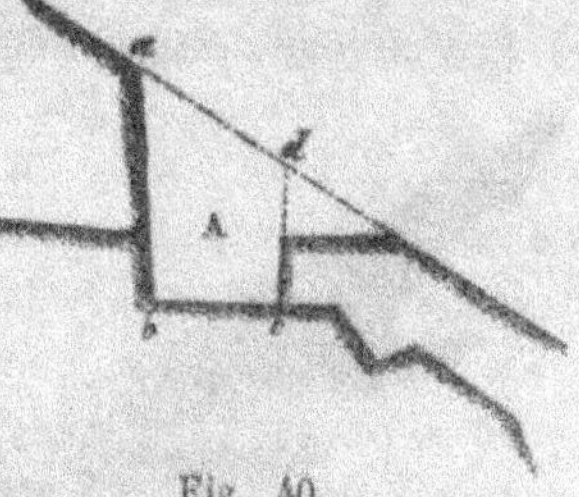

Fig. 40.

Pour prévenir ces accidents, on creuse dans le talus une rigole longitudinale A (fig. 40), ou *abcd* (fig. 41), qui pénètre d'environ 0^m 12 dans le massif de glaise. La largeur

bc du fond de la rigole est de 0ᵐ 35 à 0ᵐ 40. On établit le
fond de cette rigole avec une déclivité de 0ᵐ 02 par mètre,
en suivant autant que possible les sinuosités du banc de suintement.

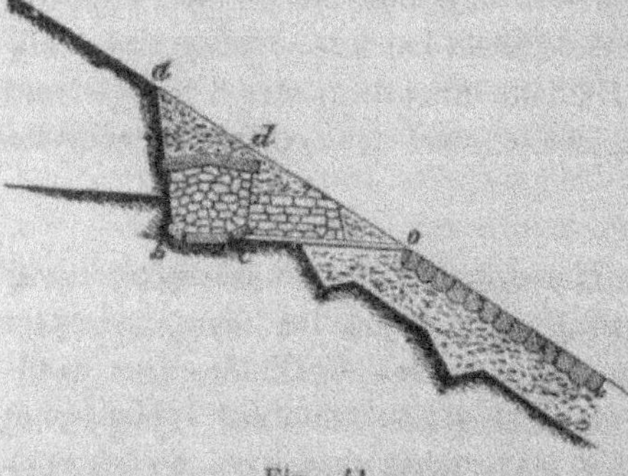

On pose ensuite dans cette rigole un radier en briques et mortier hydraulique, puis on la remplit avec des cailloux très-propres et on la recouvre soit avec des gazons, soit avec des pierres plates (fig. 41). On complète ensuite le talus au moyen de terres rapportées et parfaitement pilonées.

Fig. 41.

Les pentes longitudinales des caniveaux sont établies dans
des directions opposées et forment par conséquent des points
bas où les eaux viennent se rendre. Pour assurer l'écoulement des eaux, on creuse à chaque point bas une rigole
transversale *oc* appelée *barbacane*, qui débouche elle-même
dans une cuvette maçonnée construite sur le talus et descendant jusqu'au fossé de la tranchée.

Les cuvettes doivent être d'autant plus rapprochées que
les sources sont plus abondantes. On les espace moyennement d'une cinquantaine de mètres.

On peut souvent assurer l'écoulement des eaux des caniveaux sans avoir recours aux barba-

Fig. 42.

canes. Pour cela, il suffit d'établir en chaque point bas et
sur la surface même du talus une pierrée qui descend
jusqu'au fossé (fig. 42). On applique ensuite sur cette pier-

rée soit un revêtement en gazon posé l'herbe en dessous et recouvert d'une chemise en terre bien pilonée, soit un revêtement en maçonnerie de pierre sèche. Au lieu d'employer des briques plates pour former le radier des caniveaux, on peut faire usage de tuiles creuses, ou bien de tuyaux en poterie. Dans ce cas, le fond des caniveaux doit être creusé suivant la forme des briques.

Les tuiles creuses se posent avec beaucoup de facilité et elles ont l'avantage de diminuer la quantité de mortier à employer dans l'établissement des caniveaux.

Lorsqu'un talus est composé de couches superposées de sable, de marne et d'argile (c'est le cas le plus défavorable), on établit dans ce talus autant de caniveaux étagés qu'il y a de bancs de suintement.

Ainsi, par exemple, dans la figure 41, où il y a deux bancs de suintement, on établit deux caniveaux. Ces caniveaux sont réunis entre eux en leur point bas par une pierrée placée sur le talus. Cette pierrée est recouverte de gazons posés l'herbe en dessous et d'une chemise en terre végétale.

Les talus du fossé qui reçoit les eaux par les pierrées doivent être perreyés, ainsi qu'on le voit sur la figure.

Lorsque le terrain est entièrement perméable et traversé par de nombreux suintements répartis sur toute la surface du talus, on parvient à assainir le talus par le moyen suivant :

On place dans le talus, à 0^m 60 de profondeur pour éviter l'influence des gelées qui pourraient entraver la circulation des eaux, un filtre en pierres cassées de 0^m 10 à 0^m 20 d'épaisseur sur toute la superficie humide du talus. Ce filtre posé sur le sol naturel, ou ce qui vaudrait mieux sur un lit de pierres posées à plat, doit être recouvert de gazon et d'une chemise en terre végétale de 0^m 15 à 0^m 20 d'épaisseur au-dessus des gazons. Les eaux viennent se rendre dans un caniveau placé au bas du filtre et construit sur la couche imperméable.

Si les terres sont d'une nature telle qu'elles puissent se délayer au contact de l'eau, on coupe les talus par gradins disposés par étages. L'enrochement et la terre végétale placés sur les talus prendront donc aussi la forme de gradins.

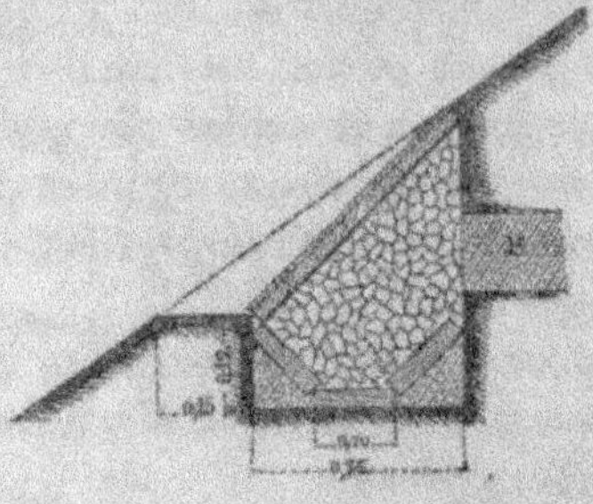
Fig. 43.

M. Bruère, ingénieur civil, dispose l'empierrement qui remplit les caniveaux de la manière indiquée par la figure 43.

L'empierrement est appliqué contre les couches perméables du terrain sur toute la hauteur du suintement. Un revêtement en gazon CD est appliqué à plat, l'herbe en dessous, sur la surface de l'empierrement, afin d'empêcher les terres de recouvrement de se mêler avec les cailloux du caniveau.

59. PIERRÉES. — On peut aussi assécher les talus d'une tranchée au moyen de pierrées dites *pierrées de fond*.

M. Branget, conducteur des ponts et chaussées et chef de section au chemin de fer de Paris à Lyon, a fait exécuter un grand nombre de pierrées, qu'il a disposées de la manière indiquée en plan par la figure 44 A et en coupe par la figure 44 B.

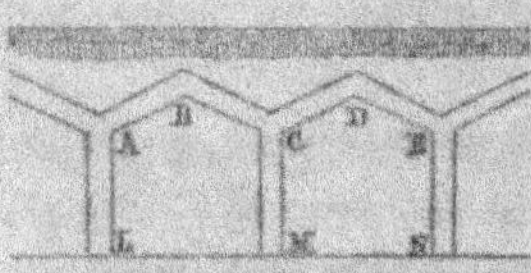
Fig. 44 A.

Ce système de pierrées consiste à creuser dans le talus et sur toute la hauteur du suintement S une rigole longitudinale ABCDE qui suit des pentes opposées et que l'on remplit de pierres cassées. Les eaux qui pourraient attaquer le talus viennent se réunir dans cette pierrée longitudinale pour s'écouler à chaque point bas de la rigole par des pierrées transversales AL, CM, EN qui débouchent chacune dans une cuvette maçonnée

P₉ (fig. 44 B) établie sur le talus et descendant jusqu'au fossé de la tranchée. Les pierrées sont recouvertes d'un revêtement en gazon et d'une che-mise en terre.

Les pierres transversales sont espacées entre elles de 20 à 35 mètres, suivant l'abondance des eaux.

Les rigoles longitudinales sont creusées verticalement en étayant leurs parois au moyen de cadres et de madriers jointifs.

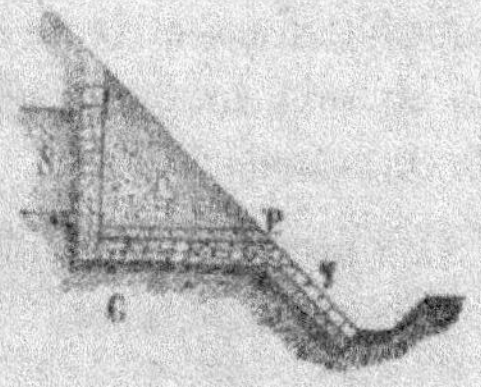

Fig. 44 B.

A Montbard (Côte-d'Or), des pierrées de ce genre ont été établies sur 200 mètres de longueur. Les rigoles avaient 10 à 12 mètres de profondeur et 1ᵐ 50 de largeur.

A Rochefort, ligne de Paris à Lyon, des pierrées ont été établies sur 800 mètres de longueur ; elles avaient 10 mètres de profondeur et 2 mètres de largeur.

A Malins, ligne de Paris à Lyon, les pierrées avaient 18 mètres de profondeur et 1ᵐ 50 de largeur. Ces pierrées s'é-tendaient sur 600 mètres de longueur.

A Verry, les remblais du chemin de fer, ligne de Paris à Lyon, ont été établis sur le talus du coteau. Ces remblais avaient 2ᵐ 50 à 3 mètres de hauteur.

Le sous-sol s'étant affaissé par suite de l'abondance des eaux d'infiltration, on parvint à le dessécher au moyen de pierrées.

Les eaux s'écoulaient de la pierrée longitudinale par des canaux souterrains qui dé-bouchaient au pied du chemin de fer. Ces canaux souterrains avaient 2ᵐ 20 de hauteur sur 1ᵐ 20 de largeur, afin qu'un

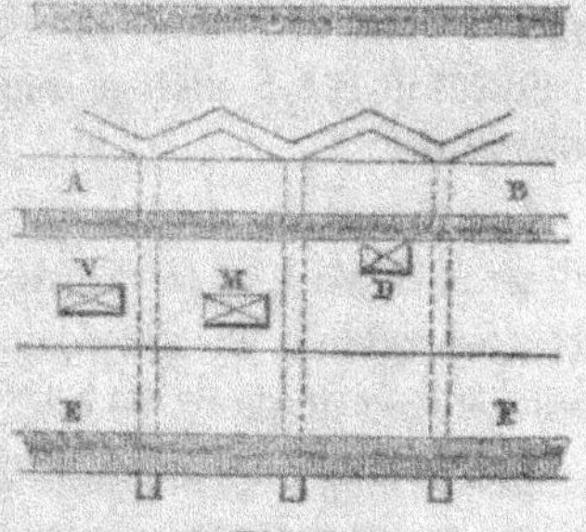

Fig. 45.

homme pût y travailler facilement ; on a dû boiser pour les ouvrir, attendu que le terrain était très-coulant.

Ces canaux passaient d'abord sous un chemin de grande communication AB, fig. 45, puis sous un emplacement sur lequel étaient établies les gares V des voyageurs, M des marchandises et D de dépôts, et enfin sous les remblais EF du chemin de fer. Ces canaux souterrains étaient espacés de 35 mètres.

Ces pierrées ont suffi pour dessécher le sol et arrêter tout mouvement de terre.

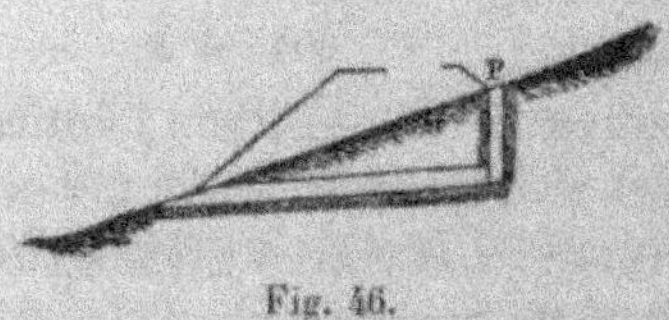

Fig. 46.

A Comblaville, le remblai du chemin de fer a été établi sur le talus du coteau. Ces remblais avaient 5 mètres de hauteur du côté de la vallée et 1^m 50 du côté du coteau (fig. 46). Le sous-sol s'étant également affaissé sous le poids du remblai et par suite de l'effet des eaux d'infiltration, on parvint à dessécher le terrain en creusant, de distance en distance, des puits P de 6 à 7 mètres de profondeur (fig. 46). Un canal souterrain partant du fond du puits et passant sous le remblai permettait aux eaux de s'écouler dans la vallée.

60. Des collecteurs. — On parvient aussi à assécher les talus dans les tranchées au moyen de tuyaux en poterie placés dans des fossés ou drains ouverts dans les talus et espacés de 3 à 6 mètres suivant l'abondance des eaux de filtration.

Les fossés ou drains ont 1 mètre à 1^m 60 de profondeur et 0^m 35 à 0^m 50 d'ouverture en gueule. Le fond a une largeur égale à la grosseur des tuyaux, dont le diamètre intérieur varie de 0^m 03 à 0^m 08.

Les drains sont disposés soit parallèlement et suivant la ligne de plus grande pente des talus, soit en écharpe, selon la nature du terrain. Ils descendent jusqu'au pied du talus et dégorgent dans le fossé, qui sert alors de collecteur.

Cependant si le terrain perméable ne descend pas jusqu'au bas de la tranchée, les drains ne sont établis que sur la partie humide du talus et dégorgent dans un collecteur longitudinal pratiqué dans le terrain imperméable. Ce collecteur verse les eaux dans le fossé de la tranchée.

Les tuyaux de poterie sont posés bout à bout sur le fond des drains, bien assis et bien joints. Chaque joint est recouvert d'un tronçon de tuyau d'argile bien pétrie.

Les lignes de tuyaux sont posées suivant la pente nécessaire à l'écoulement des eaux et conformément aux règles de l'art du draineur. Après la pose des tuyaux, les drains sont immédiatement remplis, sur le tiers ou la moitié de leur hauteur, avec des cailloux sur lesquels on pose des gazons. On achève le remplissage du drain avec de la terre légère et bien pilonée.

61. Asséchement d'un talus de sable mouvant. — Lorsqu'un terrain sablonneux est imprégné d'eau, le sable est mouvant et on ne peut songer à poser sur le talus un empierrement, parce que les cailloux ne tarderaient pas à disparaître en s'introduisant dans le sable. Dans ce cas, on a recours à l'emploi de petits saucissons bourrés composés d'un massif de gravier ou de jard contenu dans une enveloppe formée par des bois de fascines bien serrés au moyen d'une corde et de leviers, et liés par des harts bien flexibles.

Ces saucissons (fig. 47 A) sont d'une forme cylindrique et ont généralement 0ᵐ 25 de diamètre et 0ᵐ 70 à 0ᵐ 80 de longueur. Les deux harts partagent la longueur de chaque saucisson en trois parties égales à peu près.

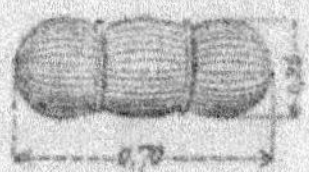

Fig. 47 A.

On effectue ensuite la pose des saucissons en les plaçant dans des redans pratiqués successivement dans le talus sur toute la longueur et sur toute la hauteur de la surface humide. On procède en commençant par le haut, c'est-à-dire que l'on ne creuse le deuxième redan B qu'après avoir placé dans le redan supérieur A une file de saucissons qui se touchent bout à bout.

On continue ainsi jusqu'à ce que l'on soit descendu au niveau du terrain imperméable, dans lequel on ouvre alors un caniveau pour recueillir les eaux.

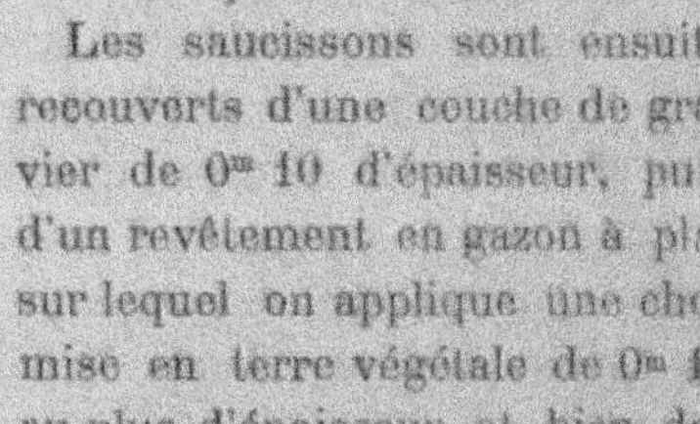

Les saucissons sont ensuite recouverts d'une couche de gravier de 0^m 10 d'épaisseur, puis d'un revêtement en gazon à plat sur lequel on applique une chemise en terre végétale de 0^m 10 au plus d'épaisseur et bien damée. Le talus présente alors l'aspect indiqué par la figure 47 B.

Fig. 47 B.

62. Consolidation des talus en déblai. — Les procédés d'assainissement ne suffisent pas toujours pour assurer la stabilité des tranchées. Lorsque la nature du terrain peut donner lieu à des glissements, on doit chercher à consolider les talus.

Les divers moyens de consolidation employés suivant les cas sont : 1° les épis ou contre-forts en pierres sèches pénétrant dans le talus ; 2° les épis avec arceaux en décharge ; 3° les murs de soutenement en pierres sèches établis au pied du talus ; 4° les enrochements couchés sur le talus avec parement perreyé.

Épis ou contre-forts en pierres sèches. — Les épis en pierres

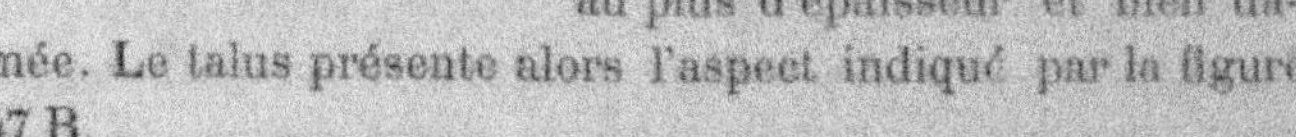

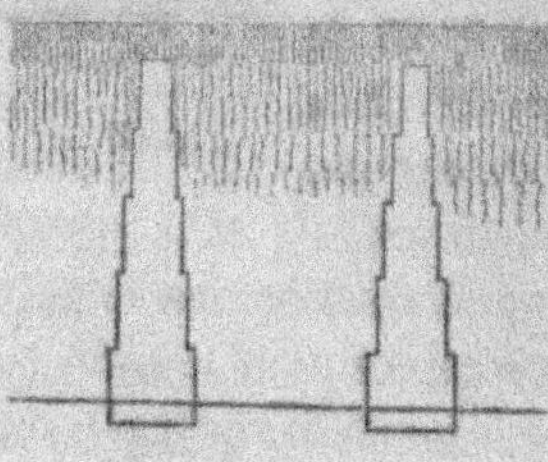

sèches s'établissent de distance en distance dans les talus. On les espace d'axe en axe, de 10 à 12 mètres par exemple. On donne à ces épis 2 ou 3 mètres de largeur à leur base et 1 mètre au sommet ; leurs faces latérales sont disposées en retraites (fig. 48). Le talus destiné à recevoir les contre-forts est taillé par redans.

Fig. 48.

Comme ces épis en pierres sèches occasionnent toujours une grande dépense, on les remplace fréquemment par des contre-forts en terre pilonée, auxquels on donne une longueur égale à celle du banc de suintement sur la surface du talus.

Épis avec arceaux en décharge. — Sur la ligne du chemin de fer de Tours au Mans, des épis en pierres sèches avec arceaux en dé-

Fig. 49.

charge (fig. 49) sont établis dans les talus du déblai. Lorsque les talus ont une grande hauteur, on peut relier deux épis par deux ou trois arceaux superposés.

Murs de soutenement. — Le pied du talus d'une tranchée peut être soutenu par un mur de soutenement en pierres sèches (fig. 50) renforcé de distance en distance par des contre-

Fig. 50.

forts ou éperons également en pierres sèches. Ces murs de soutenement conviennent pour soutenir et consolider les terrains argileux.

Enrochements en pierres sèches couchés sur les talus avec parement perreyé. — Cet enrochement, indiqué par la figure 51, a pour but de consolider le talus et de permettre aux eaux de filtrer entre les pierres sans causer de dégradations. Le parement extérieur de cet enrochement est perreyé sur une épaisseur de 0^m 35. Le pied du perré est en outre consolidé par de petites voûtes établies de distance en distance.

La tranchée du bois de Saint-Denis, par laquelle le canal de l'Ourcq passe du bassin de la Marne dans celui de la

Seine, a été ouverte dans un sol glaiseux. Cette tranchée avait de 10 à 14 mètres de profondeur ; à une profondeur de

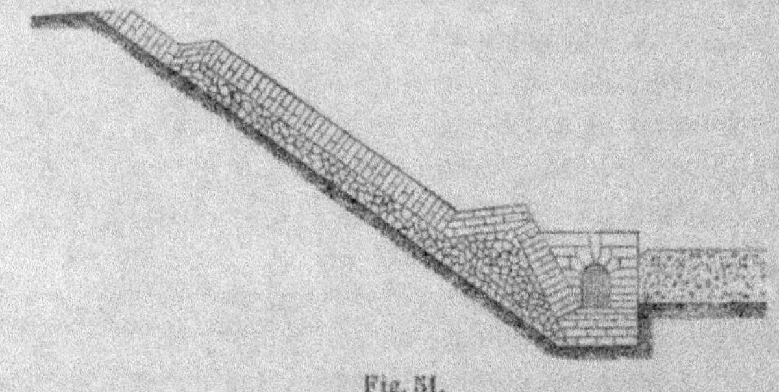

Fig. 51.

5 à 6 mètres se trouvait une mince couche de glaise sur laquelle les eaux étaient arrêtées, et à mesure que l'on ouvrait la tranchée au-dessous, les terres glissaient dans la fouille. Pour arrêter le glissement, on a dû chercher à consolider les talus de la tranchée (fig. 52).

Fig. 52.

On a alors imaginé d'établir, à 5 mètres environ sous le talus et à la hauteur de la couche de glaise, des pierrées ou aqueducs en pierres sèches qui reçoivent les eaux fournies par la glaise et la versent dans le canal par des barbacanes exécutées de distance en distance. On a de plus cherché à diminuer la masse des eaux en creusant derrière les cavaliers des fossés qui reçoivent les eaux du sol pour les amener de loin en loin dans le canal ; puis, cela fait, on a formé tous les revêtements des talus en terre franche pilonée par couches inclinées en sens contraire du mouvement. Ces remblais, n'étant plus délavés par les eaux, ont opposé à la poussée des terres une résistance suffisante et tous les mouvements ont cessé (Cours de navigation de l'École centrale).

Lorsqu'il s'agit de prévenir les éboulements dans des terrains de sable argileux imprégnés d'eau, les difficultés à vaincre sont peut-être encore plus grandes que dans un sol glaiseux. Lorsque ce sable est immergé dans la nappe d'eau et que l'on est forcé de le déblayer au-dessous du niveau naturel de l'eau, il coule et prend une inclinaison de 8 à 10 de base pour 1 de hauteur ; si on veut le maintenir avec des pieux et des palplanches, il exerce une telle poussée qu'il les renverse si les joints sont bien faits ; et si les joints offrent le plus léger passage, il passe au travers et la dépense que l'on a faite se trouve perdue. On ne peut le soutenir qu'au moyen d'une maçonnerie assez solide pour résister à un terrain dont l'angle d'éboulement est à peu près le même que celui de l'eau et dont la densité est à peu près double. Si un tel terrain se rencontre dans une tranchée profonde, il faut, si l'on veut économiser la dépense, faire les déblais par couches de peu de hauteur quand une fois on est arrivé au niveau de l'eau, afin de faire baisser successivement la nappe souterraine, car ce n'est qu'en enlevant l'eau qu'on peut avoir l'espoir d'empêcher les éboulements. Si on pouvait détourner les eaux souterraines, on s'en trouverait bien.

63. CONSOLIDATION DES TALUS DE REMBLAIS. — Lorsqu'un remblai est formé de couches interposées de sable ou de boue, on doit prendre les précautions nécessaires pour empêcher les éboulements de se produire.

Pour cela, on établit au pied du remblai un contre-fort B (fig. 53) en terre végétale parfaitement pilonée. Il est nécessaire aussi de séparer le contre-fort du remblai par un em-

Fig. 53.

pierrement qui facilite l'écoulement des eaux dans le sous-sol.

Quand les remblais sont exécutés avec des terres argileu

ses, on préviendra les éboulements en mettant les remblais à l'abri des actions de l'eau pluviale et des eaux intérieures de filtration.

Pour cela, il faudra avoir soin, pendant la construction du remblai, de piloner parfaitement la terre argileuse, afin qu'il n'y ait pas de vides. Il sera bon aussi d'intercaler des lits de sable entre les couches de glaises.

Le remblai glaiseux devra en outre être enveloppé d'une chemise en terre végétale bien pilonée, afin d'être à l'abri des alternatives de sécheresse et d'humidité.

On assainira le corps du remblai en attirant les eaux dans des fossés creusés au pied des talus. Ces fossés pourront au besoin être remplis de matière filtrante, cailloux ou gravier.

Si le sol sur lequel on a un remblai à établir est incliné, on préviendra les glissements en taillant l'assiette du remblai par redans horizontaux et en établissant au besoin un contre-fort dans le talus opposé au sens du glissement qui pourrait se produire.

Enfin, si l'on a un remblai à élever sur un sol compressible, on desséchera le terrain en creusant des fossés au pied des talus et en ouvrant, dans la fouille destinée à recevoir le remblai, des saignées transversales plus ou moins profondes que l'on remplira de matières filtrantes. Ces saignées dégorgeront dans les fossés. On devra aussi donner au remblai un plus large empatement et répartir au besoin la pression par des lits de fascines.

On pourrait aussi diminuer la compressibilité du sous-sol en le lardant de trous faits avec un pieu conique que l'on retire ensuite et dont on remplit les alvéoles avec du sable.

64. RECONSTRUCTION DES TALUS ÉBOULÉS. — Supposons qu'un talus AB d'une tranchée ou d'un remblai se soit éboulé suivant la ligne ondulée ACDE, fig. 54 A.

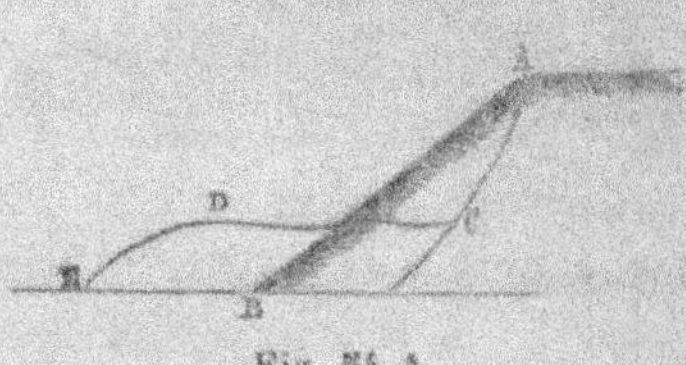

Fig. 54 A.

On parviendra à rétablir ce talus en construisant de distance en distance des épis en pierres sèches entre lesquels on rapportera de la terre que l'on devra piloner avec soin.

On peut même se dispenser d'établir les épis en pierres sèches et se borner à établir sur toute la longueur du talus éboulé un contre-fort en terre pilonée. Ce contre-fort M, fig. 54 B, se construit par portions successives suivant la

Fig. 54 B.

longueur de l'éboulement et au fur et à mesure que l'on enlève les terres éboulées. Ce contre-fort doit être séparé du corps du remblai par un filtre P en cailloux. De distance en distance des rigoles transversales remplies de pierres établissent une communication entre le pied du filtre et le pied du talus du contre-fort, qui se trouve ainsi garanti contre l'action des eaux. Les terres éboulées qui restent derrière le contre-fort sont ensuite taillées par redans, et on complète le talus avec des terres rapportées et pilonées.

Il faut, autant que possible, que le talus extérieur du contre-fort soit placé dans le plan du talus primitif qu'il s'agit de rétablir; mais si l'on craint d'enlever une quantité trop grande de terres éboulées ou si l'on rencontre des difficultés, on peut construire le contre-fort de manière qu'il soit plus ou moins en saillie sur le plan du talus primitif. Nous n'avons pas besoin de dire que ces travaux demandent à être exécutés avec soin et précaution[1].

---

[1] M. Bruère, ingénieur civil, a publié un traité excellent et très-complet sur les travaux de consolidation des talus.

ARTICLE VI.

Revêtements des talus.

65. REVÊTEMENTS DES TALUS. — Les revêtements des talus des tranchées, chaussées, levées et berges se font au moyen de semis, plantation de chiendent, plantations d'arbustes, gazons, fascinages, paillassonnages, enrochements et perrés.

66. SEMIS. — Les semis ont pour but de protéger les talus de déblai ou de remblai contre les dégradations superficielles.

Le choix des graines à employer pour semis dépend de la nature des terres et du climat.

Lorsqu'un revêtement en terre végétale est appliqué sur un talus en terre sablonneuse, comme sur les levées de la Loire, par exemple, on répand sur la surface du revêtement un semis en trèfle, sainfoin ou raygras.

Sur les talus de routes et de chemins de fer, et en général dans les terres mélangées d'argile, on emploie la luzerne de préférence aux autres graines. La luzerne a, comme le chiendent, l'avantage d'avoir des racines longues qui pénètrent bien avant dans les terres.

Les graines destinées à l'ensemencement doivent être nettes, luisantes, bien épurées, pesantes et sans autre odeur que celle du bon foin. Elles ne doivent pas avoir plus de deux ans, et quand on les immerge dans l'eau, elles ne doivent point surnager à la surface.

Les semis doivent se faire en bonne saison et autant que possible en temps pluvieux.

Le terrain destiné à recevoir les graines doit être purgé de pierres et de racines, puis ameubli sur une épaisseur d'environ 0^m 10. Avant d'ensemencer, on sillonnera la surface assez profondément, pour retenir les semis, avec un râteau de fer à dents écartées de 0^m 05. On tracera les sillons dans une direction perpendiculaire à la ligne de plus grande pente du talus.

La graine est ensuite répandue également sur tous les points, et, après l'ensemencement, on recouvre les sillons avec la herse ou le ratissoir et on bat légèrement la terre à la batte pour raffermir les talus.

On répand ordinairement par are et le plus légèrement possible 6 kilogrammes de graines.

Lorsqu'on emploie concurremment les graines de foin, de luzerne, de trèfle et de sainfoin, les proportions du mélange seront : 4 kilogrammes de foin pour 2 kilogrammes de luzerne, trèfle et sainfoin.

Des semis ont été faits sur les talus des levées de la Loire, dans le département d'Indre-et-Loire, avec des graines mélangées dans les proportions suivantes :

Trèfle blanc (*trifolium repens*).	400	grammes.
Eternue ou fiorin (*agrostis stolonifera*).	500	—
Raygras d'Angleterre (*lolium perenne*).	1400	—
Fétuque Raçonte (*festuca rubra*).	700	—

Lorsque l'herbe ne lève pas dans toutes les parties d'un terrain ensemencé, on doit ressemer ces surfaces partielles.

L'entrepreneur doit être tenu d'entretenir à ses frais les surfaces ensemencées jusqu'à la réception définitive.

67. PLANTATIONS DE CHIENDENT. — Le chiendent est une plante à longues racines, qui croît dans toute espèce de terrain ; mais pour qu'il prenne bien quand on le plante sur des talus, il faut que la terre soit meuble. Le chiendent s'emploie à la place de la luzerne dans des conditions où celle-ci ne peut venir.

Les brins de chiendent destinés à être piqués dans les talus doivent être bien sains, bien vivaces et ne pas être trop desséchés ; leurs racines ne doivent pas avoir moins de 0ᵐ08 de longueur.

Les plantations de chiendent s'exécutent en pratiquant normalement à la surface du talus, des trous espacés en quinconce de 0ᵐ 20 les uns des autres et profonds de 0ᵐ 10, au moyen d'un piquet de 0ᵐ 03 de diamètre ; on y introduit les brins de chiendent par petits paquets, et enfin on remplit les trous avec de la terre que l'on comprime avec le pied de manière qu'il ne reste ni saillies ni flaches apparentes.

68. Plantations d'arbustes. — Les plantations d'arbustes dites *plantations en taillis* servent à la défense des talus et des berges. Elles sont ordinairement en osier, saule, marsault, acacia, bouleau ou charme.

Les jeunes plants doivent être pris dans les pépinières et non dans les forêts. Ils doivent être bien sains, vivaces, à écorces lisses et à racines bien chevelues.

Les boutures d'osier, de saule ou de peuplier sont généralement prises sur les pousses de l'année ; elles doivent avoir 0ᵐ 30 à 0ᵐ 50 de longueur de tige et une grosseur moyenne de 0ᵐ 015 à 0ᵐ 020 de diamètre au-dessus du collet. Elles ne sont coupées que peu de temps avant leur plantation, et leurs extrémités sont taillées en sifflet. Celles qui seraient fendues ou en partie écornées doivent être rejetées.

Les boutures d'osier sont plantées en buissons ou nids de canard, ou bien piquées isolément.

Les nids de canard sont communément formés de cinq boutures plantées en rayons divergents, passés les uns sous les autres et inclinés à peu près à 45 degrés sur le sol.

Les boutures plantées isolément sont placées au cordeau par rangées régulières et en quinconce, espacées de 0ᵐ 20 à

0^m 40. Le long des berges, elles sont légèrement inclinées dans le sens du courant de l'eau.

Toutes les boutures, soit qu'elles soient plantées en buissons ou isolément, sont enfoncées au moins de 0^m 25 en terre, de manière à ne laisser saillir que deux yeux. Si le terrain à planter est dur ou composé de gravier et pierraille, on se sert d'un plantoir ou fiche en fer de 0^m 04 de diamètre pour l'ouverture des trous et l'on doit éviter que l'écorce des boutures ne vienne à s'endommager (fig. 55). On remplit ensuite les vides en comprimant le terrain, puis on recépe les jeunes plants en bec de flûte, à 0^m 05 au-dessus du sol.

Les plantations de saule et marsault ou peuplier doivent avoir 2 mètres à 2^m 50 de longueur et un diamètre moyen de 0^m 05 à 0^m 07. Les trous sont faits à l'aide d'un pieu en fer, par rangées régulières et sur une profondeur d'au moins 0^m 50.

Les plantations d'osier se font généralement en février, après les gelées, et sont terminées avant la fin de mars.

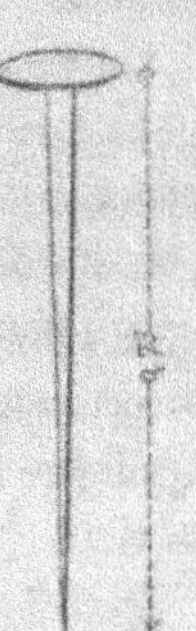

Fig. 55.

Les plantations doivent être sarclées au moins trois fois par an, savoir : pendant la première quinzaine d'avril, la deuxième quinzaine de juin et la première quinzaine d'octobre.

Les plantations d'osier sont payées d'après le nombre de plants.

Plantations d'osier sur des enrochements. — Quand on veut planter des osiers sur des enrochements, on exécute cette opération selon les principes que nous venons d'établir.

69. GAZONNEMENTS. — Les gazons destinés à être employés pour revêtements de talus sont extraits dans les prairies, en évitant celles humides et grasses et celles établies dans les terrains trop légers.

Les gazons doivent être à brins fins, bien herbus, trèschevelus, bien garnis de racines vives et fraîches, et fauchés de près.

On coupe les gazons par carrés réguliers de 0ᵐ 25 ou 0ᵐ 30 de côté et 0ᵐ 08 à 0ᵐ 12 d'épaisseur.

Jusqu'à leur emploi, qui doit avoir lieu dans les vingt-quatre heures, les gazons sont conservés à l'ombre et empilés, de manière que, dans deux plaques superposées, les racines soient en contact avec les racines et l'herbe avec l'herbe.

On ne doit lever par jour que la quantité de gazons qui peut être employée dans la journée ; tous ceux qui, levés prématurément, présentent un commencement de dessiccation doivent être rejetés.

Les surfaces de talus destinées à être gazonnées doivent être piochées légèrement et arrosées avant la pose, puis on applique le gazon soit par placage, soit par assises ou en massifs.

Dans les deux modes de revêtement, on doit, après la pose des gazons, les arroser jusqu'à la reprise complète de la végétation et les entretenir avec soin.

Gazonnements de placage. — Les gazonnements de placage ont pour but de prévenir les dégradations superficielles sur les talus.

Les gazons qui doivent être plaqués (fig. 56) sont posés à plat sur le talus, l'herbe en dehors, et placés en ligne au cordeau, de manière à ce que les joints s'entrecoupent de 0ᵐ 10 à 0ᵐ 15.

Fig 56.

On ne doit pas laisser des vides derrière les gazons, et à cet effet on garnit le dessous des plaques et les interstices en bonne terre végétale. Cette terre végétale a en outre l'avantage de favoriser la prise des gazons.

Quant le revêtement est terminé, on le bat avec des dames plates du poids de 3 kilogrammes, de manière à le bien lier avec le terrain. Les gazons sont ensuite retondus et le revêtement parfaitement dressé suivant un parement régulier et arrosé à mesure de la pose des gazons.

Lorsque le talus à revêtir a moins de 1 et demi de base pour 1 de hauteur, chaque gazon est fixé au terrain par deux petits piquets de saule vert de 0^m 25 de longueur et 0^m 03 de diamètre en tête.

Gazonnements d'assises. — Les gazonnements par assises s'emploient pour la consolidation des talus ; mais comme ils reviennent à un prix élevé, on n'a recours à ce mode de revêtement que pour les talus qui présentent une inclinaison de 1 de base pour 1 de hauteur ou une inclinaison plus forte, parce que dans ce cas une chemise en terre pilonée n'offrirait pas toute la solidité désirable.

Les gazons qui sont employés en assises ou massifs sont

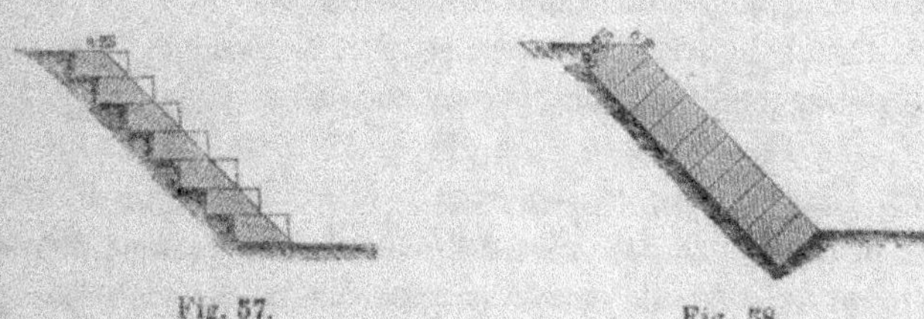

Fig. 57.   Fig. 58.

posés soit horizontalement les uns sur les autres (fig. 57), soit normalement à la surface du talus par assises réglées au cordeau (fig. 58). Dans les deux cas, les joints doivent se croiser et se découper de 0^m 08 à 0^m 10. Les gazons doivent être placés l'herbe en dessous, puis fortement battus à la dame plate.

Les bords de ces gazons sont ensuite recoupés extérieurement suivant le talus, avec la bêche ou le louchet, de manière à présenter un talus parfaitement régulier, suivant l'inclinaison prescrite.

On peut, si on le juge convenable, fixer les gazons au talus par des chevilles de 0^m 40 à 0^m 50 de longueur.

Les gazonnements doivent, dans tous les cas, être arrosés après leur confection.

70. Revêtements en fascinages. — On peut protéger les talus soit par des matelas de branchages, soit par des fascinages.

Branchages. — Les bois destinés à former les matelas de branchages sont des branches de saule, de chêne ou de pin. Ces branchages doivent avoir au plus $0^m 04$ de diamètre au gros bout et être garnis de leurs rameaux, sans feuilles ni bois mort.

Ils sont livrés par fagots de $1^m 50$ de longueur et de $0^m 90$ de circonférence moyenne, et pesant au moins 10, 15, ou 22 kilogrammes, selon qu'ils sont en pin, en saule ou en chêne.

Les branchages doivent être flexibles, choisis dans les taillis et exploités en saison convenable.

A défaut de branchages, on se sert de fascines que l'on doit délier pour les employer en matelas.

71. Matelas de branchages. — Les talus qui doivent être protégés par des matelas de branchages sont préalablement dressés, de manière à ne présenter ni arêtes ni contours brusques, mais des surfaces se raccordant doucement.

On commence par étendre, dans la partie inférieure du talus et suivant la ligne de plus grande pente, une rangée de branchages de $0^m 15$ à $0^m 20$ d'épaisseur, en ayant soin de mettre en bas tous les gros bouts et de les enfoncer le plus possible dans le sol situé au pied du talus. On ouvre au besoin, au pied du talus à revêtir, une rigole de $0^m 12$ à $0^m 15$. Les tiges des branches sont placées parallèlement entre elles et assez rapprochées les unes des autres pour recouvrir complètement la surface du talus. Puis on fixe cette rangée de branches contre le talus au moyen de plusieurs lignes horizontales de clayonnages, éloignées entre elles de $0^m 60$

à 0ᵐ 70 et dont la plus élevée se place à 1 mètre environ de l'extrémité supérieure des branches.

On étend ensuite une seconde rangée de branchages dont on fait pénétrer les gros bouts dans cette dernière ligne de clayons, et que l'on fixe également par des lignes de clayonnages.

L'opération continue de la même manière jusqu'à ce que la portion du talus à défendre soit complètement recouverte par les rangées successives de branchages sur une épaisseur de 0ᵐ 15 à 0ᵐ 20.

Les branchages et brins de bois sont posés très-régulièrement sans bosses ni flaches et doivent donner une surface unie.

On reconnaît que le travail est convenablement exécuté à ce qu'on n'aperçoit aucun point de la surface du talus, et à ce que l'on ne peut dégager de dessous les lignes de clayons aucun bout de branches sans le briser.

72. FASCINAGES. — Les fascinages sont employés comme couches de revêtement sur les talus des rives que l'on doit défendre contre l'action du courant.

Les fascinages de revêtement sont de deux sortes : les fascinages simples et les tunages.

Les fascinages simples s'exécutent en plaçant un premier rang de fascines dans une rigole de 0ᵐ 12 à 0ᵐ 15 creusée au pied du talus à revêtir. On enfonce ensuite entre les harts de chaque fascine trois piquets, deux verticaux et le troisième perpendiculaire au talus. Le second rang est posé ensuite sur ce premier rang et un peu en retraite, de manière à suivre l'inclinaison du talus, et il est piqueté de même ; l'opération continue et ainsi de suite. On a d'ailleurs soin de serrer les fascines le plus possible les unes contre les autres en les faisant recouvrir tête sur queue, de manière que le revêtement ait partout même épaisseur.

73. TUNAGES. — Les tunages s'exécutent en étendant

d'abord sur la surface du talus à revêtir une couche de paille de 0ᵐ 05 d'épaisseur, dont les brins sont placés dans le sens de pente du talus ; puis on recouvre cette couche de plusieurs lits successifs de fascines placées dans le même sens que la paille ; ces fascines sont serrées les unes contre les autres et tête sur queue comme pour les fascinages simples. Le lit de fascines est ensuite fixé au massif des terres par des piquets et des cours de clayonnages parallèles entre eux et d'équerre sur la direction des fascines. Ces cours sont exécutés de la manière indiquée ci-après à l'article *Clayonnages*.

Les couches de revêtement, en fascinages simples ou en tunages, doivent être posées très-régulièrement, sans bosses ni flaches ; les extrémités bien alignées et dans la direction indiquée. La surface inclinée doit avoir la pente prescrite pour le talus.

Les couches de revêtements en fascinages sont ordinairement rechargées en gravier.

74. CLAYONNAGES. — Les clayonnages sont toujours placés perpendiculairement aux brins des fascines et aux tiges des branchages. Ils doivent être bien droits et réguliers sur toute leur longueur.

L'espacement des lignes de clayons est de 0ᵐ 60 à 0ᵐ 70.

Les piquets autour desquels les clayons s'entrelacent se suivent à 0ᵐ 50 d'intervalle ; sur trois piquets consécutifs, deux sont des piquets ordinaires, et le troisième un gros piquet à crochet ou portant une cheville à 0ᵐ 15 en contre-bas de la tête. Ces piquets ne sont pas d'abord enfoncés complètement, mais seulement jusqu'à ce que leur tête ne soit plus qu'à 0ᵐ 50 au-dessous des branches. Les piquets sont placés et plantés au cordeau.

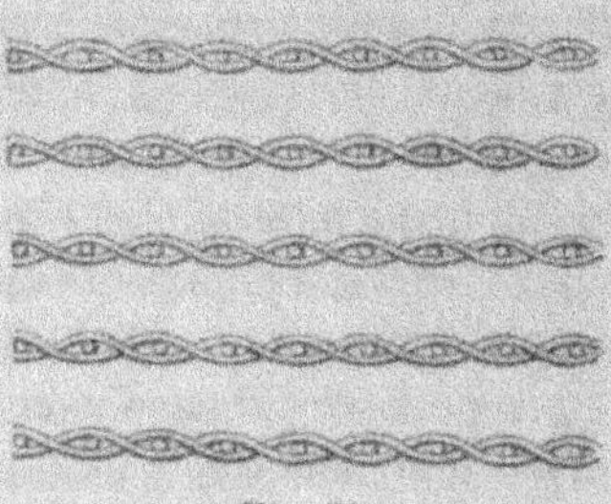

Fig. 59.

On fait ensuite le clayonnage de la manière suivante (fig. 59):

On prend six clayons, et après avoir appointé leurs gros bouts, on en forme un faisceau qu'on enfonce en terre à 0ᵐ 20 de profondeur, un peu en avant et à gauche du premier piquet, et que l'on fait passer ensuite à droite de ce piquet, puis à gauche du deuxième; on formera de même un second faisceau que l'on enfoncera un peu en avant et à droite du premier piquet, et que l'on fera passer ensuite à gauche de ce piquet et au-dessus du premier faisceau. On continue en faisant passer les deux faisceaux successivement d'un piquet au suivant, de telle sorte qu'ils se trouvent toujours appliqués sur les faces opposées d'un même piquet et alternativement l'un au-dessous de l'autre, formant ainsi une sorte de tresse.

On conserve d'ailleurs aux faisceaux leur grosseur primitive en y ajoutant de nouveaux clayons au fur et à mesure qu'il est besoin, et en ayant le soin, pour chacun des faisceaux, de ne placer les gros bouts de ces nouveaux clayons que dans les portions où il passera au-dessous de l'autre faisceau.

Lorsqu'une ligne de clayons est terminée, on la bat avec des maillets en bois pour achever d'enfoncer les piquets et pour la serrer jusqu'à ce qu'elle n'ait plus que 0ᵐ 20 de hauteur au-dessus du matelas de branchages ou des fascines. Le battage doit être dirigé de manière que le dessus de toutes les lignes se trouve exactement dans un plan bien réglé et parfaitement dégauchi.

75. FASCINES. — Les fascines sont formées par la réunion en faisceaux de plusieurs branches de saule, de chêne ou de pin, placées de manière à avoir le gros bout du même côté et fortement liées et serrées par des harts en osier. Les branches ont au plus 0ᵐ 03 au gros bout, et les deux tiers de celles qui entrent dans la composition d'une fascine doivent ne présenter qu'un seul brin, et avoir une longueur égale à celle de la fascine même.

On fait des fascines de deux dimensions.

Les grandes fascines ont 3^m 50 de longueur et sont liées par trois harts dont la première est à 0^m 50 du gros bout, la deuxième à 1^m 50 et la troisième à 2^m 50 ; leur circonférence mesurée suivant la première hart est de 1 mètre, suivant la deuxième de 0^m 80 et suivant la troisième de 0^m 40 ; leur poids ne doit pas être inférieur à 20, 30 ou 45 kilogrammes, selon qu'elles sont en pin, en saule ou en chêne.

On peut aussi lier ces fascines par quatre harts. Alors la première hart est placée à 0^m 40 du gros bout de la fascine, la deuxième hart à 1^m 20, la troisième à 2 mètres et la quatrième à 2^m 80 de ce bout, en sorte que la queue de la fascine conserve encore 0^m 70 de longueur partant de la quatrième hart. La circonférence d'une fascine à la première et à la deuxième hart est de 1 mètre ; elle est de 0^m 75 à la troisième et de 0^m 40 à la quatrième.

Si les bois n'ont pas la longueur des fascines, on place une partie du bois à l'intérieur, à la deuxième hart, pour donner à la fascine la longueur prescrite. La tête de la fascine sera toujours bien fournie et bien serrée au gros bout, où sera toujours placée la souche. Aucun brin de bois ne doit dépasser le plan formant la tête.

Les petites fascines ont 1^m 50 de longueur et sont liées par deux harts dont la première est à 0^m 50 du gros bout et la deuxième à 1 mètre ; leur circonférence, suivant la première hart, est de 0^m 80 ; leur poids ne doit pas être inférieur à 9, 13 ou 20 kilogrammes, selon qu'elles sont en pin, saule ou chêne.

76. PIQUETS. — Les piquets de clayons se font en bois de saule ; ils doivent être aussi droits que possible, sans nœuds, coupés carrément à la tête et taillés exactement en pointe suivant leur axe.

On donne aux petits piquets au moins 1 mètre de longueur et de 0^m 05 de diamètre.

On donne aux grands piquets 1^m 80 au moins de longueur

et 0^m 07 de diamètre moyen. Ces piquets portent en tête un crochet naturel ou une cheville en cœur de chêne, inclinée et de force convenable pour maintenir les clayonnages.

Les piquets sont ordinairement liés en bottes de dix au moyen de deux harts.

77. CLAYONS. — Les clayons se forment avec des branches de saule encore vertes et garnies de leurs rameaux, ou avec des branches de chêne ou de pin, dépouillées de leurs rameaux. Ils doivent être droits, flexibles, à écorce bien lisse et sans nœuds.

La longueur des clayons doit être de 3^m 50 au moins ; leur diamètre mesuré à 1 mètre du gros bout doit avoir 0^m 03 au plus, et le diamètre de leur petit bout 0^m 01 au moins.

Les clayons sont liés ordinairement par deux harts et par bottes de vingt-cinq brins.

78. REVÊTEMENTS EN PAILLASSONNAGES. — Les paillassonnages se font avec de la paille de seigle de la dernière récolte. Cette paille doit être bien sèche, lisse et très-souple ; les brins doivent avoir 0^m 0015 à 0^m 002 de diamètre et 1^m 20 au moins en longueur.

On la livre en bottes de 15 à 18 kilogrammes.

Les paillassonnages s'exécutent en étendant sur la surface du talus à revêtir une couche de paille de 0^m 05 d'épaisseur dont les brins sont placés dans le sens de la pente du talus.

La couche est fixée contre le talus à l'aide de lignes de clayonnages ; mais au lieu de prendre un faisceau de clayons, on ne prend qu'un seul clayon. Le gros bout de chacun de ces clayons doit être enfoncé en terre.

A défaut de clayons, la couche de paille est fixée sur le talus à l'aide de cours de liens parallèles entre eux et d'équerre avec la direction des brins ci-dessus. Ces liens sont en paille tordue, et sont enfoncés à l'aide de la fourchette à paillassonner en forme de crampons dans le massif des talus à 0^m 15 de profondeur.

Les cours de liens sont à 0ᵐ 15 les uns des autres; les points d'enfoncement, sur un même cours du lien, sont à 0ᵐ 25 les uns des autres. On a d'ailleurs soin que dans deux cours consécutifs les points d'enfoncement se croisent.

79. REVÊTEMENTS EN PERRÉS. — On protège aussi les talus au moyen de perrés ou maçonnerie en pierres sèches. Nous indiquerons la manière d'exécuter les perrés lorsque nous nous occuperons des maçonneries en pierres sèches.

ARTICLE VII.

Fouilles souterraines.

80. FOUILLES SOUTERRAINES. — Lorsque la profondeur d'une tranchée excède 16 mètres, on trouve qu'il y a avantage à établir un souterrain. On conçoit, en effet, que l'extraction d'une masse considérable de déblais avec un transport à une grande distance occasionnent des frais de main-d'œuvre tels qu'il peut y avoir avantage à entrer en souterrain.

Il est impossible de fixer *à priori* la profondeur à laquelle il convient d'abandonner la tranchée pour donner la préférence au souterrain. Cela dépend évidemment des dépenses comparatives à faire dans l'un ou l'autre cas ; plus le souterrain est difficile à exécuter, moins on doit le faire long si la tranchée n'offre pas de difficultés particulières. Au canal de Saint-Quentin, les tranchées ont de 17 à 20 mètres.

En général, on entre en souterrain dès que le prix du mètre courant de la tranchée excède celui du mètre courant de souterrain. A égalité de prix, on prend la tranchée.

M. Vallée a donné une formule qui indique la profondeur
à laquelle il y a égalité d'avantage à ouvrir une tranchée ou
à entrer en souterrain.

$$Pm = plmx + px^2.$$

x, profondeur de la tranchée à ouvrir ;

p, prix du mètre cube de déblais ;

l, largeur du chemin ou du canal ;

$\dfrac{x}{m}$, largeur d'un des talus de la tranchée ;

P, prix du mètre linéaire de souterrain.

Le prix de percement des souterrains varie avec la nature
des terrains.

Le mètre courant du percement des souterrains du Châtelet et de Chamousset (canal du Forez) a coûté 437 francs.
Ces souterrains ont une section de 19ᵐ 56. Le mètre linéaire
de percement du souterrain d'Amboise (d'une section de
32 mètres) a coûté 120 francs. Dans d'autres souterrains, ce
prix s'est élevé jusqu'à 3,600 francs.

81. TRACÉ DES ALIGNEMENTS D'UN SOUTERRAIN. — On peut
percer un souterrain en l'attaquant par ses deux extrémités
et en poussant les deux galeries jusqu'à leur rencontre. C'est
ainsi que nous avons ouvert le souterrain d'Amboise (Indre-
et-Loire), ainsi que les souterrains du Châtelet et de Chamousset (canal du Forez).

Le percement d'un souterrain est toujours une opération
fort longue quand on se borne à l'attaquer par les deux
bouts. Généralement, on creuse des puits sur la longueur
du souterrain à ouvrir, ce qui permet d'établir deux ateliers
à chacun d'eux. L'extraction des déblais se fait ensuite au
moyen d'une machine placée à l'orifice de chaque puits.

Sur le point culminant de la montagne ou du coteau à traverser, on élève un observatoire en charpente. Cet observatoire doit être assez haut pour que l'on puisse apercevoir de
part et d'autre les deux extrémités du souterrain. A cet

effet, on place à chaque extrémité du souterrain un grand mât surmonté d'une tige en fer de 0^m 01 de diamètre. Le mât est scellé dans un massif de maçonnerie.

L'observatoire en charpente doit être construit très-solidement, de manière à n'éprouver aucun balancement ni aucun mouvement ; il porte un télégraphe au moyen duquel on fait des signaux aux ouvriers employés à la pose des jalons dans l'axe du souterrain. On donne ensuite les alignements au moyen d'un théodolite placé sur l'observatoire dans l'axe du souterrain. Le théodolite est un instrument portant une lunette qui se meut dans un plan vertical et que l'on appelle *lunette plongeante*. Cette lunette est munie de deux fils perpendiculaires entre eux, l'un vertical et l'autre horizontal. Au moyen de cet instrument, on place des jalons, de distance en distance, de manière à ce qu'ils soient tous dans le plan vertical passant par les deux jalons fixés aux extrémités de l'axe du souterrain.

On creuse ensuite les puits, soit dans l'axe du souterrain, soit latéralement, suivant la nature du terrain.

Si le sol est résistant, on fonce les puits dans l'axe même du souterrain ; mais si le sol est peu résistant, il convient, pour éviter les éboulements, d'ouvrir les puits en dehors de l'emplacement du souterrain, à 4 ou 5 mètres des pieds-droits de la voûte.

Lorsque l'on ouvre les puits dans l'axe du souterrain et que leur position est bien déterminée, on les creuse bien verticalement jusqu'à une profondeur de 2 mètres à 2^m 50 au-dessous de la voûte, puis l'on reporte à l'intérieur l'alignement extérieur. A cet effet, on fixe à l'orifice de chaque puits une planche sur laquelle on trace, suivant l'indication du théodolite, un trait rouge bien vertical ; on a ainsi un point de l'axe du souterrain ; de ce point, on descend un poids suspendu par une ficelle que l'on fait arriver jusqu'au fond du puits, en ayant soin de le garantir contre les oscillations produites par le vent. Il faut aussi éviter les oscillations qui pourraient encore avoir lieu au fond du puits, lorsque le poids est descendu ; il suffit, pour cela, de recevoir ce poids dans une terrine pleine d'eau placée au fond du puits. On repère soigneusement l'axe du souterrain sur la paroi du puits et au-dessus de la galerie à ouvrir.

La même opération est faite pour chaque puits, et l'on a ainsi des points qui servent aux opérations nécessaires pour fixer la direction de l'axe du souterrain.

A droite et à gauche de chaque puits, des galeries sont ouvertes dans l'axe du souterrain et prolongées jusqu'à ce qu'elles se rencontrent. La direction des galeries doit être sans cesse contrôlée, de telle sorte que tous les ateliers marchent bien exactement l'un vers l'autre.

Il est, en effet, très-important que le souterrain ainsi composé de tronçons dont le percement se fait isolément présente cependant la même régularité que s'il eût été exécuté par un seul atelier.

D'ailleurs, pour éviter autant que possible les erreurs ou pour les réparer plus facilement, s'il s'en présentait, l'excavation complète de toute la section du souterrain n'est commencée qu'après que tous les ateliers ont été mis en communication par la galerie ouverte à la clef de voûte.

Lorsque les puits sont ouverts en dehors de l'axe du souterrain, on les creuse jusqu'à environ 3 mètres au-dessous de la clef de voûte, plus ou moins, suivant la hauteur nécessaire pour la voûte du souterrain. Arrivé là, on forme de petites galeries perpendiculaires à la direction du souterrain. Chaque galerie va ainsi d'un puits à l'axe du souterrain. Quand on est arrivé à cet axe, on ouvre alors les galeries longitudinales suivant la direction de l'axe du souterrain, et on les prolonge jusqu'à ce qu'elles se rejoignent.

82. TRACÉ DE L'AXE DES SOUTERRAINS EN COURBE. — SOUTERRAIN DE CHAMOUSSET (canal du Forez). — Le souterrain de Chamousset, que nous avons fait exécuter au canal de Forez, a été percé dans le granit sur une section de 5^{m}80 de largeur et 3^{m}95 de hauteur sous clef. Il forme une voûte en

plein cintre de 2^{m}95 de rayon, dont les naissances sont à 1 mètre au-dessus du plafond du canal.

Ce souterrain est, du côté d'amont, en ligne droite sur 82 mètres de longueur ; il se termine, du côté aval, par une courbe en arc de cercle de 46^{m}21 de développement et de 40 mètres de rayon.

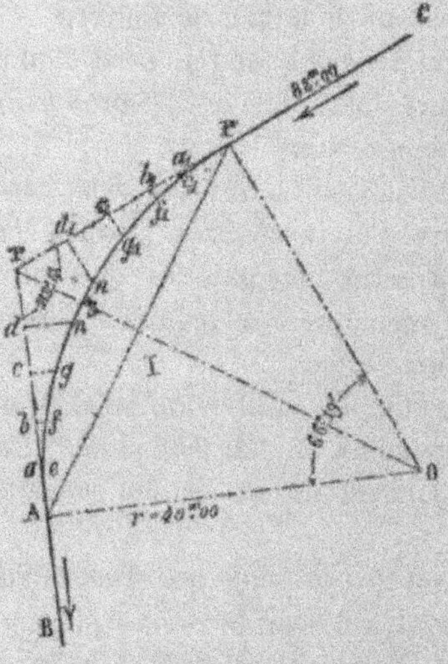

Fig. 60.

La ligne PC (fig. 60) indique la direction de l'axe de la galerie amont, et la ligne AB indique la direction de l'axe du canal. Le point de concours de ces deux alignements est le point T qui se trouve à égale distance des points de tangence A et P.

Les deux tangentes TA et TP ont chacune 26^{m}13 de longueur, et l'angle ATP $=113°41'$.

Les deux tangentes AT et TP étant connues ainsi que l'angle ATP, il a été facile de calculer le rayon ainsi que l'angle au centre AOP, et l'on a trouvé $r=40$ mètres, et angle AO$p=66°,19'$.

Tracé extérieur de la courbe. — Pour tracer la courbe sur le terrain, on a mesuré sur la tangente AT, et à partir du point A, des distances égales Aa, ab, bc et cd.

Sur la tangente TP, et à partir du point P comme origine, on a mesuré des distances Pa_1, a_1b_1, etc.

En ces points de division, on a élevé, sur chaque tangente, les perpendiculaires, ae, bf, cg, dn, a_1e_1, b_1f_1, etc.

La longueur de l'une quelconque de ces perpendiculaires a été calculée par la formule

$$y = r - \sqrt{r^2 - x^2}.$$

x représente une abscisse quelconque, comptée à partir de l'origine A ou de l'origine P. y représente une ordonnée correspondant à l'abscisse x.

Ainsi, par exemple, pour une abscisse $x=Ab$, on aura $y=bf$, et par suite :

$$bf = r - \sqrt{r^2 - (Ab)^2}.$$

Si $Ab = 10$ mètres, il vient, puisque $r = 40$ mètres,

$$bf = 40 - \sqrt{40^2 - 10^2} = 40^m00 - \sqrt{1500},$$

d'où

$$bf = 40^m00 - 38^m73 = 1^m27.$$

On a donc pu obtenir les points e, f, g, n, n_1, g_1, f_1 et e_1 de la courbe.

Quant à la longueur de TS, on a TS=TO—SO. Or TO est l'hypothénuse d'un triangle rectangle dont on connaît les deux côtés TP=26,13 et OP=40,00 ; on en déduit TO = 47^{m}78 ; donc TS=47,78 — 40^{m}00=7^{m}78.

En faisant au point T, avec la tangente AT, un angle $\text{ATO} = \dfrac{113°41}{2} = 56°50'30''$, on a eu la direction de TO ; et en prenant TS=7^{m}78, on a obtenu le sommet S de la courbe. Ce sommet pouvat d'ailleurs s'obtenir en joignant le point T au milieu I de la corde AP.

Ce sommet S doit d'ailleurs se trouver sur le milieu de l'arc de cercle AP.

Dans le cas où le point de concours T des tangentes eût été inaccessible, il est bon d'indiquer ce que l'on aurait pu faire pour tracer l'arc ASP sur le terrain.

A cet effet, supposons la tangente T_1ST_2 menée au point S (fig. 61).

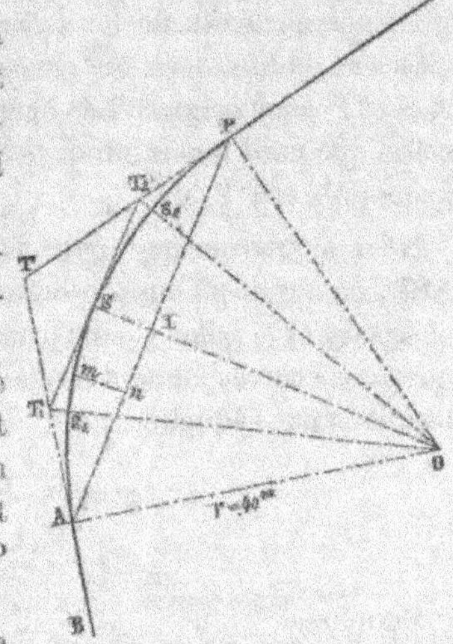

Fig. 61.

Les quatre tangentes PT_2, T_2S, ST_1 et AT_1 sont évidemment égales entre elles. Or, si l'on considère le triangle rectangle OAT_1, le côté AO est connu, et l'angle

$$AOT_1 = \frac{66°19}{4} = 16°34'45''.$$

On en déduit :

$$AT_1 = 11^m91, \quad OT_1 = 41^m73, \quad \text{et } T_1S_1 = 1^m73.$$

Connaissant ainsi les quatre tangentes

$$AT_1 = T_1S = ST_2 = T_2P = 11^m91,$$

il est facile de tracer sur le terrain la courbe ASP.

On commence par prendre sur le prolongement de l'alignement BA la distance $AT_1 = 11^m91$, et sur le prolongement de CP la distance $PT_2 = 11^m91$, ce qui donne la position des points T_1 et T_2. Quant au sommet S de la courbe, on le détermine en prenant le milieu de T_1T_2.

On opère ensuite sur les quatre tangentes au moyen d'abscisses et d'ordonnées, en prenant successivement les points A, S et P pour origine. Les opérations sont les mêmes que celles que nous avons indiquées plus haut pour les deux tangentes AT et PT.

Nous ajouterons que, pour tracer sur le terrain la courbe ASP, on aurait pu aussi prendre la corde AP pour ligne des abscisses et le point I pour origine. Une ordonnée quelconque $y = mn$ correspondant à une abscisse $x = \mathrm{I}n$ aurait été déterminée par l'équation :

$$y = \sqrt{r^2 - x^2} - \mathrm{OI};$$

$$mn = \sqrt{r^2 - \overline{\mathrm{I}n}^2} - \mathrm{OI}.$$

Pour $x = o$,

$$y = \sqrt{r^2} - \mathrm{OI} = r - \mathrm{OI} = \mathrm{IS}.$$

Pour $x = AI$,

$$y = \sqrt{r^2 - \overline{AI}^2} - OI = OI - OI = 0.$$

Il est facile de déduire la valeur de OI et du triangle AOI.

Tracé intérieur de la courbe. — Le souterrain de Chamousset a été attaqué par ses deux extrémités et percé sans puits intermédiaires.

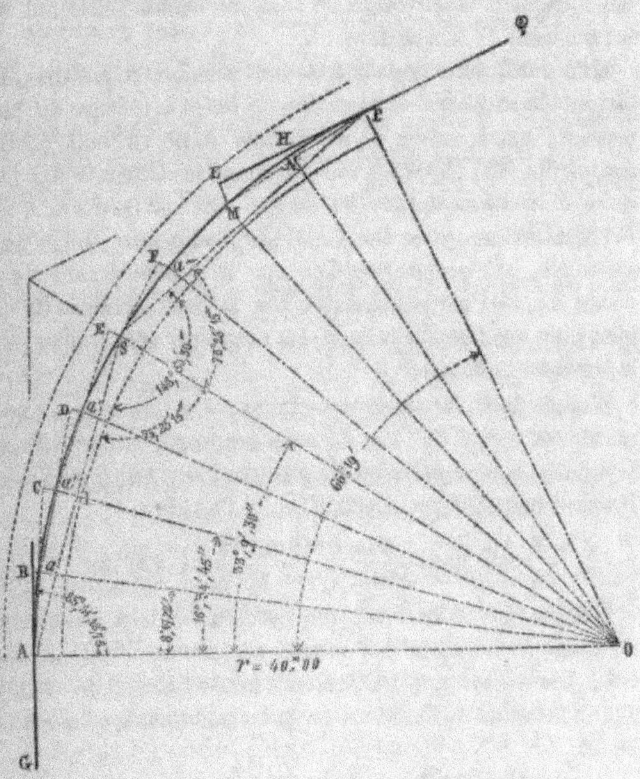

Fig. 62.

— L'exploitation du rocher a été faite à la poudre.

— Deux galeries d'axe ont été ouvertes, l'une en amont du souterrain et l'autre en aval.

— La galerie d'amont étant en ligne droite, il a suffi, pour la percer, de se placer dans l'alignement des jalons extérieurs indiquant la direction de l'axe. Cette galerie a 82^m90 de longueur.

L'axe de la galerie d'aval est une courbe en arc de cercle de 40 mètres de rayon et correspondant à un angle au centre de 66°19'. Le développement de l'arc est donc de 46^m21. L'origine A de la courbe se trouve placée sur l'alignement AG indiquant la direction de l'axe du canal. Telles ont été les données de la question.

Cela posé, pour arriver à tracer l'arc de cercle dans l'intérieur de la galerie souterraine au fur et à mesure du percement, nous avons divisé l'angle AOP en huit parties égales (fig. 62). Après avoir prolongé la tangente AG jusqu'en B, nous avons tiré les cordes AaC, aa'D, $a'a''$E, a''SF, etc.; puis nous avons mené aB perpendiculaire sur la tangente AB, a'C perpendiculaire sur le prolongement de la corde Aa, a''D perpendiculaire sur le prolongement de aa', etc.; puis nous avons calculé les éléments nécessaires pour le tracé de la courbe.

L'angle BAa, formé par une tangente et une corde, a pour mesure la moitié de l'arc Aa sous-tendu par la corde Aa. Or l'angle au centre AOa a pour mesure l'arc Aa; donc l'angle BAa est la moitié de l'angle AOa, et l'on aura

$$\text{angle BA}a = \frac{\text{AO}a}{2} = \frac{8°17'22'',30}{2} = 4°,8'41'',25.$$

L'angle Caa', formé par une corde aa' et le prolongement aC d'une autre corde Aa, a pour mesure la moitié de l'arc total Aaa' sous-tendu par les deux cordes. Cet angle est donc égal à la moitié de l'angle AOa' qui a pour mesure l'arc Aaa'. Donc

$$\text{angle C}aa' = \frac{\text{AO}a'}{2} = \text{AO}a = 8°17'22'',50.$$

Les autres angles D$a'a''$, Ea''S, FSa'', etc., sont évidemment tous égaux à l'angle Caa' c'est-à-dire à 8°17'22'',50.

Dans le triangle isocèle AOa, on connaît les deux côtés AO et Oa, ainsi que l'angle AOa; on en déduit les autres éléments, et l'on trouve

$$\text{angle } OAa = AaO = 85°51'18'',75\,;$$

$$\text{corde } Aa = 5^m,782.$$

Dans le triangle rectangle BAa, on connaît donc l'angle BAa et l'hypoténuse Aa; on en déduit

$$AB = Aa \cos BAa = Aa \cos 4°8'41'',25 = 5,782 \times 0,09974 = 5^m767\,;$$

$$Ba = AB \tan BAa = 5,767 \times \tan 4°8'41'',25 = 5,767 \times 0,07248 = 0^m418.$$

Dans le triangle rectangle Caa', on connaît l'hypoténuse $aa' = 5,782$, ainsi que l'angle C$aa' = 8°17'22'',25$. On en déduit

$$aC = aa' \cos Caa' = 5,782 \times \cos 8°17'22'',25 = 5,782 \times 0,98962 = 5^m,722\,;$$

$$Ca' = aC \tan Caa' = 5,722 \times \tan 8°17'22'',25 = 5,722 \times 0,14558 = 0^m,833.$$

Les cordes aa', $a'a''$, a''S, Sa''' sont toutes égales entre elles et à la corde A$a = 5^m782$.

Les lignes a'D, a''E, SF, etc., sont égales entre elles et à $aC = 5^m722$.

Enfin les perpendiculaires Da'', ES, Fa''', etc., sont égales entre elles et à la deuxième perpendiculaire C$a' = 0^m833$.

L'épure étant ainsi préparée (fig. 62) et les éléments calculés, il nous a été facile de tracer la courbe ASP dans l'intérieur de la galerie souterraine au fur et à mesure du percement. A cet effet, nous avons pris sur le prolongement de la tangente GA une longueur AB = 5^m767, et nous avons élevé sur AB une perpendiculaire B$a = 0^m418$, ce qui nous a donné le point a de la courbe. Comme vérification, on a mené au point A, et avec le graphomètre, une ligne Aa faisant avec AB un angle BA$a = 4°8'41'',25$ et l'on a pris A$a = 5^m782$; on est alors retombé sur le point a.

Nous avons prolongé ensuite la corde Aa d'une quantité

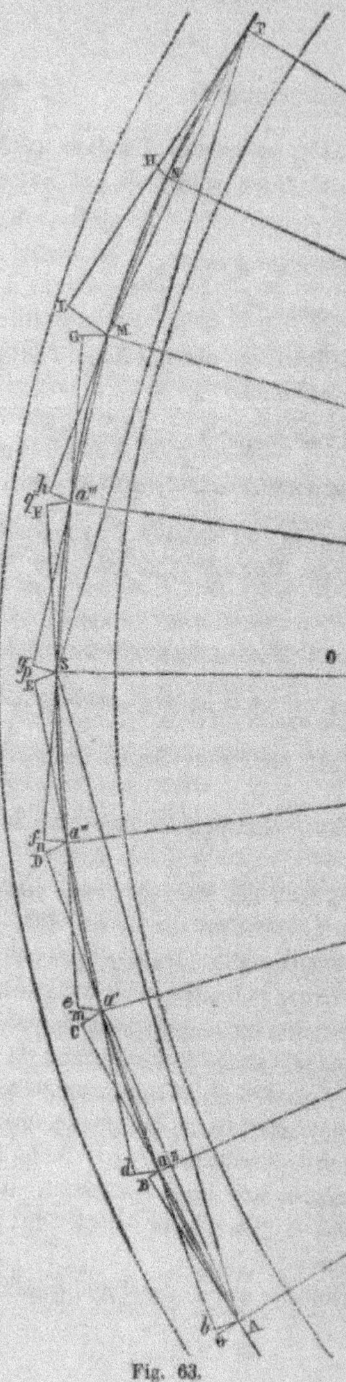

Fig. 63.

aC$=5,722$ et nous avons pris la perpendiculaire C$a'=0^m833$, ce qui a donné le point a' de la courbe. Comme vérification, on a mené au point a une ligne aa' faisant avec Ca un angle C$aa'=8°17'22'',25$, et en prenant $aa'=5^m782$, on est retombé sur le point a'.

On a continué ainsi l'opération jusqu'au point P, limite de la courbe, en menant les cordes aa'D, $a'a''$E, a''SF, etc., et en élevant les perpendiculaires Da'', ES, Fa''', etc. On a obtenu les points de la courbe a', S, a''', M, N et P.

Arrivé à l'extrémité P de la courbe, il s'est agi de se placer exactement dans le prolongement de l'alignement droit PQ, afin de continuer le percement de la galerie. A cet effet, considérons de nouveau l'épure (fig. 62) et supposons la tangente QP prolongée jusqu'en H de manière que PH$=$AB$=5^m767$. On aura NH$=$B$a=0^m418$, et angle NPH$=$BAa ou $4°8'41'',25$.

En faisant au point P avec la corde PN un angle NPH=
4°8′41″25, on a eu la direction de PH; puis, en prenant
PH=5ᵐ767 et HN=0ᵐ418, on devait retomber sur le point
N, ce qui a servi de vérification.

En outre, si on tire la double corde MP, on aura

$$\text{angle HPM}=\frac{\text{MOP}}{2}=\text{PON}=8°17′22″,50.$$

La direction de la tangente PH s'est donc trouvée parfaitement déterminée.

Considérons maintenant l'épure de la figure 63. Il est évident que les cordes Aae et S$a'e$ se rencontrent en un point
m situé sur le rayon oa' prolongé. De même, le point n se
trouve à la rencontre des cordes aa'D et $a''sf$; et ainsi de
suite. Il en résulte que les quatre points m,a'' S et F se trouvent sur une même ligne droite. Il en est de même des
quatre points n, S, a^e, G et de p, a^{v}, M, etc.

Par la même raison, les points o, a, a', D, sont sur une
même ligne droite. Enfin, il est évident que les perpendiculaires Ab, ad, $a'e$, $a'e$, a''D, $a''f$, SE, Sg, etc., sont toutes
égales entre elles.

On a donc pu s'assurer de la direction d'une corde quelconque aa', en menant sur le prolongement de cette corde
la perpendiculaire Ab=a''D et en vérifiant si les quatre points
b, a, a' et D étaient bien en ligne droite.

Enfin, en menant une double corde Aa' (fig. 62 et 63), on
a pu calculer la longueur de cette corde au moyen du triangle AOa' dans lequel on connaît les deux côtés OA et Oa' ainsi
que l'angle au centre AOa' et l'on a trouvé

$$\text{corde A}a'=11^{m}52.$$

Connaissant la corde Aa', on en a déduit la flèche az par
la formule

$$y=r-\sqrt{r^{2}-c^{2}},$$

dans laquelle y représente la flèche az, r le rayon de la courbe et c la demi-corde Aa', de sorte que l'on a trpuvé

$$az = r - \sqrt{r^2 - \left(\frac{Aa'}{2}\right)^2} = 40 - \sqrt{40^2 - 5{,}76^2} = 0^m{,}42.$$

En élevant sur le milieu de la corde Aa' une perpendiculaire au moyen d'une équerre et en prenant $az = 0^m42$, on est tombé sur le point a de la courbe.

Si la galerie d'axe n'avait eu que 2 mètres de largeur, les opérations que nous venons d'indiquer eussent suffi pour le tracé de la courbe. Mais la galerie d'axe a été ouverte sur 4 mètres de largeur, il a été possible de mener les cordes AS et SP, ce qui nous a permis de faire les nouvelles vérifications suivantes :

1° L'angle $BAS = \dfrac{AOS}{2}$ (fig. 62).

Donc

$$\text{angle } BAS = \frac{33°9'30''}{2} = 16°34'45'';$$

2° Dans le triangle isocèle AOS, les deux côtés AO et OS sont connus, ainsi que l'angle au centre AOS ; on en déduit les valeurs de chacun des angles OAS, OSA, et par suite la longueur de la corde $AS = 22^m82$.

En faisant sur le terrain et au moyen du graphomètre $BAS = 16°34'45''$, et en prenant sur la direction AS une longueur de 22^m82, on est retombé sur le point S ;

3° Connaissant la corde AS et le rayon OS = OA, on a calculé la longueur de la flèche Ia' par la formule

$$Ia' = r - \sqrt{r^2 - AI^2} = 40 - \sqrt{40^2 - 11{,}44^2} = 1^m66.$$

De sorte qu'en élevant sur le terrain et sur le milieu de la distance AS une perpendiculaire $Ia' = 1^m66$, on est retombé encore une fois sur le point a' de la courbe.

4° On a vérifié la position du point P en menant la corde

SP faisant avec la corde AS un angle ASP=146°50'30" et en prenant SP=AS=22^m82.

5° On a pu prolonger la tangente PL jusqu'en L et déduire du triangle rectangle PLM les éléments suivants :

$$\text{angle } LPM = \frac{MOP}{2} = PON = 8°17'22",50;$$

$$\text{corde } MP = 11^m32 ;$$
$$-\quad PL = 11^m40 ;$$
$$-\quad ML = 1^m66 ;$$

enfin

$$\text{angle } SPL = BAS = 16°34'45".$$

Il a donc été facile d'obtenir sur le terrain la direction de la tangente PL, soit en faisant avec la corde NP un angle NPH=4°8'41",25; soit en faisant avec la corde MP un angle LPM=8°17'22",50 ; soit enfin en faisant avec la corde PS un angle LPS=16°34'45". On a vérifié ensuite cette direction en mesurant PH=5^m767 ; PL=11^m40 ; NH=0^m418 et LM=1^m66 ;

6° Enfin la largeur de la galerie a permis en outre d'apercevoir du dehors du souterrain une lumière placée au sommet S de la courbe intérieure. Au moyen d'un fil à plomb on a constaté que le sommet de la courbe extérieure placé sur le haut de la montagne était bien sur la même verticale que le sommet intérieur S, éclairé par une lumière.

Par la méthode que nous venons d'exposer pour le tracé de l'axe du souterrain de Chamousset, nous ferons remarquer que l'on peut avoir des points de la courbe aussi rapprochés que l'on veut ; il suffit pour cela de diviser l'angle au centre AOP en un plus grand nombre de parties égales. Il est bon toutefois, pour faciliter la division graphique de l'angle, de prendre pour diviseur une puissance de 2, c'est-à-dire les nombres 2, 4, 8, 16, etc.

Dans une lettre en date du 16 février 1866, nous avions fait connaître à M. l'ingénieur en chef Graeff les dispositions

que nous avions prises et les vérifications que nous propo-
sions de faire pour assurer le succès du percement du souterrain de Chamousset.

Fig. 64.

Par une lettre en date du 19 février
suivant, M. l'ingénieur en chef nous a fait
l'honneur d'approuver le mode de tracé
intérieur que nous avions proposé.

La jonction des deux galeries a eu lieu
dans la partie droite du souterrain au point
R, c'est-à-dire à 20^{m}80 du point de tangence P et à 52 mètres de la tête amont φ
(fig. 64).

Nous avons vérifié la position des axes
et nous avons constaté, au moyen de fils
à plomb, que les trois points P, R et φ,
étaient parfaitement en ligne droite ; d'où il résulte que *la
rencontre des axes s'est effectuée sans différence.*

Le percement du souterrain courbe de Chamousset s'est
donc opéré *avec un succès complet.*

82 *bis.* TUNNEL DE SAINT-FERRÉOL. — TRACÉ DE LA COURBE.
— Le Tunnel de Saint-Ferréol, sur la ligne de Firminy à
Annonay, est en courbe de 1000 mètres de rayon, correspondant à un angle au centre de 23°46'30". Le développement total de l'arc est donc de 414^{m}954.

La figure 65 représente l'épure préparée pour le tracé de
la courbe ; l'arc a été divisé en six parties égales AB, BD,
DE, EF etc. Des tangentes ont été menées aux points de
divisions A, B, D, E, F, etc. Les tangentes $ab=bd=
de=ef=fg=69^m486$; les deux tangentes extrêmes AA=GH=
$\dfrac{ab}{2}=34^m503$.

Cela posé, pour tracer la courbe et percer le tunnel, on a
pris dans le prolongement de IA une longueur A$a=34^m593$.
De ce point a on a tracé avec le graphomètre une ligne aB faisant avec aA un angle de 176°2',15" et on a mesuré sur cette

ligne *a*B une distance de 34^{m}593 égale à A*a*, ce qui a donné
le point B. On a prolongé *a*B d'une quantité B*b*=B*a*=34^{m}593

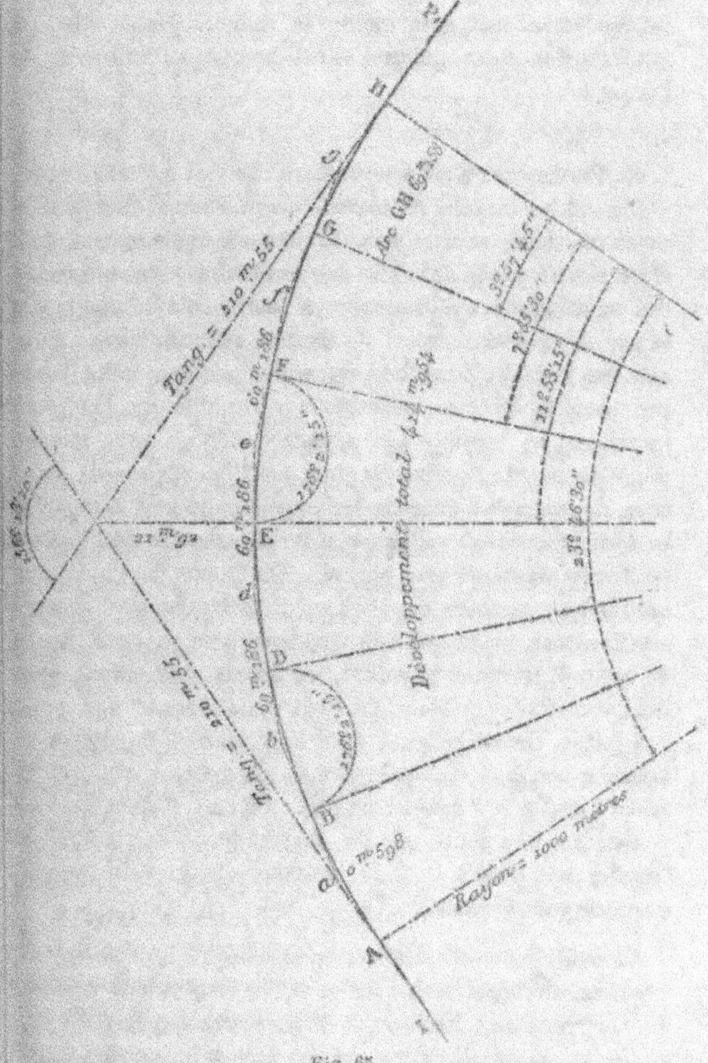

Fig. 65.

et l'on a obtenu le point *b*, et ainsi de suite. Trois stations

faites, au fur et à mesure du percement de la galerie, en a, b
et d ont suffi pour arriver au milieu de la courbe. De même
en partant de l'autre extrémité H, trois stations en g, f et e
ont également suffi pour gagner le milieu de la courbe. La
jonction des deux galeries s'est opérée au milieu E de
l'arc.

83. Percement d'un souterrain dans un sol résistant.
— Quand les travaux d'excavation s'exécutent dans un sol
assez résistant, comme dans un terrain de rocher et qu'il
n'y a pas nécessité d'établir des revêtements en maçonnerie, on attaque les déblais par les deux bouts du souterrain
et par un grand nombre de points intermédiaires. Pour
cela, on pratique dans l'axe du souterrain des puits verticaux dont le nombre dépend de la rapidité que l'on veut
imprimer au travail. Les premiers déblais sont mis en
dépôt autour de l'orifice du puits sur 1m50 environ de hauteur, de manière à éloigner les eaux pluviales et à faciliter
le déchargement des bennes et le chargement des déblais
en tombereaux ou en wagons. On donne au puits une
section rectangulaire de 1m50 sur 2 mètres ou de 3 mètres
sur 2 mètres, selon que l'on veut avoir une ou deux lignes
de bennes, les unes montant, les autres descendant, pour
l'enlèvement des déblais. On peut aussi donner aux puits
une forme circulaire avec 1m50 à 3 mètres de diamètre.
Lorsque les puits sont creusés à la profondeur voulue, on
perce à droite et à gauche de chacun d'eux, et dans l'axe du
souterrain, une petite galerie longitudinale de 1 mètre de
largeur sur 1m50 à 1m80 de hauteur. Cette petite galerie
s'appelle *galerie d'axe*.

Au souterrain d'Amboise, on a attaqué le demi-cercle
supérieur de la galerie en agissant sur une section de 1m80
de hauteur. Cette hauteur de 1m80 pouvait permettre d'y
établir un service de petits wagons sur une voie de fer. Cette
partie supérieure porte le nom de *couronne d'avancement* et

se perce ordinairement d'un puits à l'autre, avant d'attaquer l'assise inférieure.

S'il arrive que l'on trouve de l'eau, on creuse les puits jusqu'à 1^m50 à 2 mètres au-dessous du sol de la galerie d'axe, et à la hauteur de ce sol on les recouvre d'un plancher dans lequel on ouvre deux trous destinés à laisser passer les tuyaux des pompes d'épuisement, lesquelles sont mues par des hommes, des animaux ou des machines à vapeur, selon la quantité d'eau à enlever.

On dirige les eaux vers chaque puits au moyen d'une petite rigole de 0^m50 de largeur environ, creusée assez profondément dans le sol de la galerie. Cette rigole doit être recouverte avec des planches.

Lorsque la galerie d'axe est ouverte d'un bout à l'autre du souterrain, les travaux deviennent plus faciles, car on peut se débarrasser des eaux en les faisant écouler au dehors, de l'amont vers l'aval, et la galerie elle-même peut servir au transport des déblais, au lieu de continuer à les extraire par les puits. On achève ensuite le déblayement sur la section complète du demi-cercle. Ce travail terminé, on procède à la fouille du *revanché*, c'est-à-dire à la partie inférieure, comprise entre le plan des naissances de la voûte et le fond du souterrain.

Tunnel du mont Cenis. — Ce tunnel a 13 kilomètres de longueur. Le percement s'effectue sans puits intermédiaires. C'est par l'emploi de l'air comprimé au moyen des forces hydrauliques fournies par les torrents des Alpes que les appareils de forage sont mis en mouvement. Cet air, après avoir servi au travail des outils, est employé à la ventilation des chantiers. Les bancs de rochers les plus résistants ont été traversés par les outils perforateurs.

Les appareils de forage se composent d'un certain nombre de fleurets disposés de niveau sur un chariot placé au fond du souterrain. Ces fleurets sont pressés contre la roche par une machine à piston mise en mouvement par l'air comprimé.

Tunnel du Saint-Gothard. — A Gœschenen, on a aussi employé les perforateurs pour l'élargissement du tunnel. On s'est servi pour cela des machines Ferroux, Mac-Kean et Sommeiller placées sur un affût transformé du Mont-Cenis. Le percement au moyen de ces machines de divers systèmes a permis d'établir une comparaison entre elles. Il résulte d'une série d'observations faites qu'avec des fleurets de 35 millimètres et une pression de 5,1/2 atmosphère, on a obtenu pendant une minute de percement dans le gneiss granitique :

Avec la machine Ferroux, un avancement de 4,01 centimètres

  «   Mac-Kean   «   3,50

  «   Sommeiller   «   2,12

Le résultat moyen observé du percement par les machines Dubois et François, dans des conditions semblables, a été de 2^{m}60 centimètres par minute.

A la galerie de direction de Gœschenen Saint-Gothard, il a été constaté, d'après les observations faites sur une longueur de 6352 mètres de trous percés, qu'une machine Ferroux employait en moyenne au percement d'un trou d'un mètre de profondeur, 1 heure 31 minutes.

La machine Ferroux est la meilleure de toutes les perforatrices essayées jusqu'ici pour la roche tenace. Pour la roche moins dure, on peut employer aussi la machine Dubois et François avec succès, surtout lorsqu'on ne peut disposer d'une grande quantité d'air comprimé.

Des installations diverses ont été faites pour le percement du tunnel du Saint-Gothard par Messieurs Roy et Cie, constructeurs-mécaniciens à Vevey (Suisse). Ces installations comprennent :

1° Des *Compresseurs* ou machines à comprimer l'air nécessaire au travail des appareils perforateurs. MM. Roy et Cie ont appliqué le principe des pompes à grande vitesse, afin de diminuer le poids et le volume des organes, la quantité et la pression de l'air devant être beaucoup plus considérable qu'au Mont-Cenis. L'emploi des compresseurs à piston d'eau et à petite vitesse de cette dernière entreprise aurait exigé une dépense infiniment plus élevée.

2° Les *Moteurs* ou turbines qui donnent le mouvement aux compresseurs.

On peut s'adresser pour tous renseignements concernant les machines perforatrices, les compresseurs et les moteurs, à MM. Roy, à Vevey (Suisse). Leur maison peut fournir en outre les meilleurs types de moteurs hydrauliques suivant les circonstances des cours d'eau et des usines et fabriques qu'ils doivent mettre en mouvement.

84. PERCEMENT D'UN SOUTERRAIN DANS UN SOL SUSCEPTIBLE DE S'ÉBOULER. — Lorsque l'on a un souterrain à ouvrir dans un sol ordinaire ou dans un sol composé de sable, de tuf ou de marne et qu'il y a lieu de prévenir les éboulements, on commence par ouvrir, en dehors de l'axe et d'un côté du souterrain, des puits que l'on espace plus ou moins suivant les besoins ; de ces puits on se dirige normalement vers le souterrain, de manière à arriver jusqu'à l'axe.

Là, on commence une galerie d'axe à laquelle on donne environ 2 mètres de largeur sur 2 mètres de hauteur, et l'on soutient les parois de cette galerie par un blindage composé de châssis recouverts au besoin de madriers ou de planches. Ces châssis sont espacés de 1 mètre à 1^m30 d'axe en axe, suivant la nature du terrain.

Les châssis formant le blindage sont composés

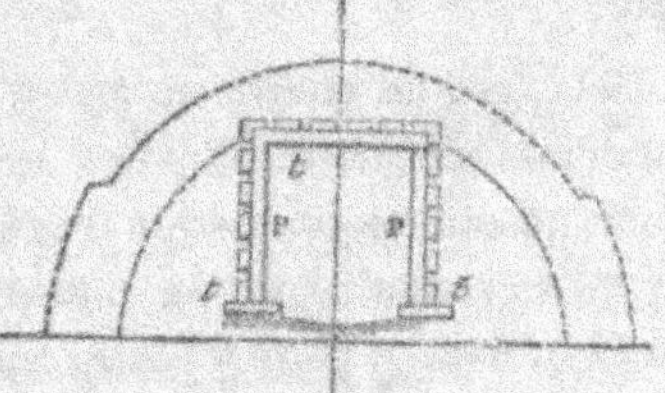

Fig. 66.

d'une traverse horizontale *t*, formant chapeau, de deux

semelles *t* sur lesquelles s'appuient les montants ou poteaux P qui sont verticaux ou légèrement inclinés. Le chapeau et la semelle ont 0ᵐ20 d'équarrissage et les deux poteaux P ont 0ᵐ16 de grosseur (fig. 66).

Entre le cadre et les parois de la galerie, on chasse au besoin des madriers ou des planches que l'on enfonce à mesure que la galerie se prolonge. Quand on a creusé environ 1 mètre à 3 mètres, on place un nouveau cadre sur lequel s'appuient les planches ; on en chasse de nouvelles et ainsi de suite. Si l'on a affaire à des terres coulantes, on place les madriers jointivement ; mais si le sol offre assez de cohésion, on se borne à soutenir le ciel de la galerie au moyen de quelques madriers placés sur le chapeau.

Pour faciliter l'écoulement des eaux que l'on rencontre toujours dans le percement d'un souterrain, on dispose le fond de la galerie comme l'indique la figure 67 ; si les eaux sont un peu abondantes, on creuse dans l'axe de la galerie une rigole de 0ᵐ30 à 0ᵐ40 de profondeur que l'on recouvre, au besoin, avec des planches afin de faciliter le passage des brouettes.

Lorsque la galerie d'axe est ouverte d'un bout à l'autre, on vérifie la direction de l'axe du souterrain et on repère les alignements d'une manière définitive, soit sur le sol de la galerie, soit sur des bornes en pierre. S'il y a quelques écarts peu sensibles dans les alignements, il est toujours facile de les rectifier, de manière à n'avoir dans le percement aucune irrégularité après l'achèvement complet du souterrain.

Cela fait, on enlève un cadre de la galerie d'axe avec les madriers de deux travées qui reposaient sur ce cadre ; puis, au milieu de chaque travée, on pratique dans la voûte, jusqu'à l'extrados de la maçonnerie, une fouille d'une largeur suffisante pour y placer un châssis dit *cadre de chevalement* (fig. 67) destiné à soutenir le ciel et les parois de la nouvelle galerie.

Les cadres de chevalement (fig. 67) se composent de deux poteaux montants, légèrement inclinés l'un vers l'autre pour diminuer autant que possible la portée du chapeau. Ces poteaux montants P′ sont taillés à leur extrémité supérieure en forme de gueule de loup et supportent chacun une longrine qui s'engage dans la gueule de loup. On place

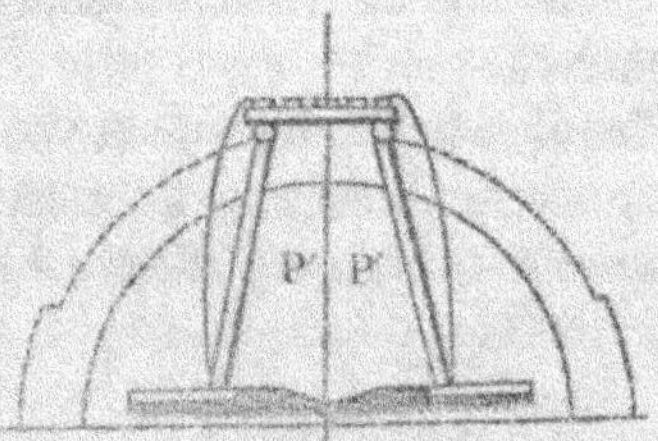

Fig. 67.

ensuite sur les longrines une traverse horizontale formant chapeau. Les pieds des poteaux montants reposent ordinairement sur des semelles en chêne ou en sapin, placées sur le plafond de la tranchée. On pose ensuite, sur le chapeau, des madriers ou des planches destinées à soutenir le ciel ; on en applique aussi au besoin contre les poteaux montants pour soutenir les parois latérales de la galerie.

La nouvelle galerie formée par les cadres de chevalement s'appelle *galerie d'exécution* ou *moyenne galerie*. On lui donne généralement une largeur égale au tiers de l'ouverture du souterrain, et son plafond reste à la même hauteur que celui de la galerie d'axe.

Lorsque la moyenne galerie est ouverte, on bat au large, c'est-à-dire que l'on creuse dans le ciel et dans les parois latérales de la galerie, de manière à pouvoir placer les contre-fiches C aux

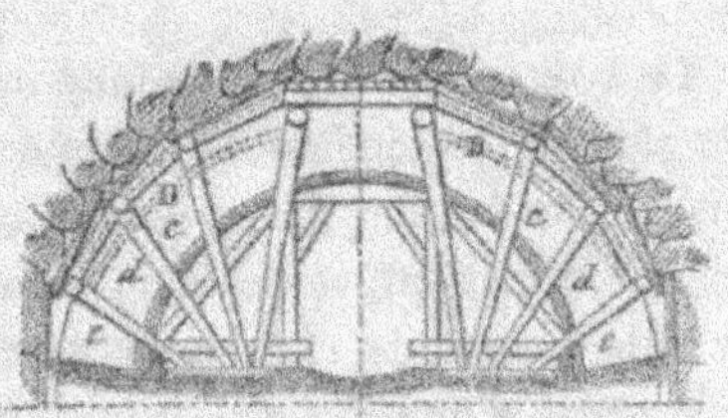

Fig. 68.

extrémités desquelles on pose une longrine allant d'une ferme à une autre (fig. 68). On place en outre les pièces D pour maintenir l'écartement des étais et l'on soutient le ciel par des garnissages composés de planches de peuplier.

On continue ensuite l'élargissement de la galerie par des déblais latéraux en plaçant successivement et en éventail les étais *d,e*. Le boisage complet est alors représenté par la figure 68.

Lorsque le blindage de la voûte est ainsi terminé, on peut travailler avec sécurité à l'exécution du revêtement en maçonnerie. On procède alors à l'installation des cintres de la voûte en les plaçant dans les intervalles des cadres de chevalement. Ces cintres sont indiqués par les figures 69 et 70. Souvent on soutient les madriers du blindage à l'aide de petits potelets pla-

Fig. 69.

cés sur les cintres mêmes.

Les cintres se composent d'un châssis formé de deux montants, de deux arbalétriers *a,a* ; d'un chapeau arrondi suivant la courbure de l'intrados et placé de manière à recevoir directement les couchis, et enfin de deux semelles doubles *d,d* posées

Fig. 70.

sur deux longrines et moisant le pied des montants (fig. 70.)

La voûte se construit ensuite en avançant par anneaux et en plaçant les couchis au fur et à mesure de la pose des assises. L'exécution du revêtement a lieu de droite et de gauche en marchant vers la clef. Pour faciliter le travail dans le voisinage de la clef, on ne pose pas les trois couchis les plus voisins de cette clef et on y supplée par une cerce en bois taillée en queue d'aronde et portant sur les faces latérales des couchis voisins. Le maçon pose cette cerce à mesure qu'il se retire en arrière.

A mesure que les maçonneries avancent, on enlève en même temps les potelets qui reposaient sur le cintre et sou-

tenaient les madriers de blindage. On retire également, si
cela est possible, les madriers de blindage afin de ne pas
les laisser derrière les maçonneries.

La maçonnerie de la partie supérieure de la voûte étant
terminée et recouverte d'une chape en ciment, on enlève les
cintres et l'on procède au foncement, c'est-à-dire que l'on
déblaye tout ce qui est contre-bas de la ligne de fond de la
galerie primitive, en laissant, de chaque côté des parois, un
terre-plein pour soutenir la retombée de la voûte.

On reprend ensuite en sous-œuvre la voûte et ses pieds-
droits en opérant le déblayement du massif M (fig. 71) par
longueurs alternatives de 3 à 4 mètres au plus, séparées
par une longueur égale de
terre-plein. Au fur et à mesure que l'on exécute le déblai sur une longueur de 3 à
4 mètres, on place de distance en distance, sous les
madriers qui soutiennent la
retombée de la voûte, un po-
telet vertical *b* appelé *buton*
et un poteau incliné *p* (fig. 71).

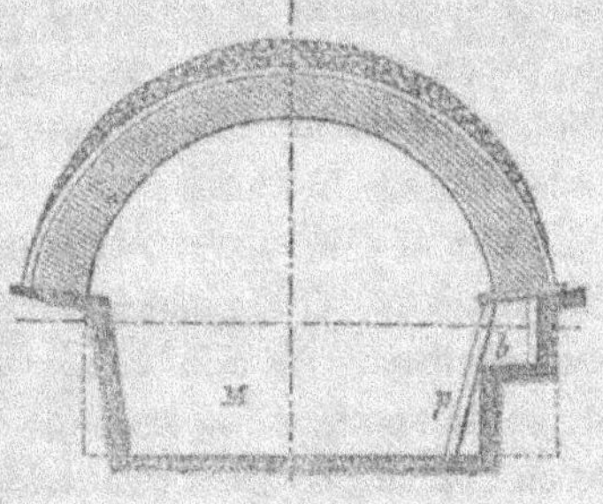

Fig. 71.

On construit ensuite les pieds-droits sur deux longueurs
successives déblayées, et
on peut alors enlever les
déblais de la partie com-
prise entre les portions
maçonnées. On exécute
ensuite les pieds-droits
dans cette partie, et le
travail se continue ainsi

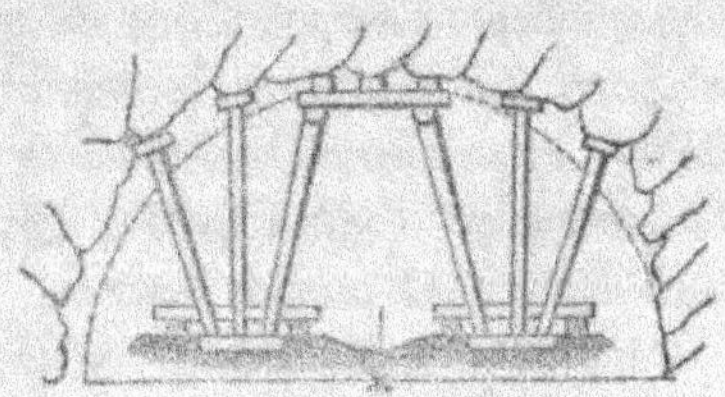

Fig. 72.

jusqu'à l'achèvement complet du revêtement en maçonnerie.

Lorsque les terrains ont assez de cohésion pour se soutenir seuls assez longtemps, il est toujours prudent de
placer deux cadres d'étayement pour prévenir les éboule-

ments. On peut alors disposer les étais comme l'indique la figure 72.

Dans un terrain de rocher, aucun boisage n'est nécessaire, à moins qu'il n'y ait des crevasses et des fendillements qui puissent faire craindre la chute de quelque bloc.

Le procédé de boisage que nous venons d'indiquer a été employé par les entrepreneurs du canal du Forez, dans le percement du souterrain du Châtelet.

Lorsqu'il s'agit de creuser un souterrain sous un cours d'eau, un canal ou une rivière, on peut rencontrer des terrains imprégnés de beaucoup d'eau. Dans ce cas, les étayements ordinaires ne suffisent plus et il faut avoir recours à des procédés spéciaux, analogues à ceux employés par le célèbre ingénieur Brunel pour le percement du tunnel de Londres sous la Tamise[1].

Ce tunnel a été ouvert dans une couche compacte de terrain argileux. L'épaisseur de cette couche était suffisante pour permettre de donner au tunnel la section nécessaire. M. Brunel parvint, en prenant beaucoup de précautions, à éviter l'envahissement des eaux.

Une tour en briques fut élevée à 35 mètres des bords du fleuve sur un pilotis circulaire capable de supporter une charge double du poids que devait avoir la maçonnerie de briques. Le diamètre intérieur de cette tour était de 15 mètres et son diamètre extérieur de 17 mètres. L'anneau en briques avait donc 1 mètre d'épaisseur. La hauteur de la tour était de 12 mètres environ.

Un cercle en fonte de 0^m90 de hauteur, taillé en biseau à sa partie inférieure, formait la base de la tour. Un anneau en bois de 0^m30 d'épaisseur était placé au-dessus du cercle en fonte, et supportait la maçonnerie de briques. D'autres anneaux en bois, placés à différentes hauteurs, interrom-

---

[1] Ces procédés sont décrits dans le *Manuel du terrassier*, encyclopédie Roret.

paient la maçonnerie et divisaient la tour en tronçons cylindriques superposés. A l'intérieur de la tour, de forts boulons reliaient les anneaux de bois entre eux et avec le cercle de fonte de la base.

Les têtes des pieux sur lesquels reposaient le cercle en fonte furent laissées en partie à découvert, afin de pouvoir être frappées à coups de mouton.

Lorsque la tour fut construite, on installa à son sommet une machine à vapeur destinée à servir à l'extraction des terres et à l'épuisement des eaux.

On commença le travail en pratiquant une fouille autour de la construction aussi profondément que possible ; on enfonça ensuite les pieux au moyen de sonnettes et à coups de mouton, en prenant soin de frapper en même temps sur les deux pilots extrêmes du même diamètre.

Lorsqu'un certain nombre de pieux s'étaient ainsi enfoncés deux à deux d'une petite quantité, la tour descendait par son propre poids et était favorisée dans son mouvement par le cercle en fonte taillé en biseau.

Quand il ne fut plus possible de déblayer à l'extérieur, on fouilla à l'intérieur et même au-dessous du cercle en fonte. On coupa aussi à coups de hache les têtes de quelques pieux sur une petite hauteur en ayant soin de faire l'opération à la fois sur deux pieux extrêmes du même diamètre. La tour descendait ainsi lentement, enfonçant les pieux qui étaient restés à hauteur et ne s'arrêtait que lorsqu'elle arrivait sur les pieux coupés.

La tour descendait ainsi jusqu'à une profondeur de 18 mètres, après avoir traversé dans les derniers 7 mètres la couche de terrain argileux.

On construisit ensuite dans ce terrain compacte une nouvelle tour intérieurement à la première et poussée jusqu'à 6 mètres de profondeur. Une bonne maçonnerie reliait la grande tour à la petite qui devait servir de puisard pour les eaux extraites de la galerie souterraine.

L'escalier destiné aux piétons fut établi dans la grande tour dont le poids est de 1 million de kilogrammes.

C'est au fond de la grande tour que la galerie souterraine fut ouverte avec une pente de 0^m0215 par mètre.

Le tunnel a 6^m80 de hauteur sous clef et 11^m60 de largeur. Le point le plus bas du radier est à 12^m90 au-dessous des plus hautes eaux de la marée.

M. Brunel fit usage, pour l'ouverture de la galerie souterraine, d'un bouclier en fonte. Douze châssis placés les uns à côté des autres, comme des livres dans une bibliothèque, composent le bouclier. Ces châssis étaient indépendants les uns des autres et pouvaient avancer dans le sens de l'axe de la galerie au moyen de vis qui venaient s'appuyer sur les maçonneries déjà construites en haut et en bas du tunnel.

Les châssis étaient divisés chacun en trois étages et comme il y avait douze châssis, le bouclier se trouvait donc partagé en trente-six compartiments occupés par les ouvriers.

Une planchette bouchait le fond de chaque compartiment et était appuyée contre le terrain à excaver par des vis de pression. A mesure qu'une planchette était enlevée, on continuait l'excavation et on faisait simultanément le muraillement latéral et la maçonnerie d'intrados.

Chaque châssis était encadré avec des pièces de fonte taillées en biseau qui pénétraient dans le terrain.

Le bouclier était d'un poids total de 121 800 kilogrammes.

Il est arrivé plusieurs fois que, lorsque les planchettes étaient enlevées, les eaux du fleuve pénétrèrent dans la galerie et occasionnèrent l'interruption des travaux. Ces travaux ont nécessité des épuisements considérables ; mais on triompha des obstacles et le succès du travail fut complet.

85. DIMENSIONS DES SOUTERRAINS. — Presque tous les souterrains ouverts pour le passage d'un chemin de fer ont

8 mètres de largeur environ. On leur donne en hauteur
5m50 environ sous clef, en tenant compte de ce que la machine a 4m30 au-dessus des rails et que le ballast a 0m60 d'épaisseur.

86. FORAGE DES PUITS. — L'ouverture des puits en dehors de l'axe du souterrain a pour but de garantir les ouvriers des accidents qui peuvent survenir dans le transport vertical des terres.

Lorsqu'il s'agit de creuser des puits dans un terrain assez solide, on se dispense de boiser les puits à mesure de leur fonçage ; mais si le terrain a peu de cohésion, il est indispensable de consolider les parois des puits en les étayant sur toute leur hauteur, à mesure que le forage avance. Souvent aussi il est nécessaire de soutenir les parois des puits par un revêtement en maçonnerie et de prendre des précautions pour que les terres placées derrière ce revêtement ne coulent pas lorsque le déblayement est continué.

Au lieu de donner aux puits une section circulaire, on leur donne quelquefois la forme d'un rectangle, ce qui facilite le blindage. Dans ce cas chaque puits est boisé au moyen de châssis à cadre placés à 2 mètres les uns au-dessus des autres et soutenus les uns par les autres au moyen de potelets d'angle. Des planches sont ensuite placées derrière les côtés des cadres et contre les parois du puits, de manière à maintenir suffisamment les terres.

Il peut arriver que l'on ait des puits à ouvrir dans des terrains mouvants traversés par des sources, ce qui oblige à faire des épuisements souvent considérables. Dans ces espèces de terrains on peut procéder au forage des puits de la manière suivante : on creuse le puits sans boisage tant que les terres peuvent se soutenir d'elles-mêmes. La section du déblai doit être égale à celle du puits augmentée de l'épaisseur du revêtement. Arrivé à une certaine profondeur, 2 mètres par exemple, on descend au fond du puits un disque en bois dur ayant la forme d'une couronne dont le diamètre intérieur est égal au diamètre définitif du puits. L'épaisseur de ce disque est égale à celle du revêtement à établir. La surface inférieure de ce disque est taillée en biseau, ce qui lui donne la forme d'un couteau circulaire. Un revêtement en maçonnerie est ensuite monté sur ce disque, et à mesure que les terres sont excavées, le cylindre en maçonnerie descend par son propre poids et est aidé dans son mouvement par le disque en bois taillé en biseau. On est arrivé ainsi, dans certains cas, jusqu'à une profondeur de 12 à 15 mètres. Lorsque le cylindre ne peut plus descendre, on en construit un autre dont le diamètre extérieur est égal au diamètre intérieur du premier. On fait descendre ce second cylindre de la même manière que l'on a fait descendre le premier, et l'on arrive ainsi à une plus grande profondeur.

Le parement extérieur des cylindres doit être préparé avec soin, afin que l'appareil puisse glisser facilement en traversant les terres.

Il est inutile d'ajouter qu'à mesure que le cylindre descend, on doit continuer la maçonnerie du revêtement circulaire, de façon à être constamment au niveau du sol.

Cette manière de procéder a l'avantage de mettre les ouvriers à l'abri des accidents.

Un autre procédé souvent employé et qui présente beaucoup d'analogie avec le précédent consiste à creuser le puits jusqu'à ce que les terres ne puissent plus se soutenir d'elles-mêmes. On descend alors au fond de l'excavation un fort disque en bois plat, ayant la forme d'un anneau. On élève ensuite le revêtement en maçonnerie sur ce disque, et on continue le forage sur un diamètre plus petit. Les terres placées sous le disque sont ensuite enlevées par portions et remplacées par des étais qui soutiennent ainsi l'anneau surmonté du revêtement ; on continue alors la maçonnerie en dessous et entre les étais que l'on enlève successivement l'un après l'autre.

Les terres extraites des puits sont enlevées avec des

bennes ou baquets, au moyen d'un treuil à bras placé à
l'orifice des puits. Mais pour le montage des déblais provenant de la galerie souterraine, il est préférable d'employer
le manège de maraîcher mû par un ou deux chevaux, si
toutefois l'excavation marche assez vite pour l'entretenir.
Au besoin, on remplace les chevaux par une machine à
vapeur.

Quand le creusement d'un puits exige l'emploi de la poudre, le mineur doit se faire remonter hors du puits, ou à une
hauteur d'au moins 20 mètres, aussitôt qu'il a mis le feu à la
mèche, sans quoi il serait exposé à être blessé par les éclats
de pierre.

87. VENTILATION. — Tant que la communication des puits
entre eux n'est pas établie, l'air ne se renouvelle pas suffisamment dans les galeries ; l'acide carbonique gêne la respiration des ouvriers et éteint quelquefois les lumières ; on
peut alors établir une ventilation convenable à l'aide d'une
machine soufflante lançant de l'air dans des tuyaux en cuir
ou en toile qui le portent au fond de la galerie. Un petit
poêle métallique, tenu constamment allumé au sommet du
puits, peut, dans certains cas, en appelant l'air de la galerie,
produire une ventilation suffisante.

Au souterrain d'Amboise, l'air fut renouvelé au moyen
d'un ventilateur placé à l'entrée de la galerie. Cette machine
envoyait de l'air par des tuyaux en
zinc jusqu'au point où les ouvriers
travaillaient. Un homme suffisait
pour faire fonctionner l'appareil.

Ce ventilateur (fig. 73) se compose d'un tambour fixe dans lequel
tourne librement un arbre portant
quatre ailettes légèrement cour-
bées. L'air extérieur pénètre au

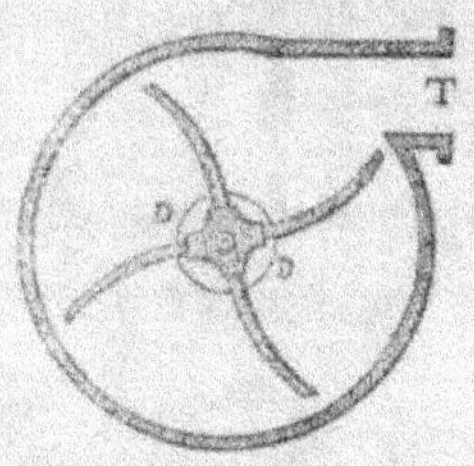

Fig. 73.

centre du cylindre fixe par une ouverture circulaire D placée
au milieu de chaque face latérale du tambour. La force cen-

trifuge développée par le mouvement de rotation de l'arbre à ailettes force ensuite cet air à s'échapper par le tuyau de dégagement T qui communique avec la surface du cylindre fixe.

88. ÉCLAIRAGE SOUS GALERIE. — L'éclairage sous galerie se fait par la lampe des mineurs ou par la chandelle. Mais l'éclairage par la lampe des mineurs est plus économique que celui qui consiste à faire usage de la chandelle, aussi on lui donne généralement la préférence.

89. SOUTERRAIN DU CHATELET. — Le souterrain du Châtelet, que nous avons fait exécuter au canal du Forez, a été percé dans le granit. Ce souterrain a 144 mètres de longueur, 5^m80 de largeur et 3^m95 de hauteur sous clef. Il forme une voûte en plein-cintre de 2^m95 de rayon dont les naissances sont à 1 mètre au-dessus du plafond du canal.

Le souterrain a été ouvert en ligne droite et sans puits intermédiaires.

Les déblais du souterrain ont été attaqués par les deux extrémités à la fois, et l'exploitation du rocher a été faite à la poudre.

Aux termes du devis, le percement du souterrain devait être commencé à ses deux extrémités par l'établissement d'une galerie d'axe *abcd* (fig. 74) de 2 mètres de largeur sur 2 mètres de hauteur et pratiquée d'un bout à l'autre. Le plafond *ad* de la galerie devait être placé à 0^m50 en contre-haut du plan CD des naissances et disposé

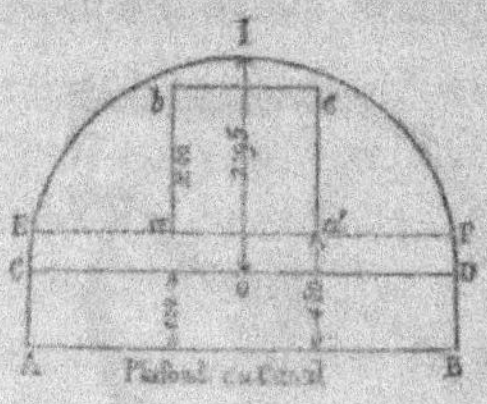

Fig. 74.

en pente suffisante pour diriger les eaux vers les têtes.

La galerie d'axe une fois percée et l'axe du souterrain bien repéré, on devait procéder aux déblais d'élargissement E*ab*, *ed*F jusqu'au sommet I de la voûte. On devait ensuite terminer le percement du souterrain par l'extraction du déblai de foncement AEFB.

En raison de la nature du rocher, il a été nécessaire de voûter plusieurs parties du souterrain et notamment vers les deux têtes. A la tête aval, il a fallu faire un revêtement total sur 20 mètres de longueur. L'épaisseur de ce revêtement a été fixée à 1 mètre vers les pieds-droits et à 0^m80 au sommet de la voûte. Sur ce revêtement, on a fait une maçonnerie en pierres sèches de 0^m30 d'épaisseur.

D'après les prescriptions du devis, les boisages devaient être disposés de manière à prévenir tout éboulement et à laisser aux agents de l'administration un passage facile afin de pouvoir vérifier à chaque instant si la direction de l'axe du souterrain était bien celle du tracé, et si la section était conforme au gabarit indiqué par les profils.

Voici maintenant comment, sur la demande de l'entrepreneur, le percement du souterrain a été effectué et le boisage exécuté :

La galerie d'axe a été ouverte sur toute la hauteur du déblai, en deux attaques successives (fig. 75). La galerie supérieure, de 2^m60 de hauteur, commençait à la partie supérieure du déblai, et la galerie inférieure, de 2^m55 de hauteur, descendait jusqu'au plafond du canal. Les ouvriers de la galerie supérieure, dite *d'avancement*, conservaient une avance de 5 à 6 mètres sur ceux de l'attaque inférieure.

Les poteaux des cadres de la galerie supérieure ont été remplacés au fur et à

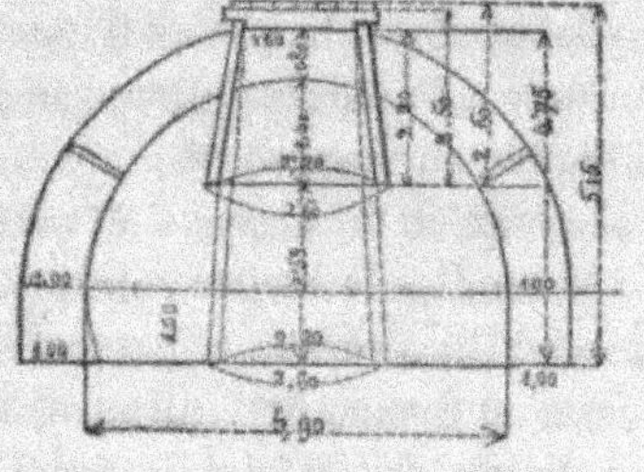

Fig. 75.

mesure de l'avancement de la galerie inférieure par d'autres poteaux partant du plafond du canal et atteignant le sommet de la voûte (fig. 75). Ces derniers poteaux sont indiqués en lignes ponctuées sur la figure. De cette manière, les chapeaux du cadre de blindage se sont trouvés toujours soutenus.

Pour arriver à placer les poteaux définitifs indiqués en
lignes ponctuées sur la figure, on commençait par placer sous les chapeaux d'au moins trois cadres successifs des longrines t,t (fig. 76), et l'on soutenait ces longrines au moyen de poteaux provisoires P,P. On plaçait

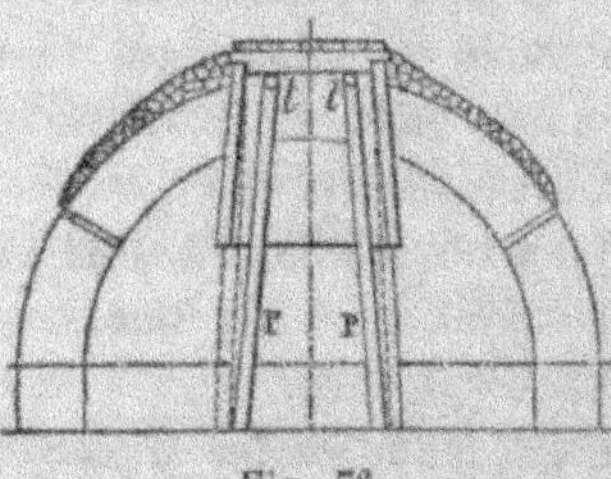

Fig. 76.

ensuite sans difficulté les poteaux définitifs sous le chapeau du cadre intermédiaire, et l'on eut ainsi un cadre de chevalement représenté par la figure 77. Les poteaux définitifs P'P' avaient 4^m80 de longueur.

Lorsque la galerie d'axe formée par les cadres de chevalement fut ouverte, on attaqua les déblais d'élargissement en battant au large et en soutenant le ciel et les parois de la voûte au moyen d'étais disposés

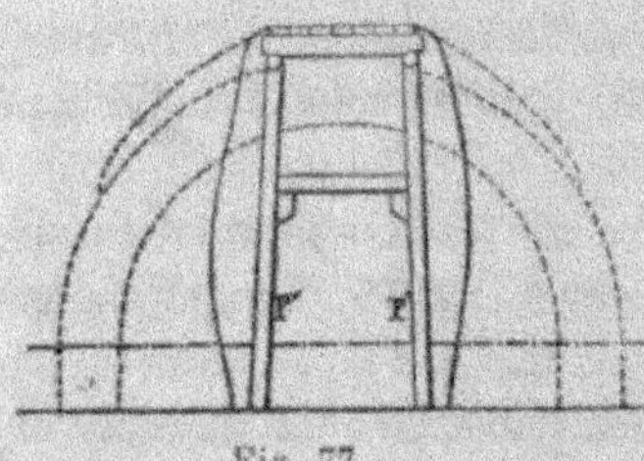

Fig. 77.

en éventail de chaque côté des poteaux montants P'P'. Le boisage a d'ailleurs été disposé de la manière que nous avons indiquée au numéro 84.

Lorsqu'on fut arrivé à 20 mètres de la tête du souterrain, on rencontra le rocher solide et il ne fut plus nécessaire de boiser. On continua le percement en abaissant le ciel de l'attaque au niveau de l'intrados de la voûte, c'est-à-dire à 3^m95 au-dessus du plafond du canal, puis on battit au large de manière à arriver progressivement à la largeur totale de la section du souterrain, c'est-à-dire 5^m90.

La galerie d'aval fut ouverte dans les mêmes conditions que celles de la galerie d'amont.

Pendant l'exécution des travaux d'ouverture des deux galeries, on a vérifié fréquemment la direction des axes afin d'assurer le succès du percement.

La jonction des deux galeries a eu lieu à 62 mètres de la tête amont et à 82 mètres de la tête aval. Les deux axes sont tombés à 0^m017 l'un de l'autre ; celui de la galerie d'amont à 0^m008 à gauche de l'axe réel du souterrain, et celui de la galerie d'aval à 0^m009 du même axe. Le percement de ce souterrain s'est donc effectué avec un succès complet.

90. SOUTERRAIN D'AMBOISE. — SON BUT, SON TRACÉ ET SON EXÉCUTION. — *But du souterrain d'Amboise*. — Le souterrain d'Amboise fait partie du système des travaux de défense de la ville contre les inondations de la Loire et de l'Amasse.

Afin de justifier le but de l'établissement de ce souterrain, nous allons donner la description sommaire du système de défense (fig. 78).

La ville d'Amboise, située sur la rive gauche de la Loire, est traversée par une rivière appelée l'*Amasse*, qui alimente des usines et des tanneries, et vient se jeter en Loire à sa sortie de la ville.

Les travaux exécutés ont donc eu pour objet de défendre la ville contre les inondations de la Loire et de l'Amasse. Ils comprennent par conséquent un système de défense contre la Loire et un système de défense contre l'Amasse.

Du *côté de la Loire*, les travaux se composent :

1° D'une digue de 1024 mètres de longueur, parallèle au fleuve ; cette digue, marquée par un trait noir sur la figure 78, a 3 mètres de largeur en couronnement et est élevée à 1 mètre au-dessus du niveau de la crue de 1856. Le talus du côté de la Loire est protégé par un perré maçonné de 0^m45 d'épaisseur moyenne ;

2° De deux éperons reliant les extrémités de la digue au coteau insubmersible.

Le premier éperon relie l'extrémité amont de la digue longitudinale au coteau insubmersible en traversant la route départementale n° 3 de Blois à Tours qui longe le quai sur

le bord de la Loire. Ce premier éperon ou éperon d'amont
traverse en outre la rue de la Concorde avant d'arriver au
coteau. Trois baies de 5 mètres chacune, fermées en cas
d'inondations à l'aide d'une double rangée de poutrelles,
sont ménagées au passage de la route départementale n° 3.
Une autre baie de 4 mètres existe au passage de la rue de
la Concorde.

AMBOISE.

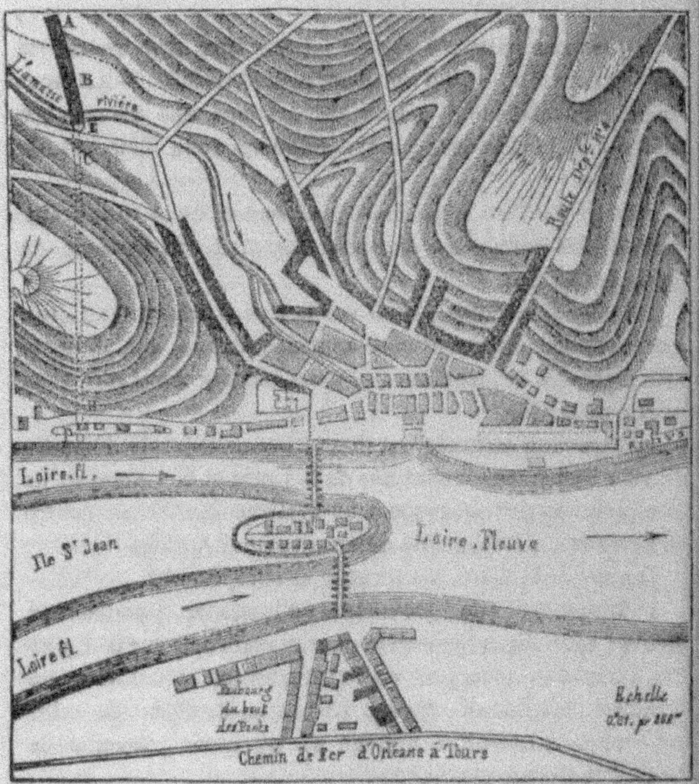

Fig. 78.

Le deuxième éperon relie l'extrémité aval de la digue longitudinale au coteau insubmersible en traversant la route
départementale n° 3 et la rue de Tours. Deux baies de 4

mètres chacune, disposées également pour être fermées au besoin à l'aide d'une double rangée de poutrelles sont ménagées au passage de la route départementale n° 3. Une baie semblable aux précédentes est placée au passage de la rue de Tours ;

3° D'une écluse placée à l'embouchure de l'Amasse dans l'alignement de la digue longitudinale. Cette écluse, fondée sur le rocher à 4^{m}50 au-dessous de l'étiage, est arrasée à la même hauteur que le couronnement de la ligne longitudinale. Elle présente six pertuis de 1^{m}80 de hauteur sur 0^{m}80 de largeur, que l'on ferme en temps de crue.

Du *côté de l'Amasse*, les travaux se composent :

1° D'une levée AB de 250 mètres de longueur qui barre la vallée de l'Amasse dans toute sa largeur. Le couronnement de cette levée a 6 mètres de largeur et est établi à 1 mètre au-dessus du niveau des plus hautes eaux combinées de la Loire et de l'Amasse. Cette levée a été construite avec les déblais de craie tuffeau provenant du souterrain. Un corroi de 4 mètres de largeur a été établi au milieu de la levée sur toute sa longueur ;

2° D'un souterrain CD de 800 mètres de longueur percé à travers le coteau qui sépare la vallée de l'Amasse de celle de la Loire ;

3° D'une écluse E, établie sur la rivière à la jonction de la levée de l'Amasse et du souterrain. Cette écluse à 7^{m}04 de longueur, 6 mètres de largeur et 7^{m}44 de hauteur au-dessus du radier. Elle présente quatre pertuis de 1^{m}60 de hauteur sur 0^{m}95 de largeur. Cette écluse, dont les pertuis se ferment au moyen de ventelles, permet de laisser l'Amasse pénétrer dans Amboise ou bien de la dériver par le souterrain ;

4° D'un canal de dérivation faisant suite au souterrain et débouchant dans la Loire. Ce canal, exécuté à ciel ouvert, a 40 mètres de longueur et 6 mètres de largeur en plafond ;

5° D'un pont P établi sur le canal de dérivation au passage de la route départementale de Blois à Tours, sur le quai des Violettes. Ce pont a 8 mètres de longueur d'une tête à l'autre ; il repose sur une fondation en béton de 2^{m}50 de hauteur, entourée de pieux et palplanches. La voûte a 6 mètres d'ouverture et 5^{m}75 de hauteur sous clef.

D'après la description qui précède, il est facile de comprendre que les travaux exécutés ont pour effet de mettre la ville d'Amboise à l'abri des inondations, tant du côté de la Loire que du côté de l'Amasse. En effet, quand les eaux de la Loire sont basses, on lève les ventelles de l'écluse de dérivation, l'Amasse pénètre dans Amboise où elle alimente des usines et se jette dans la Loire par l'écluse d'embouchure dont les pertuis sont alors ouverts ; quand, au contraire, les eaux de la Loire sont hautes, on ferme les pertuis de l'écluse d'embouchure, ainsi que ceux de l'écluse de dérivation, et les eaux de l'Amasse sont jetées dans la Loire par le souterrain. La ville d'Amboise se trouve ainsi à l'abri de l'inondation entre la digue de la Loire en aval et la levée de l'Amasse en amont.

Ces travaux servent également à abriter la ville contre une crue de l'Amasse, alors que la Loire est basse ; l'écluse de dérivation ne laisse en effet pénétrer dans la ville que le volume d'eau nécessaire aux usines, et le surplus est dérivé par le souterrain.

On comprend maintenant que le souterrain d'Amboise a été ouvert afin de dériver les eaux de l'Amasse, dérivation devenue nécessaire pour la défense de la ville.

Tracé de l'axe du souterrain. — Pour rendre compte de l'opération du tracé de l'axe du souterrain d'Amboise, nous avons levé un profil en long s'étendant de la vallée de l'Amasse à celle de la Loire et comprenant le coteau qui sépare les deux vallées ; nous avons indiqué sur ce profil (fig. 79) la position des stations et celles des mâts.

Les deux extrémités de l'axe du souterrain étaient fixées à l'avance, l'une du côté de la Loire, l'autre du côté de l'Amasse. Nous partîmes du point donné du côté de la Loire, et à l'aide de l'équerre d'arpenteur, nous traçâmes sur la montagne et avec de petits jalons une ligne droite allant

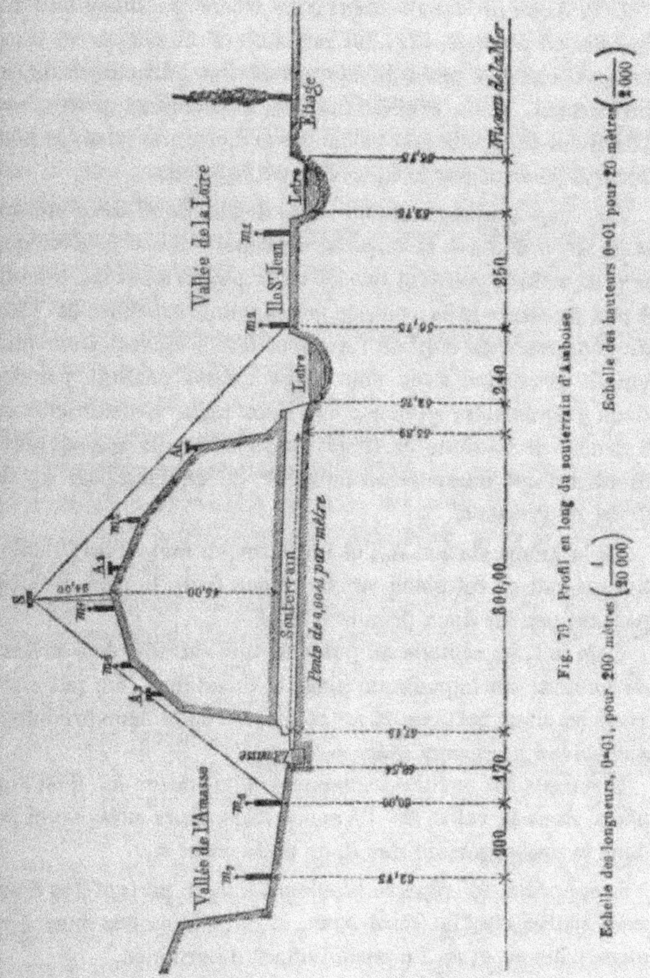

Fig. 70. Profil en long du souterrain d'Amboise.

Echelle des hauteurs 0ᵐ01 pour 20 mètres (1/2000)

Echelle des longueurs 0ᵐ01 pour 200 mètres (1/20000)

jusqu'à l'Amasse. Cette ligne vint tomber à plusieurs mètres en amont du point fixé sur l'Amasse pour l'extrémité de l'axe du souterrain. Le tracé fut recommencé en partant toujours de la Loire et, après trois ou quatre opérations, nous arrivâmes à obtenir une ligne droite passant par les deux points extrêmes fixés à l'avance.

Cette ligne provisoire étant ainsi tracée, le théodolite fut installé au point A_1 (fig. 79) sur la crête du coteau et dans l'alignement des petits jalons provisoires. Au moyen de cet instrument, deux grands mâts m_1 et m_2 furent placés sur l'île Saint-Jean, dans la vallée de la Loire, et dans le plan vertical passant par la ligne des petits jalons.

Ces deux grands mâts m_1 et m_2 de l'île Saint-Jean ont ensuite servi de base et de point de départ. Il est évident que le plan vertical passant par les deux points m_1 et m_2 devait, à peu de chose près, passer par le point extrême de l'axe du souterrain du côté de l'Amasse. Il ne s'agissait donc plus que de prolonger avec soin l'alignement passant par les deux grands mâts m_1 et m_2. Ces deux mâts avaient chacun 8 mètres de hauteur et 0^m 30 de diamètre, ils étaient surmontés d'une baguette en fer de 0^m 80 de longueur et de 0^m 01 de grosseur.

De la même station A_1, et toujours au moyen du théodolite un mât m^3 fut placé sur le coteau dans le plan vertical passant par les deux premiers mâts.

Cela fait, on installa au point A^3 une estrade de 5 mètres de hauteur sur laquelle on plaça le théodolite. On put ainsi viser les deux mâts m_1 et m^3 et poser dans leur prolongement deux nouveaux mâts m_4 et m_5.

L'estrade fut ensuite transportée à la station A_3, d'où l'on plaça, dans la vallée de l'Amasse, les deux mâts m_6 et m_7 dans le prolongement des deux mâts m_4 et m_5.

L'opération fut répétée plusieurs fois en partant des deux mâts placés sur l'île Saint-Jean, et la position des deux derniers mâts m_6 et m_7 fut parfaitement déterminée.

Les deux mâts m_1 et m_2 de l'île Saint-Jean et les deux mâts m_6 et m_7 de la vallée de l'Amasse furent entourés à leur pied d'un massif en maçonnerie et maintenus en équilibre au moyen de fils de fer attachés à leur sommet et à de forts piquets plantés en terre dans un rayon de 10 mètres.

En outre, des dés en pierre surmontés d'une baguette en fer et scellés dans un massif de maçonnerie furent placés au pied de chacun des quatre mâts m_1, m_2, m_6, m_7, dans le plan vertical passant par l'axe du souterrain. On eut donc ainsi un nombre suffisant de points de repère.

Avec un observatoire S de 24 mètres de hauteur et placé sur le point culminant du coteau, on aurait pu diriger des rayons visuels sur les deux mâts m_1 et m_2 de l'île Saint-Jean et placer immédiatement dans leur prolongement et au moyen du théodolite, les deux jalons m_6 et m_7 de la vallée de l'Amasse.

Mais cet observatoire aurait coûté assez cher, et l'on a jugé à propos de s'en passer.

Le souterrain a été ouvert ensuite par ses deux extrémités ; la galerie souterraine, du côté de l'Amasse, fut ouverte en se maintenant constamment dans le prolongement des deux mâts m_6 et m_7. La galerie, du côté de la Loire, fut ouverte dans le prolongement des deux mâts m_1 et m_2 de l'île Saint-Jean.

On s'est servi constamment du théodolite pour déterminer la position de l'axe de chaque galerie et se placer exactement dans l'alignement des deux jalons qui servaient de base pour chaque galerie.

Lorsque les deux galeries firent leur jonction, la rencontre des axes eut lieu avec une déviation de $0^m 23$, ce qui, pour un souterrain de 800 mètres de long et d'une largeur de 6 mètres, était un résultat très-satisfaisant.

Quant à la pente du souterrain, elle a été déterminée par des nivellements de précision et au moyen de repères établis aux deux points extrêmes de l'axe. La galerie de la Loire fut ouverte avec une rampe de $0^m 0044$ par mètre, et celle de l'Amasse avec une pente de $0^m 0044$ également. Les deux pentes se rencontrèrent avec une différence de $0^m 027$ seulement. Cette différence fut constatée au moyen des lignes des naissances de la voûte tracées sur les parois de chaque galerie à mesure de leur creusement.

M. le préfet du département d'Indre-et-Loire a rendu compte au conseil général d'Indre-et-Loire, dans la session de 1863, du résultat du percement du souterrain d'Amboise. On lit à ce sujet dans le *Journal d'Indre-et-Loire* du 8 septembre :

« *Rapport de M. le préfet.* — Le percement du tunnel de l'Amasse à Amboise s'est effectué AVEC UN RARE SUCCÈS. »

Exécution du souterrain. — Le souterrain d'Amboise a 800 mètres de longueur, 6 mètres de largeur et 5 mètres de hauteur sous clef. La pente du radier est de 0ᵐ 0044 par mètre. Le souterrain a été percé dans un terrain composé de calcaire crayeux compacte appelé *tuffeau*, mélangé de fragments de pierres siliceuses.

La tête amont ou l'entrée du souterrain est placée dans la vallée de l'Amasse, et la tête aval, ou la sortie, dans la vallée de la Loire.

Les deux têtes du souterrain ont été établies en maçonnerie de pierres de taille.

Les déblais du souterrain ont été attaqués par les deux extrémités à la fois, et l'on s'est dispensé de creuser des puits intermédiaires.

L'état du rocher aux deux extrémités du souterrain nous a obligé à prendre des précautions particulières. Il a fallu blinder la galerie de la Loire sur 12 mètres de longueur, et celle de l'Amasse sur 3 mètres de longueur. Un revêtement en maçonnerie a été établi dans les parties blindées.

Les deux galeries ont été exécutées de la même manière et dans les mêmes conditions. L'extraction des déblais a eu lieu au pic, à la pioche et à la poudre.

La galerie d'amont, c'est-à-dire, celle du côté de l'Amasse, a été ouverte à 1 mètre au-dessous des naissances de la voûte du souterrain. On a placé à cette hauteur une voie de fer sur laquelle circulaient les wagons de terrassement.

On n'a pas pu ouvrir la galerie plus bas, parce que la voie de fer eût gêné et retardé l'exécution des travaux d'art que l'on établissait en même temps à l'entrée du souterrain. D'un autre côté, les eaux de l'Amasse eussent pénétré dans la galerie souterraine, et il fallait éviter cet inconvénient.

La galerie d'aval, c'est-à-dire celle du côté de la Loire, a également été ouverte à 1 mètre au-dessous des naissances de la voûte. On ne pouvait placer la voie de fer plus bas, parce qu'on eût été gêné pour établir les fondations et le radier du pont des Violettes, et parce que, d'un autre côté, le radier de la tête aval du souterrain n'étant qu'à 0ᵐ 90 au-dessus de l'étiage de la Loire, on eût été envahi par les eaux aux moindres crues du fleuve.

Au fur et à mesure de l'ouverture des galeries, la ligne des naissances était tracée sur les parois du souterrain avec de la peinture à l'huile. Cette ligne servait à guider les ouvriers dans l'exécution du travail. L'axe de chaque galerie était également tracé au moyen de baguettes en fer de 1ᵐ 50 de longueur, fixées au sommet de la voûte.

L'excavation de chaque galerie eut lieu de la manière suivante : deux ouvriers appelés *rocteurs* ouvraient une petite galerie supérieure suivant le segment CDE (fig. 80) au moyen du pic et de la pioche. Cette galerie avait 1ᵐ 80 de hauteur.

D'autres ouvriers enlevaient ensuite avec le pic, la pioche et la mine la zone inférieure ACEG sur 2ᵐ 20 de hauteur et 5ᵐ 40 de largeur. On laissa de chaque côté des parois un gras de 0ᵐ 30 qui ne fut enlevé qu'après le percement complet du souterrain et lorsque les alignements des parois définitives furent déterminés exactement.

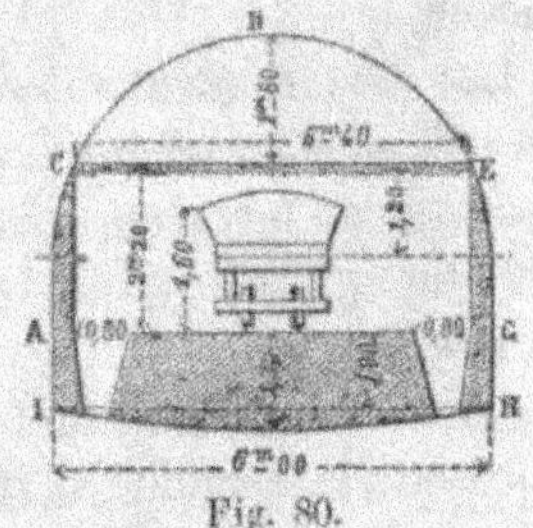

Fig. 80.

Les deux ouvriers rocteurs travaillant dans la couronne supérieure CDE conservaient généralement une avance d'environ 10 mètres de longueur sur les ouvriers travaillant à l'étage inférieur. Les déblais de cette petite galerie étaient jetés directement dans le wagon avec la pelle, ou bien ils étaient amenés dans les wagons au moyen de brouettes ou de madriers. Les madriers étaient nécessaires pour permettre l'accès des wagons.

Les déblais à la mine du passif ACEG s'effectuaient de la

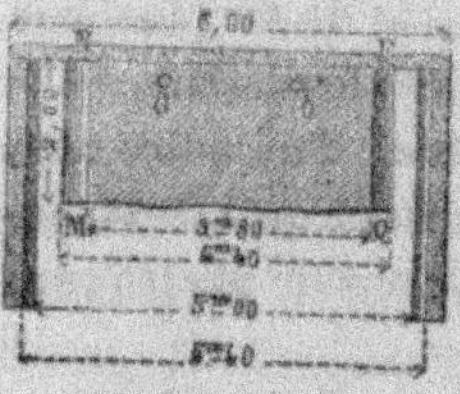

Fig. 81.

manière suivante : soit MNPQ le plan du massif à enlever (fig. 81). Nous venons de voir que ce massif avait 2ᵐ 20 de hauteur. On pratiquait de chaque côté du massif une entaille de 2 mètres de longueur, 0ᵐ 60 de largeur et ayant pour hauteur celle du massif. Ces entailles sont appelées *cheminées* par les ouvriers.

On perçait ensuite en *a* et en *b* des trous de mine verticaux de 1ᵐ 60 de profondeur et 0ᵐ 05 de diamètre. Ces trous

Fig. 82.

de mine étaient creusés avec la barre à mine terminée à ses deux extrémités par des ciseaux aciérés (fig. 82). Après avoir introduit la mèche de sûreté et une charge de poudre de la moitié de la hauteur du trou, on mettait le feu à la mèche. Le massif éclatait ensuite et se brisait en morceaux. On a ainsi fait sauter des blocs de rocher cubant jusqu'à 16 mètres.

Les déblais étant ensuite transportés hors de la galerie au moyen d'un wagon traîné par un cheval et roulant sur une voie de fer. Nous avons donné la description du wagon au numéro 36, p. 54, et celle des rails au numéro 37, p. 56.

Lorsque le souterrain fut ainsi ouvert d'un bout à l'autre sur toute la section ACDEG (fig. 80), on arrêta les alignements des parois définitives du souterrain, et les déblais furent extraits jusqu'à ces alignements, c'est-à-dire jusqu'à 3 mètres de chaque côté de l'axe du souterrain.

De chaque côté du souterrain, des rigoles avaient été creusées dans la zone inférieure AGHI (fig. 80), afin de faciliter l'écoulement des eaux que l'on trouvait dans le souterrain pendant l'ouverture de la galerie ACDEG. Cette eau n'était autre chose que de l'eau d'imbibition, c'est-à-dire l'eau que contiennent les bancs de pierre et que l'on appelle vulgairement *eau de carrière*.

Enfin on procéda à l'enlèvement de la zone inférieure AGHI, appelée *sous-pied* par les ouvriers.

Les déblais ont été attaqués au milieu de la longueur du souterrain et chargés dans les wagons A et B (fig. 83). La ligne MN indique le milieu de la longueur de l'axe du souterrain.

Le wagon A transportait les déblais dans la vallée de l'Amasse et le wagon B les transportait dans la vallée de la Loire. L'excavation DCEF allait donc toujours en s'agrandissant, et l'on est ainsi arrivé aux deux extrémités du souterrain sans avoir été gêné par les eaux de l'Amasse ni par celles de la Loire.

Résultat des travaux d'Amboise.
— Les travaux de la ville d'Amboise se sont trouvés soumis, alors qu'ils étaient à peine achevés, à l'épreuve de l'inondation du 28 septembre 1866. L'expérience a été décisive : les levées de l'Amasse et de la Loire ont été imperméables, et tous les ouvrages d'art ont admirablement fonctionné sur

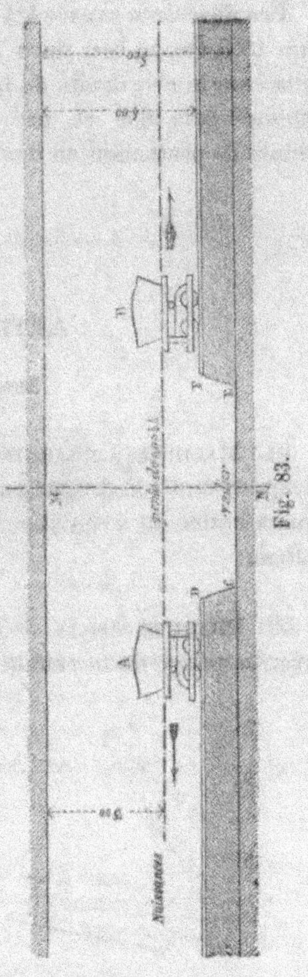

toute la ligne et dans toutes leurs parties. Le succès a été complet, et la ville s'est trouvée à l'abri de l'inondation. C'est là un triomphe bien légitime pour M. de Vésian, ingénieur des travaux et auteur du projet.

Les désastres causés à Amboise par la crue du 28 septembre 1866 ont eu lieu dans le faubourg du bout des ponts, situé sur la rive droite de la Loire, c'est-à-dire sur la rive opposée à la ville et, par conséquent, en dehors de l'enceinte de protection ou des travaux de défense.

ARTICLE VIII.

Draguages.

91. MACHINES A DRAGUER. — Les principales machines à draguer sont : la drague à main, la drague à treuil, la drague à hottes ou à roulettes, le bateau dragueur et le bac à râteau.

92. DRAGUES A MAIN. — La forme de cette drague varie avec la nature du terrain qu'il s'agit d'extraire. Cette forme

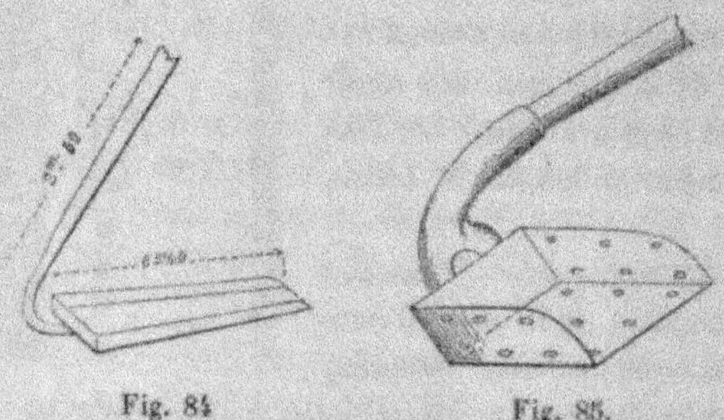

Fig. 84   Fig. 85.

est souvent celle d'un coffre de tôle ouvert par-devant et par-dessus (fig. 84 et 85). Les parois sont percées de trous afin de permettre à l'eau de s'écouler.

Quelquefois la drague à main présente une forme arrondie suivant un profil de gouttière.

La drague à main est munie d'une douille recourbée de manière à être manœuvrée en tirant. Cette disposition est d'autant plus favorable qu'elle facilite la manœuvre de l'outil et ne permet pas à la matière de s'échapper de la drague au moment où on veut la monter. Pour faire mordre la drague dans le terrain, l'ouvrier doit appuyer l'extrémité du manche sur son épaule et peser sur ce manche avec les mains à environ 1 mètre au-dessous

93. Dragues a treuil. — Les dragues à treuil sont plus fortes que les précédentes, parce qu'elles sont employées dans des terrains résistants. Dans les draguages exécutés pour les fondations de l'écluse de l'Amasse à Amboise, on s'est servi de dragues ayant

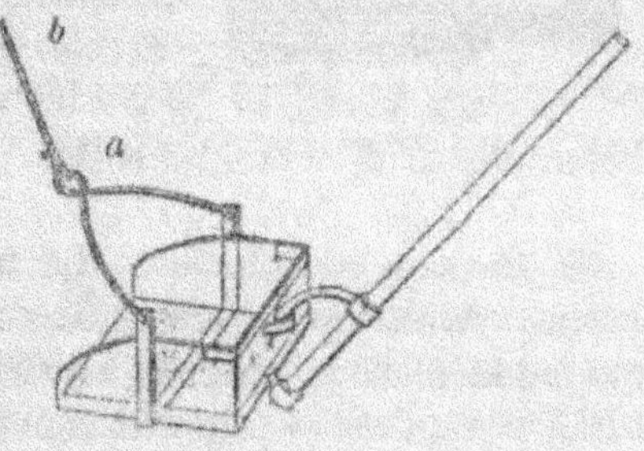

Fig. 86.

la forme indiquée par la figure 86. La manœuvre d'une drague exigeait quatre hommes, savoir : un pour diriger la drague au moyen du manche, deux pour tourner la manivelle du treuil autour duquel s'enroulait la corde *ab*, et un pour décharger la drague. Le treuil était placé sur le bord de la fouille.

94. Drague a hottes ou a roulettes. — Cette machine (fig. 87) se compose d'une chaîne tournant sur trois cylindres mobiles autour de leur axe. Les deux cylindres inférieurs appelés *rouleaux* touchent le fond, et le cylindre supérieur, qui n'est autre chose qu'un treuil, est établi au-dessus de l'eau sur un échafaudage. A la chaîne sont adaptés, de distance en distance, des godets ou hottes en forte tôle, percés de petits trous qui laissent écouler l'eau, et terminés par un bec saillant avec lequel ils pénètrent facilement dans le sol. La chaîne est mise en mouvement par des hommes ou un manége qui agissent sur le treuil par l'intermédiaire d'engrenages.

On place ordinairement cette machine sur un chariot à rouleaux, et le chariot sur un échafaudage.

La machine à hottes est fréquemment employée pour le curage des canaux, et on s'en sert dans les graviers résistants en posant des griffes entre les hottes.

Fig. 87.

95. Bateau dragueur. — Le bateau dragueur est un bateau ordinaire sur lequel est monté une machine à vapeur qui fait mouvoir un chapelet à godets analogue à celui qui sert à élever l'eau. Les godets sont en fer très-fort, de manière à pouvoir pénétrer dans les fonds résistants. Le chapelet est placé sur l'un des côtés du bateau avec une inclinaison qui varie suivant la profondeur à laquelle on veut draguer. Les déblais sont reçus dans un batelet appelé *marie-salope* et placé près du bord du bateau dragueur, en aval du chapelet.

Le chapelet à godets est quelquefois placé au milieu du bateau dragueur. Dans ce cas, les déblais sont reçus dans un couloir en bois qui les verse dans un batelet rangé le long du bord.

La figure 88 représente une drague à vapeur de MM. Gabert frères, ingénieurs-constructeurs, rue Bugeaud, 73, à Lyon. Le chapelet à godet est installé au milieu du bateau, et placé dans une position verticale ; mais il pourrait être incliné.

Deux bateaux dragueurs ont été employés au pont Mont-louis pour déblayer l'emplacement de ce pont dans le lit de la Loire.

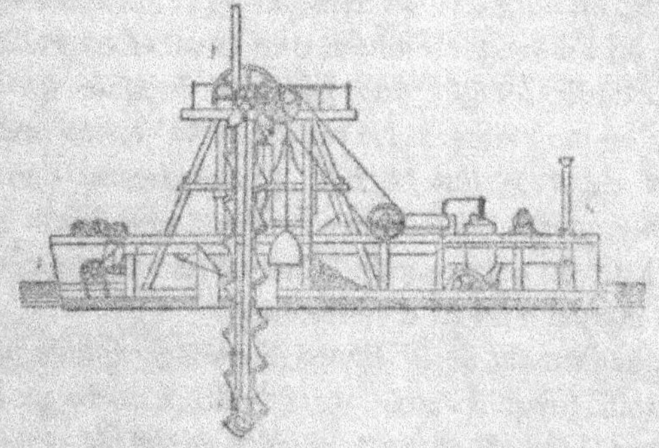

Fig. 88.

A Nantes on emploie les bateaux dragueurs pour enlever le sable de la Loire et en faire des approvisionnements pour la ville.

96. BAC A RATEAUX. — Un bac à râteaux n'est autre chose qu'un grand bateau carré à fond plat en amont duquel est suspendue une pelle ou vanne munie d'ailes trapézoïdales à charnières. Cette vanne est mobile, c'est-à-dire qu'on peut l'enfoncer plus ou moins dans la vase au moyen de cordes qui s'enroulent sur un treuil placé dans le bateau.

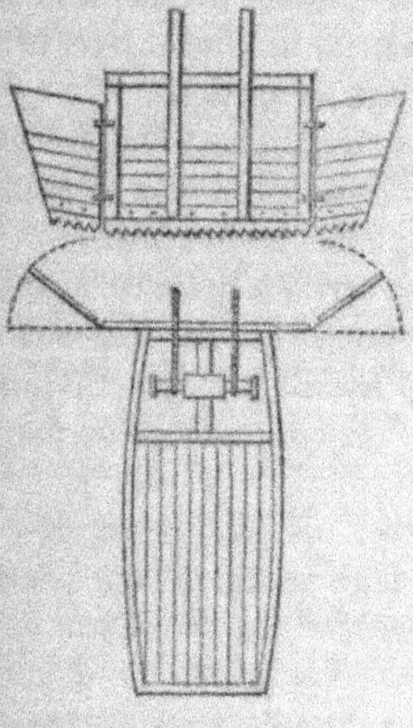

La vanne (fig. 89) est armée de dents par le bas et présente ainsi la forme d'un râteau à sa partie inférieure.

On fait usage du bac à râteau pour opérer le curage des canaux de dessèchement

Fig. 89.

et le dévasement du lit des rivières.

C'est ainsi que, pour curer les canaux de dessèchement des marais de Rochefort et les canaux sur les bords de la Gironde, on les barre au moment où la marée va descendre. L'eau, en s'élevant en amont du bateau et en s'abaissant en aval, produit bientôt une pression capable de mettre le bateau en mouvement. Le râteau de la vanne sillonne une couche de vase qui se met en suspension dans l'eau et voyage en avant de la vanne ; le tout prend une vitesse de 0^m 30 à 0^m 40 par seconde. Chaque couche que l'on enlève par ce moyen a 0^m 22 d'épaisseur.

Le dévasement de la Sèvre niortaise, depuis le barrage de Bazoin jusqu'à l'anse du Brault, s'opère au moyen de plusieurs bacs à râteaux accolés ensemble pour barrer la rivière. L'opération se fait au moment où une crue commence à apparaître.

97. DRAGUAGES EN LIT DE RIVIÈRE. — On appelle *draguage* l'opération qui consiste à extraire des déblais sous l'eau au moyen d'outils appelés *dragues*.

Les draguages en lit de rivière ont pour but de faire disparaître les hauts-fonds et de creuser un chenal d'un tirant d'eau suffisant pour le service de la navigation.

Dans les terrains tendres, les draguages sont exécutés avec les dragues à main jusqu'à 2 mètres au plus de profondeur, et les déblais sont déposés dans des batelets.

Au-dessous de 2 mètres, on se sert des dragues à treuil ou bien de machines à draguer établies sur des bateaux ou des échafauds. Ces machines peuvent être des chapelets munis de hottes à griffes et mus par un manège ou par la vapeur.

Dans les fonds en pierre tendre, on peut désagréger le rocher, soit avec une espèce de charrue (fig. 90) qui sillonne le fond, soit avec une herse à dérocher (fig. 91). Cette herse a une forme triangulaire et a ses côtés armés de dents en fer. Elle est traînée par un batelet. Les éléments désagrégés sont ensuite emportés par le courant.

Lorsque la pierre est dure, mais délitée et fendue, on introduit dans les joints de forts leviers en fer que l'on enfonce à coups de mouton, puis on ébranle et on soulève les
parties disjointes au moyen d'un cordage attaché à l'extrémité de chaque pieu en fer.

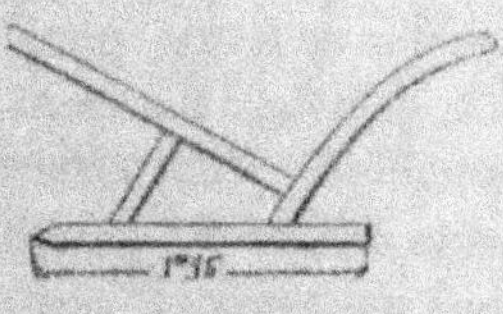

Fig. 90.

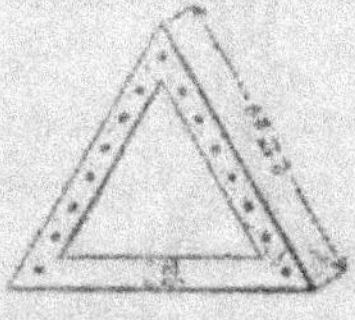

Fig. 91.

Enfin, lorsque le rocher est compacte et d'une dureté telle
qu'on ne puisse l'attaquer avec la herse, la pince ou le
levier, on a recours à l'emploi de la mine pour le faire
éclater.

Pour déblayer l'arche marinière du pont de
Beaugency, sous laquelle passe le chenal navigable de la Loire, nous avons employé de la
poudre enfermée dans des boîtes et tubes en
fer-blanc (fig. 92).

Ces boîtes étaient introduites dans des trous
cylindriques ouverts préalablement dans le rocher avec la barre à mine. L'opération a parfaitement réussi. On a enlevé 262 mètres cubes de
pierre, et la voie navigable s'est trouvée dé-
blayée jusqu'à 0m80 au-dessous de l'étiage.

Lorsque les bancs de rocher formant le fond
du lit d'une rivière ont été désagrégés et divisés
en fragments plus ou moins volumineux, on procède à l'enlèvement des blocs détachés au moyen de tenailles, de la
cloche à plongeur ou du scaphandre.

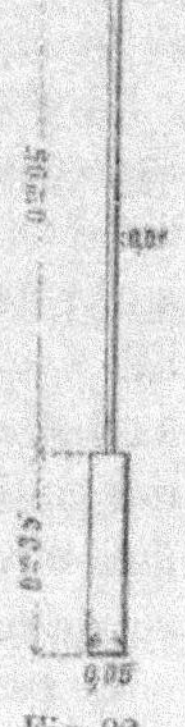

Fig. 92.

Tenailles. — Dans le service du balisage de la Loire à
Orléans, on s'est servi, pour extraire des pierres du fond du

lit du fleuve, de tenailles ayant la forme représentée par la figure 93. Ces tenailles ont des dimensions variables : chaque branche de celle que nous indiquons a 2^{m}30 de lon-

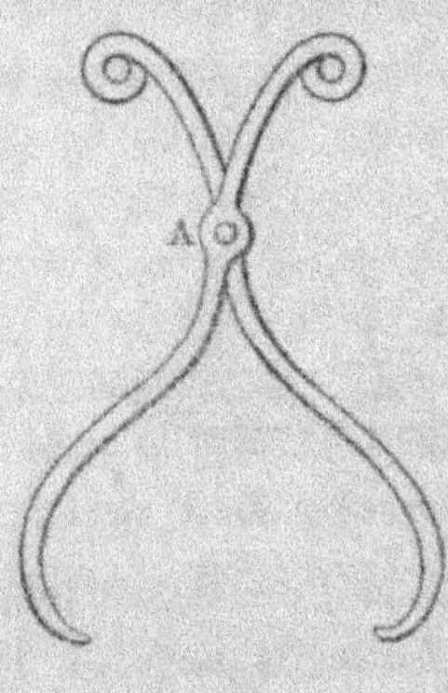

Fig. 93.

gueur et se termine à son extrémité supérieure par un anneau auquel on attache une corde. En tirant les cordes, la tenaille se ferme pour saisir la pierre à enlever. Souvent aussi, pour manœuvrer plus facilement la tenaille et la diriger au point convenable, sous une certaine profondeur d'eau, on la manœuvre au moyen d'un long manche en bois fixé au point de rotation A des deux branches. On peut aussi, si on le préfère, allonger chacune des branches supérieures avec un manche en bois que l'on fixe au moyen d'une douille et d'une vis à pression.

Cloche à plongeur. — La cloche à plongeur n'est autre chose qu'une cuve renversée en fonte ayant la forme arrondie d'une cloche ou la forme d'un parallélipipède. La cloche a une hauteur de 2^{m}50 et une largeur de 2 mètres environ. Elle est descendue dans l'eau au moyen de câbles attachés à un anneau fixé à la cloche. Enfin elle est éclairée soit par des lentilles en verre placées à la face supérieure, soit par des ouvertures circulaires pratiquées dans cette partie supérieure et fermées par des verres très-épais.

Le renouvellement de l'air s'opère à l'aide de tuyaux, dont l'un permet à l'air vicié de s'échapper en ouvrant un robinet, et dont l'autre communique à une pompe qui envoie de l'air sous la cloche. La pompe est à peu près semblable à une pompe à incendie ; elle est établie sur un bateau.

A l'aide de la cloche, on peut travailler à de grandes profondeurs sous l'eau, soit pour construire des maçonneries, soit pour retirer le chargement de bateaux naufragés.

La figure 94 représente la forme d'une cloche à plongeur à laquelle son inventeur a donné le nom de *nautilus* à cause de sa ressemblance avec le nautile, poisson marin.

Le nautilus a fonctionné en 1858, sur la Seine, près du Pont-Royal.

Il se compose : 1° d'une capacité centrale plus ou moins grande, bien étanche, dans laquelle on comprime l'air et où se placent les ouvriers ;

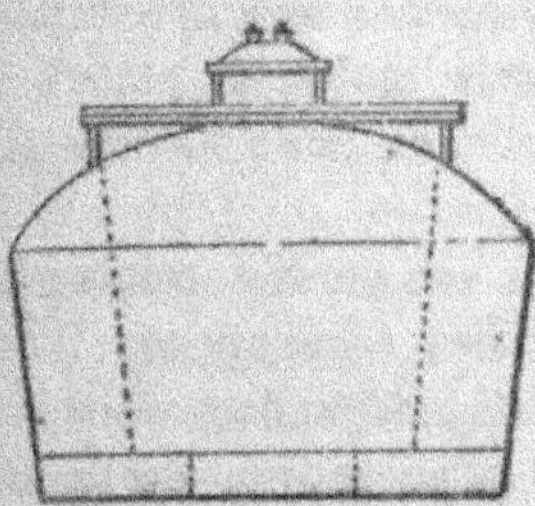

Fig. 94.

2° de récipients plus petits accolés autour de cette chambre centrale et dans lesquels on peut à volonté faire entrer de l'eau extérieure ou au contraire la refouler par l'introduction de l'air, ce qui permet de faire descendre l'appareil dans l'eau ou de le faire remonter.

Un tuyau en caoutchou ou en cuir établit la communication entre le nautilus et un réservoir d'air comprimé, placé à bord d'un ponton ordinaire, sur lequel est également installée une machine à vapeur de six chevaux, mettant en jeu une pompe foulante qui alimente le réservoir d'air comprimé.

Un trou d'homme pratiqué à la partie supérieure du nautilus permet d'y pénétrer facilement lorsqu'il flotte à la surface de l'eau. Dès que les ouvriers sont entrés dans la cloche avec leurs outils, on ferme l'ouverture ; puis on fait immerger l'appareil en ouvrant les robinets placés à l'intérieur de la cloche et en laissant pénétrer l'eau en quantité suffisante dans les réservoirs d'air.

Un manomètre indique la profondeur à laquelle on se trouve, et il est facile de régler la descente par l'augmentation ou la diminution de la quantité d'eau dans les capacités à air.

Lorsque la machine est arrivée au fond de l'eau, on introduit, dans la chambre de travail, de l'air à une pression précisément égale à celle qui correspond à la profondeur à laquelle on se trouve, ce qui est indiqué par un autre manomètre. On peut alors enlever la partie mobile du plancher placé au bas de la cloche et travailler en toute sécurité au fond de l'eau.

L'appareil n'est point suspendu à son ponton comme la cloche ordinaire à plongeur ; il en est tout à fait indépendant et ne lui correspond qu'au moyen du tuyau flexible destiné à l'introduction de l'air.

Plusieurs cordes, attachées à des ancres ou à des pointes fixes retiennent le nautilus et viennent s'enrouler sur de petits treuils placés dans la chambre centrale ; de sorte que les ouvriers peuvent se transporter dans toutes les directions.

Scaphandre. — Le scaphandre est un vêtement imperméable en caoutchouc, dont se couvre le plongeur de la tête aux pieds ; sa tête est enfermée dans une cloche de verre ou dans un casque en cuivre qui reçoit de l'air par un tuyau communiquant avec une pompe établie sur un bateau (fig. 95).

Cet appareil permet au plongeur de travailler sous l'eau à de grandes profondeurs et d'y rester pendant cinq ou six heures et même plus. Il peut au besoin n'en sortir que pour prendre ses repas.

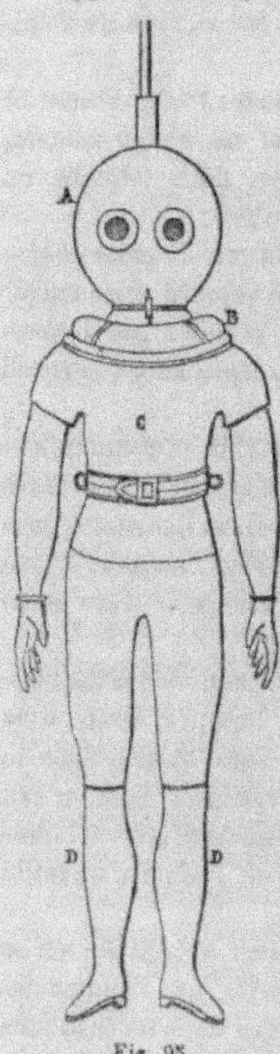

Fig. 95.

Au mois d'août 1853, nous avons opéré le sauvetage d'un bateau échoué en mars 1847 dans le lit de la Loire, entre

Meung et Baugency, et nous avons employé à cet effet l'appareil de sauvetage de MM. Delange et Ernoux.

Le bateau échoué était recouvert d'une couche de sable de 1^m 60 d'épaisseur, et il y avait sur le sable une hauteur d'eau de 2^m 90, de sorte que le bateau se trouvait à 4^m 50 au-dessous du niveau de l'eau.

Un vannage de 20 mètres de longueur fut établi à l'amont du bateau afin d'amortir le courant et de faciliter les opérations du draguage et du sauvetage.

Le sable ayant été dragué, le plongeur retira du bateau les marchandises qu'il contenait, c'est-à-dire des bouteilles d'acide sulfurique, des caisses de blanc de Meudon, de bleu de Prusse, de jaune de chrome et un grand nombre de feuilles de tôle. Les débris du bateau naufragé furent également retirés.

En 1855, nous avons fait, sous la direction personnelle de M. l'ingénieur en chef Collin, les études pour l'établissement d'un barrage mobile à Orléans. Dans ces expériences, nous avons fait de nouveau usage du scaphandre. A plusieurs mètres sous l'eau, le plongeur recepa des pieux avec une scie à main et enfonça ensuite sur leur tête de gros tire-fonds en fer.

Les vêtements en caoutchouc étaient loués 25 francs par jour et la pompe 6 francs.

Nous allons maintenant donner la description du scaphandre de MM. Delange et Ernoux, en suivant l'ordre dans lequel les vêtements se superposent.

La figure 95 représente le plongeur revêtu du scaphandre.

L'appareil se compose dans son ensemble :

1° D'un pantalon montant, à pieds, en coutil caoutchouté ne laissant découvert que le visage de l'homme ;

2° D'un gilet en coutil caoutchouté maintenu au moyen de pattes ou boucles ;

3° D'une collerette en cuivre pesant 5 kilogrammes placée sur les épaules autour du cou. La partie supérieure de cette collerette est circulaire et porte un pas de vis ; la partie inférieure porte un corsage ou bourgeron *e* en coutil qui descend jusqu'aux hanches. La collerette est garnie en dessous d'un coussin en crin destiné à empêcher la pression sur les épaules et le cou ;

4° D'un pantalon supplémentaire en coutil ordinaire descendant au-dessous des genoux et protégeant celui de dessous contre les déchirures ;

5° De bottes ou brodequins D avec semelles en plomb, chaque semelle pesant 10 kilogrammes ;

6° D'un collier B en plomb pesant 45 kilogrammes et placé sur la colerette en cuivre. Ce collier est composé de morceaux de plomb assemblés au moyen de charnières sur le derrière et les côtés. Les deux parties de devant sont arrêtées au moyen de pitons et cadenas à ressort, ce qui permet au plongeur d'ôter ce collier à volonté en cas d'accident, lorsqu'il veut revenir au-dessus de l'eau.

Le collier et les semelles en plomb des brodequins ont pour but de maintenir le plongeur en équilibre sous l'eau ;

7° D'un casque A en cuivre étamé de forme ovoïde, pesant 7 kilogrammes et se vissant sur la collerette. Ce casque porte deux yeux en verre, dont l'un est fixe, tandis que l'autre est formé d'un châssis rond en cuivre et à vis, ce qui permet de donner de l'air au plongeur aussitôt qu'il sort de l'eau. Les deux verres sont protégés par un grillage en fils de laiton. Enfin le casque porte un conduit destiné au passage de l'air servant à la respiration du plongeur. Ce conduit est fixé par un raccord à vis et à goupille au haut du casque et communique avec le tube ascensionnel qui reçoit l'air de la pompe ;

8° D'une paire de gants en toile caoutchoutée serrés au poignet par un bracelet en caoutchouc, afin d'éviter le passage de l'eau;

9° D'une ceinture de sauvetage avec anneaux sur les

côtés. Cette ceinture est serrée à la taille avec boucles et anneaux ;

10° D'un cordon d'appel fixé à l'un des anneaux de la ceinture et servant à avertir en cas de nécessité.

L'air nécessaire au plongeur lui est envoyé au moyen d'une pompe à deux pistons placée sur un bateau. L'air circule dans une suite de tuyaux élastiques, en caoutchouc, maintenus à leurs jonctions par des douilles à vis en métal arrêtées par des broches d'arrêt afin d'empêcher le dévissage.

L'extrémité de ces tuyaux est fixée de la même manière au casque à la jonction du conduit d'air.

L'air refoulé par la pompe circule dans le casque et trouve son passage au-dessous de la collerette, en passant entre le pantalon de caoutchouc et le corsage, au bas duquel il sort en refoulant l'eau et en produisant un bouillonnement très-sensible au-dessus de la tête du plongeur. Ce bouillonnement permet de suivre tous les mouvements du plongeur sous l'eau. Cet appareil présente toutes les conditions de solidité désirables et permet une alimentation d'air continue. — Le plongeur descend à l'eau et en sort au moyen d'une échelle ordinaire. Si le plongeur s'éloigne de l'échelle, il doit y attacher une corde qu'il tient à sa main et qui lui permet de retrouver son chemin.

On peut employer le scaphandre au sauvetage des bateaux échoués, à la recherche d'objets tombés à l'eau, à la pêche du corail, etc. On peut encore s'en servir pour exécuter sous l'eau des ouvrages de construction ou de restauration, pour y faire des revêtements en ciment, et enfin pour y visiter les travaux de fondations.

C'est ainsi qu'en juin 1868, des affouillements s'étant produits dans les fondations de l'une des piles du viaduc de Brénas, établi sur la Loire au passage de la ligne du chemin de fer de Saint-Étienne au Puy, il a fallu reprendre ces fondations en sous-œuvre. Un batardeau de 3 mètres de hauteur sur 1^{m}50 d'épaisseur, et composé de deux files de palplanches, fut établi autour de la pile. Après le draguage dans l'intérieur de ce batardeau, on fit enlever le sable qui se trouvait dans les poches et cavités du rocher sur lequel reposait le batardeau, par le scaphandre, qui fut employé ainsi pendant quinze jours à cette opération. On coula ensuite la glaise sur une hauteur de 3ᵐ50, et on obtint un batardeau parfaitement étanche. On a pu épuiser ensuite et mettre à sec tout le pourtour de la pile au moyen d'une pompe Letestu, et nous avons pu descendre dans l'enceinte et constater que le mauvais état des fondations tenait à ce que le béton s'était délavé pendant l'opération du coulage lors de la construction du viaduc. Des maçonneries ont alors été faites sous la pile et un revêtement maçonné a été exécuté tout au pourtour des fondations.

Scaphandre Cabirol, (rue Marcadet, 168 à Paris). — Dans l'appareil Cabirol, il y a sur le devant du casque quatre glaces qui permettent au plongeur de voir de tous côtés, et qui sont protégées contre les chocs par un grillage en fil de cuivre. A l'endroit qui correspond à la bouche est une espèce de soupape-robinet à laquelle le plongeur peut avoir recours et chasser l'air à l'extérieur quand il en a trop. L'air nécessaire à la respiration, et fourni par une pompe à air, arrive par un tube qui se rattache au côté gauche du casque ; sur le côté droit est la soupape qui laisse échapper l'air respiré et celui que la pompe fournirait en trop grande abondance.

Scaphandre Denayrouze. — Nous citerons aussi le scaphandre Denayrouze (boulevard Voltaire, 3, à Paris) représenté par la figure 96. Ce scaphandre a été l'objet de nombreux perfectionnements dont le plus important est un *appareil acoustique sous-marin* qui permet de communiquer par la parole avec le plongeur pour lui donner des ordres et recevoir sa réponse. Cet appareil accoustique rend l'usage de ce scaphandre extrêmement commode pour les ingénieurs et conducteurs des ponts-et-chaussées.

Fig. 96.

Appareilrespiratoire. — Cet appareil se rapproche beaucoup de celui du plongeur ; il consiste en une hotte ou espèce de havre-sac rempli d'air qui se met sur le dos, et qui est en communication avec la bouche par deux tubes en caoutchouc. Ces deux tubes aboutissent à une espèce de poire d'angoisse qui ferme la bouche hermétiquement et empêche l'air extérieur d'y pénétrer ; un pince-nez et des lunettes avec monture de caoutchouc protègent le nez et les yeux.

L'homme revêtu de cet appareil peut séjourner impunément pendant vingt à trente minutes dans les milieux irrespirables, opérer un sauvetage au milieu de la fumée, descendre dans les puits et dans tous les endroits dont l'atmosphère délétère est à redouter.

Mordants. — On trouve souvent aussi dans le lit d'une rivière des pieux qui peuvent former obstacle à la navigation et causer de graves accidents. On procède alors à l'arrachage des pieux au moyen de colliers en fer appelés *mordants.* Ces colliers sont armés, à leur partie inférieure, de dents qui pénètrent dans le bois. Chaque collier est, en outre, muni d'un anneau en fer dans lequel passe un câble qui vient s'enrouler sur un treuil placé sur bateau. Le bateau doit être solidement amarré avec des ancres et tenu en équilibre au moyen de béquilles latérales, de manière à ce qu'il n'y ait pas d'oscillations. L'échafaudage portant le treuil doit être solidement établi sur le bateau. Le mordant étant jeté autour du pieu prend une position oblique par rapport à ce pieu, et lorsqu'on soulève le cordage au moyen du treuil, les dents du collier pénètrent dans le pieu, qui est arraché alors facilement.

Il peut y avoir aussi dans le lit d'une rivière des obstacles cachés, tels que des bouts de pieux, des troncs d'arbres, des pointes de rocher, etc. Pour trouver ces obstacles, on se sert d'une chaîne dont chaque extrémité est attachée à un bateau ; on fait cheminer les bateaux sur la rivière de manière à ce que la chaîne traîne sur le fond du lit, et s'il y a des obstacles, la chaîne les rencontre nécessairement. On fait alors disparaître ces obstacles par les moyens que nous avons indiqués.

98. DRAGUAGES DANS UNE ENCEINTE. — Dans les enceintes de pieux et palplanches, la manœuvre des dragues n'est point gênée par le courant de l'eau ; aussi, dans les terrains peu résistants, on peut se servir des dragues à main jusqu'à 3 ou 4 mètres au-dessous du niveau de l'eau.

Dans les fonds résistants, on a recours à l'emploi des dragues à treuil. Quand les draguages sont difficiles, on se sert des machines à draguer, et notamment de la drague à hottes, qui est généralement employée.

Enfin, quand les terrains à draguer sont d'une nature trop difficile, on fait usage de la mine et on a recours à la cloche à plongeur ou au scaphandre.

Dans les fouilles des fondations de l'écluse de l'Amasse à Amboise, les draguages ont été exécutés au moyen des dragues à treuil, dont nous avons donné le dessin au numéro 93, p. 161.

Dans ces mêmes fouilles, il s'est trouvé de grosses pierres que l'on a enlevées au moyen d'une forte griffe à trois dents

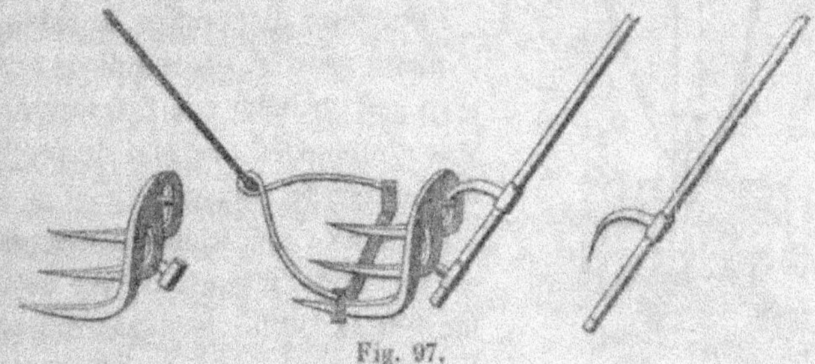

Fig. 97.

(fig. 97). La manœuvre de cette griffe se faisait à l'aide d'un treuil et de la même manière que celle des dragues.

On n'obtient pas toujours un plan inférieur de déblai bien régulier par l'opération du draguage. Il reste toujours çà et là quelques parties saillantes auprès de parties trop creuses. On opère alors le régalage en rejetant les parties saillantes dans les cavités voisines. A cet effet, on promène dans l'enceinte un cadre vertical fortement fixé à un châssis horizontal supérieur, que l'on fait mouvoir au moyen de rouleaux sur deux parties d'échafaudage. La traverse inférieure du cadre vertical descend au niveau auquel on veut arraser le fond de la fouille, et elle est maintenue dans sa position par une charge plus ou moins forte. Quand, par le mouvement du cadre, on a fait disparaître les parties saillantes, on com ble les parties creuses en y coulant du béton au moyen de trémies.

Le régalage du fond d'une fouille peut se faire aussi en promenant sur la surface du rocher un large et lourd râteau à dents de fer.

Ce râteau (fig. 98) est emmanché à une pièce de bois et tiré par un cabestan. Il est d'ailleurs maintenu par des hommes qui le dirigent dans son mouvement et le soulèvent lorsqu'il s'accroche. Les matières sont entraînées vers les parties déprimées de l'enceinte, d'où on les retire au moyen de la drague à hottes.

Pour faire disparaître le sable et le menu gravier, on remplace le râteau par un balai que l'on fait mouvoir d'amont en aval afin de profiter de l'action du courant.

Lorsque l'opération du draguage est terminée, il peut arriver que le fond de la fouille présente des parties dépourvues de rocher, ce qui peut produire des tassements inégaux, la résistance n'étant pas uniforme. Pour obvier à cet inconvénient, on coule du béton dans les lacunes qui ne contiennent que du gravier ou du sable.

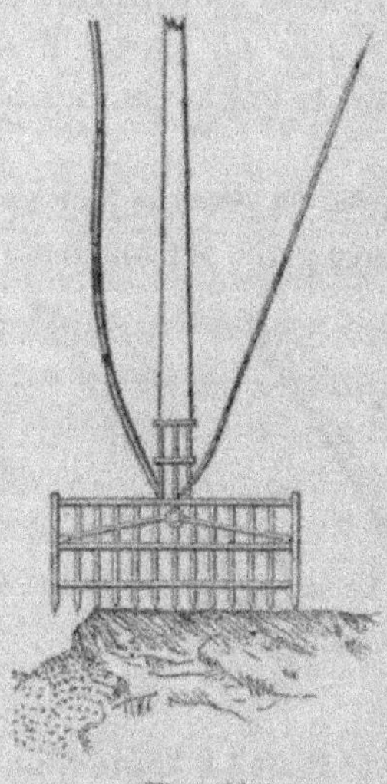

Fig. 98.

99. Draguages au canal de Suez. — Nous extrayons ce qui suit d'une notice imprimée chez Auguste Vallée sur les travaux du canal maritime de Suez :

« Du côté de Suez, on n'avait pas encore donné d'impulsion rigoureuse à aucun travail ; la crête du Sérapéum était à peine enlevée. C'est dans cette partie surtout que la Compagnie avait compté employer les ouvriers indigènes ; et si elle avait obtenu les escouades d'ouvriers que lui procurait auparavant le gouvernement égyptien, nul doute que vers

Suez surtout l'enlèvement des terres à la brouette et au panier n'eût été conduit avec une grande activité.

« Dans cette situation, la première chose à faire était évidemment de commander des dragues d'une grande puissance et de les commander en grand nombre. Mais comment en combiner les organes ?

« Ce n'est pas tout que de faire tourner, au moyen de la vapeur, un chapelet de godets qui creusent le sol et enlèvent la terre.

« Il faut verser le contenu de ces godets et le porter quelque part ; travail long, qui, selon les moyens employés, peut devenir tellement dispendieux, qu'il rende impossible l'opération même.

« L'enlèvement ordinaire des terres draguées se fait de la manière la plus simple :

« Les déblais sont versés dans des caisses placées sur des bateaux qui accostent la drague. Lorsque ces caisses sont pleines, le bateau s'éloigne et va les porter le long de la berge. Là sont installées des grues qui saisissent les caisses, les élèvent, tournent sur elles-mêmes, et peuvent verser ainsi les déblais à une distance de quelques mètres dans des wagons de chemin de fer.

« Ce procédé très-simple est impraticable lorsqu'il s'agit d'opérer sur des masses très-considérables de déblais. Il est trop lent et trop coûteux.

« Avec cette méthode, il eût été impossible de prévoir le terme des travaux du canal.

« On comprit alors la nécessité de construire des appareils nouveaux appropriés à un travail d'une importance exceptionnelle, dont on n'avait pu prévoir jusqu'alors les exigences, et qui entraînait l'emploi de moyens inusités.

« Un couloir qu'on avait adapté dès le principe aux petites dragues, alors qu'elles draguaient contre les berges, donna l'idée d'un long couloir que nous allons décrire :

« Pour verser les déblais sur le bord, notamment dans les bassins de Port-Saïd, on avait imaginé de placer sous les godets des dragues une rigole en bois ou en tôle. Elle recevait les déblais et les laissait couler à terre. L'inclinaison de cette rigole suffisait pour l'entraînement naturel des vases ou des sables extraits par les dragues. Mais cette inclinaison ne pouvait être maintenue qu'à la condition que les dragues restassent près du rivage où l'on jetait leur produit. En reculant ces appareils pour creuser le canal, à son centre par exemple, c'est-à-dire à 50 mètres du bord de l'eau, on rendait le couloir inutile. On pouvait, en effet, l'allonger, mais alors il n'avait plus de pente. Les déblais que la drague y eût versés en auraient encombré l'orifice et ne seraient pas parvenus jusqu'à terre. Or, en supposant qu'on draguât au milieu du canal, ce n'était pas seulement 50 mètres ou la moitié de la largeur totale de ce canal qu'il fallait donner au couloir, mais 10 ou 20 mètres de plus ; car il ne suffisait pas qu'on portât les déblais sur le bord de l'eau, il fallait qu'on les jetât beaucoup plus loin, en prévision des élargissements futurs, et surtout pour éviter les éboulements partiels de la banquette dans le canal même.

« La solution de ce problème a été trouvée.

« On a commencé par élever aussi haut que possible le bâti de la drague, au sommet duquel montent et tournent les seaux après leur sortie de l'eau. Pour éviter que ce bâti, fort lourd et qui déplaçait le centre de gravité, n'entraînât la coque de la drague et ne la fît chavirer, on l'a renforcée au moyen d'une charpente en fer, disposée sur les côtés en s'appuyant sur un chaland.

« A la hauteur où les godets versent les déblais qu'ils on. apportés du fond, le couloir est placé ; il a, dans certains cas, jusqu'à 70 mètres de long. Qu'on se représente une immense colonne de fer et de tôle qu'on aurait coupée du haut en bas, et dont la moitié serait couchée de manière à former un pont partant de la drague et arrivant à terre.

« Ce pont-aqueduc est supporté, entre la drague et la terre par un solide appui qui repose sur un chaland, autrement dit un bateau plat ; mais il ne touche pas la berge. On le maintient au contraire à une certaine hauteur au-dessus du sol, afin que les déblais puissent tomber commodément à terre lorsqu'ils ont roulé du haut du couloir jusqu'à son embouchure.

« Restait à surmonter la difficulté principale : le défaut d'inclinaison du couloir, dont la pente était nécessairement peu sensible à cause de sa longueur et du peu d'élévation de son point d'attache et de départ. Comment parviendrait-on à entraîner les déblais jusqu'au bout de cette rigole ?

« On avait fait plus d'un essai sur des couloirs moins longs. On avait, par exemple, placé sur les côtés des hommes munis de perches et de râteaux ; ils poussaient les déblais qui s'arrêtaient en route et dégageaient la rigole. Mais appliqué à d'énormes appareils, ce moyen était aussi insignifiant que coûteux. La besogne était bien au-dessus de la force des bras, et les résultats étaient nuls.

« Quelqu'un remarqua que les godets, en se renversant pour vider les déblais dans les couloirs, laissaient couler une certaine quantité d'eau qu'ils avaient apportée mêlée aux débris solides. Cette eau descendait en minces filets qui, s'introduisant entre les monceaux de terre et de sable réunis dans le couloir, les délayaient, les désagrégeaient, et finalement en entraînaient une partie. Ce fut un trait de lumière.

« Entretenir dans le couloir un courant d'eau ni trop fort ni trop faible, car trop fort, il aurait passé par-dessus les bords ; et trop faible, il eût été absorbé par les terres amoncelées : tel était le remède applicable à l'insuffisance d'inclinaison du couloir.

« On plaça des pompes sur les dragues. La vapeur y donna le mouvement, et l'eau coula constamment dans la rigole aérienne, entraînant avec elle les produits solides du draguage par l'action de son courant et par sa force dissolvante.

« Le grand couloir est la machine fondamentale du percement de l'isthme. Le canal a 160 kilomètres de Port-Saïd à Suez. Plus d'un tiers sera creusé au moyen du « long couloir » avec une facilité et une économie qu'il eût été impossible de prévoir. La Compagnie a pu opposer victorieusement cette invention à ceux de ses détracteurs qui avaient spéculé sur la retraite des ouvriers indigènes pour empêcher la construction du canal.

« Dans tous les endroits où les bords du canal n'ont pas une élévation trop considérable, le long couloir peut fonctionner à merveille.

« Un grand nombre de dragues échelonnées dans tout le parcours du canal sont pourvues de cet instrument. Il fallait en fabriquer un autre pour verser les déblais sur les berges plus élevées que les dragues mêmes, dans les parties du canal où la pente du long couloir eût été nécessairement en sens inverse qu'elle doit être, c'est-à-dire inclinant de la berge à la drague. On se sert alors d'un appareil élévateur.

« L'appareil élévateur consiste en deux poutres de fer inclinées de bas en haut jusqu'à une élévation de 14 mètres. Entre ces deux supports tourne une chaîne sans fin mue par la vapeur, et sur la chaîne un chariot qui, parvenu au sommet, se renverse et répand les déblais qu'il porte.

« Ces déblais sont contenus dans des caisses qu'on accroche au chariot quand il redescend vide et suivant le mouvement de la chaîne sans fin. Il y a dix-huit élévateurs de cette espèce.

« Ainsi, les terres étant transportées sur la berge, tantôt au moyen des longs couloirs, quand le sol est plus bas que la drague ; tantôt par les élévateurs, quand le sol est plus élevé que l'appareil dragueur, il ne restait plus qu'à pourvoir ce même transport des déblais dans les parties du canal où ils ne doivent pas être déposées sur les rives. On a construit dans ce but des bateaux porteurs. Les uns vont à la mer ; ils sont construits de manière à s'y maintenir. Les deux ponts sont placés l'un à l'avant, l'autre à l'arrière du bâtiment ; ils servent à l'équipage et à la manœuvre. Le centre du navire est réservé tout entier à la réception des déblais. Il est séparé par une cloison en deux cavités qui descendent jusqu'au fond du bateau porteur, et qu'on remplit des produits du draguage. Quand ces réceptacles sont pleins, on conduit le bateau porteur en mer, et, au moyen d'un levier, on descend les chaînes qui tiennent les portes, trappes ou clapets de fond, comme on voudra les appeler. En s'ouvrant, ces portes laissent tomber les déblais contenus dans les cavités du bateau, qui revient alors prendre place sous les dragues pour y recevoir un nouveau chargement.

« D'autres bateaux de même espèce, et qui ont la même attribution, sont destinés à fonctionner exclusivement dans les lagunes que traverse le canal. Sur les uns, les portes sont au fond ; sur les autres, elles sont de côté ; ils sont larges et plats, comme il convient à des bateaux de rivière, au lieu de s'amincir graduellement jusqu'à la quille comme les bateaux de mer.

« Nous aurions encore à solliciter l'attention en faveur d'une drague nommée *excavateur à sec*. Cet instrument est employé sur les talus élevés du seuil d'El-Guisr, par M. Couvreux, à qui la Compagnie a concédé une petite partie de ses travaux.

« Tels sont les principaux mécanismes que la Compagnie a adoptés pour le creusement du canal et le transport des déblais. Ces mécanismes, qui, pour la plupart, présentent des innovations importantes, sont ingénieux, économiques et surtout pratiques, pour nous servir d'une expression qu'on emploie volontiers dans les fabriques et les usines. La science du draguage était encore dans l'enfance au moment où le canal de Suez a été commencé. Jamais les dragues n'avaient été employées à des terrassements aussi considérables. La nécessité, mère de l'industrie, a bien inspiré la Compagnie et ses entrepreneurs. Désormais on ne craindra plus d'extraire, sous l'eau, la plus grande quantité de terre.

« Nous allons maintenant donner la description des dragues, de l'appareil élévateur, et de l'excavateur à sec :

« *Grandes dragues.* — Voici les dimensions et dispositions générales des vingt grandes dragues que la Compagnie a fait exécuter :

Longueur de la coque.	30^m00
Largeur	8, 00
Creux	3, 00
Tirant d'eau.	1, 60

« La coque est en fer.

« La machine est de la force de 35 chevaux nominaux, évalués d'après les règles de Watt ; elle est verticale, à connexion directe et à condensation. Elle a deux cylindres accouplés.

« Il n'y a qu'une seule élinde placée au milieu de la drague. L'axe du tourteau supérieur est placé à 8^m50 au-dessus du niveau de l'eau.

« La longueur de l'élinde est de 19^m50. Quand on la relève suffisamment, le pied de cette élinde se place en avant de la drague, en sorte que l'appareil peut se frayer lui-même un chemin dans un terrain plus haut que le fond de sa coque.

« Ces dragues ont les unes des godets de 350 litres, les autres de 300 litres.

« Les mouvements de déplacement s'obtiennent au moyen de six chaînes : une chaîne d'avance, une chaîne de recul, et à chaque angle une chaîne de papillonnage. Les treuils sur lesquels passent ces chaînes sont mus par la vapeur. Le treuil qui sert à hisser ou à affoler l'élinde est également mis en mouvement par la vapeur.

« Toutes ces vingt dragues avaient auparavant des déversoirs ordinaires, laissant tomber les déblais à 1^m80 du bord.

« Aujourd'hui, la plupart d'entre elles ont été munies de longs couloirs de 25 mètres.

« Quarante autres dragues ont été commandées.

« Quatre d'entre elles sont munies de couloirs de 60 mètres.

« Dix-huit ont des couloirs de 70 mètres.

« Les autres ont des couloirs ordinaires.

« Ces dragues ressemblent beaucoup aux vingt précédentes; elles présentent les dispositions et dimensions suivantes :

Longueur de la coque.	33ᵐ00
Largeur	8, 30
Creux	3, 16
Tirant d'eau.	1, 50

« La machine est de la force de 35 chevaux nominaux; elle développe facilement sur les pistons 7,875 kilogram-mètres.

« Elle est à moyenne précision et à condensation.

« Les chaudières sont timbrées à 3 atmosphères.

« Il n'y a, comme dans les autres dragues, qu'une seule élinde.

« Les godets ont une capacité de 400 litres sur les unes et de 300 litres sur les autres.

« Les dragues à déversoir ordinaire et les dragues à 'ong couloir de 60 mètres ont leur tourteau à 11ᵐ50 au-dessus de l'eau.

« Celles à long couloir de 70 mètres ont leur tourteau à 14ᵐ80 au-dessus de l'eau.

« La section des couloirs a la figure d'une demi-ellipse; elle a 0ᵐ60 de profondeur sur 1ᵐ50 de large. La longueur de 70 mètres est comptée à partir de l'axe de la drague. Le couloir est consolidé dans sa longueur par deux cours de poutres à treillis qui reposent à peu près aux deux tiers de leur longueur sur un chaland en fer. Afin que la stabilité de ce dernier soit très-grande, l'arcade qui supporte la charpente du couloir repose sur le fond même du chaland par les tourillons d'un gros essieu passant dans des paliers dont l'axe est dirigé suivant la longueur du chaland et passe en plan par le centre de carène de ce dernier.

« L'attache du couloir à la drague n'est pas non plus rigide dans le sens vertical. Elle se fait par une forte charnière horizontale qui permet à l'inclinaison du couloir de varier.

« Le couloir mobile et le fond du déversoir viennent se toucher bout à bout ; leur joint est recouvert et rendu étanche au moyen d'une feuille de cuir fixée et serrée par une bande de tôle contre le déversoir seulement.

« Les montants de l'arcade qui supporte le couloir dans le chaland sont munis de coulisses verticales. Deux petits verrins hydrauliques à main, placés au-dessous, permettent de soulever l'arcade, et par conséquent le couloir, quand on veut en changer l'inclinaison. Lorsqu'il est amené à la hauteur qui donne l'inclinaison désirée, des cales d'épaisseur correspondante sont rapportées dans les coulisses ; le tout est alors boulonné de nouveau et reprend la rigidité nécessaire.

« Des pompes rotatives, installées sur la drague et mues par la machine, versent de l'eau à la partie supérieure du couloir pour entraîner les déblais.

« Pour le cas où les pompes rotatives ne donneraient, pour certains déblais, pas assez d'eau, le chaland du couloir reçoit une locomotive qui fait mouvoir une pompe donnant 150 mètres cubes à l'heure.

« L'eau de cette pompe est conduite tout le long du couloir par un tuyau percé, de distance en distance, de trous qui permettent de jeter l'eau en différents points. Enfin une chaîne sans fin, mise en mouvement par la machine et garnie de palettes, passe dans le fond du couloir ; elle aide les déblais à descendre en cas de besoin.

« Les sables fins descendent facilement dans ces couloirs, sous une inclinaison de 0^m04 à 0^m05 par mètre avec une quantité d'eau à peu près égale à la moitié des déblais dragués.

« Pour les argiles, il faut une pente d'au moins 0^m06 à 0^m08 par mètre ; mais on n'a pas besoin d'autant d'eau.

« Le rendement annuel des dragues à long couloir peut être évalué, au minimum, à 350 000 mètres cubes ; celui des dragues à déversoir ordinaire peut être évalué à 300 000 mètres cubes.

« Les talus extérieurs des cavaliers, déposés par les dragues à long couloir, varient de 4 à 7 pour 100, selon qu'il s'agit de sable ou d'argile plus ou moins compacte. Cette grande inclinaison, due à la vitesse de l'eau entraînée, permet de déposer un grand cube dans un cavalier de peu de hauteur.

« Les dragues à long couloir, d'un fonctionnement économique et simple, sont employées partout où le peu de hauteur du terrain naturel permet leur usage, et on ne cesse de s'en servir que lorsque la crête du cavalier devient trop haute pour le bout du couloir. Elles feront presque toute la section du canal qui traverse le lac Menzaleh et une partie de celles qui traversent la plaine de Suez et les abords des grands lacs.

« *Appareil élévateur*. — Dans les parties du canal où le terrain est trop élevé pour qu'on puisse employer les dragues à long couloir, on se sert de l'appareil élévateur.

« Cet appareil consiste essentiellement en deux poutres en fer supportées, perpendiculairement au canal, par l'eau et par la banquette bordure. A leur partie supérieure règne une voie de fer inclinée à environ 0^m22 par mètre, dont l'extrémité inférieure est à 3 mètres de la surface de l'eau et l'extrémité supérieure à 14 mètres au-dessus de ce même niveau.

« Les poutres sont en fer à treillis à larges mailles ; elles reposent par leur milieu sur un chariot qui peut rouler parallèlement à l'axe du canal sur la banquette élevée à 2 mètres au-dessus de l'eau.

« La partie des poutres qui est dirigée vers l'eau s'appuie sur un chaland dont l'axe est placé à environ 8 mètres de leur extrémité. L'autre moitié, dirigée vers la terre, est complètement en porte-à-faux.

« Ces deux poutres sont reliées entre elles par des contrevents verticaux et par un entretoisage placé dans les plans des tables inférieures des poutres.

« Les consoles extérieures placées au milieu des poutres se réunissent en arcade au-dessus des rails ; à leur partie inférieure elles s'élargissent et viennent reposer par leurs bords extérieurs sur le chariot.

« L'appareil est ainsi porté par deux points écartés de 4 mètres, ce qui lui donne une stabilité transversale suffisante, tout en lui permettant d'osciller dans le sens de sa longueur et de prendre des inclinaisons variables avec la hauteur de l'eau.

« Sur la voie inclinée roule un chariot. Un des essieux est calé sur ses roues, tandis que l'autre est mobile dans les siennes et aussi dans le bâti du chariot. Ce dernier essieu porte auprès et en dedans de chacune de ses roues deux cylindres de diamètres différents fondus d'une seule pièce. Sur le petit s'enroule une chaîne à laquelle doivent être accrochées les caisses à déblais ; sur le grand s'enroule en sens inverse un câble en fer. Ce câble passe sur une poulie de renvoi au haut du plan incliné, puis vient s'enrouler sur un tambour fixé aux pièces d'appui des poutres sur le chaland. Une machine à deux cylindres donne le mouvement à ce tambour.

« La chaudière est placée dans le chaland.

« La manœuvre est facile à comprendre : supposons le treuil roulant au bas du plan incliné, par conséquent en dehors du chaland. Au-dessous se trouve un bateau portant des caisses qui viennent d'être remplies de déblais sous la drague. On accroche aux deux côtés d'une caisse les chaînes du treuil roulant. La machine est mise en marche, les câbles en fer se tendent, se déroulent en faisant tourner les cylindres du treuil, et enroulent les chaînes de suspension de la caisse. Cette dernière est soulevée jusqu'à ce que, venant toucher le treuil, elle arrête l'enroulement des chaînes qui la supportent, et par conséquent le déroulement des câbles. La machine à vapeur continuant à agir, les câbles entraînent le treuil et le font monter avec la caisse jusqu'au sommet du plan incliné, où le versement du déblai se fait automatiquement.

« Pour cela, à l'arrière et au fond de la caisse sont adaptés deux galets qui, au moment de l'ascension, viennent s'engager entre deux paires de guides ou rails parallèles au plan incliné. Ces guides maintiennent la caisse horizontale pendant la montée. Quand la caisse est sur le point d'arriver au haut du plan incliné, les guides, se relevant suivant une courbe assez rapide, soulèvent l'arrière de la caisse et l'amènent à être presque verticale. La machine à vapeur est alors arrêtée pendant le temps nécessaire au vidage de la caisse : puis son mouvement étant renversé, le chariot et la caisse vide redescendent. Les caisses ont une capacité de 3 mètres cubes. Leur forme est analogue à celle des wagons de terrassement à bascule ; seulement la charnière est à la partie supérieure de la porte. Afin de faciliter la chute du déblai, la caisse n'est pas tout à fait rectangulaire ; elle est plus étroite à l'arrière que du côté de la porte ; de plus, le fond est garni en tôle mince.

« Il faut deux appareils élévateurs par drague.

« *Excavateur à sec.* — Le seuil d'El-Guisr avait été ouvert dans toute sa hauteur par les contingents égyptiens ; mais c'était seulement sur une largeur réduite. Il fallait élargir la tranchée qu'ils avaient faite de manière à donner à la cuvette 58 mètres de ligne d'eau. Ces travaux d'élargissement sont exécutés en partie par la Compagnie, en partie par M. Couvreux, entrepreneur.

« Les travaux se font au wagon et à la locomotive.

« Sur certaines parties du chantier, les wagons se chargent à bras et à la pelle ; sur d'autres, au moyen d'excavateurs ou dragues à sec.

« Les excavateurs employés donnent de bons résultats ; en voici les dispositions générales .

Fig. 99.

« Un châssis horizontal est supporté par neuf roues sur une voie à trois rails de 3 mètres de large parallèle au talus de la tranchée à élargir. Les roues ont 1 mètre de diamètre. Ce châssis a 6 mètres de longueur ; il supporte une chaudière et deux machines motrices : l'une met en mouvement la chaîne à godets, l'autre sert à faire progresser l'appareil. L'élinde qui supporte la chaîne dragueuse est en porte-à-faux en dehors du châssis, dans un plan perpendiculaire à l'axe de la voie. Elle est suspendue à son extrémité inférieure par une bigue. On peut en faire varier l'inclinaison à volonté.

« L'axe de l'arbre à cames, qui entraîne la chaîne dragueuse, est à 5 mètres au-dessus des rails.

« Il y a dix-huit godets. Ces godets se déchargent au haut de l'appareil dans un couloir qui fait saillie de 3 mètres sur le rail extérieur.

« La chaudière est placée du côté opposé au talus afin d'équilibrer la chaîne dragueuse. Cette chaudière est tubulaire. Sa surface de chauffe est de 20 mètres carrés.

« Le poids de cet appareil est d'environ 22,000 kilogram-

mes. La machine est de la force de 15 chevaux. Son rendement atteint jusqu'à 750 mètres cubes en dix heures dans
les sables peu résistants.

« L'excavateur est suivi d'un tender portant les approvisionnements qui lui sont nécessaires. Ce tender est divisé en
deux compartiments : l'un, d'une contenance de 5 mètres
cubes, est destiné au charbon ; l'autre, d'une contenance de
6 mètres cubes, sert de réservoir à eau.

« Les wagons qui reçoivent les déblais sont sur une voie
parallèle à celle de l'excavateur et placée tout à côté. Des em-
branchements placés de distance en distance leur font fran-
chir en écharpe les talus de la tranchée. Arrivés au sommet,
ils sont conduits dans les parties du terrain les plus déprimées, où ils sont vidés. A chaque passe que fait l'excavateur, on rippe sa voie et celle des wagons pour procéder à
la passe suivante.

« Ces machines travaillent aussi bien dans l'eau qu'à sec.

« Il y en a seize sur les chantiers ; elles sont desservies par
dix locomotives et par deux cent cinquante à trois cents
wagons de terrassement.

« Quand la tranchée sera amenée à sa largeur définitive,
à la ligne d'eau et au-dessus, la cuvette sera achevée par
des dragues ordinaires. Elles verseront leurs déblais dans
des gabares à clapets de fond qu'on ira vider dans le lac
Timsah. »

La figure 99 ci-dessus, qui représente un excavateur à
sec, nous a été remise par Messieurs Gabert frères, ingénieurs-constructeurs, rue Bugeaud, 73, à Lyon. Ce sont ces
habiles constructeurs qui ont fourni les seize excavateurs
employés au percement de l'Isthme de Suez.

Les godets de la chaîne de l'excavateur sont en tôle.

L'élinde qui supporte la chaîne à godets est en bois ; elle
pourrait être en fer. La longueur des élindes varie ; il y en
a de 20 mètres de longueur.

Messieurs Delamare et Leglos, entrepreneurs de travaux
publics, ont extrait à sec plus de trois cent mille mètres

cubes de gravier très-dur dans diverses tranchées, et notamment dans les tranchées des Goules et de Turzon, au 15e lot du chemin de fer de Givors à la Voulte, dans le département de l'Ardèche.

Ces excavateurs servent à draguer aussi bien sous l'eau qu'à sec.

100. Transports par bateau. — La formule du transport par bateau s'établit de la même manière que la formule du transport par voiture. Ainsi, en désignant par

P le prix de la journée du moteur (bateau et mariniers) ;

D la distance du transport, soit à la descente, soit à la remonte ;

C le cube du chargement du bateau ;

L le parcours journalier dont la moitié à la descente e l'autre moitié à la remonte, le bateau étant chargé pour l'une des deux moitiés et vide pour l'autre ;

d la distance correspondant au temps perdu pour la charge et la décharge.

x le prix du transport à la distance D.

On aura :

$$x = \frac{P(2D+d)}{LC} = \frac{Pd}{LC} + \frac{2P}{LC} D. \qquad (1)$$

Si l'on désigne par p le prix de la location, par jour, du bateau ; par p' le prix de la journée d'un marinier et par n le nombre des mariniers, on pourra remplacer P par $(p + np')$, et la formule ci-dessus deviendra :

$$x = \frac{(p + np')(2D + d)}{LC} = \frac{(p + np')\,d}{LC} + \frac{2\,(p + np')}{LC} D. \qquad (2)$$

101. Application. Transport a la descente. — Les devis du service d'entretien de la troisième section de la Loire indiquent que les transports de 1000 à 5000 mètres sont effectués par un petit équipage composé de

1 bateau dit *gabareau*, portant 3 à 4 mèt. cub., payé par jour.   1f76
2 mariniers à 3f47 l'un.   6,94

> Prix de la journée du petit équipage ou P. . . .   8f70

Cet équipage emploie, terme moyen, eu égard aux variations de la direction et de la vitesse du fleuve, dix minutes pour descendre 1 kilomètre, soit chargé, soit vide, et vingt-trois minutes pour le remonter à vide, en tout trente-trois minutes pour parcourir 2 kilomètres dont la moitié à charge et l'autre moitié à vide.

Il résulte de là qu'il faut 16',50 au bateau pour parcourir 1 kilomètre dont la moitié à charge à la descente, et l'autre moitié à vide à la remonte.

Si donc en 16',50 le moteur parcourt 1000 mètres.

Dans 1 minute, il parcourra $\dfrac{1000}{16{,}50}$;

Et dans 1 journée de 10 heures ou 600 minutes, il parcourra $\dfrac{600 \times 1000}{16{,}50} = 36\,000$ mètres.

Donc le parcours journalier sera L=36000 mètres.

Pour le transport des terres, sable, gravier, chaux ou ciment, le cube du chargement est $c=4$ mètres, et le temps perdu pour la charge et la décharge est de dix minutes.

Or, puisque dans 600 minutes le moteur parcourt 6300 mètres, dans 10 minutes il parcourra

$$\frac{36000 \times 10}{600} = \frac{3600}{6} = 600 \text{ mètres} ;$$

donc

$$d = 600 \text{ mètres} ;$$

Et la formule donnera

$$x = \frac{8{,}70\,(2D+600)}{36000 \times 4} = \frac{8{,}70 \times 600}{144000} + \frac{2 \times 8^f{,}70}{144000}D ;$$

d'où

$$x + 0^f{,}036 + 0^f{,}000\,12\ D.$$

Pour le transport de moellons, d'enrochements et de perrés, le cube du chargement est $c = 3^m 50$. Les autres quantités P, d, L, conservent les mêmes valeurs que ci-dessus.

On a donc

$$x = \frac{8,70\,(2D + 600)}{36000 \times 3,50} = \frac{8,70 \times 600}{126000} + \frac{2 \times 8,70}{126000},$$

d'où

$$x = 0^f,04 + 0^f,000\,14\,D.$$

Les transports sur la Loire au delà de 500 mètres sont effectués par un grand équipage composé de

$$
\begin{array}{lr}
\text{1 grand bateau payé par jour} \dots\dots\dots\dots\dots & 4^f,90 \\
\text{1 maître marinier} \dots\dots\dots\dots\dots\dots\dots & 4,72 \\
\text{6 mariniers haleurs à } 3^f,48 \dots\dots\dots\dots\dots & 20,88 \\
\hline
\text{Prix de la journée du grand équipage ou P} = & 30^f50
\end{array}
$$

Cet équipage emploie seize minutes pour descendre 1 kilomètre à charge et trente-quatre minutes pour le remonter à vide, en tout cinquante minutes pour parcourir 2 kilomètres, dont la moitié à la descente à charge et l'autre moitié à la remonte à vide.

Il résulte de là qu'il faut vingt-cinq minutes au bateau pour parcourir 1 kilomètre dont la moitié à charge à la descente et l'autre moitié à vide à la remonte.

Si donc dans 25 minutes le moteur parcourt 1000 mètres, dans 1 journée ou 670 minutes il parcourra

$$L = \frac{600 \times 1000}{25} = 24000 \text{ mètres.}$$

On aura ensuite :

1° Pour les terres, sable, gravier, chaux et ciment :

$$P = 30^f,50 \;;\; L = 24000 \;;\; C = 35 \text{ mètres} \;;\; d = 9000 \text{ mètres,}$$

ce qui correspond à un temps de 225 minutes ou $3^h,45'$.

Donc

$$x = \frac{30^f,50\,(2D + 9000)}{24008 \times 35} = \frac{30,50 \times 9000}{840000} + \frac{30,50 \times 2}{840000}\,D\,;$$

$$x = 0^f,33 + 0,000\,07\;D\,;$$

2° Pour les moellons

$$C = 32 \text{ mètres et } d = 10000 \text{ mètres};$$

d'où

$$x = \frac{30,50\,(2D + 10000)}{24000 \times 32} = \frac{30,50 \times 10000}{768000} + \frac{30,50 \times 2}{768000}\,D\,;$$

$$x = 0^f,40 + 0,000\,079\;D\,;$$

3° Pour la pierre de taille

$$C = 25 \text{ mètres}, \; d = 10\,000 \text{ mètres};$$

d'où

$$x = \frac{30,50\,(2D + 10000)}{24000 \times 25} = \frac{30,50 \times 10000}{600\,000} + \frac{30,50 \times 2}{600\,000}\,D\,;$$

$$x = 0^f,51 + 0,00010\;D.$$

Il peut arriver que pendant le temps du chargement et du déchargement du bateau les ouvriers soient employés d'une autre manière, et qu'il n'y ait ainsi de temps perdu que par le bateau. Dans ce cas, il faut modifier la formule n° 2 que nous avons donnée au numéro 100, et qui est

$$x = \frac{(p + np')d}{LC} + \frac{2\,(p + np')}{LC}\;D.$$

Le prix de la journée des ouvriers étant np' et celui du bateau étant p, le prix du transport à la distance D s'obtiendra en multipliant le terme $\frac{2}{LC}$ par $(p + np')$ et le terme $\frac{d}{LC}$ par p seulement, puisqu'il n'y a pas de temps perdu par les ouvriers qui sont employés d'une autre manière pendant le chargement et le déchargement. La formule devient alors :

$$x = \frac{pd}{LC} + \frac{2\,(p + np')}{LC}\,D. \tag{3}$$

Lorsqu'on effectue des transports à la descente à une grande distance, on ne remonte pas le bateau, on le vend lorsqu'il est arrivé à destination. Dans ce cas, la formule du transport à la descente s'établit de la manière suivante :

Soient :

P, le prix de la journée du moteur ;

D, la distance du transport à la descente ;

C, le cube du chargement du bateau ;

L, son parcours journalier à la descente seule ;

d, la distance correspondant au temps perdu pour la charge et la décharge ;

x, le prix du transport à la distance D.

La distance à parcourir à la descente étant D, la longueur du voyage sera exprimée par $D + d$.

Or, le moteur descendant L mètres dans 1 jour, le temps employé au voyage sera $\dfrac{D + d}{L}$.

Mais dans ce voyage le moteur transporte C mètres cubes, donc, pour transporter 1 mètre cube, il mettra un temps exprimé par $\dfrac{D + d}{LC}$.

Le prix de la journée du moteur étant P, le prix de transport de 1 mètre cube à la distance D sera donc

$$x = \frac{P\,(D + d)}{LC} = \frac{Pd}{LC} + \frac{P}{LC}\,D. \tag{4}$$

Le bateau étant ensuite vendu, on doit tenir compte de la perte éprouvée par rapport au prix d'achat, et on l'ajoute au prix du transport en le répartissant sur chaque mètre cube.

102. TRANSPORT A LA REMONTE. — Dans la formule du transport à la remonte, qui est la même que celle du trans-

port à la descente, il faut déterminer dans chaque cas, par des expériences, le parcours journalier du bateau employé à la remonte à charge et à la descente à vide.

Pour effectuer des transports à la remonte sur la Loire au moyen du bateau dit *gabareau* portant 3 à 4 mètres cubes, le petit équipage serait alors composé de

1 bateau dit *gabareau*, de 3 à 4 mètres cubes, payé par jour.   1ᶠ76
3 mariniers à 3ᶠ47 l'un, ci. 10 41
————
Prix de la journée de l'équipage ou P. 12ᶠ17

Cet équipage emploiera, terme moyen, trente-trois minutes pour remonter 1 kilomètre, et dix minutes pour le descendre à vide, en tout quarante-trois minutes pour parcourir 2 kilomètres dont la moitié à la remonte à charge et l'autre moitié à la descente à vide.

Puisque dans 43 minutes le moteur parcourt 2000 mètres, dans 600 minutes ou 1 jour, il parcoura

$$\frac{2000 \times 600}{43} = 28000 \text{ mètres environ.}$$

Donc

$$L = 28000.$$

On aura donc pour le transport des terres, sable, gravier, chaux et ciment :

$$P = 12^f17 ; \quad c = 4^m00 ; \quad L = 28000^m00 ; \quad d = 10' = 470^m00.$$

Donc il viendra :

$$x = \frac{P(2D + d)}{LC} = \frac{12^f,17(2D + 470)}{28000 \times 4} = \frac{12,17 \times 470}{112000} + \frac{12,17 \times 2}{112000}D,$$

$$x = \frac{5719,90}{112000} + \frac{24,34}{112000}D = 0^f,05 + 0^f,00022 D.$$

Pour le transport de moellons, d'enrochements et de perrés, on aurait :

$$C = 3^m50 ; \quad P = 12^f,17 ; \quad L = 28000^m00 ; \quad d = 470^m00.$$

Donc

$$x = \frac{12,17\,(2D+470)}{28000+3,50} = \frac{12,17 \times 470}{98000} = \frac{12,17 \times 2}{98000}\,D.$$

$$= x\,\frac{5719,90}{98000} + \frac{24,34}{98000}\,D = 0^f,06 + 0,00025\,D.$$

Si l'on emploie, pour effectuer les transports à la remonte, un grand bateau contenant 35 mètres cubes, le grand équipage se composera de

1 grand bateau payé par jour.		4^f,90
1 maître marinier		4 ,72
10 mariniers à 3^f,48		34 ,80
Prix de la journée du grand équipage ou P=		44^f,42

Cet équipage emploie, terme moyen, quarante minutes pour remonter à charge, et douze minutes pour redescendre à vide, en tout cinquante-deux minutes pour parcourir 2000 mètres dont la moitié à la remonte à charge, et l'autre moitié à la descente à vide.

Puisque dans 52 minutes le bateau parcourt 2000 mètres, dans 600 minutes, ou 1 journée, il parcourra

$$\frac{2000 \times 600}{52}23000 \text{ mètres.}$$

Donc le parcours journalier sera L = 23000 mètres.
D'où l'on déduira :

1^c Pour le transport de la terre, sable, gravier, chaux, etc.:

$$P = 44^f,42\,;\ L = 23000\,;\ C = 35^m00\,;\ d = 225' = 8600^m00,$$

et

$$x = \frac{P\,(2D+d)}{LC} = \frac{44^f,42\,(2D+8600)}{23000 \times 35} = \frac{44,42 \times 8600}{805000} + \frac{44,42 \times 2}{805000}\,D\,;$$

$$x = \frac{382012}{805000} + \frac{88,84}{805000}\,D = 0^f,47 + 0,00011\,D\,;$$

2° Pour le transport de moellons d'enrochements et de perrés :

$$P = 44^f,42 \; ; \; L = 23000 \; ; \quad C = 32 \; ; \quad d = 250 \text{ minutes} = 9600^m00 \; ;$$

$$x = \frac{44,42\,(2D + 9600)}{23000 \times 32} = \frac{44,42 \times 9600}{736000} + \frac{44,2 \times 2}{736000}\,D.$$

$$x = 0,58 + 0,00012\,D \; ;$$

3° Pour le transport de la pierre de taille :

$$P = 44,42 \; ; \; L = 23000 \; ; \; C = 25^m00 \; ; \; d = 9600^m00 \; ;$$

$$x = \frac{44,42\,(2D + 9600)}{23000 \times 25} = \frac{44,42 \times 9600}{575000} + \frac{44,42 \times 2}{575000}\,D.$$

$$x = 0^f,74 + 0,000154\,D.$$

Dans les diverses formules que nous venons d'établir, le cube du chargement C varie avec la nature des matériaux. Cela doit être ainsi, car le poids du chargement doit toujours rester à peu près le même.

103. AUTRES FORMULES DE TRANSPORT PAR EAU. — Nous avons dit que les moteurs occupés à descendre et à remonter le bateau étaient quelquefois occupés d'une autre manière et qu'il n'y avait ainsi de temps perdu que par le bateau. Nous avons, pour ce cas, donné la formule 3 au numéro 101.

On peut, pour ce même cas, établir une autre formule de la manière suivante :

Soient :

P, le prix de la journée du bateau et des moteurs ;

L, le parcours journalier, dont la moitié à charge et l'autre moitié à vide ;

C, le cube du chargement ;

D, la distance réduite du transport ;

t, le temps du chargement et du déchargement exprimé en jours ;

p, les frais de location et de garde du bateau ;

La distance à parcourir étant D, l'aller et retour sera 2D.

Le moteur parcourt L mètres dans un jour, dont la moitié à charge et l'autre moitié à vide, il parcourt donc 2D dans un temps exprimé par $\frac{2D}{L}$. Mais, dans ce voyage le moteur transporte C mètres cubes, donc il transportera 1 mètre cube dans un temps exprimé par $\frac{2D}{LC}$.

Le prix de la journée étant P, le prix du transport proprement dit sera donc $\frac{2PD}{LC}$.

En outre, le temps du chargement et du déchargement étant représenté par t jours, le prix de location et de garde du bateau pendant ce temps sera donc pt pour C mètres cubes. Donc le prix de location et de garde du bateau par mètre cube sera $\frac{pt}{C}$, et le prix total du transport de 1 mètre cube sera

$$x = \frac{2PD}{LC} + \frac{pt}{C} \qquad\qquad (5)$$

La quantité L se détermine par des expériences et la quantité C dépend de la nature des matériaux transportés, c'est-à-dire du poids dont on peut charger le bateau. Le prix de location du bateau peut être de 2 fr. 50 et celui de garde de 2 fr. 50 également, ce qui donne P = 5 francs.

La formule 5 ci-dessus est applicable à la remonte et à la descente.

104. **Autre formule de transport a la remonte.** — Sur certaines rivières, la remonte s'effectue seule au moyen de chevaux loués à la journée, et les bateaux sont ensuite redescendus par des moyens tout à fait différents. Dans ce cas, le prix du transport à la remonte s'établit de la manière suivante :

Soient :

P, le prix de la journée du bateau chargé à la remonte ;

L, le parcours journalier à la remonte seulement ;

C, le cube du chargement ;

D, la distance du transport ;

P', le prix de la journée du bateau vide à la descente ;

L', le parcours journalier à vide et à la descente ;

p, les frais de location et de garde du bateau pendant le chargement et le déchargement ;

t, le temps du chargement et du déchargement exprimé en jour. La distance du transport à la remonte étant D, et le moteur remontant à charge L mètres dans un jour, il remontera D mètres dans $\frac{D}{L}$ jour. Or, comme il transporte C mètres cubes dans ce voyage, le temps employé pour transporter 1 mètre cube sera $\frac{D}{LC}$, et le prix du transport à la remonte de 1 mètre cube sera $\frac{PD}{LC}$.

De même, la distance à parcourir à vide à la descente étant D, et le moteur parcourant dans 1 jour L' mètres à la descente, il parcourra D mètres dans $\frac{D}{L'}$ jour. Or, comme il a transporté C mètres cubes dans le voyage, le temps correspondant au transport de 1 mètre cube sera $\frac{D}{L'C}$, et le prix du transport correspondant à un mètre cube sera $\frac{P'D}{L'C}$.

Enfin on trouverait comme ci-dessus que le prix de location et de garde du bateau serait par mètre cube de $\frac{pt}{C}$.

Donc le prix total du transport à la remonte de 1 mètre cube du chargement sera :

$$x = \frac{PD}{LC} + \frac{P'D}{L'C} + \frac{pt}{C}. \tag{6}$$

Les quantités, P, P', L, L', C et t se déterminent pour

chaque rivière par des expériences et suivant la nature des matériaux à transporter.

Les diverses formules de transport par eau que nous avons données ne comprennent ni les droits de navigation ni la plus-value qu'il faut accorder à l'entrepreneur pour les accidents qui peuvent survenir. Il y a lieu de tenir compte de ce nouvel élément de dépense et de le répartir entre chaque mètre cube de matériaux transportés.

105. CHARGE ET DÉCHARGE EN BATEAU. — Les diverses formules de transport par eau ne comprennent ni le chargement en bateau ni le déchargement. Il faut donc compter à part la charge et la décharge du bateau.

La *charge* en bateau pour la terre, le sable et le gravier comprend 0,15 de journée de marinier pour la charge des bateaux, la fouille et le transport par brouettes à un relais, et la décharge des bateaux sur la rive ou dans les brouettes.

Pour les moellons et libages, la charge comprend 0,182 de journée de marinier pour charge, décharge sur la rive, y compris le transport par civière.

La charge en bateau pour les terres et moellons se compose de la charge en brouettes, du transport par brouettes à un relais, et de la décharge des brouettes, ou $0^j,10$ de marinier.

Pour la pierre de taille, la charge en bateau comprend $0^j,30$ de marinier.

La *décharge* des bateaux, de la terre ou de moellons, se compose de la charge et décharge en brouettes avec transport à un relais, ou $0^j,12$ de marinier.

Pour la pierre de taille, la décharge des bateaux comprend $0^j,35$ de marinier.

Il n'est pas compté de transport par brouettes ou civières pour les chargements et les déchargements de bateaux, à moins que la distance du dépôt des matériaux jusqu'aux bateaux à charger ou depuis les bateaux à décharger jusqu'au centre du dépôt n'excède 30 mètres. Cette main-d'œuvre fait partie du chargement et du déchargement des bateaux.

Au-delà de 30 mètres, le prix du transport est donné par la formule $x = \dfrac{2\text{PD}}{1000}$.

L'*emmétrage* des moellons exige 0^{j},08 de marinier.

SECTION II.

OUVRAGES D'ART, CONDUITE DES TRAVAUX, MATÉRIEL.

ARTICLE I.

Dessins d'exécution, tracé, approvisionnements, métrés et surveillance.

106. DESSINS D'EXÉCUTION. — Avant le commencement des travaux, des dessins et profils d'exécution sont remis à l'entrepreneur, qui est tenu de s'y conformer exactement dans l'exécution des ouvrages.

Les dessins pour les terrassements comprennent le plan, le profil en long et les profils en travers.

Les dessins d'appareil pour les travaux d'art comprennent le plan, la coupe en long, la coupe en travers et l'élévation.

Tous les dessins doivent être cotés avec exactitude. Ils doivent être présentés dans le format dit *tellière*, de 0^m31 de hauteur sur 0^m21 de largeur.

Un plan général indiquant la position des ouvrages fait ordinairement partie des pièces qui composent un projet. Ce plan général se dresse à l'une des échelles suivantes :

$$\frac{1}{1000}, \frac{1}{2000}, \frac{1}{2500}, \frac{1}{5000} \text{ ou } \frac{1}{10000}.$$ On fait d'ailleurs usage, autant que possible, des plans du cadastre. Le plan général doit toujours être orienté.

Les longueurs du profil en long sont rapportées à la même échelle que celle du plan. Les hauteurs sont rapportées à une échelle dix fois plus grande. Les ponts, ponceaux, aqueducs et autres ouvrages d'art doivent être figurés en coupe sur le profil en long.

Les profils en travers se rapportent à l'échelle de $\frac{1}{200}$ ou 0ᵐ005 par mètre, tant pour les hauteurs que pour les longueurs.

Les profils en travers sont tous rabattus du côté du point de départ.

Les dessins des travaux d'art, plans, coupes et élévations sont dressés à la même échelle ; mais cette échelle varie avec les dimensions des ouvrages.

Ainsi, lorsque les dimensions n'excèdent pas 25 mètres, l'échelle est de $\frac{1}{50}$ ou 0ᵐ02 pour mètre.

Pour les dimensions comprises entre 25 et 100 mètres, l'échelle est de $\frac{1}{100}$ ou 0ᵐ01 pour mètre.

Pour les dimensions excédant 100 mètres, on prend l'échelle de $\frac{1}{200}$ ou 0ᵐ005 pour mètre.

Enfin, les dessins de portes d'écluse, de voies et de matériel des chemins de fer, et en général d'ouvrages en charpente ou en métal sont dressés à l'échelle de $\frac{1}{20}$ ou 0ᵐ05 pour mètre, ou bien à l'échelle de $\frac{1}{10}$ ou 0ᵐ10 pour mètre.

On prend même dans certains cas l'échelle de $\frac{1}{5}$ ou 0ᵐ20 pour mètre.

Sur les plans, coupes et élévations des ouvrages d'art, on doit écrire en chiffres plus prononcés les dimensions principales, par exemple : pour les ponts et ponceaux, l'ouverture et la montée des voûtes, la hauteur des pieds-droits, l'épaisseur des piles et culées, l'épaisseur à la clef, la largeur entre les têtes, la hauteur et l'épaisseur des parapets, la largeur des trottoirs, etc.

Lorsqu'il s'agit de la construction d'un bâtiment, le plan, les coupes et les diverses élévations sont dressés à l'échelle de 0ᵐ01 par mètre. Ces dessins doivent être lavés de teintes conventionnelles en usage dans les bâtiments civils, savoir : le *noir* pour les constructions anciennes et conservées, le *rouge* pour les constructions neuves, et le *jaune* pour les constructions démolies ou supprimées.

Les dessins permettent à l'appareilleur de tracer en grandeur naturelle l'épure d'exécution des ouvrages d'art. On fait cette épure soit sur une aire plane horizontale en planches ou en carreaux, soit sur une couche de plâtre bien dressée à la règle et appliquée sur le parement vertical d'un mur bien plan.

S'il s'agit d'une voûte, on détermine les dimensions de toutes les faces de chaque voussoir, d'abord en projection, puis en vraie grandeur, en rabattant les faces qui sont planes et en développant celles qui sont développables. Les panneaux sont relevés ensuite au moyen de feuilles de zinc et servent à guider le tailleur de pierre.

PROGRAMME

POUR LA RÉDACTION DES PROJETS

Adressé aux Ingénieurs le 14 janvier 1850.

I. AVANT-PROJETS

DESSINS : 1° *Extrait de carte* ; ECHELLE *ad libitum.*

2° PLAN GÉNÉRAL. — On adoptera, suivant le cas, l'une des échelles suivantes :

$$\frac{1}{1000}, \frac{1}{2000}, \frac{1}{2500}, \frac{1}{5000} \text{ ou } \frac{1}{10000}$$

On fera usage, autant que possible, des plans du cadastre.

1. Les accidents du terrain seront toujours figurés sur la carte ou sur le plan général au moyen soit de courbes horizontales, soit

de hachures, soit de teintes conventionnelles ; on y inscrira en outre, entre parenthèses, autant de cotes utiles de hauteur au-dessus du niveau de la mer que l'on aura pu en recueillir, particu-lièrement celles qui se rapportent aux faîtes et aux thalwegs.

Les extraits de cartes devront être calqués sur les cartes gravées ou manuscrites qui existent dans les bureaux, notamment sur celles du Dépôt de la guerre.

Lorsqu'un projet s'étendra sur une certaine partie du littoral maritime, on se servira des cartes hydrographiques existantes, surtout de celles qui sont publiées par le Dépôt de la marine, pour figurer le développement des côtes et indiquer les cotes de profon-deur.

2. La carte et le plan général seront orientés.

3. La direction de chaque cours d'eau sera indiquée par une ou plusieurs flèches.

4. Pour établir une concordance parfaite entre le plan et le nivellement, on rapportera sur le plan, avec précision, les points principaux du profil en long, notamment les bornes milliaires ou kilométriques s'il en existe, tous les pieds de pentes et sommets de rampes, les piquets d'angles et les points où doivent être placés les ouvrages d'art.

De plus, lorsque cela pourra être utile pour faciliter l'examen du projet, on rabattra le profil en long sur le plan.

5. Lorsqu'un tracé devra passer dans une vallée sujette à des inondations, on indiquera sur le plan la limite du champ d'inonda-tion. Si le projet a pour but l'amélioration d'un fleuve ou d'une rivière, ou une défense de rive, on s'attachera plus particulièrement à indiquer le tracé du thalweg et les limites du champ d'inondation sur les deux rives. Le plan devra d'ailleurs s'étendre suffisamment en amont et en aval des ouvrages projetés pour donner une idée exacte de la direction générale des cours d'eau.

6. Lorsqu'il s'agira du tracé d'une route, d'un canal ou d'un chemin de fer, le plan général devra présenter, des deux côtés du tracé, et sur une largeur totale qui ne sera pas, en général, de moins d'un kilomètre, des rangées transversales, des cotes de nivellement en nombre assez grand pour justifier complètement le choix de la direction proposée. Les chemins transversaux et, au besoin, les limites des propriétés fourniront des directions natu-relles pour ces nivellements. Ils seront compris, autant que pos-sible, entre des limites naturelles, telles que le flanc d'un coteau et une ligne de thalweg ou le bord d'un cours d'eau.

3° PROFILS EN LONG. — Longueur : échelle du plan général ; hauteur :
décuple de celle des longueurs.

7. Le nivellement sera, autant que possible, rapporté au niveau
de la mer.

8. Les cotes de longueur seront inscrites sur deux lignes tracées au-dessous du profil, parallèlement à la rive du papier. Sur la
première ligne seront inscrites les longueurs partielles entre deux
cotes consécutives de nivellement ; sur la seconde, les mêmes
longueurs cumulées à partir de l'origine. S'il s'agit d'un tracé de
route ou de chemin de fer, on inscrira sur une troisième ligne la
longueur et la déclivité de chaque pente ou rampe ; s'il s'agit d'un
projet de navigation, on y indiquera, au besoin, les distances entre
les principaux ouvrages d'art.

Pour les chemins de fer, on cotera, sur une quatrième ligne,
les longueurs des alignements droits, ainsi que les longueurs et
les rayons des courbes.

Enfin, pour tous les projets, sur une ligne établie au-dessus du
profil, on indiquera la longueur du tracé dans la traversée de
chaque commune.

9. La longueur du tracé sera divisée en kilomètres ; l'origine
sera indiquée par un zéro, et les extrémités des divers kilomètres
seront marquées par des chiffres romains. Chacune de ces divisions
principales sera subdivisée en fractions exactes du kilomètre,
lesquelles seront numérotées en chiffres arabes.

La longueur des entreprofils ainsi numérotés devra être constante dans toute l'étendue d'un même avant-projet.

S'il est nécessaire d'établir des profils intermédiaires, on les
placera, autant que possible, à des distances du profil normal qui
précède immédiatement, exprimées par des nombres entiers, sans
fraction de mètre, et on les désignera par le numéro de ce profil
normal, auquel on ajoutera les indices a, b, c, etc.

10. Le profil en long indiquera toujours la coupe du terrain
par un simple trait noir. Les lignes du projet seront tracées en
rouge. Les surfaces de remblai seront lavées en rouge, et celles de
déblai en jaune. Les cotes de remblai et de déblai seront inscrites
en rouge, et placées, celles de remblai immédiatement au-dessus,
et celles de déblai immédiatement au-dessous de la ligne du terrain, excepté sur les points où cette ligne se trouvera très-rap-
prochée de celle du projet, auquel cas les cotes devront être ins-

crites au-dessus des deux lignes à la fois, s'il y a remblai, et au-dessous, s'il y a déblai.

11. Les ponts, ponceaux, aqueducs et autres ouvrages d'art seront figurés en coupe sur le profil en long.

Le niveau des plus hautes et des plus basses eaux connues, et celui des plus hautes eaux de navigation, seront indiquées par des lignes bleues que l'on rattachera au plan général de comparaison par des cotes de même couleur.

Lorsqu'il s'agira d'un projet de navigation, on indiquera à la fois, sur le profil en long, la rivière et le chemin de halage.

Dans les projets des ports maritimes et des ouvrages à la mer, on aura toujours le soin d'indiquer les hautes et basses mers de morte eau, ainsi que les hautes et basses mers de vive eau, tant ordinaires qu'extraordinaires.

12. Lorsqu'il y aura lieu de comparer plusieurs tracés, les nivellements respectifs de ces tracés, entre les mêmes points du plan, seront ou superposés ou placés les uns au-dessus des autres, mais toujours sur une même feuille. On emploiera pour les lignes et écritures relatives à chaque tracé la couleur qui aura été affectée à ce tracé sur le plan.

4° PROFILS EN TRAVERS. —Echelle $\frac{1}{200}$ pour les longueurs et pour les hauteurs.

13. Les profils en travers comprendront une étendue au moins double de celle du terrain à occuper. La cote prise sur l'axe sera distinguée des autres par l'emploi d'un caractère spécial ou plus prononcé. Cette cote sera la même que celle du profil en long.

Les cotes des profils en travers et celles du profil en long appartiendront toujours à un même plan général de comparaison : seulement, pour ne pas avoir de trop longues ordonnées, on pourra rapporter ces profils à une ligne passant à un certain nombre de mètres au-dessus ou au-dessous du plan de comparaison, mais en laissant les cotes telles qu'elles doivent être pour indiquer les hauteurs prises par rapport à ce plan.

Les profils en travers levés dans le voisinage d'un cours d'eau ou sur un terrain submersible seront accompagnés d'un trait bleu indiquant le niveau des plus hautes eaux, et rattaché au plan général de comparaison par une cote de même couleur.

Lorsqu'il s'agira de projets de travaux à exécuter en lit de rivière ou de projets de digues à établir sur le bord des rivières, on y joindra des profils en travers en nombre suffisant pour faire connaître la position du thalweg, et l'on aura soin d'étendre ces profils au-delà des limites du champ d'inondation.

Les profils en travers seront tous rabattus du côté du point de départ.

5° TYPES D'OUVRAGES D'ART. — Echelle $\frac{1}{100}$ pour les dimensions n'excédant pas 100ᵐ; échelle pour les dimensions excédant 100ᵐ $\frac{1}{200}$ sauf à employer au besoin, pour certains détails, des échelles multiples de celles qui précèdent.

14. Tous les dessins seront cotés avec exactitude.

Le niveau des plus basses et des plus hautes eaux, ceux des hautes et des basses mers de morte eau, de vive eau ordinaire et de vive eau d'équinoxe y seront toujours indiqués par des lignes et des cotes bleues.

PIÈCES ÉCRITES : 1° *Mémoire* à l'appui de l'avant-projet; 2° *Tableau approximatif* des terrassements, ouvrages d'art, etc.; 3° *Estimation approximative* et détaillée des dépenses; 4° *Relevé* de la circulation annuelle (pour les projets de route, en distinguant, autant que possible, les diverses parties de la route; 5° Bordereau des pièces du dossier).

II. PROJETS DÉFINITIFS

DESSINS : 1° *Plan général.* — On adoptera, suivant les cas, l'une des échelles suivantes :

$$\frac{1}{1000}, \frac{1}{2000}, \frac{1}{2500}, \frac{1}{000} \text{ ou } \frac{1}{10000}$$

On fera usage autant que possible des plans du cadastre.

15. Les accidents du terrain seront toujours figurés sur le plan général, au moyen, soit de courbes horizontales, soit de hachures, soit de teintes conventionnelles.

16. Le plan général sera orienté, et la direction de chaque cours d'eau y sera indiquée par une ou plusieurs flèches.

17. On rapportera sur le plan général tous les points du profil en long, sans exception. Les rayons des arcs de cercle, et, pour les paraboles, les rayons de courbure aux points de tangence ainsi qu'au sommet, seront cotés avec exactitude.

18. Dans les vallées, on indiquera sur le plan le thalweg, ainsi que les limites du champ d'inondation.

2° PROFIL EN LONG — Longueur : échelle du plan ; hauteur : échelle
décuple de celle des longueurs.

19. Comme aux n°⁵ 7, 8, 9, 10 et 11, en ajoutant que l'on indiquera sur le profil les sondages qui auront été faits, notamment
sur l'emplacement des tranchées et des remblais d'une certaine
hauteur, ainsi que dans le lit des rivières pour les projets des
ponts ou des travaux de navigation.

3° PROFILS EN TRAVERS. — Echelle $\frac{1}{200}$ pour les longueurs et pour les hauteurs.

20. Comme au n° 13, en y ajoutant seulement que l'on mettra,
en tête du cahier des profils en travers, les profils types de la
route, du canal ou du chemin de fer à exécuter.

4° OUVRAGES D'ART — Echelle pour les dimensions n'excédant pas 25ᵐ $\frac{1}{50}$.
Echelle pour celles comprises entre 25ᵐ et 100ᵐ $\frac{1}{100}$; échelle pour celles
excédant 100ᵐ $\frac{1}{200}$; échelle pour les portes d'écluse, les ponts tournants,
les voies et le matériel des chemins de fer, et en général pour les ouvrages en charpente ou en métal, de $\frac{1}{20}$ à $\frac{1}{5}$ en n'employant que des
rapports simples et décimaux.

21. On indiquera sur la coupe des fondations de tous les ouvrages, soit par des traits distincts, soit par des teintes conventionnelles, la nature et l'épaisseur des couches de terrain dans lesquelles les fondations seront engagées.

On inscrira, en outre, sur chaque couche, l'indication de sa
nature et de son épaisseur.

22. Le niveau des plus basses et des plus hautes eaux, ceux des
hautes et basses-mers de morte eau, de vive eau ordinaire et de
vive eau d'équinoxe, seront toujours indiqués sur les élévations
et sur les coupes des ouvrages d'art par des lignes et des cotes
bleues.

23. Sur les plans, coupes et élévations des ouvrages d'art, on
aura soin de mettre autant de cotes qu'il sera nécessaire pour que
l'on n'ait pas besoin de recourir au devis. On écrira en chiffres
plus prononcés les dimensions principales, par exemple pour les
ponts et ponceaux, l'ouverture et la montée des voûtes, la hauteur
des piédroits, l'épaisseur des piles et culées, l'épaisseur à la clef,
la largeur entre les têtes ; la hauteur et l'épaisseur des parapets,

la largeur des trottoirs, la distance entre les trottoirs, etc.; pour une écluse, la largeur du sas, la hauteur des bajoyers, celle du mur de chute, la longueur totale de l'écluse, la distance du mur de chute à la chambre des portes d'aval, etc.

24. L'appareil sera toujours figuré en élévation et en coupe.

PIÈCES ÉCRITES : 1° *Mémoire* à l'appui du projet ; 2° *Devis* et cahier des charges ; 3° *Avant-métré*, 4° *Analyse* des prix ; 5° *Détail estimatif* ; 6° *État sommaire* des indemnités à payer ; 7° *Bordereau* des pièces du projet.

25. Les pièces n°ˢ 2, 3, 4 et 5, seront toujours exactement conformes aux formules arrêtées par l'administration. Ces formules seront réimprimées dans chaque département, sans modification, additions ni retranchements. La réimpression sera faite suivant le format prescrit ci-après.

On ne reproduira, dans les pièces du projet, aucune des conditions qui figurent dans le cahier des clauses et conditions générales, auquel on devra toujours renvoyer par le dernier article du devis.

27. On aura soin d'inscrire dans le bordereau toutes les pièces du projet, avec un numéro correspondant.

III. PIÈCES A PRODUIRE

MÊME TEMPS QUE LES PROJETS DÉFINITIFS, OU APRÈS L'APPROBATION DE CES PROJETS EN EXÉCUTION DU TITRE II DE LA LOI DU 3 MAI 1841.

1° PLANS PARCELLAIRES par commune. — Echelle $\frac{1}{1000}$.

28. Chaque plan parcellaire sera rapporté sur une feuille de papier continue, formée de feuilles ajustées en ligne droite, sans goussets. En conséquence, à chaque changement notable de direction de l'axe, on établira un onglet en blanc, déterminé par deux lignes formant un angle d'une amplitude convenable, et disposées de manière qu'il soit facile de reproduire à volonté l'état des lieux. A cet effet, le papier sera brisé suivant deux plis que l'on reformera au besoin : les deux brisures aboutiront au même point sur l'une des rives du papier : l'une des brisures sera perpendiculaire à ces rives, de manière à diviser en deux parties égales l'angle mort où le dessin sera interrompu.

29. On inscrira sur chaque parcelle le nom du propriétaire, le

numéro de la matrice cadastrale, et, de plus, un numéro d'ordre écrit en rouge, correspondant à celui de l'état des indemnités.

Le plan portera en outre les lettres par lesquelles on désigne les sections cadastrales, et les dénominations locales des subdivisions ou lieux-dits.

2° TABLEAU des surfaces des terrains à acquérir ; 3° ÉTAT DÉTAILLÉ des indemnités à payer; 4° BORDEREAU des pièces du dossier.

30. On reproduira sur ces états les noms, les numéros et les autres désignations inscrites sur le plan. Pour les noms, il y aura deux colonnes, dans l'une desquelles on inscrira les noms qui figurent à la matrice cadastrale, et dans l'autre ceux des propriétaires actuels et de leurs fermiers ou locataires.

IV. DISPOSITIONS GÉNÉRALES.

31. Les plans et nivellements seront toujours rapportés dans le sens indiqué par la dénomination de la route, du canal ou du chemin de fer, ou dans le sens du cours de la rivière en allant de gauche à droite.

32. On inscrira aux deux extrémités du plan les mots :
Côté de. . . . . (Points de départ et d'arrivée servant à la dénomination de la route, du canal ou du chemin de fer.)

33. Afin de faciliter la recherche, sur les cartes, du lieu où les travaux doivent être exécutés, on placera, à l'origine du profil en long, une note indiquant approximativement la distance de ce point aux principaux centres de population qui précèdent; et à l'extrémité du même profil, une note semblable indiquant la distance de ce second point aux principaux centres de population situés au-delà.

34. On aura soin d'indiquer sur tous les plans les centres de population, domaines, chemins, cours d'eau, ouvrages d'art, tracés, etc. dont il est fait mention dans les rapports, mémoires, délibérations et autres pièces quelconques faisant partie du dossier, afin de faciliter l'intelligence de ces pièces. Autant que possible, on y inscrira les chiffres des populations.

35. On évitera d'employer des expressions locales, ou, si on les emploie, on en donnera la traduction.

36. Les écritures devront être bien lisibles, ainsi que les chiffres

inscrits sur les plans et profils. Les petits caractères (lettres ou chiffres) n'auront pas moins de deux millimètres de hauteur.

37. Les échelles seront représentées graphiquement sur les plans et profils. En même temps, elles seront définies en chiffres, comme dans l'exemple suivant :

$$\textit{Echelle de } 0^{m}005 \textit{ pour mètre } \left(\frac{1}{200}\right)$$

38. Les plans, profils et dessins seront, autant que possible, collés sur calicot blanc, ou sinon, dressés sur bon papier, souple et propre au lavis.

39. Tous les plans, profils, dessins et pièces écrites, sans exception aucune, seront présentés dans le format dit *tellière*, de de $0^{m}31$ de hauteur sur $0^{m}21$ de largeur.

40. Les plans, profils et dessins seront pliés suivant ces dimensions, en paravent, c'est-à-dire à plis égaux et alternatifs, tant dans le sens de la hauteur que dans celui de la longueur, en commençant toujours par cette dernière dimension.

41. Les titres, signatures et autres écritures d'usage, ainsi que l'échelle, seront placés sur le *verso* du premier feuillet des plans, profils et dessins, de manière qu'il soit toujours facile de les mettre en évidence, que le dessin soit plié ou qu'il soit ouvert.

42. Les ingénieurs emploieront les formules suivantes :

Dressé par	{	*l'ingénieur ordinaire* ou *l'élève ingénieur*	{	*soussigné.*
Vérifié et présenté par	{	*l'ingénieur en chef* ou *l'ingénieur faisant fonctions d'ingénieur en chef.*	{	*soussigné, conformément à sa lettre ou à son rapport du*

43. On inscrira d'ailleurs, en caractères très-lisibles, au-dessous des titres généraux, les noms et les grades des signataires du projet.

44. Les procès-verbaux de conférences entre les ingénieurs des services civil et militaire seront toujours accompagnés d'une expédition des plans, nivellements, dessins et autres pièces mentionnées dans le procès-verbal, et portant les mêmes dates et les mêmes signatures que ce procès-verbal.

APPROUVÉ :

Le Ministre des Travaux Publics,

BINEAU.

107. TRACÉ DES OUVRAGES. — Aucun ouvrage ne doit être commencé qu'après que les dispositions détaillées en ont été indiquées par un tracé ou un piquetage fait sur le terrain par l'ingénieur ou un conducteur délégué à cet effet. L'entrepreneur est tenu d'assister à cette opération et d'en faire la reconnaissance avant l'ouverture des travaux. Le piquetage doit être fait d'après les dessins cotés indiquant les dimensions des ouvrages.

Le tracé ou piquetage peut s'appliquer seulement aux axes ou aux lignes directrices des ouvrages; il est alors complété par l'entrepreneur selon les dispositions prescrites par l'ingénieur.

En ce qui concerne les *travaux de terrassements*, des piquets numérotés sont placés aux extrémités de chaque alignement droit ou courbe et aux extrémités de chaque pente et rampe, sur l'axe ou sur une ligne parallèle à cet axe. Les piquets sont enfoncés de manière que leurs têtes soient, autant que possible, à la hauteur de l'axe, ou à un nombre exact de décimètres au-dessus ou au-dessous. Les différences sont consignées dans un état de piquetage ou profil en long qui est remis à l'entrepreneur.

L'entrepreneur complète lui-même le piquetage en indiquant toutes les arrêtes du profil en travers au moyen de bornes repères et de piquets de hauteur. Il place en outre les gabarits ou profils nécessaires pour l'exécution exacte des terrassements, tant dans les lignes droites que dans les lignes courbes.

En ce qui concerne les *ouvrages d'art*, les axes et les lignes directrices sont repérés au moyen de châssis en charpente ou de dés en pierre solidement fixés dans le terrain par un massif de maçonnerie.

La figure 100 représente un repère d'axe placé à chaque extrémité d'un pont; la figure 101 représente un repère intermédiaire placé au milieu de l'une des arches. Ce châssis a été employé également pour repérer l'axe et les lignes directrices des principaux travaux d'Amboise.

L'entrepreneur doit prendre à sa charge tous les frais de tracé ou piquetage et fournir, en conséquence, les ouvriers ainsi que les piquets, dés, tringles, lattes, perches, châssis et agrès nécessaires pour régler les talus, pentes et niveaux prescrits.

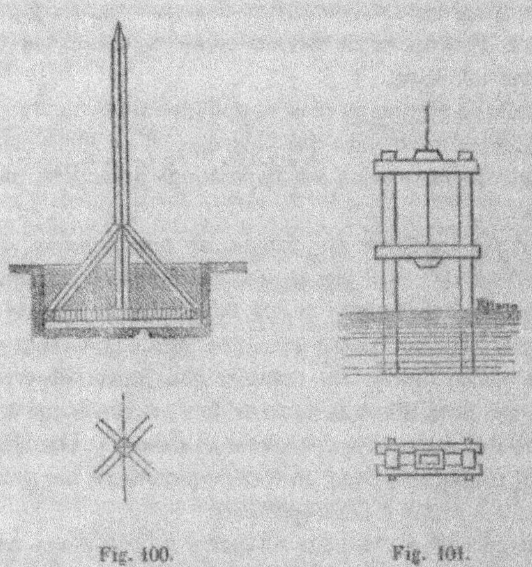

Fig. 100.   Fig. 101.

Il doit, en outre, avoir sur les chantiers les niveaux, mires, jalons, chaînes, cordeaux, etc., nécessaires tant au tracé qu'à la vérification et à l'exécution des travaux.

Dès que l'opération du tracé a été vérifiée et complétée, s'il y a lieu, l'entrepreneur en devient responsable. Il doit veiller à la conservation des piquets et repères de nivellement et de plan dont l'état lui est d'ailleurs remis. Il doit remplacer ceux qui seraient dérangés par une cause quelconque. Il reste d'ailleurs responsable de toute irrégularité dans la construction des ouvrages résultant du dérangement des piquets et repères du tracé.

Pendant l'exécution des ouvrages d'art, l'entrepreneur ne peut intercepter les communications existantes, chemins ou ruisseaux ; il doit, sous sa responsabilité, conduire les travaux de telle sorte que ces communications n'éprouvent aucune entrave et ne présentent aucun danger, et les travaux provisoires qu'il deviendrait indispensable de construire par suite de son incurie resteraient entièrement à sa charge.

108. APPROVISIONNEMENTS. — Les matériaux doivent être approvisionnés à l'avance sur les ateliers et disposés de manière à pouvoir être examinés et reçus par l'ingénieur avant leur emploi.

Les transports de matériaux de chaque espèce sont dirigés successivement vers l'emplacement de chaque ouvrage d'art, de manière à les y réunir en quantité suffisante pour l'exécution complète d'une des parties distinctes dont cet ouvrage se compose.

A toute époque, l'entrepreneur est tenu, sur la réquisition de l'ingénieur, de justifier des quantités de matériaux dont l'approvisionnement est assuré aux lieux d'extraction indiqués, ainsi que des moyens de transport dont il peut disposer ; faute par lui de fournir à ce sujet des justifications suffisantes, il est considéré comme n'ayant à sa disposition que les approvisionnements rendus à pied d'œuvre, et les mesures nécessaires pour l'établissement d'une régie, s'il y a lieu, peuvent être prises en conséquence.

Les pierres cassées et le sable sont emmétrés soit en cordon continu, soit en tas isolés, suivant les dimensions qui doivent être prescrites par l'état d'indication des fournitures et travaux à faire.

Les pierres de taille sont approvisionnées sur l'atelier, et les blocs sont disposés de manière que l'on puisse aisément en constater la qualité, les dimensions, le cube réel et la surface de parement, compris les lits et joints.

Les moellons ordinaires sont approvisionnés par tas de 5 mètres de longueur sur 2 de largeur et 1 mètre de hauteur.

Les pavés sont placés en lignes ou en échiquier sur un

plan horizontal et sans superposition, de manière que l'on puisse les voir aisément et les retourner dans tous les sens.

Les bois de charpente sont approvisionnés sur les ateliers et disposés de manière que l'on puisse en apercevoir toutes les faces et en constater facilement les qualités, les dimensions et le cube réel.

109. ATTACHEMENTS. — Au fur et à mesure de l'exécution des travaux, il doit être pris des attachements destinés à constater la position et les dimensions de tous les ouvrages établis. Ces attachements sont relevés sur un carnet spécial appelé *journal* ou *carnet*. Ils doivent être accompagnés de plans, profils et croquis cotés, toutes les fois que cela peut paraître utile à la rédaction et à la justification ultérieure des métrés.

Tous les éléments qui peuvent servir à établir la comptabilité des travaux sont inscrits jour par jour sur le carnet. Ces inscriptions doivent comprendre les journées d'ouvriers et de voitures, les dimensions des ouvrages, les objets à la pièce ou au poids, les fournitures diverses, et généralement tous les objets de dépense relatifs aux travaux.

Les attachements qui par leur nature doivent être contradictoires doivent être acceptés et signés par l'entrepreneur.

En cas de réserves, de contestations ou de refus de la part de l'entrepreneur, il doit en être référé à l'ingénieur pendant que les ouvrages en litige restent apparents et que leurs discussions peuvent être vérifiées sans faire de déblais ni opérer de démolitions.

L'article 39 des clauses et conditions générales imposées aux entrepreneurs par l'arrêté ministériel du 16 novembre 1866 prescrit à l'adjudicataire, en cas de refus de sa part d'accepter les attachements, ou de ne les signer qu'avec réserves, de déduire par écrit ses motifs de refus dans le délai de dix jours à dater de la présentation des pièces, faute de quoi il est censé accepter lesdits attachements sans réserve. Dans ce cas, il est dressé procès-verbal de la présentation des pièces et des circonstances qui l'ont accompagnée. Ce procès-verbal est annexé aux pièces non acceptées.

Dans le service des ponts et chaussées, les dispositions du carnet sont indiquées par le règlement du 28 septembre 1849. Les instructions sur la tenue du carnet sont les suivantes :

« ART. 9 *du règlement*. — Tout conducteur attaché à l'exécution des travaux tient un journal ou carnet d'attachements, sur lequel il inscrit tous les faits de dépense, à mesure qu'ils se produisent, par ordre chronologique, sans lacune et sans classification, quels que soient les ateliers confiés à sa surveillance auxquels ces faits se rapportent.

« Ce journal contient, sur la page gauche, le libellé des opérations et leurs résultats, soit en quantités seulement, soit à la fois en quantités et en deniers, suivant les cas.

« En regard de chaque fait, il reçoit, sur la page droite, les croquis et l'indication des pièces dont les détails ne peuvent pas être inscrits sur le carnet, enfin les renseignements propres à justifier la quantité et les sommes portées sur la page de gauche.

« Les piqueurs et surveillants placés sous les ordres du conducteur sont pourvus de carnets semblables pour les ouvrages confiés à leur surveillance.

« Les résultats consignés sur les carnets des piqueurs et surveillants sont rapportés par le conducteur sur son propre journal.

ART. 10. — Les carnets sont délivrés par l'ingénieur en chef à l'ingénieur ordinaire, qui en numérote les feuillets et les parafe par premier et dernier, avant de les remettre aux conducteurs.

« Chaque agent est responsable, vis-à-vis de l'administration, de toutes les indications qu'il consigne sur son carnet et des omissions commises dans ses écritures. Il ne doit se dessaisir de ce carnet que sur l'ordre de ses chefs.

« Les carnets successivement remis, dans une même année, à chaque conducteur, reçoivent une série de numéros.

« ART. 11. Tout est écrit à l'encre sur ces carnets. Chaque attachement porte un numéro et est précédé de la date à laquelle il se rapporte.

« Les attachements qui, par leur nature, doivent être contradictoires, reçoivent sur le carnet la signature de la partie intéressée. En cas de refus de celle-ci, le conducteur prévient aussitôt l'ingénieur.

« Les dépenses qui figurent sur les carnets ne sont portées en compte qu'autant qu'elles sont ensuite admises par les ingénieurs. L'inscription sur le carnet ne constitue pas titre pour les entrepreneurs. »

Outre les travaux terminés, les conducteurs doivent aussi inscrire sur le carnet les travaux non terminés et les approvisionnements.

La question qui consiste à déterminer la nature des constatations qui doivent être inscrites sur les carnets et la manière dont ces inscriptions doivent être faites ayant présenté quelques difficultés, une circulaire ministérielle en date du 25 octobre 1851 est venue donner des instructions détaillées pour l'exécution du règlement du 28 septembre 1849. Nous en reproduisons l'extrait suivant concernant le carnet d'attachements :

« Sur presque tous les ateliers, il est des ouvrages qui ne peuvent être rigoureusement appréciés qu'au moment même où ils sont exécutés. Une flache que l'on relève sur une chaussée pavée, un pieu que l'on enfonce dans le sol, une pierre de taille que l'on recouvre de maçonnerie, un mur de fondation, etc., ne peuvent être mesurés qu'à un instant déterminé ; si la constatation était différée, il deviendrait le plus souvent impossible de régler les comptes des entrepreneurs sans léser leurs intérêts ou ceux de l'Etat. Il est donc de la plus haute importance que, pour tous les ouvrages dont la trace disparaît ou qui doivent être cachés, la constatation ait lieu sur le fait même et soit immédiatement inscrite sur le carnet.

« Pour les ouvrages qui restent apparents, au moins pendant un certain temps, le métré ne doit être fait qu'alors qu'il est utile de le faire, c'est-à-dire, en général, lorsque l'ouvrage est terminé. Il y aurait en effet des inconvénients graves à faire le métré d'un ouvrage en maçonnerie, par exemple, en évaluant avec plus ou moins d'exactitude, dans chaque reconnaissance des travaux, les cubes irréguliers successivement exécutés, et l'on arriverait très-probablement ainsi, pour l'ensemble, à des résultats fort éloignés de la vérité. Mais cet ouvrage peut presque toujours se diviser en diverses parties parfaitement définies et distinctes, et il convient que l'on procède pour chacune de ces parties, lorsqu'elle est terminée, comme pour l'ouvrage entier, et que le métré en soit immédiatement dressé. On n'aura pas à craindre, en opérant de cette manière, de commettre des erreurs, et l'on atteindra le but que l'on doit toujours se proposer, celui de se rendre à toute époque un compte aussi exact que possible de la situation des travaux.

« Mais les conducteurs des ponts et chaussées n'ont pas seulement à produire la situation des entreprises, alors que les ouvrages, ou du moins certaines parties des ouvrages étant terminées, il est utile d'en faire le métré ; il faut que, conformément aux prescriptions des règlements, ils fournissent aux ingénieurs, à la fin de chaque mois, tous les éléments nécessaires pour établir la situation des travaux et qu'ils comprennent dans leurs évaluations, indépendamment des ouvrages terminés, les ouvrages non terminés et les approvisionnements.

« Aux termes de l'instruction du 16 mars 1850, on ne saurait se dispenser de porter les travaux non terminés et les approvisionnements sur le sommier du conducteur et par conséquent sur le carnet, dont le sommier ne fait que reproduire les inscriptions en les classant dans l'ordre convenable ; mais les ingénieurs doivent les faire séparer d'une manière parfaitement distincte des ouvrages dont le métré est définitif et sur lequel il n'y a plus à revenir ; ils doivent, de plus, faire en sorte que, dans les inscriptions du carnet et dans les situations qui leur sont successivement adressées, les ouvrages non terminés et les approvisionnements, dans les transformations qu'ils subissent, ne puissent donner lieu à aucune confusion.

« Pour atteindre ce résultat d'une manière uniforme, le mode le plus simple, celui qui se prête le mieux à toutes les exigences des travaux, consiste à procéder, à la fin de chaque mois, sans tenir aucun compte des inscriptions du mois précédent, à une constatation nouvelle *ab ovo* des ouvrages non terminés et des approvisionnements. Quelques exemples feront connaître les avantages de ce mode.

« Un cube de maçonnerie de forme irrégulière n'a pu, dans la situation du premier mois, être évalué que d'une manière approximative ; à la fin du deuxième mois, une partie définie de l'ouvrage est achevée : comment fera-t-on le métré définitif? J'ai déjà dit qu'on s'exposerait à commettre des erreurs très-considérables si l'on procédait par voie d'addition, c'est-à-dire si l'on ajoutait au cube approximatif, porté le premier mois, un nouveau cube évalué aussi d'une manière approximative ; le résultat ainsi obtenu serait souvent fort différent de celui que l'on trouve en procédant directement, rigoureusement, au métré de la partie terminée de l'ouvrage. On est donc forcément conduit à faire le métré pour l'ensemble des travaux exécutés pendant les deux mois, et, si l'on veut tenir compte du cube porté à la fin du premier mois, à retrancher ce cube du cube total que le métré définitif a donné. Dès lors, il est plus simple de ne pas tenir compte du métré du premier mois ; on a moins d'opérations à faire, et il est plus facile de retrouver dans les situations mensuelles les éléments du métré général de l'ouvrage.

« D'ailleurs, il n'est pas toujours possible de procéder par différence : une tranchée pour la construction d'une route, d'un canal, d'un chemin de fer, etc., est entamée ; le premier mois, un certain cube, approximativement évalué, a été fouillé et transporté à une certaine distance moyenne ; à la fin du deuxième mois, non-seulement le cube a varié, mais aussi la distance moyenne, et souvent les mains-d'œuvre effectuées sur l'ensemble des terrassements, de sorte que de nouveaux prix provisoires doivent être établis pour les terrassements effectués dans le premier comme dans le second mois. Dans cet exemple, pour obtenir deux résultats satisfaisants, on ne peut donc, sans se jeter dans des complications excessives, procéder par voie d'addition ni même de soustraction comme pour les maçonneries, et le seul mode simple, rationnel, est de recommencer à la fin de chaque mois la constatation *ab ovo* de tous les terrassements en cours d'exécution.

« Les approvisionnements présenteraient des difficultés de même nature, si l'on voulait dans chaque situation tenir compte de ceux qui ont été portés dans les situations précédentes, et l'on augmenterait le travail des agents, en même temps que l'on rendrait les vérifications plus difficiles.

« On devra donc procéder de la même manière pour la constatation des travaux non terminés et pour la constatation des approvisionnements.

« Ces constatations se feront une fois par mois, à l'époque la plus rapprochée de la fin du mois que le permettront les exigences du service. Elles seront, pour chaque atelier, distinctes des inscriptions qui se rapportent au métré définitif des ouvrages, et formeront des articles nettement séparés, portant en tête :

« *Travaux non terminés.*

« *Approvisionnements.*

« Et lorsque la situation du mois suivant aura été établie, on tirera un trait rouge en marge de ces articles, afin que, dans les vérifications et les recherches à faire ultérieurement, ils ne puissent donner lieu à aucune confusion.

« L'article 11 du règlement du 28 septembre 1840 porte que les attachements qui, par leur nature, doivent être contradictoires, reçoivent sur le carnet la signature de la partie intéressée. Cette prescription n'est applicable qu'aux travaux terminés.

« Pour les ouvrages non terminés et pour les approvisionnements, la signature de l'entrepreneur ne doit pas être réclamée. »

Nous allons maintenant, sur la demande qui nous a été faite par plusieurs jeunes conducteurs, décrire aussi sommairement que possible la manière dont nous avons procédé pour l'inscription au carnet des attachements relatifs aux travaux d'Amboise, et nous prendrons pour exemple le pont du quai des Violettes, établi sur le canal de dérivation de l'Amasse, au passage de la route départementale de Tours à Blois.

Avant que les déblais de l'emplacement du pont fussent commencés, des profils du terrain ont été levés dans cet emplacement afin de pouvoir établir ultérieurement le cube des déblais. Ces profils ont été relevés sur un cahier spécial, puis signés et acceptés par l'entrepreneur.

Les déblais furent commencés dans le courant du mois de juin 1861, et à la fin du mois une grande partie était exécutée. On en fit le cube approximatif, et on trouva 1350 mètres. Ce cube fut porté sur le carnet aux *Travaux non terminés*.

Dans le courant de juillet, l'emplacement du pont fut complètement déblayé jusqu'au niveau de l'étiage (la Loire était à cette époque à l'étiage). On leva de nouveaux profils ; et en les comparant aux premiers profils, on en déduisit les dimensions de l'excavation, et par suite le cube des déblais à sec, qui fut trouvé de 1739^{m}40. Ce cube total de 1739^{m}40 fut inscrit au carnet aux *Travaux terminés* avec les dimensions de l'excavation et croquis coté.

On commença ensuite le battage des pieux et palplanches pour l'enceinte des fondations. Au moment de la mise en fiche de chaque pieu et de chaque palplanche, on en mesurait les dimensions, que l'on consignait sur un registre spécial tenu par un agent secondaire. Après le battage on constatait la longueur de la fiche, c'est-à-dire la quantité dont le pieu ou la palplanche était entrée dans le terrain. On inscrivait cette longueur de fiche sur le registre du battage avec un croquis coté indiquant la position du pieu ou de la palplanche et du terrain (fig. 102). On inscrivait en outre sur le registre, à titre de renseignements, le poids du mouton, la hauteur de chute, le nombre d'hommes employés, le commencement et la fin du battage, le temps employé au battage, en déduisant les heures de repas ; le nombre de volées de trente coups, et enfin la quantité dont le pieu était entré dans le terrain par chaque volée. On inscrivait en outre le poids du sabot dont était armé chaque pieu ou chaque palplanche. Ces sabots étaient pesés à l'avance.

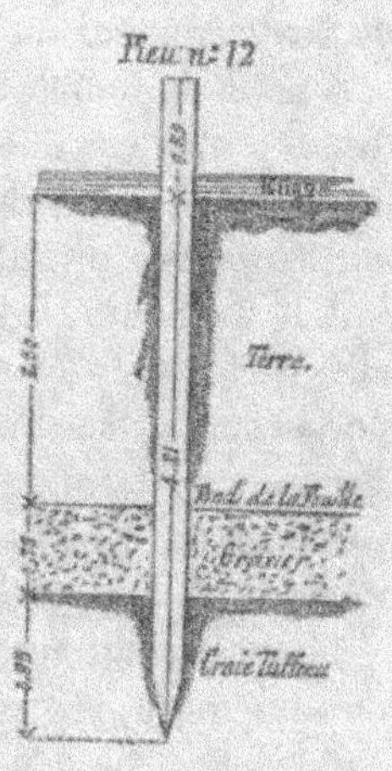

Fig. 102.

Un plan de l'enceinte des fondations figurait en tête du registre du battage, et la position de chaque pieu s'y trouvait indiquée avec un numéro. Ce numéro était rapporté sur chaque feuillet du registre contenant les renseignements du battage d'un pieu. Ainsi on écrivit, par exemple :

Pieu n° 12.
Grosseur du pieu	0^m,21 sur 0^m,20
Longueur du pieu au moment de la mise en fiche.	5 ,10
Longueur restant après le battage.	0 ,89
Longueur de fiche	4 ,21

La longueur de fiche était en outre contrôlée par la somme des quantités dont le pieu s'était enfoncé à chaque volée de trente coups.

Pour désigner les palplanches, on disait : deuxième ou troisième palplanche du panneau (3-4), par exemple, c'est-à-dire deuxième ou troisième palplanche du panneau compris entre les pieux n°ˢ 3 et 4.

Chaque feuillet du registre recevait, au fur et à mesure des inscriptions, la signature de l'agent secondaire et celle de l'entrepreneur ou de son représentant.

A la fin de juillet, 20 pieux et 10 palplanches étant battus furent portés sur le carnet aux *Travaux non terminés* avec la longueur moyenne de fiche déduite des résultats consignés sur le registre du battage.

A la fin d'août, il y avait au total 35 pieux et 108 palplanches de battus. Ces nombres de pieux et palplanches furent portés sur le carnet aux *Travaux non terminés* avec les longueurs moyennes de fiche, déduites des 35 pieux et des 108 palplanches, dont les dimensions étaient consignées sur le registre du battage.

Le battage fut entièrement achevé dans le courant du mois de septembre, et l'enceinte se composait de 56 pieux et 190 palplanches. La fiche moyenne des 56 pieux, calculée d'après les résultats inscrits au registre du battage, a été de 3^m45, et celle des 190 palplanches de 3^m20. La longueur moyenne des pieux et leur grosseur se sont trouvées un peu plus fortes que les dimensions fixées par les dessins. On s'en est alors tenu à ces dernières dimensions, qui étaient de 5 mètres de longueur pour les pieux et 0^m20 d'équarrissage.

Les palplanches avaient toutes en longueur et en épaisseur les dimensions prescrites, c'est-à-dire 5 mètres et 0^m12; leurs largeurs seules variaient, mais la moyenne fut trouvée égale à celle prescrite, c'est-à-dire 0^m25.

La fourniture des pieux et palplanches étant payée au mètre cube, et le battage d'après la longueur de fiche et la grosseur des pieux et palplanches, on inscrivit donc sur le carnet, aux *Travaux terminés*, les trois articles suivants :

Fourniture de bois de chêne.
{ 56 pieux. . . . . $\times 5,00 \times 0,20 \times 0,20 = 11,20$
{ 190 palplanches . $\times 5,00 \times 0,25 \times 0,12 = 28,50$ } $39^m.70$

Battage de 56 pieux de $0^m,20$ d'équarrissage à 3^m45 de fiche.

Battage de 190 palplanches de $0^m,25$ sur $0^m,12$ d'équarrissage et $3^m,20$ de fiche.

On pourrait nous demander pourquoi, au lieu de procéder ainsi, nous n'avons pas porté aux *Travaux terminés* chaque pieu et chaque panneau de palplanches au fur et à mesure du battage. La raison en est qu'il y aurait eu complication d'écritures, non-seulement au carnet, mais encore au sommier, qui est la reproduction de chaque article du carnet, et au métré, des ouvrages terminés que l'on doit produire chaque mois à l'appui des situations mensuelles des travaux. Ainsi les 56 pieux eussent exigé 112 inscriptions au carnet : 56 pour établir le cube des bois et autant pour le battage ; les 56 panneaux de paplanches eussent exigé également 112 inscriptions ; en tout 224 inscriptions au lieu de 3. En outre, ces 224 inscriptions eussent été reproduites au sommier et aux métrés de chaque mois, ce qui fait qu'on aurait eu en tout 672 inscriptions au lieu de 9.

Enfin il y aurait eu également moins de clarté dans les écritures, car pour connaître le cube total des bois, il eût fallu additionner les quantités portées en compte dans les mois de juillet, août et septembre. Il eût fallu en faire autant pour connaître le nombre de pieux et celui de paplanches battus, et rien n'eût indiqué la fiche moyenne, ni pour les pieux ni pour les palplanches. En agissant comme nous l'avons fait, le travail a été simplifié et présenté avec plus de clarté.

Les draguages de l'enceinte des fondations ont été commencés dans le courant de juillet et exécutés en même temps que le battage des pieux et palplanches.

A la fin de juillet, 125 mètres cubes de draguage étaient exécutés jusqu'à 1 mètre sous l'eau. Ce cube a été porté sur le carnet aux *Travaux non terminés*.

A la fin d'août, 158 mètres cubes étaient exécutés jusqu'à 1 mètre sous l'eau, 86 jusqu'à 2 mètres, et enfin 33 mètres cubes jusqu'à 2^m50 de profondeur. Ces quantités ont été portées sur le carnet aux *Travaux non terminés* sans nous être préoccupé des quantités inscrites le mois précédent, puisque la situation se trouvait établie de nouveau.

A la fin de septembre, les draguages de la fouille étaient complètement achevés et furent portés sur le carnet aux *Travaux terminés* de la manière suivante :

Draguages sous l'eau à une profondeur de 0^{m}50 à 1^{m}00   206^{mc}28

    —   —   1 00 à 2 00 148 74

    —   —   2 00 à 2 50   74 15

Cette disposition tient à ce que les prix du draguage variaient pour chaque mètre de profondeur. Les draguages sous l'eau jusqu'à 0^{m}50 ont été considérés comme déblais à sec et comptés comme tels.

Les cubes ci-dessus de draguage ont été inscrits au carnet avec les dimensions et croquis de la fouille.

Le coulage du béton a eu lieu pendant le mois d'octobre, et aussitôt le travail achevé, le cube de béton employé a été porté sur le carnet aux *Travaux terminés* avec les dimensions et croquis de la fouille.

Les maçonneries du pont ont été commencées le 24 octobre, et le 28 octobre les trois assises du socle de chaque culée étaient montées. Le plan de chaque assise indiquant les dimensions de chaque pierre a été relevé et inscrit jour par jour sur le carnet de l'agent secondaire chargé de la surveillance du travail. Chaque attachement recevait la signature de l'agent secondaire et celle du représentant de l'entrepreneur. La plus faible dimension en queue des pierres de taille employées dans les diverses assises a été de 0^{m}38, et la plus forte de 0^{m}65. Les cubes de chaque assise ont été trouvés de 0^{m}91, 1^{m}04, 0^{m}93, 1^{m}05, 1 mètre et 1^{m}07, et ont été obtenus par l'addition des cubes partiels de chaque pierre composant chaque assise, ce qui a donné un cube total de 6 mètres pour les six assises. Nous avons porté ce cube aux *Travaux non terminés*, sur la page de gauche de notre carnet, en renvoyant à celui de l'agent secondaire pour les attachements. De plus, nous avons porté sur la page de droite, à titre de complément et de renseignements, les dimensions des socles, bien que cela ne fût pas obligatoire.

Les deux socles ayant chacun 8^m10 de longueur, 0^m75 de hauteur, et le cube 6 mètres étant connu par les attachements de l'agent secondaire, il nous a été plus facile d'en déduire la queue moyenne des pierres, et nous avons trouvé 0^m494. La queue moyenne prescrite devait être de 0^m50.

Nous avons donc inscrit sur la page de droite de notre carnet la mention suivante :

Maçonnerie de pierre de taille.

Socle des culées du pont... $2 \times 8,10 \times 0,494 \times 0,75 = 6^m00$.

Le règlement du 28 septembre 1849 prescrit aux conducteurs de relever jour par jour, sur leur propre carnet, les résultats des attachements tenus par l'agent secondaire. En n'inscrivant pas les attachements de chaque assise, le jour même que l'agent secondaire les avait relevés sur son carnet, nous n'avons point pour cela dérogé à l'esprit du règlement, attendu que les attachements portés au carnet de l'agent secondaire étaient signés par l'entrepreneur, vérifiés et signés par nous, et qu'enfin les résultats en étaient relevés sur notre propre carnet en temps opportun, c'est-à-dire lorsque toutes les parties de même nature d'un ouvrage étaient terminées. En procédant ainsi, nous avons simplifié nos écritures au carnet, au sommier, et nous avons eu d'un seul coup le cube total de la pierre de taille. Notre comptabilité a présenté ainsi plus de clarté.

Enfin nous avons porté aux *Travaux non terminés* cette partie du travail, quoique complétement achevée. La raison est que, dans le mois suivant, il y avait encore des maçonneries de pierre de taille à exécuter ; or, pour connaître à la fin de ce deuxième mois le cube total de maçonnerie de pierre de taille exécutée, il eût fallu faire une addition, c'est-à-dire ajouter ce qui avait été fait dans le premier mois et dans le second. C'est ce que nous avons voulu éviter. Nous n'avons donc passé aux *Travaux terminés* le cube de la pierre de taille des socles que lorsque toutes les maçonneries de pierres de taille du pont ont été terminées ; de cette manière, nous avons eu d'un seul coup le cube total de maçonnerie de pierre de taille exécutée pour la construction du pont.

En général, dans nos attachements, nous avons maintenu aux *Travaux non terminés* les parties d'un ouvrage, quoique bien définies, tant que les autres parties de même nature que celle dont il s'agissait n'étaient pas complétement achevées. Alors seulement nous avons passé aux *Travaux terminés* les parties que nous avions maintenues aux *Travaux non terminés* quelquefois pendant plusieurs mois. Nous ajouterons que les quantités ainsi maintenues aux *Travaux non terminés* étaient nécessairement reproduites à la fin de chaque mois sur notre carnet aux *Travaux non terminés*, et qu'un trait rouge était tiré en marge de ces articles sur les feuillets des mois précédents. Nous ajouterons aussi que nous faisions accepter et signer par l'entrepreneur les attachements qui, bien que portés aux *Travaux non terminés*, devaient, par leur nature, devenir définitifs et être inscrits tels quels ultérieurement aux *Travaux terminés* ; mais cette mesure n'était pas obligatoire, puisque ces attachements étaient déjà signés sur le carnet de l'agent secondaire.

Les détails que nous venons de donner suffisent pour faire comprendre notre manière de procéder aux inscriptions sur le carnet, et nous allons terminer la description de la tenue des attachements du pont des Violettes sans entrer dans de nouvelles explications.

Outre la maçonnerie de pierre de taille concernant les socles des culées, il y avait d'exécuté à la fin d'octobre 1 mètre cube de maçonnerie de pierre de taille dans les arêtes des pieds-droits, 18 mètres cubes de maçonnerie de moellons têtués et 123 mètres cubes de maçonnerie de moellons ordinaires. Ces diverses quantités furent portées aux *Travaux non terminés*.

Le 3 novembre, les pieds-droits étaient montés, et l'agent secondaire avait inscrit jour par jour, sur son carnet, les dimensions de chaque pierre de taille placée à l'extrémité de chaque assise et formant l'arête des pieds-droits.

Les pierres de taille formant les arêtes des quatre pieds-droits ont eu les dimensions rigoureusement prescrites, c'est-à-dire 0^{m}60 sur 0^{m}40, et comme chaque pied-droit avait 2 mètres de hauteur, il a été facile d'obtenir le cube 1^{m}92 des quatre arêtes des pieds-droits. Ce cube, consigné sur le carnet de l'agent secondaire, fut reporté sur le nôtre aux *Travaux non terminés*, de la manière suivante :

Maçonnerie de pierre de taille.

4 pieds-droits $\times$ 0,60 $\times$ 0,40 $\times$ 2,00 = 1,92.

On plaça ensuite les cintres, et le cube des bois fut inscrit immédiatement sur notre carnet aux *Travaux terminés* avec les dimensions de chaque pièce et le dessin d'un cintre.

On procéda ensuite à la pose des voussoirs et à l'exécution de la voûte. Au fur et à mesure de la pose des voussoirs, l'agent secondaire en relevait le croquis sur son carnet et inscrivait les dimensions de la pierre.

Les maçonneries du pont étaient achevées complétement au 28 novembre, à l'exception des plinthes et parapets, qui ne furent posés qu'au mois de mai de l'année suivante.

Le métré général des travaux du pont fut alors dressé d'après les règles ordinaires, et le cube total des maçonneries a été trouvé de 401^{m}54. On fit ensuite le métré de la maçonnerie de pierre de taille et celui de la maçonnerie de moellons têtués.

La maçonnerie de pierre de taille comprenait le socle des culées, les arêtes des pieds-droits et les voussoirs des têtes. Le cube en fut établi et porté sur notre carnet aux *Travaux terminés*, de la manière suivante :

Maçonnerie de pierre de taille.

Socle	2 socles $\times$ 8,10 $\times$ 0,494 $\times$ 0,75 = 6,00	
Pieds droits.	4 arêtes $\times$ 0,60 $\times$ 0,40 $\times$ 2,00 = 1,92	14^m,01
Voussoirs . .	10,36 $\times$ 0,60 $\times$ 6,09 = 6,09	

Nous avons dit plus haut que les socles avaient 8^m10 de longueur, 0^m74 de hauteur et que leur cube, d'après les attachements de l'agent secondaire, étant 6 mètres, nous en avions déduit la queue moyenne 0^m494. Cette queue moyenne était un peu moins forte que celle indiquée par les dessins, laquelle était de 0^m50.

Pour les pierres de taille formant les arêtes des pieds-droits, leurs dimensions ont été les mêmes que celles prescrites, c'est-à-dire 0^m60 sur 0^m40. Chaque arête ayant 2 mètres de hauteur, le cube des pierres a été obtenu en multipliant les quatre arêtes par la hauteur 2 mètres, puis par 0^m60 et 0^m40, et l'on a obtenu 1^m92. Ce cube est égal à celui consigné au carnet de l'agent secondaire.

Quant aux voussoirs, le cube de chacun figure au carnet de l'agent secondaire et le cube total est de 6,09. Or tous ces voussoirs ont chacun 0^m60 de hauteur, d'où il suit que la courbe passant par leur milieu a 3^m30 de rayon (la voûte ayant 3 mètres de rayon), et par suite $3^m14 \times 3^m30 = 10^m36$ de développement. En divisant le cube 6^m09 par le produit $10^m36 \times 0^m60$, nous avons obtenu la queue moyenne des voussoirs, c'est-à-dire 0^m49. Cette queue moyenne n'est autre chose que la longueur des voussoirs dans le sens de l'axe de la voûte. La queue moyenne fixée par les dessins était de 0^m50.

En ce qui concerne la maçonnerie de moellons têtués, le cube a été facile à établir ; il a suffi de faire la somme des surfaces des plans de têtes, de l'élévation des pieds-droits et de l'intrados de la voûte, puis de multiplier par l'épaisseur fixe de 0^m40. On a trouvé 70^m64.

Enfin le cube des maçonneries d'intérieur en moellons ordinaires a été obtenu en retranchant du cube général 401^m54 la somme 84^m65 des cubes 14^m01 et 70^m64 de pierre de taille et de moellons têtués, et l'on a trouvé 316^m89.

La chape en mortier de ciment de Portland, de 0^m04

d'épaisseur, et composée de deux parties de ciment et trois
parties de sable, fut appliquée sur la voûte le 3 décembre
et portée immédiatement sur notre carnet aux *Travaux terminés.*

Telle est la manière dont nous avons tenu nos attachements ; et en procédant comme nous l'avons fait, nous con-
naissions tous les jours la situation des travaux et nous
étions en mesure de répondre aux questions qui pouvaient
nous être posées. Il nous a été facile d'établir le décompte
définitif des travaux du pont et de le présenter d'une manière
simple, claire et précise. Il en a été de même pour l'écluse
de dérivation de l'Amasse et pour les têtes du souterrain.
Enfin l'état comparatif des dépenses, entre les ouvrages exécutés et les ouvrages prévus, a pu être dressé avec la plus
grande facilité.

110. MÉTRÉS. — Tous les ouvrages, sans exception, doivent être mesurés et comptés d'après les dimensions spéci-
fiées dans les dessins et ordres d'exécution. Si les dimensions en œuvre sont plus faibles que celles prescrites, les
prix ne seront appliqués, en cas de réception, qu'aux quantités réellement exécutées ; si elles sont plus fortes, il n'est
pas tenu compte à l'entrepreneur de l'excédant qui en résulte.

Les métrés établis avant l'exécution des travaux, d'après
des profils ou gabarits placés à l'avance, et ceux dressés en
cours d'exécution doivent être inscrits sur le carnet d'attachements, puis signés et acceptés par l'entrepreneur.

Métré d'un ponceau. — Nous allons donner ici, sur la demande de plusieurs de nos souscripteurs, le métré d'un ponceau. Nous prendrons pour exemple le ponceau indiqué en
élévation, en plan, en coupe en travers et en coupe en long
par les figures 103, A, B, C, D. — La figure 104 indique les
dimensions d'un sommier.

Ce ponceau a été exécuté en 1851 sous notre direction personnelle, pour le compte de la ville de Meung-sur-Loire, département du Loiret. Nous en avons fait et présenté le

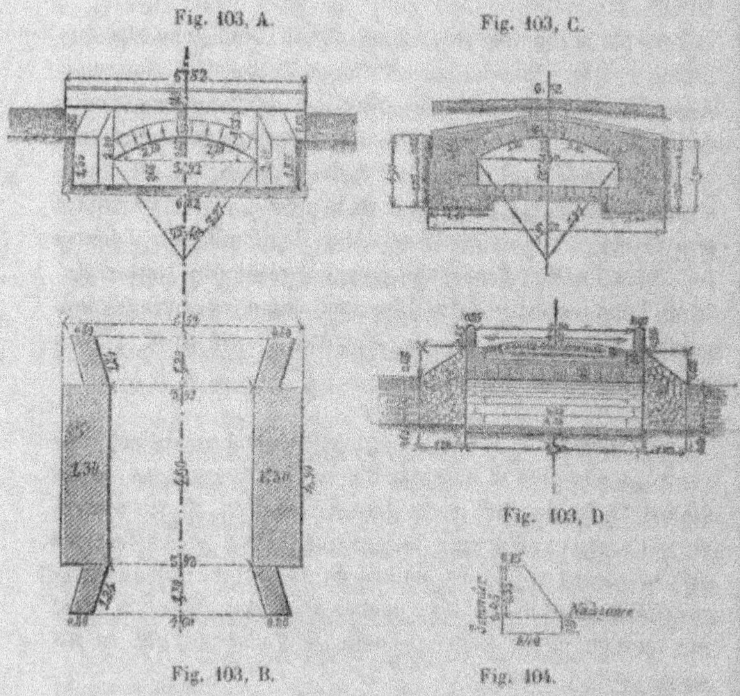

Fig. 103, A.

Fig. 103, C.

Fig. 103, B.

Fig. 103, D.

Fig. 104.

projet qui a été approuvé par le comité consultatif des travaux publics. M. le préfet du Loiret nous a fait donner avis de cette approbation par M. le maire de Meung.

DÉSIGNATION DES OUVRAGES	Nombre de parties semblables	LONGUEUR	LARGEUR	HAUTEUR	SURFACES	CUBE
§ 1. Maçonnerie générale.						
Fondations des pieds-droits	2	4,90	1,40	0,60	»	8,28
Élévation des pieds-droits	2	4,90	1,30	0,65	»	8,28
Élévation des murs de têtes à partir du plan des naissances	2	6,52	0,40	$0,65+0,40+0,30$	»	7,04
Voûte et reins entre les têtes	2	4,40	$\frac{6,32}{2}$	$\frac{(0,65+0,40)+0,65}{2}$	»	22,01
Fondations des murs en ailes	4	1,24	0,80	0,60	»	2,38
Élévation des murs en ailes	4	1,24	0,80	1,35	»	5,36
Rampants des murs en ailes	4	1,24	$\frac{0,80}{2}$	0,65	»	1,20
Parapets	2	6,52	0,35	0,45	»	2,05
Total						56,60

Dont à déduire le vide du segment circulaire :

La surface du secteur est égale à $\dfrac{4,20 \times 3,27}{2} = 6,87$, et celle du triangle est égale à $\dfrac{3,92 \times 2,62}{2} = 5,13$; d'où il suit, que la surface du segment sera $6,87 - 5,13 = 1,72$ et le cube à déduire sera 4,90 de longueur .... | 1,72 | 8,45

CUBE DE LA MAÇONNERIE GÉNÉRALE .... | 48,24

DÉSIGNATION DES OUVRAGES	Nombre de parties semblables	LONGUEUR	LARGEUR	HAUTEUR	SURFACES	CUBE
§ 2. Maçonnerie de pierre de taille.						
Têtes de la voûte	2	$\frac{4,20+4,71}{2}$	0,35	0,40	»	1,25
Pieds-droits au-dessous du radier	4	4,90	0,50	0,20	»	1,96
Pieds-droits, élévation	4	4,90	0,35	0,65	»	4,46
Sommier au-dessus des naissances (fig. 104)	4	4,90	$\frac{0,40+0,15}{2}$	0,35	»	1,89
Parapets	2	6,52	0,35	0,45	»	2,05
CUBE TOTAL DE LA MAÇONNERIE DE PIERRE DE TAILLE						11,61
§ 3. Maçonnerie de moellons têtués.						
Corps de la voûte	1	4,20	$\frac{4,20+4,71}{2}$	0,40	»	7,51

§ 4. Maçonnerie ordinaire à surface paramentée.

Cube égal à celui de la maçonnerie générale diminué du cube de la pierre de taille et des moellons têtués $= 48,24 - (11,61 + 7,51) = 48,24 - 19,12 =$ .... | 29,12

DÉSIGNATION DES OUVRAGES	Nombre de parties semblables	LONGUEUR	LARGEUR	HAUTEUR	SURFACES	CUBE
§ 5. Pavage maçonné de 0,20 d'épaisseur.						
Radier du ponceau	1	4,90	3,92	»	19,21	»»
§ 6. Taille de la pierre de taille.						
Têtes des sommiers au-dessus des naissances	4	$\frac{0,40+0,15}{2}$	0,35	»	0,39	»
Têtes des pieds-droits	4	0,35	0,65	»	0,91	»
Faces des pieds-droits sous la voûte	2	4,90	0,65	»	6,37	»
Têtes de voûte, couronnes	2	4,20	0,40	»	3,36	»
Douelle	2	4,20	0,35	»	2,94	»
Parapets	2	6,52	1,25	»	16,30	»
SURFACE TOTALE DE LA TAILLE DE PIERRE					30,27	»

111. SURVEILLANCE DES TRAVAUX. — La surveillance des travaux est exercée par des chefs d'ateliers appelés *surveillants*, puis par des agents secondaires et enfin par le conducteur des ponts et chaussées. Le contrôle de cette surveillance appartient à l'ingénieur chargé du service. La surveillance consiste à veiller à ce que l'entrepreneur se conforme aux conditions qui lui sont imposées par le devis et le cahier des charges.

112. RÉCEPTIONS. — Tous les matériaux doivent être vérifiés et reçus par l'ingénieur avant leur emploi.

Les ouvrages exécutés sur l'objet de deux réceptions générales, l'une provisoire et l'autre définitive.

113. RÉCEPTIONS DE MATÉRIAUX. — Les matériaux approvisionnés doivent être groupés et mis en état de réception suivant les dispositions prescrites par l'ingénieur. Ces dispositions sont généralement celles que nous avons indiquées au numéro 108, à l'article *Approvisionnements*.

Lorsqu'il s'agit de matériaux à compter en dehors des ouvrages, c'est-à-dire de matériaux qui doivent figurer au décompte de l'entreprise explicitement et sans être confondus dans les ouvrages, soit parce que l'administration en a simplement demandé la fourniture, soit parce que le devis a prescrit d'en évaluer séparément la fourniture et l'emploi, ils peuvent être reçus et comptés par masses, au lieu de l'être à la pièce, si l'ingénieur le juge convenable.

Dans ce cas, le compte des matériaux est établi au moyen de tas d'épreuve, comme il suit :

Les matériaux ayant été groupés ou emmétrés en tas par l'entrepreneur, conformément aux indications de l'ingénieur, l'entrepreneur remettra à l'ingénieur la note détaillée des quantités comprises dans chaque tas, et ce dernier désignera un ou plusieurs de ces tas qu'il fera trier, compter ou emmétrer par des ouvriers de son choix. Si la quantité trouvée par cette vérification est moindre que celle portée sur la note, l'ensemble de la fourniture sera frappé d'une réduction proportionnelle à la différence ; si elle est égale ou plus grande, les quantités portées sur la note seront simplement admises. Dans le triage, on enlèvera les matériaux de mauvaise qualité ou de dimensions insuffisantes, et dans l'emmétrage, on serrera les matériaux à la main avec le moins de vide possible ; l'entrepreneur ne pourra réclamer aucune indemnité pour les matériaux de cette nature qui resteront incorporés dans la totalité de la fourniture.

Les matériaux comptés à la pièce, tels que pavés, boutisses, bordures de trottoirs, etc., qui sont refusés au moment de la réception, doivent être rangés de côté et enlevés dans un court délai. Ils peuvent être marqués à la peinture à l'huile d'une large croix rouge ou noire.

La réception des matériaux est faite par l'ingénieur ordinaire accompagné du conducteur et en présence de l'entrepreneur. Elle est constatée par un procès-verbal de réception dressé en triple expédition. L'une des expéditions est remise à l'entrepreneur, la seconde est conservée par l'ingénieur, et la troisième est envoyée à l'ingénieur en chef.

Le procès-verbal indique en toutes lettres les quantités de chaque espèce de matériaux auxquelles l'ingénieur a reconnu les qualités et dimensions prescrites par le devis et qu'il a reçues.

Les quantités de matériaux reçues font immédiatement l'objet d'un article au journal du conducteur.

Lorsqu'il s'agit de matériaux à compter dans le corps des ouvrages, c'est-à-dire de matériaux qui ne doivent figurer au décompte de l'entreprise que confondus dans les ouvrages, ils sont, avant l'emploi, l'objet de réceptions faites au fur et à mesure de leur livraison et ayant pour but de constater leur bonne qualité et la convenance de leurs dimensions.

Les matériaux rebutés sont rangés de côté pour rester en vue du chantier jusqu'à l'achèvement des travaux, afin qu'on soit sûr qu'ils n'ont pas été employés. Ils sont marqués à la peinture à l'huile d'un point ou d'une croix rouge ou noire. Les pièces qui ne sont pas susceptibles de recevoir cette marque sont immédiatement enlevées des magasins et chantiers.

Par exception à cette règle, le sable, les graviers, les pierres cassées, les mortiers et bétons déclarés non recevables sont immédiatement jetés et employés dans les remblais ordinaires.

Il est dressé un procès-verbal des matériaux reçus ou refusés, et une copie de ce procès-verbal est remise à l'entrepreneur.

La réception des matériaux à compter dans le corps des ouvrages ne fait point l'objet d'un procès-verbal, et le conducteur n'a rien à inscrire sur son journal.

114. RÉCEPTIONS DES OUVRAGES. — Indépendamment des réceptions partielles des matériaux, deux réceptions générales sont faites après l'achèvement des ouvrages, l'une provisoire et l'autre définitive.

La première réception générale, dite *réception provisoire*, a lieu aussitôt après le complet achèvement des travaux et a pour objet de fixer d'une manière précise le jour à partir duquel le délai de garantie a commencé de courir. Elle est constatée par un procès-verbal dans lequel l'ingénieur déclare qu'après avoir examiné et vérifié les travaux, il reconnaît que ces travaux sont terminés et qu'ils peuvent être reçus provisoirement. Le procès-verbal est dressé en trois expéditions : l'une pour l'ingénieur en chef, l'autre pour l'entrepreneur et la troisième pour l'ingénieur ordinaire. Il n'est pas nécessaire de joindre de décompte à ce document.

Si, au moment de la réception provisoire, l'ingénieur reconnaît ou présume que des matériaux de mauvaise qualité ou de dimensions insuffisantes ont été employés, il ordonne la démolition des ouvrages, et la réception est ajournée jusqu'à ce qu'ils aient été rétablis en matériaux de bonne qualité ou de dimensions convenables. L'entrepreneur ne peut se prévaloir des réceptions partielles pour justifier l'emploi de matériaux de mauvaise qualité. En ce qui concerne les dimensions inférieures des matériaux, l'entrepreneur ne peut pas non plus réclamer le maintien de dimensions jugées insuffisantes par l'ingénieur en se prévalant de l'article 23 des clauses et conditions générales du 16 novembre 1866, qui dit que, dans le cas de dimensions plus faibles que celles prescrites, les prix seront réduits en conséquence, car ce même article dit aussi que l'entrepreneur ne peut de lui-même apporter aucun changement au projet ; qu'il est tenu de faire immédiatement, sur l'ordre des ingénieurs, remplacer les matériaux ou reconstruire les ouvrages dont les dimensions ne sont pas conformes au devis.

La seconde réception générale, dite *réception définitive*, a lieu à l'expiration du délai de garantie, c'est-à-dire six mois après la réception provisoire pour les travaux d'entretien, les terrassements et les chaussées d'empierrement, et un an pour les ouvrages d'art, selon les stipulations du devis (art. 47 des clauses et conditions générales de 1866).

Un procès-verbal de cette réception définitive est dressé par l'ingénieur qui constate que les travaux satisfont aux conditions du devis et sont en bon état d'entretien, et déclare qu'il y a lieu d'en accorder la réception définitive.

Ce procès-verbal est accompagné du décompte définitif des ouvrages exécutés et des dépenses faites.

Le procès-verbal de réception définitive est adressé à l'ingénieur en chef pour être vérifié et approuvé par lui, s'il y a lieu.

Entre les deux réceptions générales, l'entrepreneur demeure responsable de ses ouvrages, et il est tenu de les entretenir en bon état et à ses frais.

115. DÉCOMPTES. — Les décomptes concernant une entreprise sont provisoires ou définitifs. Ils sont dans tous les cas réglés au moyen des attachements pris en cours d'exécution

conformément aux règlements de comptabilité du service des ponts et chaussées.

Le décompte provisoire est dressé chaque fois qu'il s'agit de délivrer un à-compte à un entrepreneur. Ce décompte provisoire indique : 1° le montant des ouvrages terminés et dépenses faites au 31 décembre de l'année précédente ; 2° le montant des dépenses portées sur le dernier décompte dressé sur l'exercice courant ; 3° les travaux exécutés (travaux terminés, non terminés et approvisionnemens) depuis le dernier décompte provisoire, avec les quantités et les dépenses ; 4° le détail des fournitures faites par l'entrepreneur depuis le dernier décompte provisoire avec les dépenses qui en résultent.

Ce décompte contient en outre une situation comparative des fonds ordonnancés et des certificats de payement précédemment délivrés.

Le certificat pour payement et le décompte sont envoyés à l'ingénieur en chef ; le certificat pour payement est seul produit au payeur à l'appui du mandat.

D'après l'article 40 des clauses et conditions générales de 1866, il doit être dressé à la fin de chaque mois un décompte provisoire des ouvrages exécutés et des dépenses faites, pour servir de base aux payements à faire à l'entrepreneur.

Un décompte provisoire dit *décompte de fin d'année* est dressé pour chaque entreprise au 31 décembre. Ce décompte est notifié à l'entrepreneur avec délai de vingt jours pour la production de ses observations à l'ingénieur en chef. (Art. 41 des clauses et conditions générales.)

Ce même décompte est adressé à l'ingénieur en chef en même temps qu'on le notifie à l'entrepreneur. Ces notifications doivent être terminées avant le 1er mars.

Le *décompte définitif* est dressé lorsque les travaux d'une entreprise sont complètement achevés. On doit indiquer dans le décompte définitif les fournitures faites par l'entrepreneur en quantités et en deniers et donner le détail des travaux par sections de l'avant-métré, par ouvrages d'art, par nature de travaux, terrassements, maçonneries, charpente, etc., avec les quantités et les dépenses.

Le décompte définitif est certifié par l'ingénieur et présenté à l'acceptation de l'entrepreneur avec délai de vingt jours pour la production de ses observations. Il est dressé procès-verbal de la présentation du décompte à l'entrepreneur et des circonstances qui l'ont accompagnée.

Le décompte et le procès-verbal de réception définitive sont adressés à l'ingénieur en chef avec le certificat de payement. Cette dernière pièce doit contenir la récapitulation par masse des dépenses détaillées au décompte que conserve l'ingénieur en chef.

116. MISE EN RÉGIE D'UN ENTREPRENEUR. — D'après l'article 35 des clauses et conditions générales, lorsqu'un entrepreneur ne se conforme pas soit aux dispositions du devis, soit aux ordres de service qui lui sont donnés par les ingénieurs, un arrêté du préfet le met en demeure d'y satisfaire dans un délai déterminé. Ce délai, sauf le cas d'urgence, n'est pas de moins de dix jours à dater de la notification de l'arrêté de mise en demeure.

A l'expiration de ce délai, si l'entrepreneur n'a pas exécuté les dispositions prescrites, le préfet, par un second arrêté, ordonne l'établissement d'une régie aux frais de l'entrepreneur. Il en est aussitôt rendu compte au ministre, qui peut, selon les circonstances, soit ordonner une nouvelle adjudication à la folle enchère de l'entrepreneur, soit prononcer la résiliation pure et simple du marché, soit prescrire la continuation de la régie.

Tout conducteur qui veut mettre sa propre responsabilité à couvert doit tenir scrupuleusement ses chefs au courant de l'avancement graduel des travaux et de l'état des approvisionnements.

Lorsqu'on prévoit, d'après les ressources dont dispose l'entrepreneur ou d'après sa manière de faire habituelle, qu'il lui sera impossible de terminer ses ouvrages pour l'époque finale qui lui a été assignée, les ingénieurs adressent au préfet un rapport de service bien motivé dans lequel ils signalent les circonstances desquelles il résulte que les conditions de l'adjudication ne sont pas remplies et qu'il y a lieu de suppléer à l'inaction de l'entrepreneur.

L'entrepreneur est alors mis en demeure, par arrêté du préfet, de fournir une quantité convenablement déterminée de matériaux par semaine, ou d'employer à ses travaux tant de voitures et d'ouvriers par jour, sous peine de voir ces nouvelles prescriptions exécutées à ses frais, à la diligence de l'administration des ponts et chaussées. Si cette mesure ne produit pas son effet dans le délai fixé par l'arrêté lui-même, l'ingénieur dresse un procès-verbal constatant l'inexécution des conditions imposées par la mise en demeure, et un second arrêté préfectoral autorise la mise en régie de l'entreprise à partir de la notification qui en est faite à l'entrepreneur. L'arrêté préfectoral prescrit l'organisation de la régie, en détermine les conditions et nomme le régisseur.

Au moment de l'établissement de la régie et avant la prise de possession de l'atelier par l'administration, il doit être dressé, en présence de l'entrepreneur, ou lui dûment appelé, un inventaire descriptif des équipages, outils, ustensiles de l'entrepreneur et de tout le matériel de ses ateliers. Il doit être dressé en outre un état de situation des travaux exécutés, des matériaux approvisionnés et des dépenses faites. L'état d'inventaire et l'état de situation, en cas de refus par l'entrepreneur de les reconnaître et de les signer, doivent être revêtus de toutes les formes nécessaires pour établir leur authenticité.

Lorsque l'administration institue un régisseur, elle est tenue de surveiller sa gestion et de lui faire dresser des comptes ; autrement une partie de l'excédant des dépenses en augmentation peut être mise à sa charge.

Les opérations de la régie sont inscrites sur un carnet spécial tenu par le conducteur chargé de diriger la régie.

Pendant l'exécution de la régie, l'entrepreneur a le droit d'obtenir communication de toutes les pièces comptables, sans que, bien entendu, il puisse entraver la marche des travaux. Il a également le droit, après l'exécution des travaux, de réclamer un compte de clerc à maître de toutes les dépenses de la régie. Mais c'est là un droit personnel à l'entrepreneur, ses créanciers n'auraient pas qualité pour réclamer cette communication ni ce compte.

Ainsi donc, à l'époque de la formation du compte de sa régie, l'entrepreneur doit être admis à la discuter et à réclamer la justification des dépenses et frais de régie.

Afin d'ôter tout prétexte de réclamations aux entrepreneurs au sujet de la régie, il faut remplir exactement les formalités préalables de la mise en régie, c'est-à-dire notifier l'arrêté préfectoral prononçant la mise en régie et dresser l'inventaire du matériel avant la prise de possession des ateliers.

Il faut aussi que les marchés passés par l'entrepreneur soient maintenus lorsque les parties avec lesquelles il a contracté offrent des garanties suffisantes pour l'exactitude de l'exécution ; qu'il ait la faculté de présenter des fournisseurs, sous-traitants et ouvriers auxquels on devra donner la préférence, lorsque l'ingénieur les aura reconnus admissibles, et que la régie n'aura pas déjà pris avec d'autres des engagements définitifs.

En conséquence de l'article 35, lorsque les travaux de l'entreprise sont peu avancés, la mise en régie n'est que le prélude de la résiliation suivie de la réadjudication sur folle enchère; mais c'est là un droit rigoureux que l'administration n'exerce que dans des cas exceptionnels.

Il arrive aussi quelquefois, que soit par esprit de bienveillance de l'administration, soit sur la réclamation formée par l'entrepreneur contre la mise en régie, cette mesure est annulée ou rapportée eu égard aux circonstances. Il y a alors résiliation pure et simple et l'administration fait alors exécuter les travaux à son propre compte, soit d'après une réadjudication, soit par régie.

L'entrepreneur peut d'ailleurs être relevé de a régie, s'il justifie des moyens nécessaires pour reprendre les travaux et les mener à bonne fin.

Il est entendu que l'entrepreneur supporte les augmentations de prix que subissent les ouvrages et la main-d'œuvre par suite de la mise en régie ou de la réadjudication sur folle enchère. Il est entendu également que s'il y a une diminution dans les prix des ouvrages, l'administration profite seule de son bénéfice.

ARTICLE II.

Appareils employés pour le transport, le bardage, le montage et la mise en place des matériaux.

§ I. — MISE EN PLACE DES MATÉRIAUX.

117. Les pierres étant préparées et taillées conformément aux dispositions indiquées par les dessins d'appareils, on procède à leur mise en place, ce qui exige les deux opérations suivantes :

1° Le transport du chantier où les pierres ont été taillées aux lieux où elles doivent être employées ; ce qui s'appelle *barder* les matériaux ou faire le *bardage* ;

2° Le montage des pierres ou la descente sur le tas au moyen de la chèvre ou de la grue.

§ II. — BARDAGE.

118. Le bardage des matériaux de construction de toute nature n'est autre chose que le transport de ces matériaux

du chantier où ils ont été travaillés au lieu d'emploi. Il se fait au moyen de rouleaux et madriers, de cabestans, de brouettes, civières, diables, fardiers, tombereaux et camions.

119. Rouleaux et madriers. — Pour les petites distances, on peut faire avancer les pierres en les plaçant sur des rouleaux en bois que l'on fait mouvoir sur des madriers, afin d'éviter les inégalités du sol. On protége les arrêtes des pierres tendres taillées en plaçant sur les rouleaux un madrier sur lequel repose la pierre.

120. Cabestan. — Lorsqu'il s'agit de faire monter des pierres sur un plan incliné, on dispose sur le haut du plan un cabestan ou treuil vertical (fig. 105) placé dans un châssis en charpente. La pierre à monter est placée sur des rouleaux et madriers, et embrassée par une corde qui vient s'enrouler

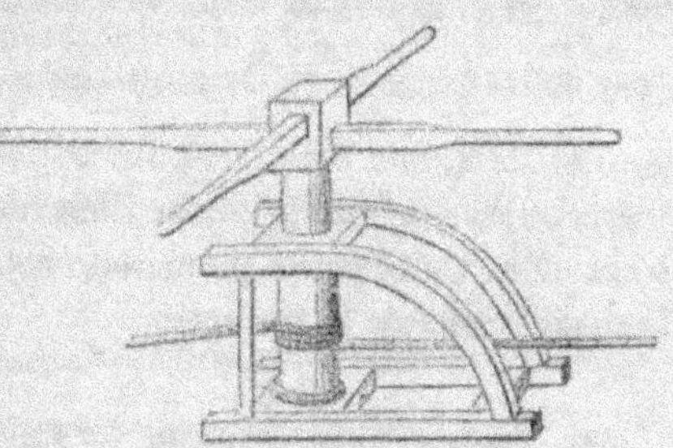

Fig. 105.

sur le cabestan. En faisant tourner le cabestan au moyen de leviers en bois, la pierre finit par arriver au sommet du plan incliné. Ce moyen est fréquemment employé par les mariniers de la Loire pour débarquer des pierres d'un bateau et les placer sur le haut d'un quai. Le châssis, qui est simplement posé sur le sol, doit être amarré solidement au moyen de cordages reliés à de forts piquets enfoncés en terre.

121. Brouette ordinaire a coffre. — Les terres, le sable et le mortier sont généralement transportés au moyen de la brouette ordinaire à coffre.

La brouette terrassière, employée de préférence aux travaux d'Amboise, avait la forme et les dimensions indiquées par la figure 106.

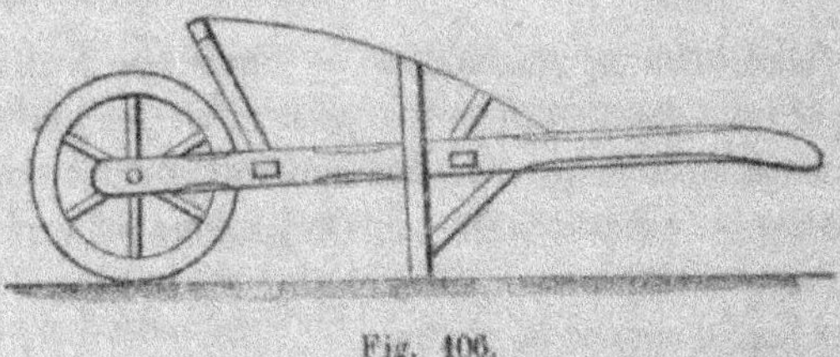

Fig. 106.

La capacité de cette brouette était de 40 litres ou $\frac{1}{25}$ de mètre cube. Il y avait aussi des brouettes dont la capacité était de 30 litres ou $\frac{1}{33}$ de mètre cube. Une petite planchette figurée au dessin est placée sur le devant de la brouette et traverse les côtés de la caisse dans des entailles pratiquées à cet effet. Cette petite planchette est destinée à maintenir le chargement de la brouette.

122. BROUETTE A BARRES. — La brouette à barres se compost d'un brancard dont les deux bras sont réunis par des traverses formant le fond, et d'un dossier à claire-voie (fig. 107).

Fig. 107.

Cette brouette peut facilement être renversée au déchargement si cela est nécessaire. Elle s'emploie particulièrement au transport des moellons et de blocs de pierre pouvant être chargés par un seul homme.

123 CIVIÈRE OU BARD. — La civière ou bard n'est autre chose qu'un brancard dont les deux bras sont réunis par

des traverses formant claire-voie (fig. 108). On l'appelle aussi *bayard*.

On emploie le bard pour le transport des moellons piqués et des pierres de taille d'un poids médiocre, principalement lorsqu'on a des rampes à gravir et que l'on ne peut faire usage de la brouette.

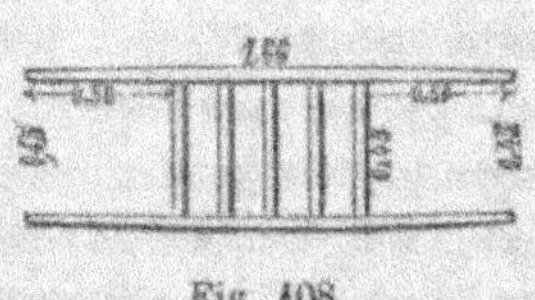

Fig. 108.

Les matériaux à transporter sont placés sur les traverses du brancard, et deux hommes peuvent facilement porter le bard soit à bout de bras, avec ou sans bricole, soit sur les épaules. L'un des hommes se place entre les bras en avant du brancard et l'autre en arrière. Si la charge est considérable, on peut distribuer autour des pierres en dehors du brancard deux ou quatre bardeurs.

Nous avons aussi employé des bards à trois bras portés par quatre hommes, deux en avant et deux en arrière.

C'est de la civière ou bard que sont venus les mots de *bardage* et *bardeurs*.

124. DIABLE OU BINARD. — C'est une voiture très-basse à

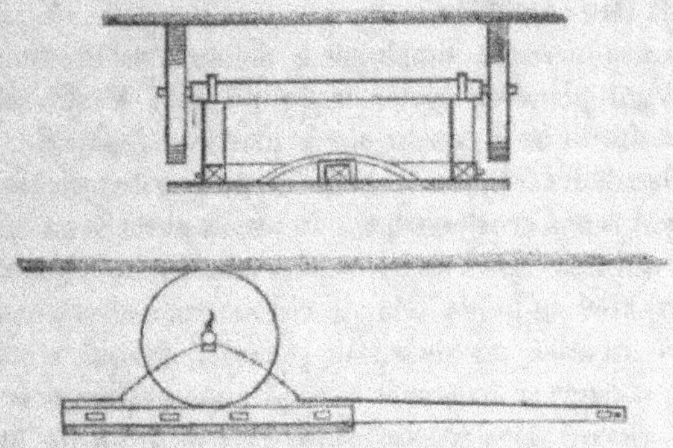

Fig. 109.

deux roues, formée d'un timon et de deux pièces parallèles à ce timon, auquel elles sont reliées par plusieurs barres qui les traversent toutes trois (fig. 109).

Le timon et les deux pièces parallèles sont recouverts par un plancher plus élevé que les roues. Pour que le timon ne porte pas sur l'essieu, les intervalles entre cet essieu et les deux pièces parallèles au timon sont remplis par des fourrures en bois posées de champ et assez hautes pour que le timon soit écarté de l'essieu. Comme le timon ne porte pas sur l'essieu et ne pourrait y porter sans le casser, les deux pièces parallèles sont reliées ou timon par deux armatures en fer placées aux deux extrémités du plancher, ainsi que l'indique la figure 108, mais en sens contraire à l'avant et à l'arrière.

Pour se servir du diable, on soulève la flèche ou timon, et on rapproche le tablier de la pierre dressée elle-même sur un de ses côtés; on recouvre ce tablier d'un paillasson natté et on abat la pierre dessus, après avoir calé les roues pour que le diable ne s'avance pas sous l'effet de la pierre. Dans cette position, on rabat la flèche du diable en maintenant la pierre dessus ; elle se trouve alors trop en arrière, mais on la ramène en avant en frappant plusieurs fois le bout du timon par terre. Lorsque le centre de gravité passe par l'essieu, on décale les roues et on mène la pierre au lieu où elle doit être employée.

L'un des ouvriers employés à manœuvrer le diable est muni d'une pince ou levier en fer qui sert à faire aller la pierre à droite ou à gauche sur le plancher du diable.

Les bardeurs traînent le diable au moyen de bricoles qu'ils attachent à des crochets fixés au timon et de deux ou trois barres qui traversent ce timon. Le nombre de bardeurs est proportionné au poids des pierres ; lorsqu'elles sont très-lourdes, on attèle au binard un cheval, ce qui n'empêche pas d'y conserver six à sept bardeurs nécessaires pour charger les pierres. Des crochets sont fixés au train de derrière du binard pour y attacher les bricoles lorsqu'il faut le faire reculer.

Le diable est particulièrement employé pour le transport des pierres de taille.

125. Fardier. — Le fardier n'est qu'un diable ordinaire sans plancher, parce que les gros matériaux sont attachés au-dessous de l'essieu de la voiture. C'est ainsi que l'on transporte de fortes pièces de bois, poutres, etc., en les attachant avec des chaînes en fer au-dessous de l'essieu du fardier.

126. Tombereau. — Tout le monde sait qu'un tombereau est une voiture à deux roues composée d'un brancard et d'une caisse mobile autour de l'essieu. La capacité du tombereau est d'au moins $0^{mc}500$.

On emploie le tombereau pour transporter les terres, les moellons, les pierres, les pavés, etc.

127. Camion. — Nous avons dit au numéro 26 ce que c'était que le camion.

On ne peut généralement se servir du camion que pour effectuer des transports sur des parties horizontales ou descentes ; en rampe, il n'offre pas d'avantage sur l'emploi des brouettes.

§ III. — MONTAGE.

128. La manœuvre des pierres de taille sur les chantiers se fait au moyen du cric ; le transport du mortier à l'aide d'échelles se fait au moyen d'une auge ou bien d'un oiseau.

Le montage des pierres s'opère au moyen de plans inclinés, poulies, moufles, treuils, cabestans, bourriquets, chèvres, potences ou sapines et grues.

129. Crics. — Le cric est un instrument au moyen duquel on peut exercer des efforts considérables, et qui sert à soulever d'une petite quantité, des corps très-pesants. Il est fréquemment employé sur les chantiers pour manœuvrer les pierres de taille et leur faire prendre la position convenable pour être travaillées avec facilité. La manœuvre, qui consiste à faire faire un quart de révolution à une pierre parallélipipédique, en la faisant porter d'une face sur la face adjacente, s'appelle *faire faire quartier à la pierre.*

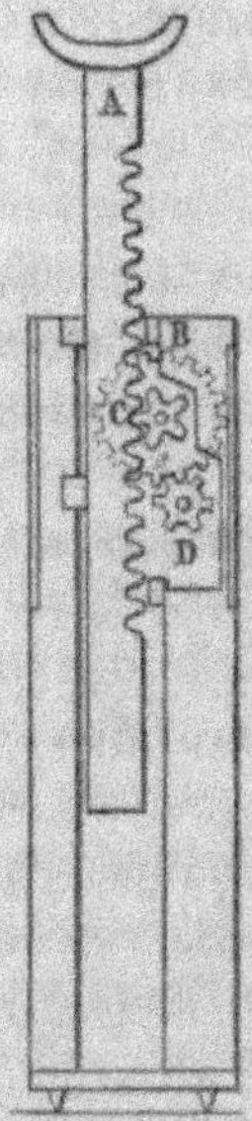

Comme exemple de cric, nous prendrons la figure 110.

Une crémaillère A engrène avec un pignon C sur l'axe duquel est montée une roue dentée B, qui tourne en même temps que lui, et qui engrène avec un second pignon D ; enfin l'axe de ce second pignon est muni d'une manivelle E (fig. 111).

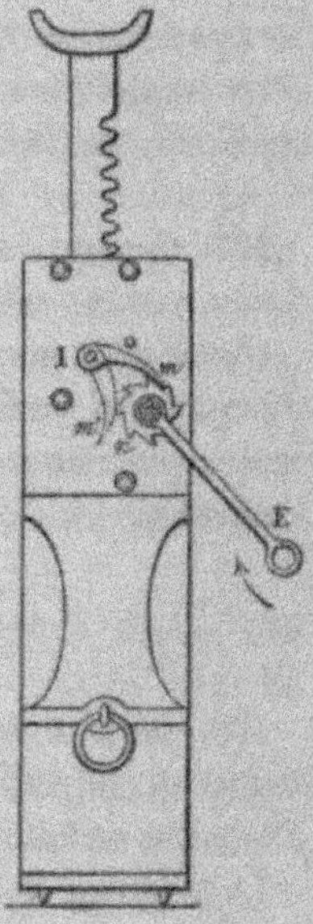
Fig. 111.

Le corps du cric est un fort morceau de bois dur dans lequel on a pratiqué une entaille destinée à loger la crémaillère et les roues d'engrenage. Ces roues sont recouvertes par une plaque de tôle traversée par l'axe de la manivelle et que l'on voit sur la figure 111. Un encliquetage composé d'une roue n appelée *rochet* et d'un cliquet m mobile autour du point I, est disposé sur la face extérieure de la plaque de tôle. Cet encliquetage permet d'arrêter l'action de la force qui faisait tourner la manivelle, sans que pour cela la crémaillère cède sous l'effort du poids qu'elle supporte, et rentre à l'intérieur du cric en faisant tourner les roues en sens contraire.

Fig. 110.

Le cliquet m vient s'engager entre les dents du rochet n, qui est monté sur l'axe de la manivelle et fait corps avec elle. D'après la forme des dents et la disposition du cliquet, on voit que la manivelle ne peut tourner que dans un sens, celui indiqué par la flèche. Pendant qu'elle tourne, le cliquet est successivement soulevé par les diverses dents du rochet, puis il retombe successivement, en vertu de son poids, chaque fois qu'une dent a passé. Cette disposition permet de modérer ou graduer la descente du fardeau, s'il devient nécessaire de l'abaisser d'une certaine quantité. Lorsqu'on veut faire rentrer la manivelle dans le cric, on n'a qu'à soulever le cliquet, en le faisant tourner autour du point I pour l'amener dans la position m' ; alors il ne touche plus les dents que par sa partie convexe, et la manivelle se retrouve dans les mêmes conditions que si l'encliquetage n'existait pas.

Le madrier en bois formant la chape du cric est bardé de fer et a environ 0^m90 de longueur sur 0^m20 à 0^m30 de largeur et 0^m10 à 0^m15 d'épaisseur. Le pied du cric est armé de deux pointes en fer qui, en pénétrant dans le sol ou dans tout autre corps servant de point d'appui, s'opposent au glissement, souvent cause de graves accidents.

Lorsqu'il s'agit de soulever un fardeau avec le cric, on pose le pied ou sabot sur le sol ou sur tout autre point d'appui résistant ; on introduit la tête de la crémaillère, ordinairement formée par un croissant en fer, au-dessous du corps que l'on veut soulever, puis on fait tourner la manivelle. La crémaillère monte et produit l'effet qu'on voulait obtenir.

Evaluons maintenant la force qui doit être appliquée à la manivelle, pour faire équilibre à la résistance que doit vaincre la crémaillère. Pour cela, désignons par Q le poids à soulever, par P la puissance ou l'effort à exercer sur la manivelle, par R le rayon de la manivelle, par R' le rayon de la roue B, par r et r' les rayons des pignons D et C.

On sait que, dans un système de roues d'engrenages, le rapport de la puissance à la résistance est égal au produit des rayons des pignons divisé par le produit des rayons des roues. On aura donc

$$\frac{P}{Q} = \frac{rr'}{RR'},$$

d'où

$$P = \frac{rr'}{RR'} Q.$$

Si l'on suppose que le bras de la manivelle soit égal à 5 fois le rayon du pignon C, ou $R = 5r'$, et que le pignon D porte 6 dents tandis que la roue B en porte 18, ou ce qui revient au même $R' = 3r$, la formule ci-dessus nous donnera

$$P = \frac{rr'}{5r' \times 3r} Q = \frac{rr'}{15rr'} Q = \frac{1}{15} Q.$$

Ainsi la force P appliquée à la manivelle ne serait que la quinzième partie de la résistance que doit vaincre la crémaillère. Avec un pareil cric, une force de 40 kilogrammes suffirait pour soulever un poids de 600 kilogrammes.

Le cric, dont nous venons de donner la description fig. 111, est un cric composé, parce que le mouvement se transmet à la crémaillère par l'intermédiaire de deux pignons et d'une roue dentée.

Un cric est dit *simple* lorsque le mouvement est donné à la crémaillère par un seul pignon monté directement sur l'arbre de la manivelle. Avec ce cric, on ne peut pas soulever des charges aussi fortes qu'avec le cric composé. Dans le cric simple, la puissance est égale au poids du fardeau à soulever multiplié par le rapport du rayon du pignon au rayon de la manivelle.

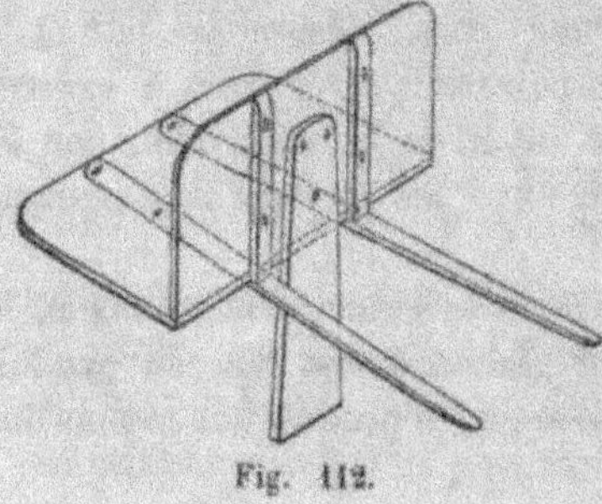

Fig. 112.

130. OISEAU OU VOLÉE. — Quand le mortier doit être transporté et monté à l'aide d'échelles, on se sert d'un oiseau ou volée (fig. 112). C'est un assemblage de deux planches disposées à

angle droit et maintenues dans cette position par quatre barres dont deux font saillie de 0m40 à 0m50 et enveloppent le cou de l'ouvrier, qui les porte à califourchon sur ses épaules. Une petite planche est fixée à l'un des côtés de l'oiseau et descend au-dessous des barres saillantes, de manière à s'appliquer entre les épaules de l'ouvrier sur une hauteur de 0m25. Cette petite planche permet à l'ouvrier de porter plus facilement l'oiseau sur ses épaules en montant à une échelle, attendu qu'il est obligé de se servir de la main droite pour gravir les échelons, et qu'il ne peut plus tenir l'oiseau que de la main gauche.

Les deux planches formant assemblage à angle droit ont 0m60 de longueur et 0m30 de largeur. Les deux traverses saillantes sont écartées de 0m13 à l'endroit où se place le cou de l'ouvrier et de 0m20 aux extrémités où se posent ses mains.

131. PLAN INCLINÉ. — On appelle *plan incliné*, tout plan AC (fig. 112) qui n'est ni horizontal ni vertical. Les lignes AC, CB et AB se nomment respectivement la *longueur*, la *hauteur* et la *base* du plan.

Si l'on appelle Q le poids d'un corps placé sur un plan incliné et P l'effort à exercer pour faire monter ce poids, en agissant dans une direction parallèle au plan incliné, le rapport de la puissance P à la résistance Q est égal au rapport de la hauteur du plan à sa longueur, et l'on a

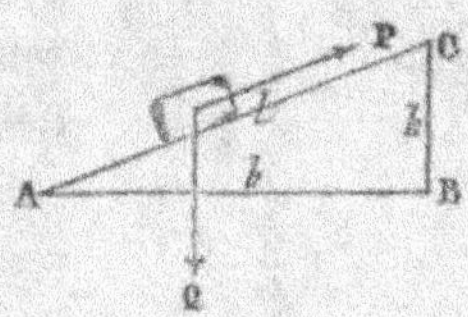

Fig. 112.

$$\frac{P}{Q} = \frac{h}{l},$$

d'où

$$P = \frac{h}{l} Q.$$

Si $l = 5h$, $P\frac{1}{5}Q$, c'est-à-dire que, dans ce cas, l'effort à exercer est égal au cinquième du poids à monter. En plaçant un cabestan au sommet du plan incliné, cet effort sera diminué et sera d'autant de fois plus petit que le rayon du cabestan sera de fois plus petit que les bras de levier.

Le plan incliné est fréquemment employé pour charger et décharger les voitures en faisant parcourir au corps, à élever ou à descendre, la longueur du plan.

132. Poulies. — La poulie se compose d'une roue en bois ou en métal qui peut tourner librement autour d'un axe métallique passant par son centre, et qui porte sur son contour une rainure qu'on nomme sa *gorge*. La roue est embrassée de chaque côté par une pièce en métal, qu'on désigne sous le nom de *chape*. L'axe de la poulie est fixé soit à la poulie elle-même, soit à la chape.

133. Poulie fixe. — La poulie fixe est celle dont la chape est à un point fixe (fig. 114). Lorsque l'extrémité P de la corde s'avance d'une certaine quantité, l'autre extrémité s'avance évidemment de la même quantité. Le fardeau Q parcourt par conséquent un chemin égal à celui que parcourt la main employée à tirer la corde par l'extrémité P.

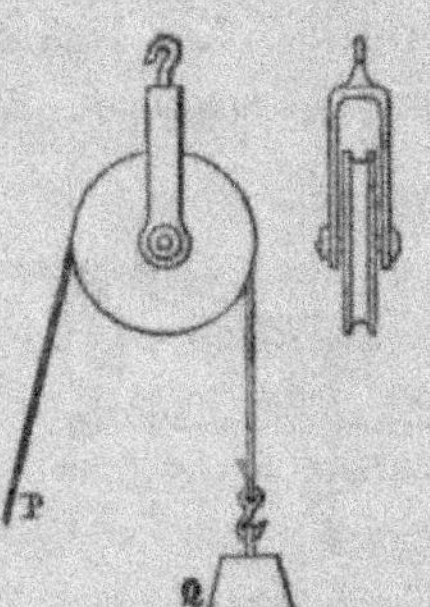

Fig. 114.

On emploie souvent la poulie fixe pour élever des fardeaux, pour tirer l'eau d'un puits, etc.

Dans la poulie fixe, l'effort à exercer pour soulever un objet est égal au poids de cet objet. On dit alors que la puissance est égale à la résistance, et l'on écrit la relation

$$P = Q.$$

134. Poulie mobile. — On appelle *poulie mobile* la poulie dans laquelle la chape est mobile (fig. 115). Dans cette poulie, le poids Q que l'on veut élever est suspendu à un crochet adapté à la chape, et l'une des extrémités de la corde qui s'enroule autour de la gorge est attachée à un point fixe, tandis que l'autre extrémité reçoit la force de traction.

Lorsque les deux cordons sont parallèles, et c'est ce qui arrive le plus ordinairement, le chemin parcouru par le fardeau est la moitié du chemin parcouru par la force P qui produit la traction, c'est-à-dire que le poids Q ne s'élève que de la moitié de l'espace parcouru par la force de traction ou puissance P qui s'exerce à l'extrémité de la corde.

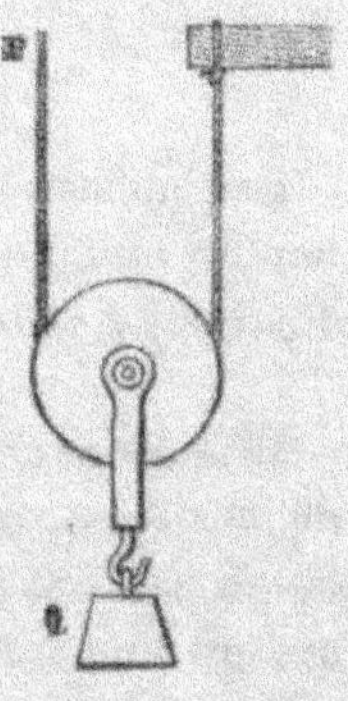

Fig. 115.

Dans cette même poulie, la puissance est égale à la moitié de la résistance, ce qui veut dire que l'effort à exercer pour soulever un fardeau Q est égal à la moitié du poids de ce fardeau. On a donc la relation

$$P = \frac{1}{2} Q.$$

Lorsque les deux cordons de la poulie mobile sont inclinés, la quantité dont la résistance ou le fardeau Q (fig. 116) s'élève est égale à la moitié de l'espace parcouru verticalement par la force de traction ou puissance P.

De plus, le rapport de la puissance P à la résistance Q est égal au rapport du rayon r de la poulie à la corde c qui sous-tend l'arc embrassé par le cordon. On a donc la relation

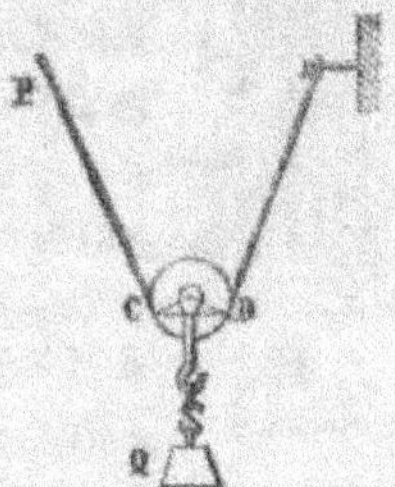

Fig. 116.

$$\frac{P}{Q} = \frac{r}{c},$$

d'où

$$P = \frac{r}{c} Q.$$

Les anciens réverbères des villes étaient suspendus à des poulies mobiles, au moyen desquelles on les élevait ou les abaissait à volonté.

135. MOUFLES ET PALANS. — On appelle *moufle* la réunion de plusieurs poulies dans une même monture appelée *chape*, et qui peuvent tourner indépendamment les unes des autres autour d'un même axe. Les palans se composent de deux moufles renfermant un même nombre de poulies (fig. 117). La chape de la moufle supérieure est accrochée à un point fixe, et la chape de la moufle inférieure est mobile et porte

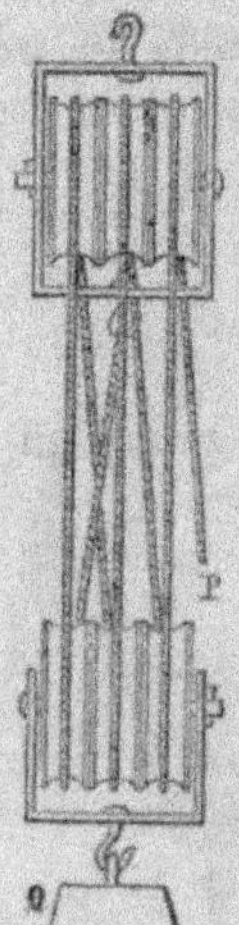

le poids que l'on veut soulever. Le cordage s'attache à la chape de la moufle supérieure et s'enroule successivement des poulies de la moufle mobile à celles de la moufle fixe. Les brins qui passent sur les poulies s'appellent les *courants* ; le brin libre sur lequel on tire se nomme le *garant*. On dit qu'un palan est équipé à quatre, six ou huit brins, selon que le cordage passe sur deux, trois ou quatre poulies de chaque moufle.

Lorsque l'on tire sur le garant, le fardeau Q s'élève, et chacun des courants se raccourcit précisément de quantités égales à la hauteur d'élévation du fardeau, ou au chemin qu'il parcourt. Par conséquent, le garant s'allonge de

Fig. 117. toutes les longueurs partielles dont chacun des courants se raccourcit, et le chemin parcouru par la puissance P est égal à autant de fois le chemin parcouru par le fardeau Q qu'il y a de brins courants.

De plus, la puissance P ou l'effort à exercer pour soulever le poids Q est égal à ce poids Q divisé par le nombre n de brins courants, et l'on a la relation

$$P = \frac{Q}{n}.$$

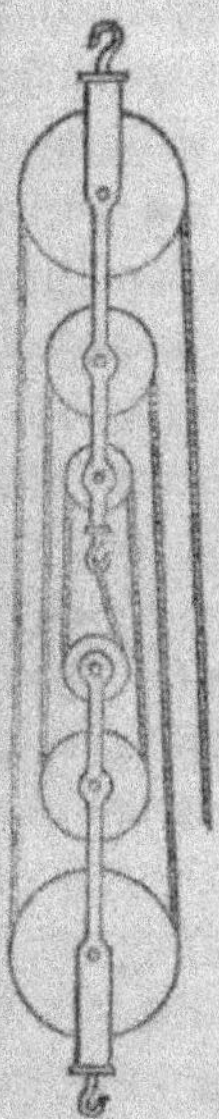

Fig. 118.

Si $n = 10$, la puissance P sera égale à la dixième partie du poids à soulever.

On emploie quelquefois, pour la navigation des rivières et pour les constructions, des palans à poulies inégales montées dans une chape, et qui peuvent tourner indépendamment les unes des autres autour de plusieurs axes différents. Dans ce système de poulies que l'on nomme *mouflettes* (fig. 117), le chemin parcouru par la puissance est encore égal à autant de fois le chemin parcouru par le fardeau qu'il y a de brins courants. De même le poids du fardeau est égal à autant de fois la puissance qu'il y a de brins courants. Mais les palans à poulies égales sont plus simples, plus légers et plus commodes.

136. TREUIL. — Le treuil ou tour est un cylindre horizontal terminé à ses extrémités par deux cylindres d'un diamètre beaucoup plus petit qu'on nomme ses *tourillons;* c'est par ses tourillons que le cylindre repose horizontalement sur ses appuis nommés *coussinets*. Une corde, fixée par l'une de ses extrémités au cylindre, s'enroule sur sa surface et supporte à son autre extrémité le fardeau à élever.

On fait tourner le cylindre soit au moyen d'une manivelle, soit au moyen d'une roue montée perpendiculairement à l'axe du cylindre, soit enfin au moyen de leviers qu'on introduit dans des trous pratiqués sur le contour du treuil.

Dans le treuil des puits, on produit le plus ordinairement le mouvement du cylindre au moyen d'une manivelle qui se compose d'une poignée parallèle à l'axe du cylindre et qui lui est liée par un rayon d'environ 0^m40 de longueur (fig.

118). Mais souvent aussi on fait tourner le cylindre au moyen d'une roue de 0^m80 à 1 mètre de diamètre, qui lui est perpendiculaire et qui porte des poignées sur lesquelles on agit à la main.

Fig. 119.

Dans le treuil des carriers (fig. 120), on agit à l'aide d'une grande roue de 4 à 6 mètres de diamètre, montée perpendiculairement à l'axe du cylindre et garnie de chevilles en bois ou en fer près de sa circonférence. Un ou plusieurs ouvriers montent sur les che-

Fig. 120, A.

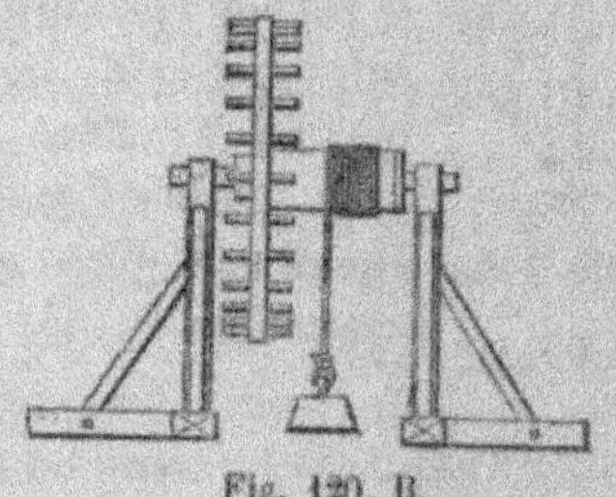

Fig. 120, B.

villes à peu près à la hauteur du centre de la roue, et déterminent par le poids de leur corps la rotation du cylindre; ils passent d'ailleurs d'une cheville à l'autre pendant le mouvement, afin de rester sensiblement à la même hauteur.

Dans le treuil, le rapport du chemin parcourt par le fardeau au chemin décrit par le point de la roue ou de la manivelle sur lequel on agit est égal au rapport du rayon du treuil au rayon de la roue ou de la manivelle.

En outre, le rapport de la puissance ou de l'effort à exercer à la résistance est égal au rapport du rayon du cylindre au rayon de la roue ou de la manivelle.

Si donc l'on désigne par P l'effort à exercer sur la roue ou la manivelle, par Q le poids du fardeau, par R le rayon de la roue ou de la manivelle, et par r celui du cylindre, on aura la relation.

$$\frac{P}{Q} = \frac{r}{R},$$

d'où

$$P = \frac{r}{R} Q.$$

Si $R = 10r$, $P = \frac{1}{10} Q$, c'est-à-dire que l'effort à exercer pour faire monter le fardeau sera dans ce cas égal au dixième du poids du fardeau.

137. BOURRIQUET. — Nous avons dit au numéro 34 que le bourriquet était une machine composée d'une caisse ou panier et d'un treuil qui sert à l'élever.

Pour extraire par les puits les déblais d'un souterrain, on se sert du bourriquet. Une corde s'enroule d'un côté sur un treuil horizontal et se déroule de l'autre, ce qui fait que la caisse chargée monte tandis que la caisse vide descend. Le treuil est mû par des hommes qui agissent sur les manivelles. La caisse ou panier est souvent appelée *benne*; c'est le nom en usage dans les mines.

Bourriquet à manège. — Au lieu d'être mû par des hommes agissant sur des manivelles, le treuil peut être mis en mouvement par un manége de maraîcher ou de jardinier.

Le manége le plus simple et connu sous le nom de *manége de maraîcher* ou *de jardinier* se compose d'un arbre vertical portant un tambour à sa partie supérieure. Cet arbre porte en outre à une hauteur convenable au-dessus du sol des bras ou flèches auxquelles les animaux sont attelés (fig. 121). Pour que la corde enroulée sur

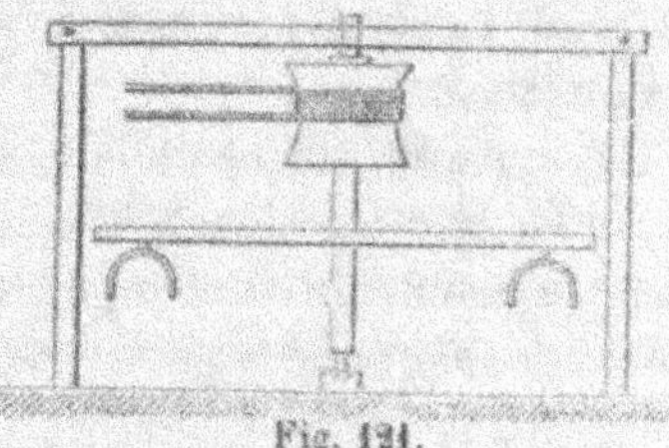

Fig. 121.

le tambour ne glisse pas verticalement, sa surface est un hyperboloïde de révolution, c'est-à-dire l'assemblage de deux cônes tronqués. Sur le tambour on place une corde double qui s'enroule d'un côté et se déroule de l'autre.

Les extrémités de cette corde double vont ensuite s'enrouler sur le treuil horizontal du bourriquet, d'où elles descendent dans le puits.

Le treuil du bourriquet peut aussi porter un tambour, et alors c'est sur ce tambour que viennent s'enrouler les cordes du manége.

138. CHÈVRE. — La chèvre est une machine composée de deux longues pièces de bois appelées *bras* ou *hanches*, qui se réunissent à la partie supérieure pour porter une poulie, et qui sont en outre assemblées par un certain nombre de traverses que l'on nomme *entretoises* ou *épars* (fig. 122). Le pied de chaque hanche est garni d'une frette en fer et d'une fiche ou pointe pour empêcher les pièces de glisser sur le sol ou sur toute autre surface. Enfin, au-dessus de la traverse inférieure et à 1^m60 environ du pied de la chèvre, se trouve un treuil en bois dont les têtes frettées

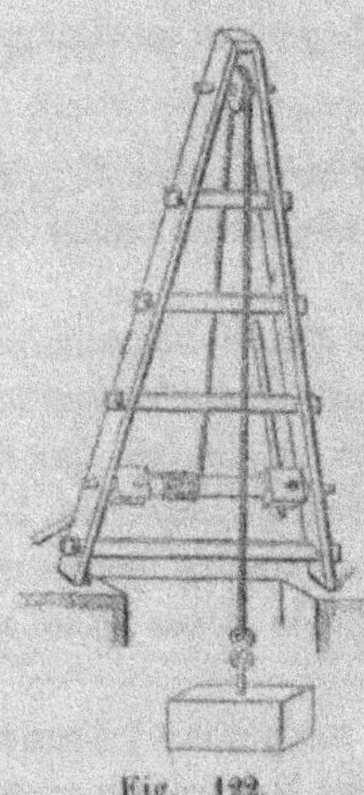

Fig. 122.

en fer sont percées de mortaises dans deux sens perpendiculaires pour recevoir des leviers qui servent à faire tourner le treuil. La poulie est montée sur un boulon qui traverse les hanches.

Cet appareil, qui est mobile, se place suivant le besoin sur le sol ou sur un plancher placé à une certaine hauteur. Pour le maintenir dans la position inclinée qu'on est obligé de lui donner pour le faire fonctionner et pour que la poulie soit verticalement au-dessus du fardeau à soulever, on soutient le sommet à l'aide d'une troisième pièce P, indépendante des hanches et leur servant simplement d'arc-boutant. Cette pièce, qui permet d'établir la chèvre sur trois pieds (fig. 123), se nomme *pied de chèvre* ou *bicoque*.

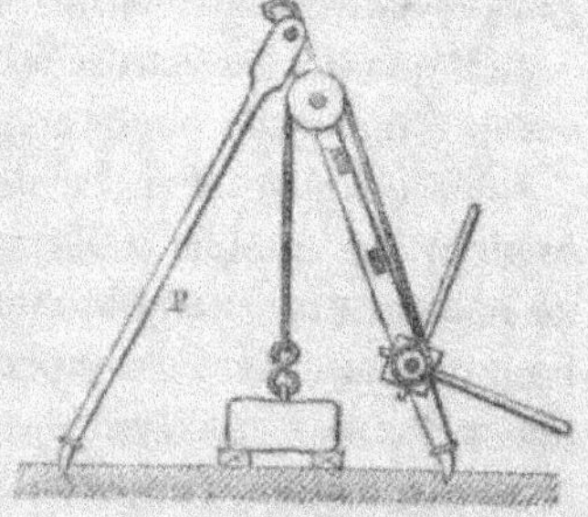

Fig. 123.

Le haut du pied s'assemble aux têtes des hanches par un boulon faisant charnière pour pouvoir écarter le pied à volonté.

Le bas du pied est garni d'une frette et d'une pointe comme le bas des hanches et dans le même but.

On peut retenir aussi la chèvre dans une position inclinée à l'aide de trois cordages attachés au sommet et qui vont s'amarrer à des points fixes environnants, soit à des arbres, soit à des pieux battus en terre. Les deux cordages destinés à remplacer le pied de chèvre et à empêcher la chèvre de tomber en avant sont désignés sous le nom de *haubans ;* le troisième est placé à l'opposé des deux premiers pour prévenir le renversement de la chèvre et est appelé *contre-hauban.*

La corde de la poulie supporte le fardeau à une extrémité, tandis que l'autre extrémité s'enroule sur le treuil où l'on agit.

On peut aussi mettre le treuil en mouvement à l'aide de roues dentées et de manivelles, et en adaptant à la chèvre, comme dans le cric, un rochet ou déclic qui empêche le corps que l'on élève de redescendre subitement.

La tension de la corde qui se détache du treuil est égale au poids du fardeau suspendu à l'extrémité de cette corde ; l'effort à exercer sur le treuil pour élever le fardeau est donc exactement le même que si la poulie n'existait pas et que le fardeau fût directement suspendu au treuil. L'avantage de l'appareil est qu'il permet de soulever le fardeau au-dessus du niveau du treuil.

La chèvre est employée dans les constructions pour élever jusqu'aux étages supérieurs les pierres, les pièces de bois et autres matériaux.

Lorsqu'on a de lourds fardeaux à élever, au lieu de se servir d'une seule poulie, on emploie les poulies moufflées.

Lorsqu'il s'agit d'élever de lourds fardeaux à une grande hauteur, on emploie à Paris un mât vertical fixé et appuyé en bas sur une charpente qui reçoit le treuil. Il porte en haut des madriers en croix reliés au mât par des contre-fiches. Ceux-ci reçoivent des poulies à leurs extrémités. Par cette disposition, l'appareil a l'avantage de tenir peu de place.

139. Pour monter une pierre, on l'entoure d'une corde en ayant soin de protéger les arêtes qui pourraient être brisées par la corde au moyen de petits paillassons. Cette corde, qui enveloppe la pierre, a ses deux extrémités réunies solidement par une épissure, et on l'enveloppe ordinairement d'une forte toile sous laquelle on met de la filasse afin qu'elle ne se coupe pas et qu'elle dégrade moins la pierre. Cette corde, que l'on nomme *élingue*, est passée sous la pierre en écartant les deux brins dont elle est

Fig. 124.

formée, puis on les réunit pour passer dedans le crochet de la chèvre au moyen de laquelle on doit l'élever (fig. 124).

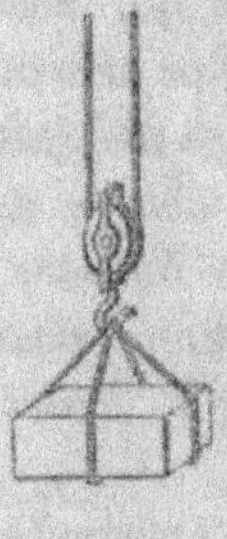

140. Par l'emploi de l'élingue, on risque toujours de dégrader les arêtes des pierres taillées soigneusement et destinées à être employées dans les monuments. On se sert alors pour les enlever d'une *louve*, représentée par la figure 125. Cet outil se compose de trois pièces reliées par un anneau. Les pièces latérales *a, a* ont même grosseur partout, tandis que celle du milieu est disposée en queue d'aronde et porte en tête un autre anneau qui permet de suspendre la pierre au crochet du câble de la chèvre. On

pratique dans la pierre à élever une mortaise en forme de
queue d'aronde suivant la même inclinaison que la pièce
centrale *b*, puis on introduit la louve
dans le trou ainsi creusé en enfonçant
la pièce centrale *b*, de manière que la
partie en queue d'aronde dépasse les
deux pièces latérales *a*, *a* de toute la
longueur de cette queue. Lorsqu'elle
est ainsi logée dans le trou, on fait descendre les parties latérales, et on retire
la pièce du milieu, qui se trouve alors
retenue par la queue d'aronde.

Fig. 125.

On ne peut se servir de la louve que
dans les pierres dures, parce que les pierres tendres éclate-
raient. C'est ainsi qu'on a élevé toutes les pierres employées
dans la construction des piedestaux du pont de la Concorde.

Au lieu d'une louve, dont l'emploi demande du soin, on
se sert souvent d'un simple piton à vis que l'on enfonce
dans un trou percé au trépan dans la pierre ; ce trou a le
diamètre de l'âme de la vis, dont le filet triangulaire est
ainsi obligé de pénétrer dans la pierre, qui peut s'élever
ainsi avec facilité.

141. POTENCE OU SAPINE. — Lorsqu'on doit élever à une
grande hauteur des matériaux très-pesants, pierres, pièces
de bois, etc., on emploie souvent une potence, que l'on appelle aussi *sapine* (fig. 126). Elle se compose d'un mât vertical coiffé d'un chapeau qui forme croix avec le mât. Ce
chapeau est consolidé par des contre-fiches et porte deux
poulies placées à égale distance du mât.

Le mât, ordinairement en sapin, a 20 à 25 mètres de longueur et est armé à son pied d'un pivot en fer sur lequel il
tourne. Ce pivot est engagé dans une crapaudine adaptée à
une pièce de bois placée sur le sol. Le sommet du mât porte
une ferrure composée de trois ou quatre anneaux dans les-

quels s'attachent des haubans qui servent à maintenir la sapine. Enfin une troisième poulie est placée à la partie supérieure du mât dans une entaille pratiquée à cet effet. Le cordage ou la chaîne qui doit soulever le fardeau s'attache à l'un des bras de la croix, descend pour passer dans la gorge d'une poulie mobile, remonte pour passer sur les trois poulies fixes, et redescend enfin pour s'enrouler sur le treuil fixé au pied de la sapine et placé de manière que la corde soit verticale.

Le fardeau à élever est suspendu au crochet que porte la chape de la poulie mobile.

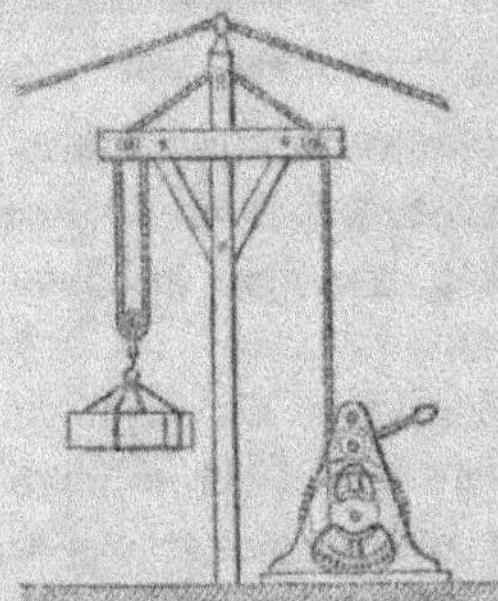

Fig. 126.

On supprime quelquefois la poulie mobile ; alors le fardeau est suspendu à l'extrémité du cordage, qui passe sur les trois poulies et dont l'autre extrémité s'enroule sur le treuil. Dans ce cas, le mouvement d'ascension est plus rapide, mais l'effort à exercer sur le treuil est plus grand.

Des échelons sont disposés sur deux faces opposées de la sapine et forment une échelle de perroquet qui permet de monter au sommet de la sapine et d'en descendre à volonté.

La charge s'élevant verticalement, aucun effort ne tend à renverser l'appareil ; aussi les tensions des haubans ne sont jamais bien fortes.

Le mouvement de rotation est communiqué au treuil par un engrenage à l'aide d'une manivelle. Un cliquet s'engage entre les dents d'une roue à rochet et s'oppose au mouvement rétrograde du fardeau et du treuil.

L'appareil de l'engrenage se compose d'une manivelle sur l'arbre de laquelle est monté un pignon qui engrène avec une roue dentée fixée sur l'arbre du treuil.

Il est facile de se rendre compte de l'effort à exercer pour la sapine. Pour cela, désignons par P cet effort et par T la tension de la corde qui vient s'enrouler sur le treuil. Désignons par R et R' les rayons de la roue dentée et de la manivelle, et par r et r' ceux du treuil et du pignon, on aura la relation.

$$\frac{P}{T} = \frac{rr'}{RR'};$$

d'où

$$P = T\frac{rr'}{RR'}. \tag{A}$$

Mais si le fardeau Q est suspendu directement à l'extrémité de la corde sans l'intermédiaire d'une poulie mobile, la tension T de la corde est égale au poids Q du fardeau et la formule ci-dessus devient

$$P = \frac{rr'}{RR'}Q. \tag{B}$$

Si au contraire la corde soutient le poids Q par l'intermédiaire d'une poulie mobile à cordons parallèles, sa tension T ne sera que de la moitié du poids Q ; les poulies fixes ne modifiant pas cette tension, la résistance que le treuil doit vaincre est $T = \frac{1}{2}Q$, et la relation (A) devient

$$P = \frac{1}{2}\frac{rr'}{RR'}Q. \tag{C}$$

Si dans cette équation on suppose que la roue dentée ait dix fois plus de dents que le pignon, le rayon R sera dix fois plus grand que le rayon r' et l'on aura R=10r,. Supposons en outre que le bras de la manivelle soit trois fois plus grand que le rayon du treuil, c'est-à-dire que R'=3r, la relation (C) deviendra

$$P = \frac{1}{2}\frac{rr'}{10r'\times 3r}Q = \frac{1}{2}\frac{rr'}{30rr'}Q = \frac{1}{60}Q.$$

Ainsi l'effort à exercer sur le treuil serait, dans ce cas, égal à un soixantième du fardeau Q à élever.

Si l'axe du pignon porte deux manivelles, une à chaque

bout, et si deux hommes agissent ensemble sur ces deux manivelles, chacun d'eux n'aura à exercer qu'une pression de $\frac{1}{120}$ Q. De sorte que, pour un poids de 1200 kilogrammes, chacun des deux hommes n'aurait à exercer qu'une pression égale à $\frac{1200}{120} = 10$ kilogrammes.

Lorsque le treuil est mis en mouvement par l'intermédiaire d'une roue dentée et d'un pignon, l'engrenage est simple. Si le treuil recevait son mouvement de rotation par l'intermédiaire de deux roues dentées et de deux pignons, l'engrenage serait double.

142. GRUES. — La grue est une machine qui sert, comme la chèvre, à élever de lourds fardeaux ; elle se compose de même d'un treuil et d'une ou plusieurs poulies. Une corde s'enroule sur le treuil, passe ensuite sur les poulies, puis descend verticalement pour saisir le fardeau à élever ; ou bien encore elle passe sous la gorge d'une poulie mobile qui supporte ce fardeau, et vient ensuite en remontant s'attacher à un point fixe. Mais en outre, tout le système peut recevoir un mouvement de rotation autour d'un axe vertical, de sorte que le fardeau une fois soulevé peut être transporté horizontalement et déposé autour de l'axe. On l'emploie à demeure permanente, et les matières à charger et à décharger sont amenées à proximité de la machine ; on s'en sert sur les ports, dans les entrepôts, fonderies, ateliers et dans les constructions des édifices,

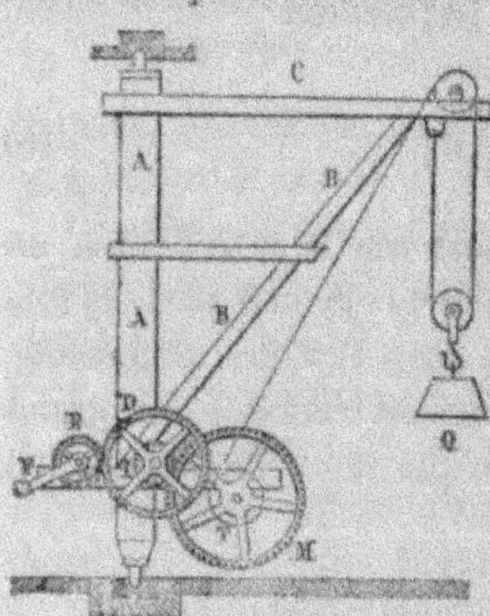

Fig. 127 A.

Une grue se compose d'un arbre vertical A, d'un tirant de

volée C perpendiculaire ou incliné à l'arbre, et d'un bras B assemblé d'une part au tirant de volée et d'autre part à l'arbre A. Ces trois pièces doivent former un triangle invariable (fig. 127, A.)

Un treuil à simple ou double engrenage est monté, soit sur des pièces F fixées à l'arbre et que l'on nomme *flasques*, soit sur le bras, soit enfin sur l'arbre lui-même, selon les dispositions de la machine.

La poulie sur laquelle passe le cordage est ordinairement fixée vers l'angle formé par le tirant et par le bras. La partie qui porte la poulie se nomme *bec* ou *tête de grue*.

On nomme *volée* d'une grue la distance horizontale comprise entre le centre des poulies de la tête et l'axe de l'arbre.

On distingue trois genres de grues :

1° Les grues à arbre tournant sur pivot inférieur et tourillon supérieur ;

2° Les grues à arbre tournant sur pivot inférieur et dans un collier ;

3° Les grues à arbre fixe avec tourillon supérieur et collier.

Les *grues à arbre tournant sur pivot inférieur et tourillon supérieur* sont disposées comme celle qui est représentée par la figure 127, A. Le pivot inférieur s'engage dans une crapaudine logée dans un dé en pierre établi sur un massif de maçonnerie. Le tourillon supérieur s'engage dans une poutre ou s'appuie contre des

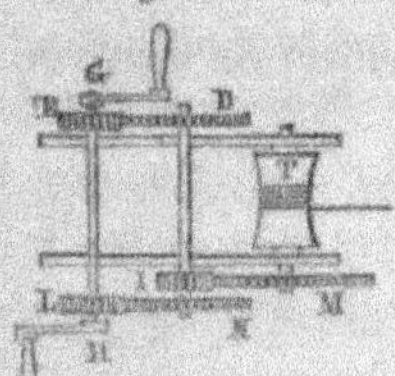

Fig. 127, B.

pièces en fer scellées dans un mur. C'est ce genre de grue que l'on trouve le plus souvent dans les ateliers et les magasins.

Le treuil T peut être mis en mouvement par un système d'engrenage composé de la manière suivante :

Une roue dentée M est fixée à l'axe du treuil et tourne en même temps que lui ; un pignon I engrène avec cette roue (fig. 127, A, et 127, B). Sur l'axe de ce pignon est fixée une roue dentée D placée de l'autre côté de la machine ; cette roue D engrène avec un pignon E. Une autre roue dentée N, placée en avant de la machine et montée également sur le même axe que le pignon I, engrène avec lui un pignon L. Les deux pignons E et L sont fixés à un même axe GH muni d'une manivelle à chacune de ses extrémités.

Il est facile de se rendre compte de l'effort à exercer sur chaque manivelle pour soulever un fardeau d'un poids déterminé.

Supposons d'abord que le treuil soit mis en mouvement par l'intermédiaire des deux roues dentées M, D et des pignons I et E.

Désignons par Q le poids du fardeau à élever, par P la puissance à exercer sur le treuil, par r le rayon du treuil, par R le rayon de la manivelle, par ρ et ρ' les rayons des roues dentées M et D et par q et q' et les rayons des pignons I et E ; enfin appelons t la tension de la corde qui se déroule sur le treuil.

Le rapport de la puissance à la résistance est égal au produit du rayon de la manivelle et des rayons des roues dentées.

Comme la résistance est égale à la tension t de la corde, nous aurons

$$\frac{P}{t} = \frac{rqq'}{R\rho\rho'},$$

d'où

$$P = \frac{rqq'}{R\rho\rho'}\, t.$$

Mais le fardeau Q étant soutenu par une poulie mobile à cordons parallèles, la tension t de la corde est égale à la moitié du poids du fardeau, c'est-à-dire que $t = \frac{Q}{2}$. On aura donc

$$P = \frac{rqq'}{2R\rho\rho'}\,Q. \tag{A}$$

Telle est *la puissance ou l'effort* à exercer sur le treuil.

Mais comme il y a deux manivelles à l'axe GH, chacune d'elles devra recevoir l'action d'une force deux fois plus petite, ce qui donnera pour chaque manivelle

$$P = \frac{rqq'}{4R\rho\rho'}\,Q. \tag{B}$$

Si l'on suppose que la roue M ait six fois plus de dents que le pignon I, son rayon sera six fois plus grand que celui du pignon, c'est-à-dire que $\rho = 6q$. Si l'on suppose également que la roue D ait six fois plus de dents que le pignon E ou si $\rho' = 6q'$, et que le rayon R de la manivelle soit trois fois plus grand que le rayon r du treuil, on aura

$$P = \frac{rqq'}{4 \times 3r \times 6q \times 6q'}\,Q = \frac{2}{4 \times 3 \times 6 \times 6}\,Q = \frac{Q}{432}. \tag{C}$$

Tel serait l'effort à exercer sur chaque manivelle ; chacune d'elle devra recevoir l'action d'une force quatre cent trente-deux fois plus petite que ce poids.

Supposons, en second lieu, que le pignon L engrène aussi avec la roue N, l'effort à exercer sur le treuil sera plus petit que celui que nous avons trouvé à la formule (A). Il sera d'autant plus petit que le rayon de la roue N sera plus grand que celui du pignon L ; et en désignant par ρ'' le rayon de la roue N et par q'' celui du pignon L, les formules (A) (B) nous donneront

Effort à exercer sur le treuil :

$$P = \frac{rqq'q''}{2R\rho\rho'\rho''}\,Q. \tag{D}$$

Effort à exercer sur chaque manivelle :

$$P = \frac{rqq'q''}{4R\rho\rho'\rho''}\,Q. \tag{E}$$

Et en supposant $\rho' = 6q'$, la formule (C) nous donnera

$$P = \frac{Q}{432 \times 6} = \frac{Q}{2\,592}. \tag{F}$$

De sorte que pour un poids Q de 25 000 kilogrammes, il suffirait d'exercer sur chaque manivelle un effort d'environ 10 kilogrammes.

Calcul de la force de la machine. — Désignons par m le rapport de la résistance Q à la puissance P, on aura $Q = m\,P$.

L'effort moyen exercé par un homme sur une manivelle est de 8 kilogrammes, et l'espace parcouru dans ce cas en une seconde par la manivelle, c'est-à-dire la vitesse, est de 0^{m}75; de sorte que le travail de puissance P est $\mathfrak{E}P = 8 \times 0,75 = 6$ kilogrammètres.

Le travail de la résistance ou du poids Q sera donc

$$\mathfrak{E}Q = m\mathfrak{E}P = 6m \text{ kilogrammètres} = \frac{6}{75}m \text{ chevaux.}$$

Pour deux manivelles, le travail sera double ; de sorte qu'on aura

$$\mathfrak{E}Q = \frac{12}{75}\, m \text{ chevaux.}$$

Pour $m = 2\,592$, comme dans la formule F ci-dessus, il viendra

$$\mathfrak{E}Q = \frac{12 \times 2\,592}{75} = 415 \text{ chevaux.}$$

Telle serait la force de la machine.

Dans les formules qui précèdent, nous n'avons pas tenu compte des frottements et roideurs des cordes sur la poulie et sur le treuil. Il serait facile de le faire, comme on le verra au numéro 177.

Les *grues à arbre tournant sur pivot inférieur et dansun collier* ont une partie de leur arbre logée dans un puits. Cet arbre se termine par un pivot qui repose dans une crapaudine placée au fond du puits (fig. 128).

Le haut du puits est couronné par une forte plaque à collier, boulonnée sur le massif de maçonnerie, qui doit maintenir l'arbre dans une position verticale. A la hauteur du collier, l'arbre présente un renflement cylindrique à l'aide duquel il s'appuie contre la maçonnerie. Des galets sont disposés tout autour du renflement cylindrique et permettent à l'arbre de tourner dans la plaque à collier sans trop de frottements.

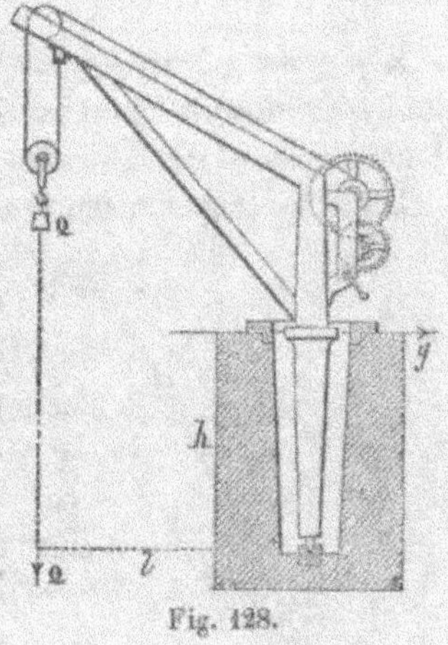

Fig. 128.

Dans cette machine, le fardeau Q tend à faire tomber la grue en avant en faisant tourner l'arbre autour de son pivot inférieur. Le massif de maçonnerie doit donc opposer une résistance suffisante pour empêcher le renversement de l'appareil. Il est facile de se rendre compte de la pression que l'arbre exerce sur le massif par sa partie N. Appelons y cette pression.

Désignons par h la hauteur de la partie de l'arbre engagée dans le puits et par l la distance horizontale du poids Q à l'axe de l'arbre. En prenant les moments des deux forces y et Q par rapport au pivot inférieur de l'arbre, on aura

$$Ql = yh,$$

d'où

$$y = \frac{l}{h} Q.$$

Pour $h = \frac{2}{3} l$, $y = \frac{3}{2} Q$; pour $h = l$, $y = Q$.

On devra donc calculer l'épaisseur à donner à la maçonnerie, de manière à faire équilibre à cette pression.

Les *grues à arbre fixe avec tourillon supérieur et collier* se font généralement tout en fonte. Elles ont leur arbre solidement encastré dans un massif de maçonnerie.

Dans ces grues, l'arbre est creux et porte à sa partie supérieure un tourillon autour duquel tourne un chapeau qui coiffe l'arbre. Un collier embrasse le pied de l'arbre autour duquel il tourne (fig. 129).

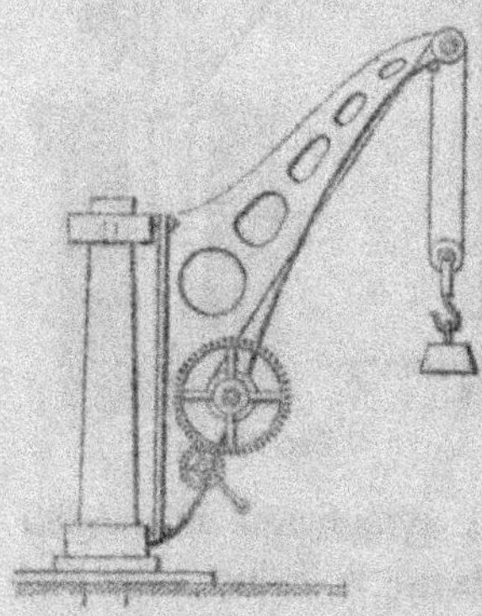

Fig. 129.

Le bras et le tirant de volée ne font qu'une seule pièce, qui s'assemble dans le haut avec le chapeau et dans le bas avec le collier. Il en résulte que le chapeau, le collier, le bras et le tirant de volée ne font plus qu'un seul corps qui tourne autour de l'arbre.

Sur les ports, on emploie souvent une grue à double volée (fig. 129 *bis*). Cette grue est mobile, c'est-à-dire que l'on peut la transporter tout entière à l'endroit où l'on veut s'en servir. L'arbre est monté sur un chariot MN en bois ou en fonte. Dans ce genre de grue, c'est le tourillon supérieur qui porte le poids de tout le système tournant autour de l'arbre qui est fixe sur

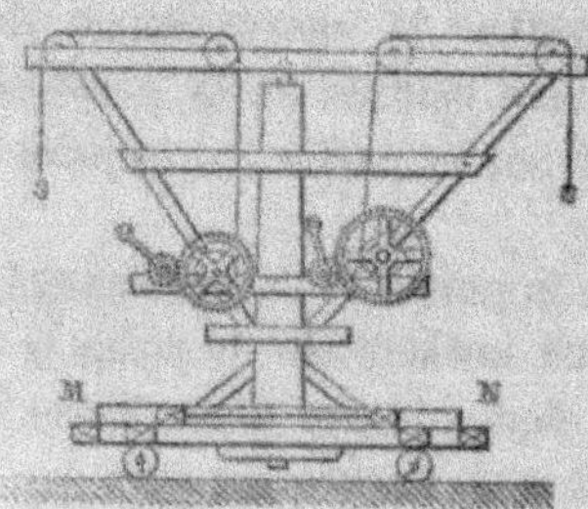

Fig. 129 *bis*.

le chariot. Le tourillon tourne dans une cavité creusée dans l'arbre.

Au lieu d'être mobile, la grue pourrait être établie à demeure. Pour cela, il suffirait de supprimer le chariot MN et de sceller l'arbre dans un massif de maçonnerie.

Sur les ports, pour le chargement et le déchargement des bateaux, on emploie assez souvent une grue représentée par la figure 130. Cette grue est mobile autour d'un arbre fixe établi solidement sur le sol. Le tirant de volée porte une poulie à chacune de ses extrémités. L'un des bouts de la corde passant sur les deux poulies porte le fardeau à élever, et l'autre vient s'engager sur un cabestan mobile placé au pied de la grue.

Fig. 130.

§ IV. — ÉCHAFAUDAGES, PONTS DE SERVICE, CHEMIN DE FER.

143. La décharge des bateaux se fait souvent aujourd'hui au moyen d'un échafaudage en charpente élevé sur le sommet du talus d'un quai.

Cet échafaudage se compose de poteaux enfoncés dans le sol et reliés à leur partie supérieure par des moises longitudinales portant un plancher sur lequel on installe une voie de fer. Les moises longitudinales sont reliées à leurs extrémités par des traversines. Le plancher s'avance jusqu'au-dessus de l'eau de manière

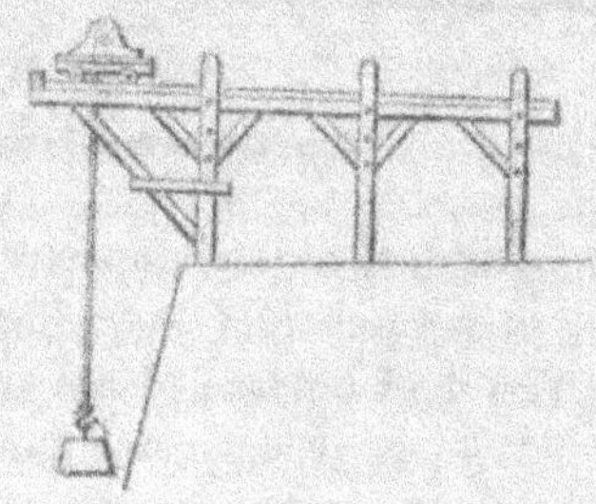

Fig. 131.

à ce que les bateaux puissent venir se placer au-dessous. Un petit chariot mobile à quatre roues, et portant un treuil à engrenage, circule sur la voie de fer et vient se placer au-dessus des bateaux (fig. 131.)

On peut ainsi prendre les matériaux et les élever à une certaine hauteur, puis les transporter horizontalement et les déposer ensuite sur une voiture placée préalablement sous l'échafaudage.

144. La *grue roulante* n'est autre chose qu'un chariot mobile qui se meut sur une voie de fer et qui porte lui-même deux cours de rails.

Le chariot se compose de quatre poteaux verticaux dont deux sont placés sur un cours de rail et deux sur l'autre cours. Ils sont reliés à leur sommet par des moises longitu-

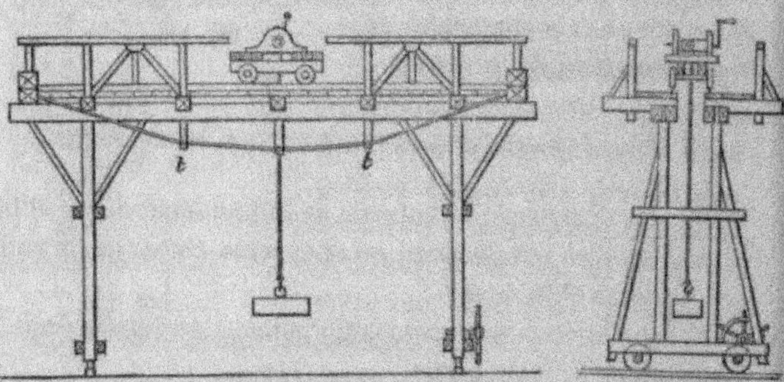

Fig. 132, A.   Fig. 132, B.

Echelle de 0.004 pour 1 mètre $\left(\dfrac{1}{250}\right)$.

dinales destinées à supporter un plancher sur lequel est établi un petit chemin de fer (fig. 132, A et 132 B.)

Les deux poteaux placés sur un même cours de rails sont reliés à leur pied par des moises entre lesquelles sont placées deux roues de wagons destinées à permettre le roulement de la machine sur la voie de fer, qui porte tout le système. Enfin les deux mêmes poteaux sont consolidés par des contre-fiches et moisés avec elles vers la moitié de leur hauteur.

Sur le chemin de fer supérieur roule un petit chariot-wagon portant un treuil à engrenage et dont le câble passe au travers d'une ouverture ménagée dans le tablier du chariot-wagon. C'est au moyen de ce chariot-wagon à treuil que l'on élève et transporte les matériaux.

Lorsque les longrines du chariot ont plus de 10 mètres de longueur, on a soin d'augmenter leur résistance à la flexion au moyen de tirants en fer rond serrant sur des tasseaux t, t et visés aux extrémités de chaque longrine, qu'ils traversent à l'aide d'un fort écrou à chapeau passant sur un sabot de tôle ou de fonte qui emboîte de 0^m10 chaque bout des longrines. La joue de l'une des deux roues placée sur la voie de fer est dentée et s'engrène avec un pignon portant une manivelle qu'un homme fait mouvoir en avant et en arrière, suivant le besoin. Il suffit d'un ouvrier à chaque manivelle pour donner le mouvement au chariot, même chargé.

Le chariot-wagon à treuil est mis en mouvement par deux hommes qui le poussent en avant en marchant sur le plancher supporté par les longrines.

La disposition de la machine permet de prendre les matériaux en dehors de la voie inférieure, de les élever au moyen du treuil, de les transporter horizontalement et de les déposer en quelque point que ce soit, en faisant mouvoir la grue sur la voie de fer inférieure et le chariot-wagon sur la voie supérieure.

Cette machine permet de manier facilement tous les matériaux préalablement amenés à pied d'œuvre et de les déposer promptement à la place qu'ils doivent occuper et en quantité suffisante. Aussi il y a avantage à faire usage de cette grue dans les travaux d'art un peu importants.

Dans la construction des ponts de quelque importance, et lorsque le cintre est fixe, on établit quelquefois, pour la pose des voussoirs, un échafaudage qui repose sur les cintres mêmes au moyen de poteaux verticaux et qui va d'une culée à l'autre. Une longrine longitudinale est placée sur chacun des deux rangs de poteaux, et sur chaque longrine repose un rail. Une petite grue roulante portant un chariot-wagon à treuil est installée ensuite sur la voie de fer et permet d'élever les pierres, de les transporter et de les déposer à leur place. Ce système a été employé au pont sur le Rhône à Lyon, chemin de fer de Genève.

Dans les constructions importantes, comme un grand pont sur un fleuve, on établit à proximité, et parallèlement à l'ouvrage à édifier, un pont de service en charpente allant d'une

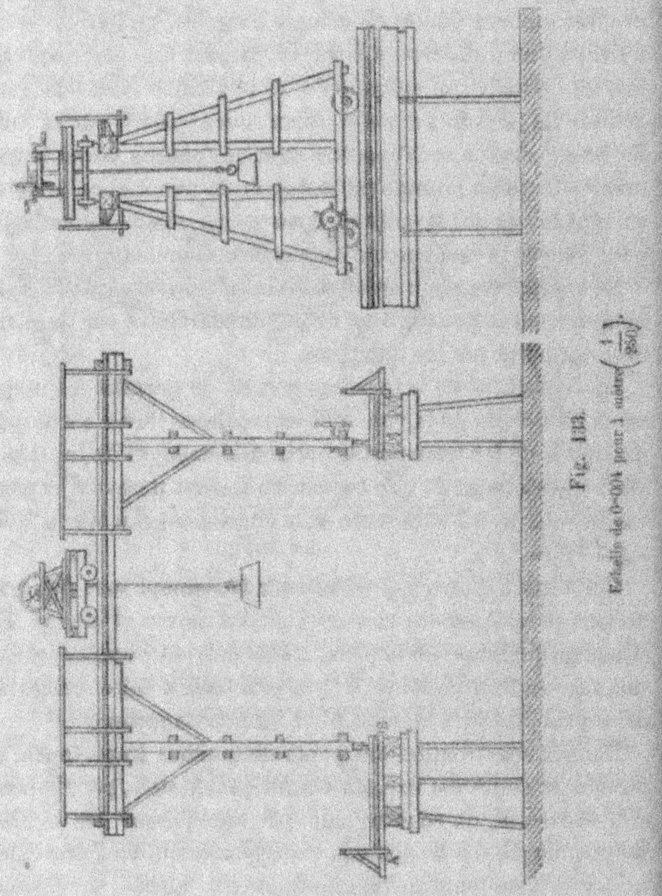

Fig. 133.

Établie de 0m,004 pour 1 mètre $\left(\frac{1}{250}\right)$.

rive à l'autre et placé au-dessus du niveau des hautes eaux ordinaires.

C'est ainsi que, pour la construction d'un viaduc sur la

Loire, à Andrézieux, pour la ligne du chemin de fer de Saint-Étienne à Montbrison, on a établi un pont de service sur lequel on installa les grues roulantes de la manière représentée par la figure 133. Un pont de service AB, parallèle à la tête amont du pont, allait d'une rive à l'autre rive du fleuve. Un autre pont de service, parallèle à la tête aval du pont en pierre, allait également d'une rive à l'autre. La grue roulante pouvait donc se mouvoir d'une culée à l'autre du viaduc. Mais, pour l'accélération des travaux, plusieurs grues se trouvaient installées sur le pont de service. Le viaduc d'Andrézieux est formé de neuf arches de 15 mètres d'ouverture chacune.

La largeur du pont, c'est-à-dire la distance du parement de la tête amont au parement de la tête aval, est de 5 mètres.

Une voie de fer était établie sur le pont de service AB, au pied de la grue roulante. Sur cette voie de fer circulaient des wagonnets au moyen desquels on transportait les matériaux, qui étaient ensuite enlevés et mis en place par la grue roulante.

Pour la construction d'un pont suspendu, on établit en amont un pont de service en charpente allant d'une rive à l'autre de la rivière ; puis on construit à la hauteur du pont suspendu et au-dessus de chaque pile et de chaque culée un échafaudage que l'on met en communication avec le pont de service. Les matériaux sont amenés au moyen du diable ou de wagonnets sur le pont de service, et de là sur chaque échafaudage, où ils sont pris et mis en place par la grue roulante, également installée sur chaque échafaudage. Cette grue circule alors d'un bout d'une pile à l'autre bout sur deux cours de rails, dont l'un est placé à droite de la pile et l'autre à gauche.

SECTION III.

FONDATIONS.

ARTICLE I.

Moyens de constater la nature du terrain. Sondages.

145. Lorsqu'il s'agit de construire un travail d'art, la première chose à faire est de chercher à connaître la nature des
diverses couches dont se compose le terrain sur lequel on
veut bâtir. Le moyen qui se présente le plus naturellement,
pour arriver à ce résultat, consiste à ouvrir, de distance en
distance, dans l'emplacement que l'ouvrage doit occuper,
des puits de diverses profondeurs. Au moyen de ces puits,
on peut connaître facilement la disposition des couches,
leur nature, leur épaisseur, et par suite les difficultés d'exécution.

Mais il n'est pas toujours possible de creuser des puits,
et quand on est obligé de renoncer à ce procécé par rapport
aux obstacles et aux inconvénients que l'on rencontre, on a
recours aux opérations ordinaires de sondage à l'aide
des instruments destinés à cet usage.

§. I. — SONDAGES DES TERRAINS.

146. Pour explorer à une petite profondeur un terrain
meuble ou d'une nature argilo-calcaire, afin de vérifier le

sol sur lequel on veut établir un drainage ou construire des ouvrages, on se sert d'un outil inventé par Bernard de Palissy. Cet outil est connu sous le nom de *sonde de Palissy*. (fig. 134).

Cet instrument n'est autre chose qu'une tige en fer de 0^{m}02 de grosseur, portant à son extrémité inférieure une cuiller de 0^{m}30 à 0^{m}40 de longueur et 0^{m}04 de grosseur. Cette cuiller est terminée par une spire qui permet à la sonde de pénétrer facilement dans le terrain en la manœuvrant comme on fait pour une tarière à forer une pièce de bois.

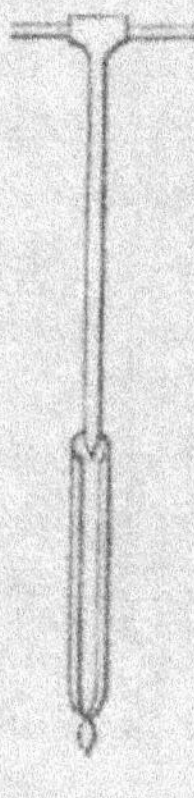

Fig. 134.

La tête de la tige se termine par une douille dans laquelle on introduit un manche en bois, au moyen duquel on fait tourner la sonde pendant le forage. Quelquefois la tige est terminée à sa partie supérieure par un ciseau destiné à broyer une pierre un peu trop dure pour être brisée par la tarière. Dans ce cas, la douille est placée plus bas sur la tige de la sonde et est maintenue fixée dans la position qu'on veut lui faire occuper, par une vis de pression.

La longueur totale de la sonde est de 2 mètres, et son poids de 4 kilogrammes environ. Son prix est de 10 francs.

A l'aide de cet instrument, on peut constater la consistance des couches du terrain que l'on explore jusqu'à une profondeur de 1^{m}60 à 1^{m}80. Après avoir enfoncé la sonde à environ 0^{m}40 dans le sol, on la retire pour examiner les échantillons de terrains logés dans l'intérieur de la tarière. On continue ensuite l'opération du forage de la même manière, par des enfoncements successifs de 0^{m}30 à 0^{m}40.

Lorsqu'on doit faire des forages à des profondeurs un peu grandes, on a recours à l'emploi de sondes composées de plusieurs portions de tiges assemblées entre elles par leurs extrémités, soit à enfourchements, soit à vis.

147. Sondes avec assemblages a enfourchements. — Dans le service de la Loire, nous nous sommes servi, pour les opérations de sondages dans le lit du fleuve, d'une sonde composée d'une tige, d'une tête et d'une pointe.

La tige de cette sonde est elle-même formée de quatre portions de tiges de 2 mètres de longueur chacune et de 0^{m}03 d'équarrissage.

Les portions de la tige ou barres additionnelles s'ajustent ensemble au moyen d'emmanchements à enfourchements tenus par deux boulons et deux clavettes (fig. 135).

A l'extrémité supérieure de la tige s'ajuste une tête de sonde dite *fausse tête* et appelée aussi *tête de rechange,* parce qu'elle peut s'adapter indifféremment à l'extrémité de toutes les branches de la tige (fig. 136).

Fig. 135.

La pointe de la sonde s'ajuste également à l'extrémité inférieure de la tige. Cette pointe a la forme d'une langue de bœuf (fig. 137), ou bien la forme d'un cylindre terminé par un cône (fig. 138).

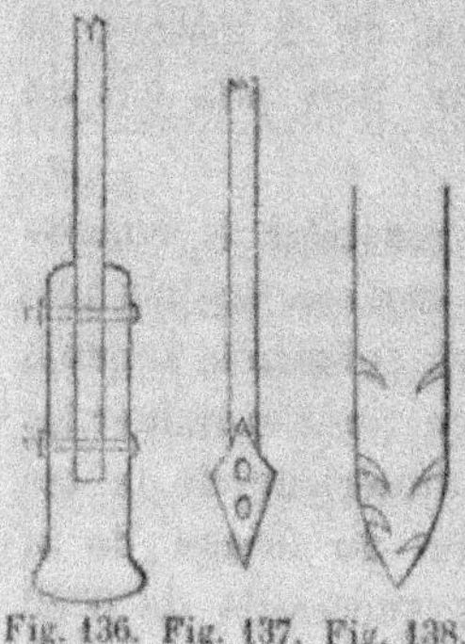

Sur les parois de la pointe sont pratiqués des trous obliques dirigés de haut en bas qui amènent les parcelles de roches qu'on rencontre et donnent ainsi des échantillons du terrain existant à la profondeur où se trouvent les trous quand on retire la sonde.

Fig. 136. Fig. 137. Fig. 138.

Pour enfoncer la sonde, on frappe sur la tête avec une masse en fer. Pour la retirer ensuite, on la soulève au moyen d'une corde qui passe dans un œil percé dans la tête de sonde, puis sur une poulie fixée au haut d'une chèvre, et vient s'enrouler sur un cabestan. Pendant qu'on soulève la sonde avec le cabestan, on l'ébranle et on la fait tourner au besoin avec des leviers en fer disposés de manière à saisir le carré de la tige. Ces leviers portent le nom de *tourne-à-gauche*.

Lorsqu'en commençant un sondage, on donne au trou un assez grand diamètre et qu'on ne descend qu'à quelques mètres de profondeur, le simple effort des ouvriers occupés à la manœuvre de la sonde suffit quelquefois pour la retirer au moyen de leviers passés dans les extrémités d'une élingue, dont on entoure la sonde au niveau du sol.

La chèvre dont nous nous sommes servi dans nos opérations de forage était installée sur un plancher en forts madriers, posé sur deux bateaux accouplés ensemble, solidement amarrés avec des ancres et maintenus dans une position stable au moyen de forts piquets. Quatre mariniers composaient l'équipage.

Pour traverser les couches de sable, nous avons été obligé de tuber, c'est-à-dire de faire descendre jusqu'au terrain solide des tubes en tôle dans lesquels on introduisait la sonde.

L'assemblage des emmanchements à enfourchements n'offre pas toute la fixité désirable et les sondes construites de cette manière font toujours entendre un bruissement qui provient du jeu que prennent promptement les boulons. Un autre inconvénient, c'est que, pour remonter ou descendre la sonde, l'assemblage et désassemblage des diverses portions de tiges demandent près de cinq minutes. Par ce motif, on préfère un assemblage à vis qui se fait beaucoup plus rapidement.

148. SONDES AVEC ASSEMBLAGES A VIS. — Dans les opérations de sondages que nous avons eu à faire à Amboise, à l'emplacement du pont de la route de Blois à Tours, nous nous sommes servi d'une sonde composée d'une tige, d'une tête et d'un pied.

La tige de cette sonde est elle-même composée de plusieurs portions de tiges ou barres additionnelles dont l'une de 1 mètre de longueur et les autres de 2 mètres, avec un équarrissage de 0^m03 (fig. 139). La branche de tige de 1 mètre s'appelle *rallonge*. Chaque branche porte à son extrémité supérieure un tenon ou goujon appelé *emmanchement mâle*, et à son extrémité inférieure une mortaise ou douille appelée *emmanchement femelle*. Ces emmanchements sont à vis avec filet triangulaire. Le tenon est terminé par une partie lisse qui lui facilite l'entrée dans la mortaise. Ce tenon a 0^m06 de longueur, dont 0^m03 pour la partie lisse. La grosseur des emmanchements est de 0^m05, de sorte qu'ils sont en saillie de 0^m01 sur les tiges.

Avec cette sonde, il faut toujours tourner dans le même sens pour l'enfoncer, à moins de maintenir les assemblages au moyen d'une goupille.

Fig. 139.

La tête de sonde est une portion de tige surmontée d'un anneau de suspension mobile autour de la tige. Cette tête de sonde, appelée aussi *tête de rechange*, parce qu'elle peut se placer indifféremment sur toutes les autres branches de tiges, a une longueur de 0^m40, non compris l'anneau (fig. 140).

Le pied de la sonde n'est autre chose qu'un outil soudé à un bout de tige portant un tenon. La forme de l'outil varie avec la nature des couches de terrains que l'on doit traverser.

Fig. 140.

Pour entamer le terrain, couper et désagréger les roches dures, on se sert d'outils de percussion qui ont la forme de ciseaux et portent le nom de *trépans*.

La figure 141 représente un trépan ordinaire employé pour les roches dures ; la base de ce trépan a 0^m12 de largeur.

La figure 142 représente un trépan rubanné, qui convient aux roches argileuses et aux sables secs et agglutinés.

Pour extraire les roches tendres ou désagrégées, on se sert d'outils qui ont la forme des tarières employées à forer le bois.

Pour pénétrer dans les terres meubles, les argiles compactes et les marnes, on se sert d'une tarière ouverte à mouche rubannée (fig. 143).

Pour traverser les couches meubles et les sables argileux, on se sert d'une tarière à talon et à mèche (fig. 144).

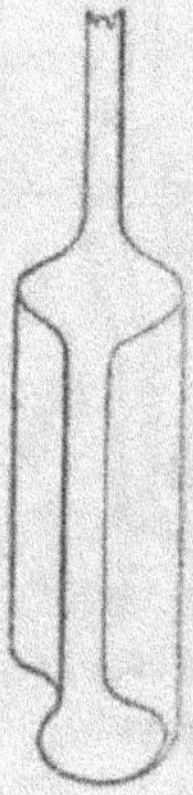

La figure 145 représente une tarière à soupape, à clapet et à mèche un peu recourbée pour retenir les matières qui s'y introduisent, telles que les terres sablonneuses et les argiles fluentes. On se sert aussi de tarières à soupape à boulet.

Fig. 141. Fig. 142. Fig. 143. Fig. 144.

L'action des tarières ne peut se produire que dans l'extraction des roches tendres ou bien des roches désagrégées, soit naturellement, soit par le battage avec les trépans.

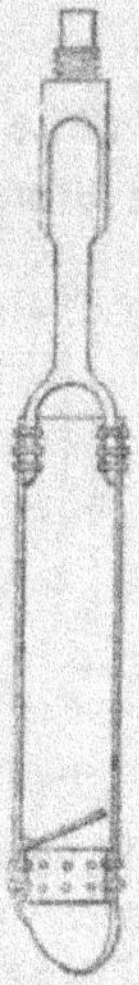

Accessoires de la sonde. — Les accessoires de la sonde sont : le tourne-à-gauche, la clef de retenue, la clef de relevé, le manche à vis de pression et les outils arrache-sonde, c'est-à-dire la caracole et la cloche d'accrocheur.

Le *tourne-à-gauche* (fig. 146) est un levier entaillé de manière à saisir le carré de la tige et à permettre d'imprimer à la sonde un mouvement de rotation.

Fig. 145.

La *clef de retenue* ou griffe a la forme indiquée par la figure 147. Cette clef a 0m55 de longueur totale, et sa plus grande largeur est de 0m13. Elle sert à suspendre la sonde au-dessus du plancher placé à l'orifice du trou de sonde lorsqu'il s'agit de visser ou de dévisser une branche de tige. A cet effet, les emmanchements à tenon sont pourvus de deux épaulements, l'un au-dessus de l'autre ; la sonde repose par l'épaulement

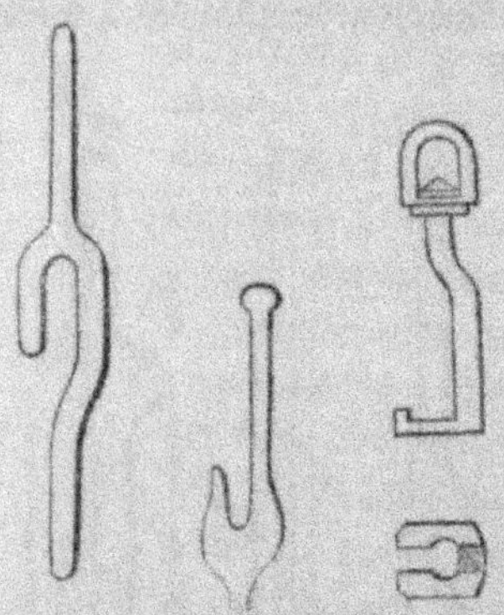

Fig. 146.   Fig. 147.   Fig. 148.

inférieur sur la clef de retenue qui repose elle-même sur le plancher. L'épaulement supérieur sert à saisir la tige avec la clef de relevé, lorsqu'on doit remonter la sonde après avoir enlevé une des branches supérieures.

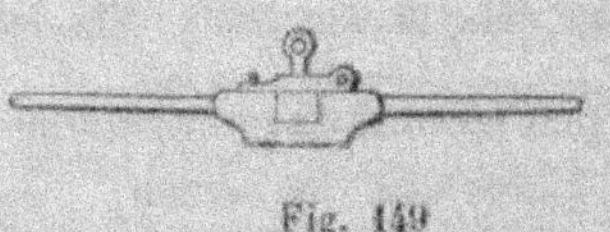

Fig. 149

Cette *clef de relevé*, qu'on appelle aussi *pied-de-bœuf*, a la forme indiquée par la figure 148. Elle est surmontée d'un anneau mobile afin de pouvoir être suspendue au cordage de la chèvre. Cette clef a 0m40 de hauteur.

Le *manche à vis de pression* (fig. 149) a 1m10 de longueur totale et peut, au moyen de la vis, se fixer à une hauteur quelconque de la tige. Il sert à faire tourner la sonde et à la soulever au besoin.

La *caracole* (fig. 150) sert à saisir la tige sous un épaulement des emmanchements et à soulever et retirer la

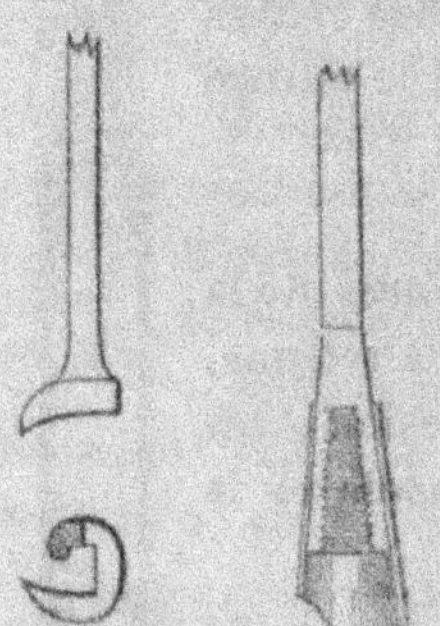

Fig. 150.   Fig. 151.

sonde quand une fracture existe dans un emmanchement ou un peu au-dessus.

La *cloche d'accrocheur* (fig. 151) se substitue à la caracole lorsque la fracture existe dans la tige à une certaine hauteur au-dessus d'un emmanchement. Cette cloche est un entonnoir taraudé intérieurement suivant un tronc de cône, et trempé de façon à être assez dur pour qu'après avoir coiffé la tige brisée, le filet intérieur puisse s'y incruster par le rôdage. La sonde saisie ainsi par le filet peut être soulevée et retirée du trou.

Manœuvre de la sonde. — Lorsque l'on veut forer sur un point, on commence par y creuser un trou d'environ 1 mètre de profondeur, dans lequel on introduit un tuyau en bois ayant le diamètre des outils, et soutenu par un cadre en madriers placé au niveau du sol. On comble ensuite le trou autour de ce tuyau et l'on garnit les côtés du cadre par des planches, de manière à former un plancher sur lequel l'ouvrier sondeur puisse marcher facilement. On dispose ensuite à l'entrée du trou de sonde un collier qui recouvre le tube. Ce collier est formé de deux morceaux de bois et s'ouvre à charnière. Lorsqu'il est fermé, il ne doit laisser passer que la tige.

On installe ensuite au-dessus du trou de sonde une chèvre solidement établie et d'une hauteur suffisante pour permettre de retirer à la fois une tige munie d'un outil à son extrémité inférieure.

Les manœuvres de la sonde pendant tout le temps de l'opération consistent dans la descente de la sonde, le forage avec les tarières, le battage avec les ciseaux et la remonte de la tige.

La descente et la remonte de la sonde se font au moyen de la chèvre. Pour visser et dévisser les tiges, on place la clef de retenue sur le collier disposé au-dessus du trou, et l'on appuie l'emmanchement à vis sur cette clef au moyen des épaulements inférieurs, puis on coiffe le tenon de l'emmanchement mâle avec la mortaise de l'emmanchement femelle. Les épaulements supérieurs permettent de saisir la tige avec la clef de relevé, lorsqu'on doit remonter la sonde.

Le mouvement de rotation qui fait descendre la sonde s'imprime au moyen des barres de fer appelées tourne-à-gauche. On facilite quelquefois l'enfoncement en suspendant au tourne-à-gauche des poids en fonte ou même des pierres.

Pour remonter la sonde, on la soulève avec la chèvre et on la fait tourner en sens contraire au vissage avec le tourne-à-gauche. La tête de sonde peut, d'après sa disposition, tourner avec la tige sans transmettre ce mouvement à la corde du treuil, puisque l'anneau par lequel elle est suspendue à cette corde est mobile.

Lorsque dans le forage on rencontre des cailloux ou des fragments de roches dures, on remplace les tarières par les trépans, et le battage s'exécute au moyen du manche à vis de pression et du cabestan.

Pendant que le cabestan élève la sonde d'environ 0^m30 et la laisse retomber de cette hauteur, le manche à vis de pression sert à donner à la tige la direction convenable pour obtenir un forage rond et régulier avec le trépan.

Le mouvement de rotation imprimé à la sonde en sens contraire lorsqu'on la remonte, ou bien le mouvement de trépidation qu'elle éprouve pendant l'action des trépans, peut provoquer le dévissage de l'une des vis; on en est averti par un bruit semblable à celui d'un coup de fouet. Pour éviter cet accident, il suffit à l'ouvrier d'appuyer de temps à autre sur son manche dans le sens du vissage.

TUBAGE. — Lorsqu'il se présente des couches de terrains ébouleux à traverser, on soutient les parois du trou de sonde au moyen de tubes ordinairement en tôle et quelquefois en bois. Ces tuyaux, de 2 mètres de longueur chacun, de 0^m14 de diamètre extérieur et de 0^m13 de diamètre intérieur, se réunissent bout à bout et successivement au moyen d'assemblages à recouvrement, fixé soit par des boulons et des écrous, soit par des rivets. Si l'assemblage se fait avec boulons et écrous, l'extrémité de chaque boulon doit être coupée et rivée afin d'avoir le moins de saillie possible. L'emmanchement que porte chaque tube à l'une de ses extrémités a 0^{m}14 de hauteur et 0^{m}15 de diamètre extérieur, ce qui fait une saillie de 5 millimètres sur le pourtour des tuyaux (fig. 152).

La colonne formée avec les tuyaux assemblés est descendue au moyen de la chèvre après avoir eu soin de bien calibrer le trou de sonde. La descente de la colonne se fait au besoin à mesure que la sonde s'enfonce et en ajoutant les tubes successivement les uns aux autres. On facilite le mouvement de la colonne par une pression suffisante exercée au sommet ou par l'action d'un mouton, qui est quelquefois creux, afin de pouvoir fonctionner, la sonde étant dans les tubes.

Pour tuber dans des sables mouvants, il suffit de faire descendre au-dessous de la colonne un seau à soupape auquel on imprime des mouvements de percussion et qui se remplit alors comme une pompe. Le sable, raréfié par cette action, permet la descente de la colonne jusqu'au terrain solide. On introduit ensuite la sonde dans l'intérieur des tubes pour exécuter le forage [1].

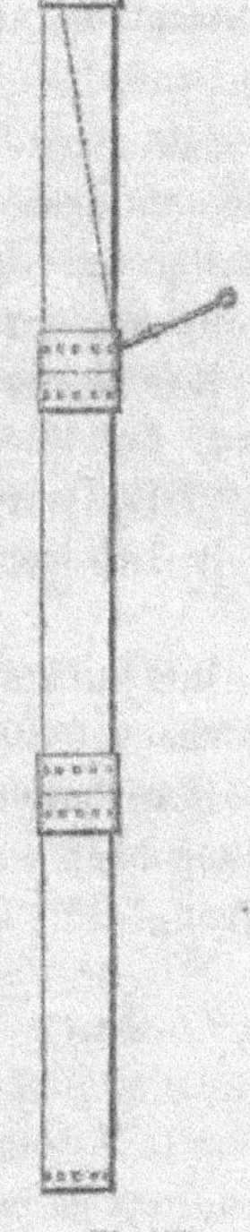

. Fig 152.

[1] Les personnes appelées à exécuter des sondages peuvent consulter la notice publiée par MM. Laurent et Degousée. Cette notice a pour titre : *Description et manœuvre des sondes d'exploitation.*

Le guide du sondeur ou *Traité théorique et pratique des sondages*, par MM. Degousée et Laurent, donne tous les développements de l'art du sondeur.

Tous les outils nécessaires pour les opérations de sondage se trouvent chez MM. Degousée et Laurent à Paris.

ARTICLE II.

Fondations sur terrains incompressibles et inaffouillables.

149. Après avoir constaté la nature du terrain au moyen de sondages exécutés avec soin, on adopte le mode de fondation qui convient au terrain sur lequel on doit ériger une construction.

Les terrains sont classés en trois catégories :

1° Les terrains incompressibles et inaffouillables ;
2° Les terrains incompressibles et affouillables ;
3° Les terrains compressibles et affouillables.

Les terrains incompressibles et inaffouillables sont les rochers, le tuf et les enrochements naturels.

Pour établir les fondations sur le rocher, il y a deux cas à considérer : ou la roche sort de l'eau, ou elle est située sous l'eau.

§ I. — FONDATIONS SUR LE ROCHER HORS DE L'EAU.

150. Lorsque le rocher sort de l'eau d'une quantité suffisante pour permettre de construire la maçonnerie à sec, on se borne à déraser le sol, soit de niveau, soit par retraites horizontales, afin que la construction ne tende pas à glisser. On établit ensuite la fondation par les méthodes ordinaires, en ayant soin, dans le cas de retraites horizontales, de bien comprimer la maçonnerie, qui doit racheter leur différence de hauteur ; il faut autant que possible l'exécuter entièrement en pierres de taille ou en forts libages, si elle doit supporter une grande charge. Afin de répartir la pression sur une plus grande surface, on donne à la fondation 0^{m}05 à 0^{m}10 d'empatement, c'est-à-dire de saillie sur chaque face du mur qu'elle doit supporter.

§ II. — FONDATIONS SUR LE ROCHER SOUS L'EAU.

151. Il peut se présenter trois cas : ou le rocher est à nu et sous l'eau à une profondeur qui ne dépasse pas 2 mètres, ou le rocher à nu est à une profondeur de plus de 2 mètres, ou enfin le rocher est recouvert de gravier.

PREMIER CAS. — Quand la hauteur d'eau sur le rocher ne dépasse pas 2 mètres, on circonscrit l'emplacement de la fondation au moyen d'un batardeau ; puis on épuise les eaux et l'on élève la maçonnerie à sec comme sur le rocher hors d'eau. Nous verrons au numéro 187 la manière d'établir un batardeau sur le rocher.

DEUXIÈME CAS. — Lorsque la hauteur d'eau sur le fond du lit dépasse 2 mètres, il est difficile de faire des épuisements, parce qu'il est rare que des batardeaux d'une grande hauteur soient suffisamment étanches. La dépense qu'ils occasionnent est en outre toujours très-grande. On établit alors la fondation au moyen d'une *caisse sans fond étanche*.

Cette caisse, que l'on construit à sec sur le chantier, est composée de poteaux verticaux et de fortes palplanches maintenues par deux ceintures de moises horizontales. La hauteur de chaque palplanche est fixée en raison de la profondeur d'eau au point du rocher sur lequel elle doit descendre, profondeur que l'on relève au moyen d'une sonde en bois. On peut d'ailleurs laisser aux palplanches la faculté de glisser entre les moises, et on les fait descendre à coups de masse jusqu'à ce qu'elles touchent le fond. Lorsque la caisse est terminée, on calfate les parois et on l'échoue en la chargeant de matériaux pesants. Ces matériaux sont déposés sur des madriers placés en travers sur les bords de la caisse. Pendant l'échouement la caisse est soutenue soit au moyen de crics, soit au moyen de chèvres, et elle est descendue progressivement.

Il faut, dans tous les cas, prendre avant l'échouement les dispositions nécessaires pour que la caisse descende verticalement. A cet effet, on établit un échafaudage qui embrasse entièrement la caisse et la force à descendre verticalement, ou bien on enfonce quelques pieux (en forçant le rocher si on le peut) pour lui servir de coulisses et la maintenir dans une position invariable.

Lorsque la caisse est arrivée à fond, on coule du béton sur une hauteur égale à la moitié de celle de l'eau, en ayant soin, pour que le béton ne soit pas exposé à faire parement dans le cas où la caisse viendrait à être détruite au bout de quelques années, de placer pendant l'immersion des pierres de taille au pourtour intérieur de la caisse. On doit d'ailleurs protéger la caisse contre l'action destructive des courants au moyen d'enrochements exécutés tout au pourtour extérieur.

Lorsque le béton a fait prise, on épuise l'eau qui se trouve dans la caisse et l'on élève ensuite la maçonnerie à sec.

La caisse a la forme de la construction qu'il s'agit d'établir.

Au lieu d'être en bois, les caissons étanches peuvent être en tôle ; mais ils sont plus coûteux.

Lorsque la profondeur d'eau est par trop considérable, comme pour certains travaux à la mer, on exhausse le plafond en échouant d'énormes quantités d'enrochements et de blocs de manière à constituer pour la maçonnerie une base solide, quoique artificielle. Dans ce cas, on a souvent recours, pour arrimer les blocs ou même pour les maçonner, à des cloches à plongeur ou à des scaphandres.

TROISIÈME CAS. — Si le rocher est recouvert d'une couche de terre, sable ou gravier, on emploie une *caisse sans fond non étanche* dont la carcasse se compose de poteaux verticaux placés aux angles et sur les faces à des distances de 1^m50 à 2 mètres. Ces poteaux sont reliés entre eux par deux ou trois ceintures de moises horizontales doubles. Lorsque la carcasse est échouée, les palplanches sont placées entre les moises, puis enfoncées successivement jusqu'au rocher.

Lorsque toutes les palplanches sont battues, on drague dans l'intérieur de la caisse jusqu'au terrain solide, et on coule ensuite le béton, que l'on élève jusqu'à 0^{m}20 ou 0^{m}30 en contre-bas de l'étiage. Arrivé là, on forme au pourtour de la caisse, à laquelle on doit pour cela donner des dimensions suffisantes, une ceinture de batardeaux en béton en laissant dans l'intérieur un espace suffisant pour établir la première assise de maçonnerie. Ce batardeau peut être formé d'un côté par les palplanches de la caisse et de l'autre par une enceinte intérieure en vannages ou en palplanches.

On peut encore descendre dans la caisse, pour remplacer les batardeaux, un coffrage tout préparé, de manière à ce qu'il s'applique contre les poteaux de la caisse. Ce coffrage, en madriers jointifs et bien calfatés, doit pénétrer par sa partie inférieure dans le béton et s'élever un peu au-dessus de l'étiage.

Enfin, si la profondeur d'eau est grande, 4 à 5 mètres par exemple, et que la caisse soit maintenue par trois cours de moises horizontales, on peut aussi, avant la pose des palplanches, fixer intérieurement sur les poteaux entre les deux cours supérieurs de moises des palplanches jointives de 0^{m}03 d'épaisseur, dont on a recouvert les joints par des voliges garnies de mousse pour obtenir dans le haut de la caisse un bordage étanche. La caisse doit dans ce cas être assez haute pour dépasser le niveau des eaux.

Quand le béton a fait prise, on épuise et on établit la maçonnerie à sec. Une fois la construction au-dessus du niveau des eaux, et si l'on ne craint pas de crue, on démonte le coffrage ou l'enceinte intérieure et l'on recèpe la caisse au niveau du béton; puis on coiffe les palplanches avec un chapeau fixé sur leurs têtes au moyen de chevilles en fer.

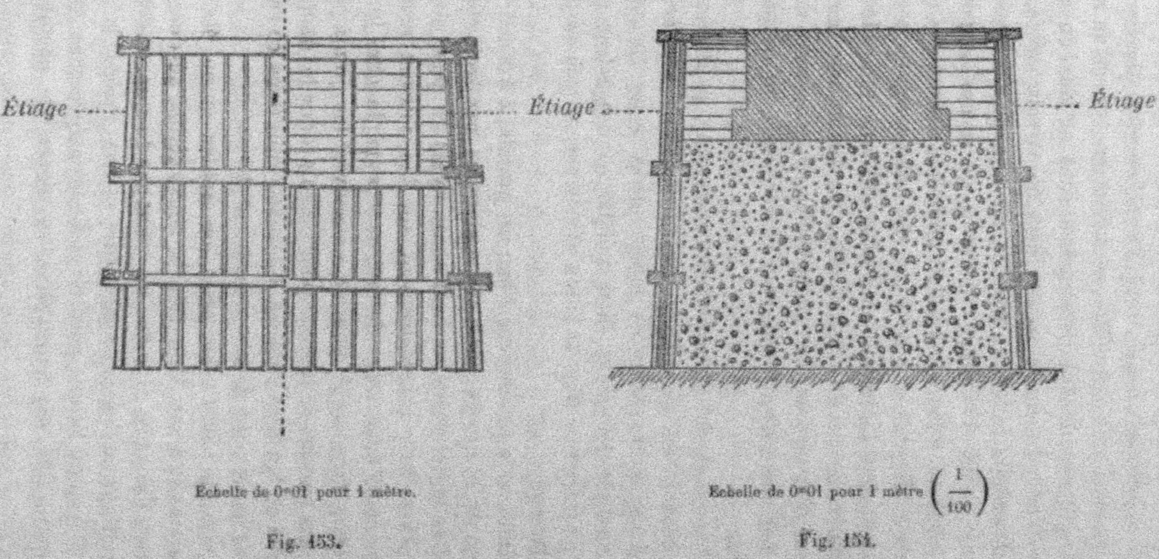

Échelle de 0m01 pour 1 mètre.

Fig. 453.

Échelle de 0m01 pour 1 mètre $\left(\dfrac{1}{100}\right)$.

Fig. 454.

La caisse pouvant être détruite à la longue et le parement du béton pouvant ne pas résister au choc des glaces et des corps flottants, on doit avoir soin de placer pendant l'immersion du béton des moellons ou libages en boutisses que l'on dispose tout au pourtour intérieur de la caisse. On doit d'ailleurs protéger la caisse contre l'action destructive des courants au moyen d'enrochements exécutés tout au pourtour extérieur.

Dans ce système, on peut descendre une fondation jusqu'à 8 ou 10 mètres.

Quelquefois, avant d'échouer la caisse, on commence par creuser la fouille en draguant jusqu'au sol résistant ; puis on fait descendre la caisse et on pose les palplanches, après quoi on coule le béton.

Les figures 153 et 154 représentent un caisson non étanche pour les fondations en rivière à fond de rocher. Les palplanches sont espacées entre elles par des vides de 0^m04 à 0^m05 environ qui facilitent l'écoulement des laitances pendant le coulage du béton. Entre les deux cours de moises supérieures, un bordage étanche en planches de sapin, clouées à l'avance sur les poteaux verticaux, permet d'épuiser au-dessus du béton et de poser à sec les premières assises de maçonnerie.

Les parois latérales du caisson ont un fruit de un vingtième au plus. Ce caisson est d'ailleurs construit de la manière que nous avons indiquée ci-dessus. Il est établi de manière que le béton présente à sa partie supérieure un empatement de 0^m75 à 1 mètre tout au pourtour du socle des maçonneries.

ARTICLE III.

Fondations sur un terrain incompressible et affouillable.

152. Les terrains incompressibles, mais susceptibles d'être emportés ou amollis par les eaux, sont : le sable, le gravier, le caillou, l'argile franche et pure, les schistes, etc. Ce sont ceux que l'on rencontre le plus souvent.

On peut encore fonder directement sur un sol pierreux, graveleux ou sablonneux ; mais comme ces terrains, quoique réellement incompressibles, sont toujours plus ou moins mobiles, il est prudent de pénétrer à une plus grande profondeur et d'y répartir la pression aussi uniformément que possible au moyen de libages ou d'une bonne couche de béton.

Sur les rivières dont le régime est établi, c'est-à-dire celles dont la disposition du lit varie peu et où, par conséquent, les affouillements sont peu considérables, on a exécuté pendant longtemps les fondations sur pilotis. Aujourd'hui, on trouve plus économique de les exécuter par encaissement sur béton. Nous allons examiner ces deux systèmes de fondations.

§ I. — FONDATIONS SUR PILOTIS.

153. Ce système consiste à enfoncer dans toute l'étendue de la fondation un nombre de pieux suffisant pour supporter le poids de l'ouvrage sans fléchir ou sans s'affaisser sous cette charge, et à faire reposer l'édifice sur les têtes des pieux. Les pieux sont espacés de 0ᵐ80 à 1ᵐ30 d'axe en axe, suivant la pression totale qu'ils auront à supporter et suivant

leur diamètre, qui doit être en général le vingt-quatrième de leur longueur.

154. CALCUL DU NOMBRE DE PIEUX. — Le nombre de pieux à placer dans l'étendue d'une fondation se détermine en divisant la charge totale que devra supporter la fondation par la charge que chaque pieu peut supporter lui-même.

Ainsi un pieu commence à plier, puis se rompt sous une charge de 3 kilogrammes par millimètre carré de section. Il est d'usage de ne faire supporter aux pieux que le cinquième de cette charge, c'est-à-dire $0^k 60$ par millimètre carré, ou 60 kilogrammes par centimètre carré. Ainsi, pour des pieux de $0^m 20$ d'équarrissage, chacun d'eux peut supporter une charge de $20 \times 20 \times 60 = 400 \times 60 = 24\,000$ kilogrammes.

Le nombre de pieux étant connu ainsi que la section de la maçonnerie qui pèsera dessus, on détermine la place de chacun d'eux pour qu'ils aient tous le même poids à supporter. Pour cela, on partage la section de la maçonnerie en autant de surfaces équivalentes entre elles qu'il y a de pieux, et on place le centre de chaque pieu au centre de gravité de chacune de ces surfaces, et l'on a ainsi l'espacement des pieux, dont le minimum doit être de $0^m 80$ afin ne point trop comprimer le terrain.

Les pieux, étant répartis de la manière la plus convenable sous la fondation et disposés en quinconce, doivent être enfoncés jusqu'au refus, c'est-à-dire jusqu'à ce qu'ils n'entrent plus que de $0^m 02$ à $0^m 03$ par volée, afin que l'on n'ait plus à craindre aucun affaissement sous le poids de la construction. On les recèpe tous de niveau au-dessous de l'étiage à la hauteur préalablement fixée. Cela fait, on peut suivre deux méthodes différentes dans l'exécution des fondations : 1° sur grillage ; 2° par caisson.

155. FONDATIONS SUR GRILLAGE. — Le grillage est une charpente formée de pièces de bois croisées les unes sur les autres et entaillées légèrement de manière à ce qu'il ne puisse y avoir de glissement horizontal dans aucun sens,

(fig. 155). Les pièces inférieures relient les files longitudinales de pieux et portent le nom de *longrines* ; les pièces supérieures assemblées sur les premières portent le nom de *traversines*.

Les longrines sont assemblées à tenons sur la tête des pieux ou bien fixées avec des broches en fer.

Fig. 155.

On peut, suivant les cas, poser le grillage à sec en épuisant les eaux, ou bien le poser sous l'eau.

Pose du grillage à sec. — Lorsque l'on a à fonder sur un terrain dans lequel les sources ne sont pas très-abondantes, comme par exemple sur un fond glaiseux et que les batardeaux ne sont pas trop coûteux à établir, on établit les fondations par épuisement et sur grillage. C'est ainsi que l'on fait souvent les fondations de culées et de murs de quais.

On circonscrit de batardeaux l'emplacement de l'ouvrage que l'on veut construire ; on épuise les eaux et on enlève toutes les terres rendues mobiles par le battage, en déblayant aussi bas que possible le terrain autour des pieux.

On remplit ensuite cette enceinte avec des enrochements que l'on comprime fortement en les exécutant. Ces matériaux maintiennent les pieux, augmentent les frottements qui s'opposent à l'enfoncement et ajoutent ainsi beaucoup à la solidité du système. On pose ensuite sur les pieux le grillage en charpente. Les enrochements montent jusqu'au grillage et sont arrasés au niveau des longrines. On applique enfin sur les longrines et entre les traversines des madriers qui forment ainsi une plate-forme sur laquelle on élève la maçonnerie.

Le grillage doit être placé assez bas pour n'être jamais

exposé à se trouver au-dessus de l'eau, parce que les bois se pourriraient.

Dans ce mode de fondation, la plus grande profondeur à laquelle on puisse descendre la première assise de maçonnerie est de 2 mètres au plus, et encore ce moyen est coûteux par rapport aux épuisements ; les batardeaux résisteraient mal d'ailleurs à la pression qu'ils éprouveraient latéralement sous une charge d'eau dépassant 2 mètres de hauteur.

Pose du grillage sous l'eau. — Lorsque l'eau est à son niveau le plus bas, c'est-à-dire à l'étiage ou un peu au-dessous, et que l'on n'a pas à craindre de crues, on peut recéper tous les pieux à 0^m30 ou 0^m40 au-dessous de l'étiage, puis échouer sur ces pieux des longrines et sur ces longrines une plate-forme en madriers. Cette plate-forme a pour but de répartir la pression. En la plaçant à une petite profondeur sous l'eau, 0^m10 ou 0^m20, il est facile de poser la première assise de fondation, dont l'épaisseur doit s'élever au-dessus du niveau des eaux.

L'échouage des longrines se fait en perçant d'abord sur la tête des pieux des trous dans chacun desquels on introduit des tiges de fer qui s'élèvent au-dessus de l'eau et que l'on maintient dans une position verticale. Une longrine percée de trous disposés de façon à correspondre à chacune des tiges est descendue sur la tête des pieux en faisant passer chaque tige dans son trou. On fait ensuite descendre sur chaque tige un tuyau armé de pointes à sa partie inférieure, ce qui lui permet de pénétrer légèrement dans le bois. On enlève alors la tige de fer pour y substituer une broche que l'on fait glisser dans le tuyau à la place de la tige et qu'il est facile d'enfoncer ensuite avec un pilon en fonte.

Les longrines étant ainsi fixées sur les pieux, on amène la plate-forme, dont les madriers ne sont maintenus que par quelques planches clouées sur la surface. Ces madriers doivent être préalablement percés de trous de manière à répondre aux longrines. Pour échouer la plate-forme, il suffit de la charger par un bout jusqu'à ce qu'elle s'applique sur les longrines, et on l'y fixe au moyen de broches enfoncées dans les trous préparés à l'avance.

Pour maintenir les pieux dans leur position verticale et défendre le sol contre les affouillements, on fait un enrochement dans les intervalles des pieux et autour de la fondation. Ces enrochements s'élèvent jusqu'au niveau supérieur des longrines, où ils sont arrasés (fig. 155 *bis*).

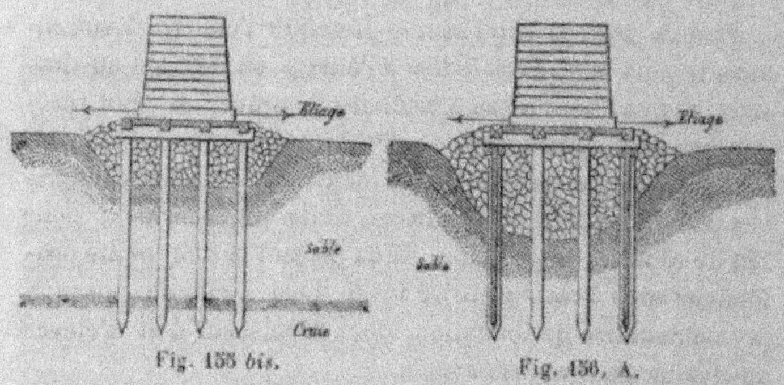

Fig. 155 *bis*.   Fig. 156, A.

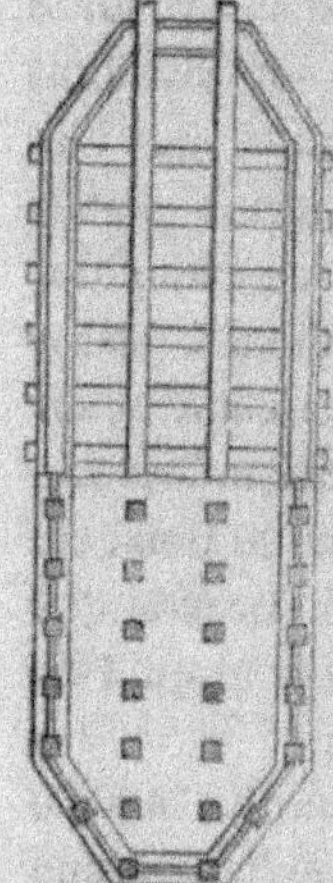

Fig. 156, B.

Une autre disposition consiste à enfermer les enrochements dans une enceinte de pieux et palplanches jointives que l'on exécute autour des pieux supportant le grillage ; mais il est plus économique de battre les palplanches entre les pieux du périmètre du grillage. De cette manière l'enceinte n'est point séparée du grillage (fig. 156, A). Dans ce cas, on supprime la plate-forme et on relie les longrines par des traversines (fig. 156, B); puis sur les enrochements, qui doivent être bien pilonés, on coule du béton jusqu'à la hauteur où l'on peut poser la première assise de maçonnerie. Cette couche de béton enveloppe la tête des pieux et vaut mieux qu'une plate-forme, qui n'adhère jamais bien à la maçonnerie et peut favoriser un glissement.

156. Fondation par caisson. — Lorsque les fondations d'un ouvrage doivent être établies à une grande profondeur sous l'eau, et surtout lorsque la rivière sur laquelle on doit travailler est exposée à des crues fréquentes, on peut exécuter les fondations au moyen d'un caisson.

Après avoir dragué aussi profondément que possible le terrain rendu mobile par le battage, on remplit d'enrochement en gros moellons les intervalles entre les pieux. Les pieux étant recepés à une même hauteur au-dessous de l'étiage, on descend directement le caisson sur leurs têtes.

Le caisson est une espèce de bateau à fond plat avec parois verticales et mobiles, c'est-à-dire qui peuvent se démonter et s'enlever à volonté. Ce caisson a la forme de la pile ou de la culée à construire. Il doit être bien calfaté, de manière à ce que l'on puisse travailler à sec dans l'intérieur, et sa hauteur doit être assez grande pour qu'il ne soit point exposé à être submergé par les petites crues (fig. 157.)

Le fond du caisson se compose d'un cadre en fortes pièces de bois et de traversines jointives assemblées à rainures dans les côtés opposés du cadre. Ce fond forme ainsi une plate-forme aux angles de laquelle sont placés des poteaux dans lesquels s'assemblent, aussi à rainure, des châssis en madriers. Les

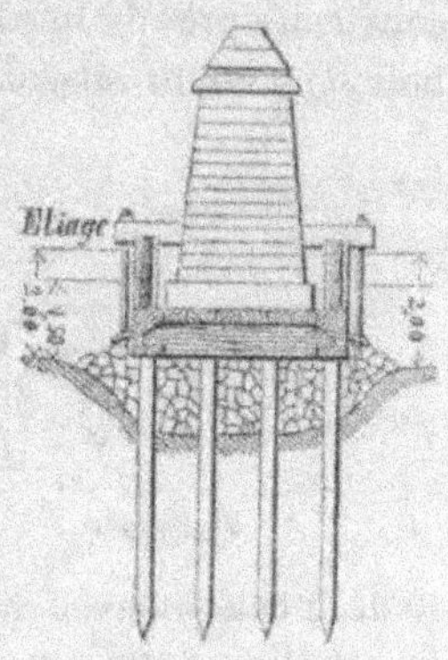

Fig. 157.

poteaux sont reliés à leurs têtes par des traverses horizontales qui sont elles-mêmes rattachées au cadre de la plate-forme par des tire-fonds en fer portant à leur extrémité inférieure un œil dans lequel s'engage un crochet fixé au cadre. Ces tire-fonds sont maintenus par le haut au moyen d'un écrou qu'il suffit d'enlever pour détacher les côtés du caisson.

Les bords du caisson, pouvant être employés successivement pour la fondation de toutes les piles d'un pont, sont divisés en panneaux de 2 à 3 mètres de longueur formés de planches maintenues par des traverses. Ces panneaux sont assemblés par le bas dans une rainure pratiquée dans la face supérieure des chapeaux de rive, et latéralement dans des poteaux verticaux portant également rainures sur leurs faces latérales et assemblés aussi sur les chapeaux.

Les bois employés à la construction de la plate-forme du caisson doivent être de la meilleure qualité, afin d'avoir une durée illimitée; les bords qui sont mobiles et dont on ne fait usage que temporairement peuvent être exécutés en bois de médiocre qualité. Au lieu d'être en bois, les caissons peuvent être en tôle.

On appelle *lancer un caisson* l'opération qui a pour but de le mettre à flot et de l'échouer sur les pieux.

A cet effet, les caissons doivent, autant que possible, être construits près du bord de la rivière, sur une charpente en bois. Quand un caisson est terminé, on établit une cale qui va du chantier au bord de l'eau, en donnant à cette cale une inclinaison de 3 ou 4 de base pour 1 mètre de hauteur (fig. 158).

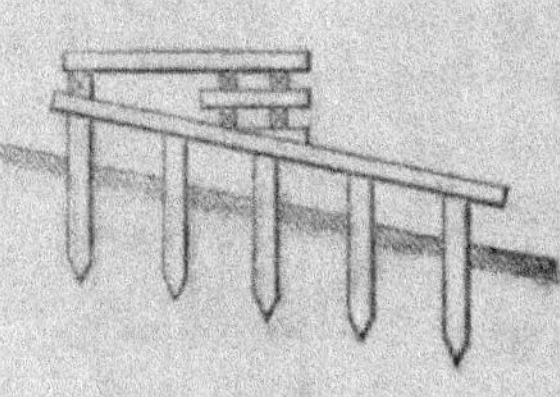

Fig. 158.

La charpente qui forme la cale est prolongée dans l'eau de manière à soutenir le caisson jusqu'à ce qu'il flotte. On retient le caisson avec des câbles et des cabestans, et on le laisse glisser doucement jusqu'à ce qu'il soit à flot.

Pour échouer le caisson, on construit dans son intérieur la maçonnerie de fondation et il descend alors progressivement au fur et à mesure que l'on monte les assises, puis il arrive un moment où il affleure la tête des pieux. On place alors exactement le caisson dans la position qu'il doit occuper, soit au moyen de fils tendus d'une rive à l'autre si le cours d'eau n'a pas une trop grande largeur, soit à l'aide de voyants fixés sur les rives, sur le caisson et sur l'échafaud. On maintient le caisson en place soit avec des pieux battus *ad hoc*, soit avec des coulisseaux verticaux adaptés aux échafauds, et on termine l'échouage en laissant pénétrer l'eau dans le caisson.

Lorsque le caisson est bien fixé sur la tête des pieux, on continue la maçonnerie jusqu'au-dessus de l'eau, puis on démonte les bords pour les employer à un autre caisson, dont le fond a été préparé pendant l'exécution de la maçonnerie dans le premier. On se sert au besoin de crics pour soulever les bords, qui doivent être amarrés d'avance avec des cordes, parce que des bois imprégnés d'eau pourraient couler à fond.

Il est inutile de dire que si le fond du lit de la rivière était un terrain incompressible, on se bornerait à le niveler et à y faire reposer directement le caisson, sans battage de pieux.

§ II. — FONDATION SUR BÉTON PAR ENCAISSEMENT.

157. Le moyen de fonder sur béton par encaissement consiste à former autour de l'emplacement des fondations une enceinte de pieux et palplanches jointives que l'on enfonce jusqu'au terrain résistant ou jusqu'au-dessous de la limite des affaissements. On drague ensuite dans cette enceinte sur une profondeur égale à l'épaisseur à donner aux fondations, et l'on coule du béton jusqu'au niveau de l'étiage. Ce béton forme un massif artificiel sur lequel on élève la maçonnerie.

Si le niveau des eaux était plus élevé que l'étiage, on établirait sur le béton un batardeau ou un coffrage étanche, en procédant de la manière que nous avons indiquée au numéro 151 pour les caisses non étanches. On pourrait ainsi

construire à sec les premières assises de maçonnerie jusqu'au-dessus de l'eau.

Les pieux de l'encaissement sont équarris et dressés, puis
placés de 1 à 2 mètres les uns des autres ; ils sont réunis au
niveau du massif de béton par des moises doubles laissant
entre elles un intervalle dans lequel on bat des palplanches
jointives de 0^{m}10 à 0^{m}12 d'épaisseur.

Si le sol était difficile à pénétrer, on ferait le draguage avant
le battage des pieux ; mais dans ce cas le draguage doit
s'étendre dans une étendue plus grande que l'emplacement
de l'ouvrage à établir par rapport aux talus que prennent les
terres. Quand on ne drague pas avant le battage, on drague
après.

Le mode de fondation sur béton par encaissement est sim-

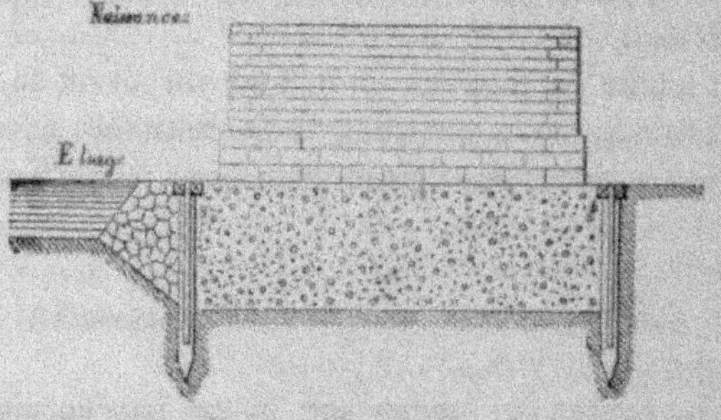

Fig. 159.

ple et plus économique que celui sur pilotis, qui exige une
masse de bois ; aussi le premier mode est aujourd'hui préféré au second.

La figure 159 représente les fondations de l'une des culées
du pont des Violettes sur le canal de dérivation de l'Amasse,
à Amboise. La maçonnerie des pieds-droits y est figurée
jusqu'à la hauteur des naissances de la voûte. Le massif de
béton s'élève jusqu'au niveau de l'étiage de la Loire.

Le pont de Montlouis, sur la Loire, a été fondé sur béton
par encaissement ; le massif de béton repose sur un banc

de marne et s'élève jusqu'au niveau de l'étiage ; il a 5 mètres de hauteur. On a dragué la couche de gravier et de sable fin qui recouvrait le banc de marne sur à peu près 5 mètres de hauteur. La longueur des palplanches est de 5^{m}73 et celle des pieux de 6^{m}78. La longueur des pieux d'angles est de 8^{m}20.

158. EMPLOI DES VANNAGES DE VOLIGES DANS LES FONDATIONS EN BÉTON. — Nous venons de dire que, lorsque le sol était difficile à pénétrer, quoique facilement affouillable, on creusait l'enceinte avant de battre les pieux et les palplanches jointives.

Dans les terrains où l'on n'a pas à craindre d'affouillements, on peut, après avoir creusé la fouille des fondations, substituer aux palplanches jointives des vannages en voliges que l'on adosse contre les pieux. Ce mode est plus économique que celui des palplanches, car il faut d'abord moins de temps pour poser les vannages que pour enfoncer les palplanches ; ensuite les vannages en voliges coûtent moins cher que les palplanches, et d'autant moins que le prix des bois se trouve plus élevé.

Il est vrai que le creusement préalable de la fouille entraîne une augmentation de dépense dans les draguages, puisque l'on est obligé d'enlever une plus grande quantité de déblais par rapport aux talus que prennent les terres. Mais, d'un autre côté, on éprouve souvent des pertes dans le battage des pieux et palplanches avant le creusement de la fouille ; ainsi, après le draguage, on trouve des pieux et des palplanches brisés par le battage et d'autres qui ont dévié de la ligne d'enceinte. Il faut alors remplacer une partie des pieux et palplanches battus avant le draguage, et il en résulte une dépense plus ou moins grande, dépense qui peut atteindre ou dépasser celle qui résulte de l'augmentation des draguages.

Dans le système des vannages, les vides sont ordinairement égaux à la moitié des pleins. Cette disposition offre l'avantage de permettre au lait de chaux produit par l'immersion du béton de s'échapper facilement, tandis que, dans une enceinte de palplanches jointives dont les intervalles sont d'environ 0^{m}05, il faut, pour se débarrasser de la laitance, avoir recours à des moyens coûteux, et encore on ne réussit qu'imparfaitement.

Les vannages de voliges résistent très-bien contre les parois de l'enceinte, car, d'après des expériences faites, la pression qu'ils supportent par rapport au béton est à peu près nulle. On peut d'ailleurs soutenir ces vannages par des enrochements dont on entoure ordinairement les fondations au fur et à mesure de l'élévation du massif de béton, en prenant la précaution de les tenir toujours plus bas que ce massif, afin de ne pas gêner la sortie de la laitance.

<hr>

ARTICLE IV.

Fondation sur terrain compressible et affouillable.

159. Les terrains compressibles sont : la terre végétale, la glaise, la vase, la tourbe, etc.

Le terrain compressible peut avoir une épaisseur limitée et être superposé à un terrain incompressible, ou bien il peut être compressible jusqu'à une certaine profondeur, ou enfin être indéfiniment compressible.

§ I. — TERRAIN COMPRESSIBLE D'UNE ÉPAISSEUR LIMITÉE ET SUPERPOSÉ

A UN TERRAIN INCOMPRESSIBLE.

160. Lorsque le sol compressible n'a qu'une épaisseur limitée et repose sur un terrain résistant, les fondations s'exécutent par encaissement sur béton, de la même manière qu'avec les fonds incompressibles et affouillables.

On enfonce les pieux et les palplanches jusque dans le terrain résistant et on les bat jusqu'au refus.

On drague ensuite jusqu'au terrain solide, sur lequel on élève le massif de béton.

§ II. — TERRAIN COMPRESSIBLE JUSQU'A UNE CERTAINE PROFONDEUR.

161. Quand le sol compressible a une épaisseur telle que les pieux ne puissent atteindre le terrain résistant, on asseoit les fondations sur une plate-forme horizontale ou bien l'on fonde sur pilotis, selon que le terrain est peu compressible ou très-compressible.

Si le terrain est homogène et peu compressible, on circonscrit de batardeaux l'emplacement des fondations et l'on procède aux épuisements ; cela fait, on pose sur le fond du lit une plate-forme horizontale composée de forts madriers jointifs ou du moins très-rapprochés les uns des autres. On donne à cette plate-forme d'autant plus d'empatement que la compressibilité du sol est plus grande et que la charge qui devra s'exercer en chaque point est plus forte, de manière que la pression par mètre carré ne dépasse pas une certaine limite et soit à peu près la même dans toute l'étendue de la fondation. On peut remplacer la plate-forme en madriers par un massif de béton auquel on donne une épaisseur suffisante pour n'avoir point à redouter sa rupture.

Il est, en outre, avantageux, quand on ne craint pas trop les affouillements, de placer au-dessous de la plate-forme ou du massif de béton une forte couche de sable parfaitement comprimée. Cette couche, à cause de la mobilité des grains dont elle est composée, a l'avantage de répartir la pression sur le fond et aussi sur les parois verticales de la fouille ; elle permet, en conséquence, de diminuer l'étendue des empatements de la maçonnerie.

Mais si le terrain est compressible et qu'il ne soit pas détrempé par les eaux, on établit les fondations sur pilotis et on élève la maçonnerie soit sur un grillage, soit dans un caisson. Il convient d'ailleurs d'avoir recours aux pilotis toutes les fois qu'il s'agit de constructions qui peuvent exercer de fortes pressions. Les pieux, en comprimant le terrain, en augmentent la résistance, et leur longueur doit être assez grande pour que l'on puisse arriver à un refus de 0^m02 à 0^m03 par volée de trente coups. La résistance qu'éprouvent les pieux tient au frottement latéral qui augmente avec la profondeur. Au pont de Bordeaux, on s'est arrêté à un refus de 0^m05 dans un sol de vase d'une épaisseur à peu près indéfinie ; mais l'une des piles s'est affaissée d'une trentaine de centimètres, tandis que le pont de Rouen, où les pieux ont été battus jusqu'à un refus de 0^m01 par volée de dix coups dans un sol de vase également, n'a éprouvé aucun tassement.

Au pont de Bordeaux, les pieux ont été recepés presque au niveau du fond de la rivière afin de ne pas avoir des enrochements trop élevés, par suite trop étendus, et de ne pas ainsi obstruer la section d'écoulement. Après le recepage on exécuta des enrochements à pierres perdues entre les pieux au-dessous du plan de recepage, puis un caisson en partie chargé de maçonnerie fut échoué sur la tête des pieux. La hauteur de la basse mer sur le fond du lit était de 5^m40.

Au pont de Rouen, les pieux ont été recepés à 4 mètres au-dessus du fond du lit et à 3 mètres au-dessous du niveau des plus basses eaux. Le fond du lit était donc à 7 mètres au-dessous des plus basses eaux. Les pieux qui supportent les piles ont été entourés d'une double ceinture de pieux jointifs. Après le battage des pieux on procéda à la formation d'un enrochement autour des piles et d'un bétonnage général tant sous les piles que dans l'espace compris entre les deux rangs de pieux jointifs.

Après le recepage des pieux, on échoua un caisson dans l'intérieur duquel on avait exécuté un cube de maçonnerie suffisant pour qu'une fois en place on n'eût qu'à y introduire une faible quantité d'eau pour l'échouer complètement.

Dans certains cas, on a quelquefois bâti sur des pieux artificiels en sable fortement comprimé. On a creusé, au moyen d'un pieu battu dans le sol et retiré ensuite, de nombreux trous que l'on remplissait de sable ; on bâtissait alors sur ce pilotis, qui, toutes les fois que l'on n'a pas eu à craindre que les suintements d'eau vinssent laver et enlever peu à peu le sable, a fourni d'excellents résultats.

Si le sol résistant se trouve à une grande profondeur, on peut se dispenser d'aller le chercher sur toute l'étendue de la fondation en établissant des *piliers isolés*. Des puits espacés de quelques mètres sont creusés jusqu'au solide, puis remplis de béton. Ces piliers isolés sont ensuite contreventés par des arceaux en maçonnerie, lesquels arceaux sont construits dans des entailles pratiquées en forme de cintres dans la partie supérieure du terrain qui sépare deux piliers. — Au viaduc du Point-du-Jour, ligne du chemin de fer entre Auteuil et Javel, les piles ont 3^{m}40 de largeur et sont espacées entre'elles de 9 mètres ; elles sont contreventées par des arceaux en maçonnerie.

§ III. — SOL INDÉFINIMENT COMPRESSIBLE.

162. Quand le terrain sur lequel on doit élever une con-

struction est très-compressible, on cherche à diminuer cette compressibilité en chargeant le sol de grosses pierres ou libages qui s'y enfoncent, ou bien en battant des pieux que l'on fait pénétrer par le gros bout afin qu'ils ne puissent être soulevés par la réaction élastique du terrain. On peut au besoin combiner les deux moyens indiqués en enfonçant des pierres entre les pieux après que ceux-ci ont été recepés. On s'établit ensuite sur le terrain ainsi solidifié comme sur un sol peu compressible.

Les terrains qui présentent le plus de difficultés pour les fondations sont les sols argileux détrempés par les eaux. En vertu de leur viscosité et de leur élasticité, ces terrains agissent pour ainsi dire à la manière des fluides ; ils transmettent dans tous les sens la pression qu'on leur fait subir et ils s'affaissent inégalement si on ne les charge pas d'une manière uniforme ; les pieux n'y adhèrent pas et tendent à se soulever quand on en bat d'autres dans leur voisinage, en raison de la réaction exercée par le terrain que l'on comprime. Pour construire avec quelque sécurité sur un semblable terrain, il faut établir des plates-formes d'une grande étendue, de larges empatements et répartir les pressions avec beaucoup d'uniformité, même pendant l'exécution de la construction. On doit même souvent charger par des remblais provisoires les abords de la construction, et il est prudent, avant d'élever les parties supérieures de l'édifice, de charger les massifs inférieurs, pendant plusieurs mois, d'un poids au moins égal à celui qu'ils devront supporter par la suite.

Une plate-forme se compose le plus souvent d'un grillage en charpente, formé de longrines et de traversines. Dans les cases de ce grillage, on enfonce à coups de masse autant de moellons irréguliers qu'il en peut entrer, et sur cette plate-forme, on élève la maçonnerie. On peut recouvrir le grillage d'une couche de béton dans le but de répartir uniformément les pressions sur une grande étendue.

Les difficultés augmentent encore lorsque ces terrains sont

sous l'eau. On doit alors combiner les moyens de fonder sur les terrains compressibles avec ceux indiqués pour les fondations sous l'eau et sur terrains compressibles.

Au pont de Cubzac sur la Dordogne, on a pris le parti de larder le sol des fondations au moyen de pieux de 12 à 19 mètres de longueur espacés de 0ᵐ80 d'axe en axe. Ils ont 0ᵐ35 à 0ᵐ45 de diamètre au gros bout, et 0ᵐ20 à 0ᵐ22 au petit bout. Après le recepage, la fondation fut exécutée sur ces pieux au moyen d'un caisson. Toutefois cette fondation ne présentant pas toute la solidité désirable pour supporter les piliers d'un pont suspendu élevés à 30 mètres au-dessus de l'eau, on n'a exécuté en maçonnerie que la partie qui pouvait être atteinte par les crues de la rivière, et on a élevé le surplus des piliers au moyen de colonnes en fonte creuses et découpées à jour.

ARTICLE V.

Terrains affouillables.

163. Dans ces sortes de terrains, il y a lieu de prendre les précautions nécessaires pour mettre les travaux de fondation à l'abri de l'action carrosive des courants qui pourrait à la longue causer la destruction des ouvrages.

Le moyen le plus simple, le plus économique et qui suffit dans beaucoup de cas pour protéger les fondations contre les affouillements consiste à établir autour de la construction des enrochements en moellons dont les blocs doivent être assez lourds pour ne pas être entraînés par le courant.

Lorsque la profondeur d'eau est considérable et que l'on peut enfoncer des pieux au delà de la limite des affouille-

ments, on établit au moyen de pieux et de palplanches jointives une enceinte ou crèche basse qui entoure et protège
le pied de la fondation et que l'on remplit d'enrochements ou
de béton.

Fondation sur radier général. — Dans les rivières à courant
rapide et à fond de gravier mobile, très-résistant, très-

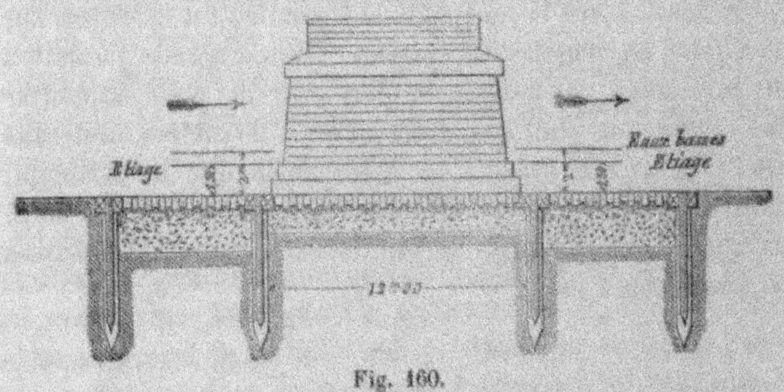

Fig. 160.

affouillable et dans lequel les pilots pénètrent peu, on se
met à l'abri des affouillements en construisant dans toute la
largeur du lit un radier général en béton ou en maçonnerie
de libages et mortiers hydrauliques sur lequel on élève
l'édifice à construire. Ce radier général est protégé en
amont et en aval par un mur de parafouille.

Pour fonder par cette méthode, on commence par battre
sur toute la largeur de la rivière au moins deux files de
pieux et palplanches, l'une en amont l'autre en aval de l'édifice à construire. On drague ensuite sur une certaine profondeur dans l'enceinte ainsi formée, puis on coule du béton
en se réservant une hauteur de 0ᵐ40 à 0ᵐ60 pour former le
pavage du radier.

Dans la figure 160 ci-dessus, le radier de 1ᵐ60 d'épaisseur, y compris le pavage, est protégé par deux crèches en
béton, l'une en amont l'autre en aval. Le draguage a été
fait plus profondément dans ces crèches que dans l'enceinte
du milieu.

Le bétonnage des crèches est également couronné par un pavage maçonné.

Le pont du Guétin sur l'Allier a été fondé d'après ce système.

Lorsque les affouillements sont plus à craindre en aval qu'en amont, on peut battre en aval un troisième rang de palplanches de manière à avoir deux crèches de béton au lieu d'une pour protéger la fondation proprement dite.

ARTICLE VI.

Répartition de la charge des constructions sur l'étendue des fondations.

164. La charge d'une construction doit être répartie uniformément dans toute l'étendue des fondations, c'est-à-dire que la pression par unité de surface doit être à peu près constante dans toute l'étendue de la construction. Pour obtenir ce résultat, on donne aux fondations des empatements que l'on détermine en raison de la compressibilité du terrain et du poids qu'il aura à supporter en chaque point.

Si l'on désigne par

p, le poids que peut supporter avec sécurité l'unité de surface ;

P, le poids que les fondations auront à supporter par mètre carré, eu égard aux maçonneries qui seront élevées au-dessus ;

S, la surface à donner à la base des fondations ;

ω, la section horizontale de la maçonnerie en élévation assise sur les fondations,

On aura la relation

$$\frac{P}{p} = \frac{\omega}{S},$$

d'où

$$S = \frac{P\omega}{p}.$$

Ainsi, si l'on a à établir un édifice dont les murs en élévation présentent une longueur de 50 mètres sur une épaisseur de 0^m70 et si le terrain peut supporter avec sécurité une charge de 1200 kilogrammes par mètre carré, on aura, en admettant que la pression sur les fondations soit de 1500 kilogrammes par mètre carré, eu égard à la hauteur des murs et à la densité de la maçonnerie :

$$\omega = 50 \times 0,70 = 35 \text{ mètres carrés};$$

$$P = 15000 \text{ et } p = 12000.$$

Donc

$$S = \frac{15000 \times 35}{12000} = 43^m75.$$

D'où l'on conclut que la largeur à donner aux fondations, les murs ayant 50 mètres de longueur,

$$l = \frac{43,75}{50} = 0^m875.$$

ARTICLE VII.

Fondations des écluses et autres ouvrages hydrauliques au-dessous du niveau de l'eau.

165. Dans les fondations des piles et des culées d'un pont ou de tout autre ouvrage analogue à établir au-dessus du niveau de l'eau, et qu'il importe d'obtenir, c'est une base solide et incompressible; nous connaissons maintenant les moyens à employer pour y parvenir. La partie sur laquelle porte toute l'attention est hors de l'eau.

Mais, dans les écluses, les parties essentielles, le radier, les buses, les pieds des bajoyers se font au-dessous de l'eau et doivent être exécutés avec le plus grand soin; on ne peut les construire qu'au moyen d'épuisements et en tenant à sec l'emplacement des ouvrages.

On a à établir des écluses sur des terrains de toute nature.

§ I. — FONDATION PAR ÉPUISEMENT SUR UN SOL INCOMPRESSIBLE.

166. Quand le terrain naturel est incompressible ou peu perméable, on circonscrit de batardeaux l'emplacement de l'ouvrage que l'on veut construire, puis on épuise les eaux et l'on établit la fondation à sec.

§ II. — FONDATION SUR UN SOL INCOMPRESSIBLE TRÈS-PERMÉABLE.

167. Les fondations des écluses sont souvent établies sur des terrains de sable et gravier très-perméables et quelque-fois sur des bancs de roche fendillée qui donnent issue à des

sources abondantes. Dans ces circonstances, les épuisements deviendraient extrêmement onéreux, et l'on ne peut songer à ce mode de fondation.

Le moyen à employer pour fonder dans ce cas consiste à établir dans la fouille de l'écluse une couche de béton assez épaisse pour résister sans se soulever ni se rompre à la pression de l'eau. On appuie sur cette couche et dans l'emplacement des bajoyers de l'écluse des batardeaux en béton, en réservant seulement la largeur nécessaire pour construire le parement des bajoyers. On épuise ensuite les eaux dans cette sorte de vase et l'on construit à sec.

Ainsi soit *abcd* l'épaisseur de la couche de béton et *be* le parement extérieur des bajoyers (fig. 161). Après avoir enfoncé une file de pieux le long de la fouille, on y adosse un vannage de voliges *be* et sur le chapeau qui couronne les pieux on place une longrine *fg* à l'extrémité de laquelle

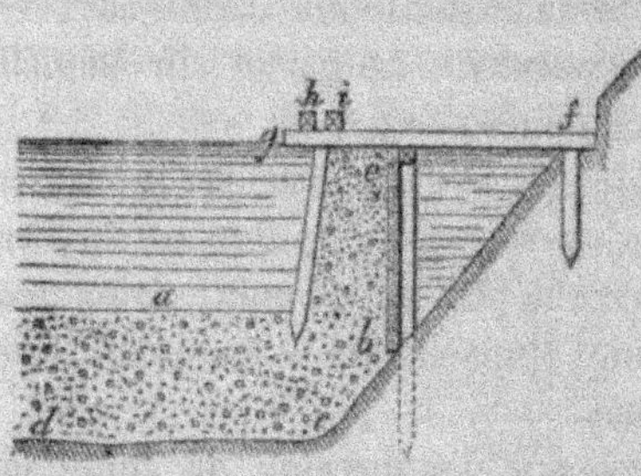

Fig. 161.

on fixe deux moises légères *h* et *i*. Dans l'intervalle de ces deux moises on place des palplanches que l'on fait pénétrer d'environ 0ᵐ10 dans la couche de béton. Entre les palplanches et le vannage de voliges on établit le batardeau en coulant du béton. On a ainsi l'avantage d'avoir des batardeaux parfaitement étanches et de réduire beaucoup le cube de la maçonnerie à exécuter par épuisement au-dessus du niveau de l'eau.

Ce système de fondation peut s'appliquer non-seulement aux écluses de navigation, mais aux écluses des usines, aux barrages mobiles et en général à toutes les fondations hydrauliques à faire sur une surface assez étendue pour permettre l'établissement de batardeaux en béton qui puissent être compris dans la masse de l'ouvrage que l'on exécute.

Quelquefois un sol perméable qui ne permet pas de faire une fondation par épuisement n'a qu'une faible épaisseur.

Dans ce cas, on pourrait employer un moyen appliqué à l'écluse d'embouchure du canal des Ardennes dans la Meuse. Là, on avait vainement tenté d'épuiser : le gravier de la fouille communiquait avec la Meuse et les machines étaient impuissantes à faire baisser les eaux. La couche de gravier n'avait que 2 mètres environ d'épaisseur. On enfonça autour de la fouille deux lignes de palplanches distantes de 1ᵐ50 environ ; on dragua le gravier entre les palplanches et on y fit un corroi d'argile reposant sur la couche imperméable. On put donc la mettre à sec et y placer sans difficulté une couche de béton, sur laquelle on éleva l'écluse.

§ III. — FONDATION SUR UN SOL COMPRESSIBLE

168. Lorsque le sol sur lequel on doit établir la fondation d'une écluse est compressible, il peut se présenter deux cas : ou la couche compressible a moins de 7 à 8 mètres, ou elle a une épaisseur plus grande.

PREMIER CAS. — Si la couche compressible a moins de 7 à 8 mètres d'épaisseur, il convient d'avoir recours à l'emploi des pieux, à moins que le sol incompressible ne soit peu éloigné du niveau auquel la fondation est projetée. Alors, s'il s'agit d'une écluse à sas, on peut fouiller jusqu'au terrain solide et remblayer avec du sable, du gravier ou des moellons, puis, sur le tout, immerger une couche de béton d'épaisseur convenable, pour résister à la sous-pression. Quand il en coûterait plus pour fouiller et former l'enrochement que pour battre des pieux, on préfère ce dernier moyen.

Si le sol incompressible est à une certaine distance du niveau auquel la fondation est projetée, on fait la fouille en draguant, puis on bat des pieux et on les recèpe ; si les eaux sont peu abondantes, on les épuise et on pose sur la tête des

pieux un grillage sur lequel on élève la maçonnerie à sec.
Quand au contraire le battage des pieux ou la nature même
du terrain ont fait surgir des sources abondantes, on peut
échouer, sur la tête des pieux, des traversines, comme cela
se fait dans la fondation des piles de pont, puis couler du
béton et fonder comme nous l'avons dit précédemment.

DEUXIÈME CAS. — Quand le sol compressible a une épaisseur indéfinie et qu'il est homogène, les pieux ne serviraient
à rien, et on emploie quelquefois un grillage ; mais comme
le poids d'une écluse ne se répartit pas également, que le
sas est plus léger que les bajoyers, il convient de donner la
plus grande force au grillage : ainsi, au lieu de mettre de
simples traversines qui plieraient, on en fait des poutres
armées en plaçant au-dessous de ces pièces deux arbalétriers butant contre un poinçon et solidement reliés à la tra-

Fig. 162.

versine par des assemblages
à redans et par un bouton au
moins (fig. 162). On rend toutes les traversines solidaires,
au moyen de longrines, et sur le tout on élève le massif de
fondation. Mais, avant de construire l'écluse, il convient de
charger ce massif d'un poids au moins égal à celui qu'il aura
à supporter, afin d'obtenir tout le tassement qui doit se produire avant de faire les maçonneries.

<hr>

ARTICLE VIII.

Pieux, pilots et palplanches.

§ I. — PIEUX, PILOTS, PILOTIS.

169. On appelle *pieux* des pièces de bois qui ont la moitié

de leur longueur enfoncée dans le sol, et l'autre moitié hors du terrain, comme dans les ponts de charpente. Les pieux sont destinés à porter un édifice construit hors de l'eau.

On appelle *pilots* des pièces de bois entièrement enfoncées dans le sol et destinées à porter un ouvrage fondé sous les basses eaux.

On appelle *pilots de rive* ceux qui forment le périmètre extérieur d'une fondation, et *pilots intérieurs* ceux qui sont placés dans l'enceinte de la fondation.

On appelle *pilotis* un ensemble de pilots battus, par rangs et par files, à une distance plus ou moins rapprochée les uns des autres.

Les arbres de droit fil conviennent très-bien pour faire des pieux ; on doit enlever l'écorce, afin de rendre leur surface plus lisse et de faciliter le battage en diminuant le frottement ; mais on conserve généralement l'aubier, qui, dans le chêne par exemple, a une force peu inférieure au bois de cœur, tandis que l'écorce n'ajoute aucune force au bois. On doit éviter d'équarrir les pieux, afin de ne pas trancher les anneaux ligneux, dont la contexture, plus ou moins serrée que celle des interstices qui se trouvent de l'un à l'autre de ces anneaux, résiste mieux dans les arbres entiers.

Les pieux de fondations sont presque toujours des bois de chêne ou de sapin, et quelquefois de châtaignier. L'aune et le hêtre résistent parfaitement dans les terrains humides. Au pont des Violettes, à Amboise, nous avons employé pour pieux de fondations des bois d'aune concurremment avec des bois de sapin.

La grosseur à donner aux pieux d'une fondation varie de 0^m20 à 0^m30 au milieu, pour une longueur de 5 à 6 mètres. Au pont des Violettes, à Amboise, les pieux d'angles avaient 0^m25 de grosseur et les pieux intermédiaires 0^m20.

La grosseur des pilots se détermine d'ailleurs d'après leur longueur et la charge qu'ils doivent supporter. On se sert généralement, pour trouver le diamètre des pilots, de la formule suivante :

$$d = \frac{l}{24},$$

dans laquelle d représente le diamètre du pilot et l sa longueur exprimée en mètres. Ainsi, pour des pieux de 5m60, on aura :

$$d = \frac{5,60}{24} = 0^m23$$

L'espacement des pieux varie de 0m80 à 1m50. Cet espacement dépend d'ailleurs du nombre de pieux à placer dans l'étendue d'une fondation, et ce nombre de pieux dépend lui-même de la charge à supporter. Nous avons indiqué au numéro 154 la manière de calculer le nombre de pieux à employer dans une fondation.

On appelle *fiche* d'un pieu la longueur qui a pénétré dans le sol lorsqu'il est arrivé au refus absolu.

§ II. — PALPLANCHES.

170. On appelle *palplanches* des madriers dont la largeur varie de 0m20 à 0m40, et dont l'épaisseur varie également de 0m05 à 0m15. Au pont des Violettes, nous avons employé des palplanches de 0m25 de largeur sur 0m12 d'épaisseur. En général, les palplanches ont, en longueur, 1 mètre à 1m50 de moins que les pieux.

§ III. — BATTAGE DES PIEUX ET PALPLANCHES.

171. Le battage des pieux et palplanches comprend trois opérations distinctes :

1° L'affûtage et le sabotage du pieu ou de la palplanche ;

2° La mise en fiche ;

3° Le battage proprement dit, qui s'effectue au moyen de machines spéciales, dites *machines à battre les pieux*.

172. Affutage et sabotage des pieux et palplanches. — L'affûtage des pieux consiste à les tailler en pointe à leur extrémité inférieure, ce qui leur permet de pénétrer plus facilement dans le sol.

Le sabotage consiste à armer la pointe des pieux d'un sabot en fonte, en fer forgé ou en tôle, ce qui les empêche de s'émousser lorsqu'ils s'enfoncent dans les terrains durs.

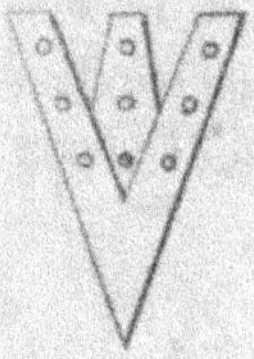

Dans les terrains tendres ou facilement pénétrables, on peut se borner à faire durcir au feu la pointe des pieux.

Les sabots doivent être fixés solidement aux pieux. Ceux en fer forgé (fig. 163) ont leurs trois branches percées de trous, ce qui permet de les fixer sur le pieu.

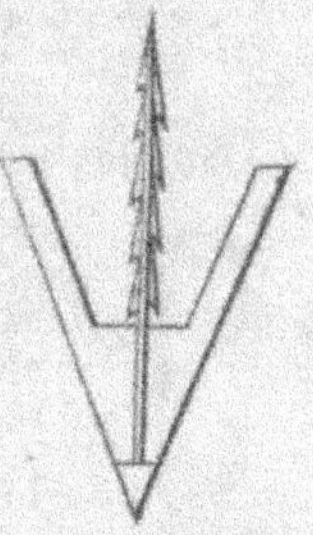

Fig. 163.

Ceux en fonte (fig. 164) sont fixés au pieu par le moyen d'une broche en fer terminée à son extrémité inférieure par un petit cône qui forme alors la pointe du sabot. On enfonce la broche dans le pieu à coup de marteau, et une fois entrée, cette broche ne peut plus sortir par rapport à sa forme dentelée en crémaillère.

Les sabots en tôle ont une forme conique à base circulaire, et ils enveloppent entièrement la pointe du pieu. L'extrémité du sabot se termine en pointe de fer et est formée d'un noyau plein de 0^m10 soudé à la tête. Les sabots se fixent aux pieux au moyen de clous.

Fig. 164.

Au pont des Violettes, à Amboise, nous avons employé des sabots coniques en tôle, système Camuzat. Ces sabots (fig. 165, A, B, C) avaient 0^m35 de hauteur et 0^m175 de diamètre à la base du cône, leur poids étant de 3 kilogrammes. Ces sabots ont servi pour les pieux intermédiaires du périmètre de l'enceinte, pieux dont le diamètre en leur milieu était de 0^m20.

Les pieux d'angles de l'enceinte des fondations avaient

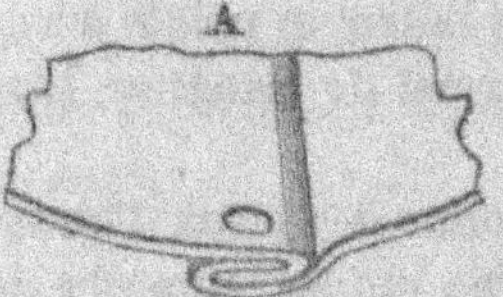

Fig. 165, A. Détail de la couture.

0^m25 de grosseur. Ils étaient munis de sabots en tôle de 0^m40 de hauteur sur 0^m50 de diamètre à la base du cône et pesant 5 kilogrammes.

La tôle des sabots pour les petits pieux de 0^m20 de grosseur a 0^m002 ou 0^m003 d'épaisseur, tandis que, pour les gros pieux, elle a de 0^m003 à 0^m005.

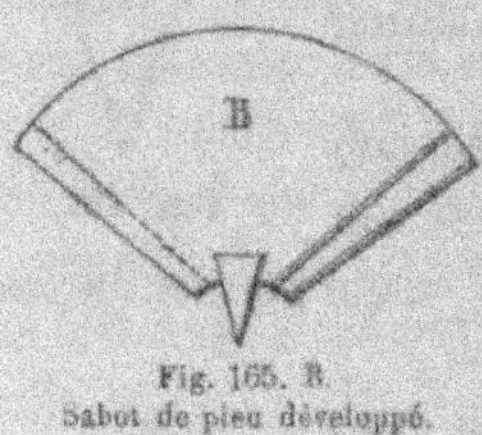

Fig. 165, B.
Sabot de pieu développé.

Afin que la jonction des bords de la tôle formant le cône ne présente pas de point faible, ces bords sont repliés et agrafés, puis tenus assemblés par des rivets, de façon à former une couture très-résistante ; l'épaisseur totale à cet endroit est de quatre feuilles.

Dans les sabots en fer forgé et à branches, les extrémités

Fig. 165, C.
Sabot de pieu.

de celles-ci n'étant pas reliées entre elles, si le pieu vient à rencontrer un obstacle, la pointe du sabot rentre en dedans en brisant les fibres du bois qui l'avoisinent, et la pointe s'écrase sous les coups répétés du mouton ; alors il n'entre plus, même avant d'avoir atteint la couche solide, et on voit des pieux, que l'on croyait battus au refus, tasser sous la charge qu'ils ont à supporter.

Dans les sabots en fonte, ce métal cassant résiste mal au contact d'un corps dur et se brise en produisant les mêmes effets que les sabots à branches.

Avec les sabots en tôle, on obvie à ces inconvénients, car la tôle enveloppant la partie antérieure du pieu réunit avec force les fibres du bois et les tient serrées en raison de la

densité des terrains dans lesquels on l'enfonce. La pointe du
pieu ainsi armée présente au sol une surface qui lui permet
d'entrer plus aisément; alors le battage devient plus facile,
plus sûr et s'exécute plus rapidement et plus régulièrement,
car le sabot ne pouvant quitter le pieu l'accompagne toujours, nonobstant les obstacles qu'il peut rencontrer, jusqu'à ce qu'il ait atteint la couche résistante.

Parmi les pieux que nous avons fait battre à Amboise,
quelques-uns se sont
fendus pendant l'opé-
ration et ont été arra-
chés. Nous avons cons-
taté que le sabot n'a-
vait point quitté la
pointe du pieu et n'a-
vait subi aucune alté-
ration.

Nous avons employé
des sabots en tôle pe-
sant 3ᵏ50 pour les pieux de 0ᵐ20 d'équarrissage et des sabots pesant 4 kilogrammes pour les pieux de 0ᵐ25 d'équarrissage.

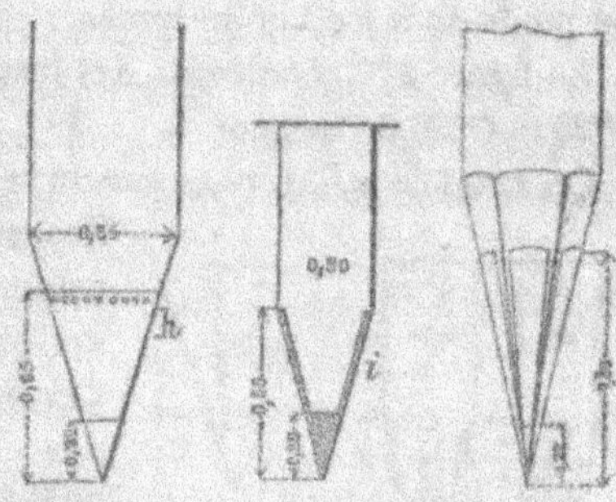

Fig. 166.   Fig. 167   Fig. 168.

Les sabots du poids de 3ᵏ50 ont coûté 3 fr. 50 et ceux de
4 kilogrammes ont coûté 4 francs. Ils sont revenus, avec le
transport à Amboise, à 5 fr. 40 et 6 fr. 20.

Les figures 166 et 167 représentent des sabots en tôle,
grand et petit modèle, qui ont
été employés au pont du Rhin.

La figure 168 représente un
sabot à cinq branches. Ce genre de sabots a également été
employé au pont du Rhin.

Au pont de Montlouis-sur-
Loire, on a employé des sabots à branches, représentés par
les figures 169 et 170.

Fig. 169.   Fig. 170.

Lorsque le battage est difficile, la tête des pieux pourrait s'écraser sous le choc du mouton. Pour éviter cet inconvénient, on arme la tête des pieux d'une frette circulaire en fer qui protège les fibres en empêchant leur écrasement.

Les *palplanches* doivent également être affûtées à pointe oblique et leur pointe garnie de ferrures appelées *lardoirs*, du poids de 3 à 6 kilogrammes.

La figure 171 représente des lardoirs pour palplanches de 0^m25 et 0^m30 de largeur.

On emploie aussi, pour garnir la pointe des palplanches,

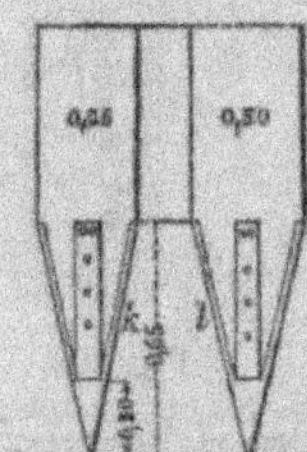 

des sabots en tôle de forme conique, mais à base elliptique, système Camuzat (fig. 172). Ces sabots, que l'on emploie pour palplanches de 0^m25 à 0^m35, pèsent 2^k50 et coûtent 2 fr. 50 pièce, pris en fabrique. Ces sabots ont été employés avec succès dans des terrains de roche tendre, dans des terrains formés de gros graviers, dans des terrains graveleux d'une assez grande dureté et enfin dans des terrains renfermant une grande quantité de gros cailloux et d'enrochements.

Fig. 171.   Fig. 172.

On peut aussi, comme pour les pieux, couronner la tête des palplanches d'une frette en fer de forme rectangulaire ou elliptique. Au pont de Montlouis-sur-Loire, les frettes avaient la forme et les dimensions indiquées par la figure 173.

Fig. 173.

173. Mise en fiche des pieux. — La mise en fiche de pieux consiste à amener la pièce au pied de la sonnette, à la soulever au moyen d'une poulie placée au haut de la machine, à la mettre dans une position verticale correspondante à l'axe du mouton et à en piquer la pointe en terre à l'emplacement voulu. Ces diverses manœuvres s'exécutent par plusieurs ouvriers commandés par un charpentier qui porte le nom d'*enrimeur*.

Pendant la durée des opérations de la mise en fiche, le mouton est maintenu au haut de la sonnette au moyen d'une broche en fer. Lorsque le pieu est bien dans sa position, on laisse glisser doucement le mouton sur la tête du pieu pour qu'il s'enfonce un peu plus ; on attache ensuite ce pieu à un guide de bois *e* qui glisse entre les deux jumelles de la sonnette et qui sert à maintenir le pieu dans une position verticale. Ce guide en bois (fig. 178, C, et 179) est connu sous le nom de *bonhomme* ou *gamin*.

Lorsque la mise en fiche est terminée, on commence le battage.

La mise en fiche d'une palplanche se fait de la même manière que celle d'un pieu.

174. OPÉRATIONS DU BATTAGE. — Il est souvent avantageux, avant d'enfoncer les pieux, de draguer préalablement le terrain le plus profondément possible, parce que les pieux descendent ensuite plus facilement et peuvent pénétrer à une profondeur plus grande.

Lorsqu'il s'agit d'établir une fondation sur pilotis, il est nécessaire de commencer l'opération du battage au centre de l'enceinte et de la continuer en s'avançant progressivement vers les bords. On commence par la file de pilots du milieu de la fondation et par le milieu de cette file. On comprend qu'en procédant différemment, c'est-à-dire par le périmètre de la fondation, la compression du terrain produite par l'enfoncement des premiers pieux rendrait difficile le battage des pieux du centre. Il en résulterait en outre que l'on n'obtiendrait dans le battage des pieux qu'un refus relatif et non un refus absolu. Le *refus absolu* est celui qui résulte de la résistance naturelle du terrain ; le *refus relatif* est celui qui n'est dû qu'au frottement et qui résulte de la compression du sol par l'effet du battage des pieux. Il est donc convenable de commencer l'opération du battage au centre d'une fondation et de la continuer en s'avançant vers le périmètre.

On considère un pieu comme parvenu au refus absolu lorsqu'il ne s'enfonce plus que de 0^m003 à 0^m004 par volée de trente coups sous l'action d'un mouton de 4 à 500 kilogrammes et tombant de 1^m30, ou par volée de dix coups sous l'action d'un mouton du même poids et tombant de 3^m90 de hauteur.

Lorsque les pieux doivent supporter une forte charge, il est important d'arriver dans le battage à un refus absolu.

Pendant le battage, il arrive souvent qu'un pieu ne s'enfonce plus ; il ne faut pas en conclure que le pieu est au refus, car si l'on cesse provisoirement le battage sur ce pieu pour le reprendre plus tard, on voit le pieu descendre de nouveau. Cela tient probablement à ce que, pendant le repos, le terrain qui avoisine le pieu a eu le temps de transmettre à une certaine distance la compression qu'il a éprouvée et que, lorsqu'on reprend le battage, le sol étant redevenu un peu plus élastique, permet au pieu de s'enfoncer de nouveau.

On admet qu'un pieu est en état de supporter une charge permanente de 60 kilogrammes par centimètre carré, quand l'enfoncement n'est plus que de 0^m01 par volée de trente coups d'un mouton du poids de 600 kilogrammes et tombant de 1^m20 de hauteur, ou par volée de dix coups d'un mouton du même poids et tombant de 3^m60 de hauteur. Cette limite de 0^m01 est celle à laquelle on se tient dans le battage des pieux de fondations d'un édifice.

Mais si la charge que doivent supporter les pieux n'est pas très-grande, si chaque pieu ne doit supporter que 20, 18, 15 ou 12 kilogrammes par centimètre carré, on peut s'en tenir à un refus de 0^m025 ; 0^m03 ; 0^m04 ou 0^m05 par volée, pourvu toutefois que l'on ait la certitude que les pieux ont pénétré dans un sol résistant.

COUPE SUR L'AXE.
ENTURE DE PIEU.
b
d
0,08
0,05
0,230
0,53
0,72
0,70
0,260
0,850

COUPE SUIVANT b d.
0,055
0,05

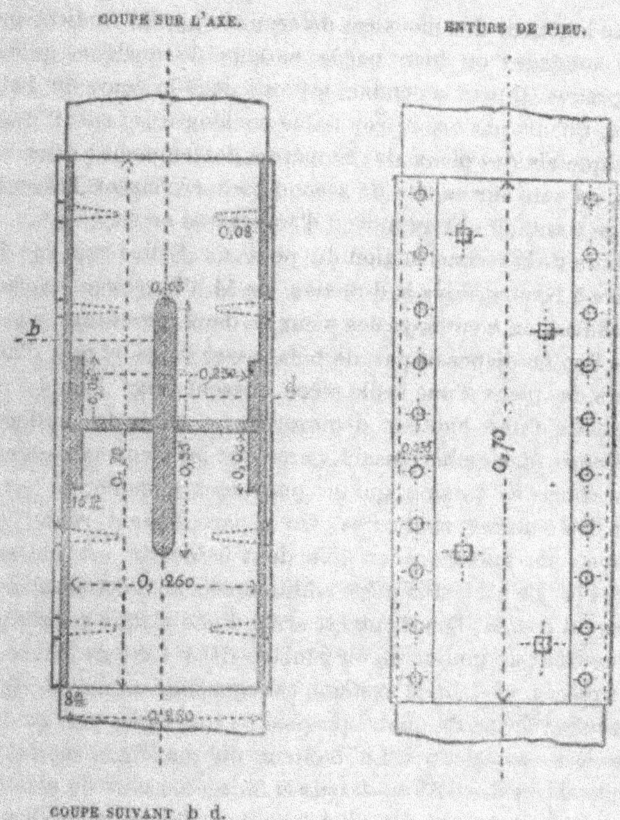

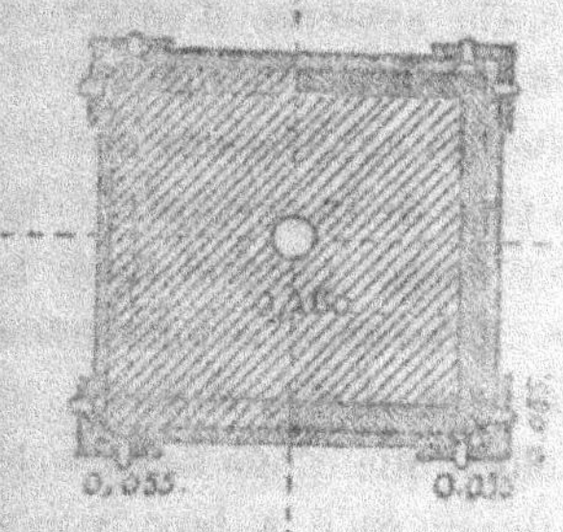

Fig. 174.

La longueur des pieux est déterminée par les indications des sondages ou bien par le battage de quelques pilots d'épreuve. Il peut cependant arriver, dans le cours du battage, qu'une pièce soit trop faible en longueur; car il faut quelquefois des pieux de 20 mètres de longueur; dans ce cas, on ente sur sa tête un second pieu en faisant l'assemblage à entailles et au moyen d'embrasses en fer.

Lors de la reconstruction du pont de Belle-Croix sur la Loire à Nantes, sous la direction de M. l'Ingénieur en chef Lechalas, on a employé des pieux en deux morceaux, parce que l'on ne disposait pas de bois assez longs et que d'ailleurs des pieux d'une seule pièce eussent exigé l'emploi de sonnette d'une hauteur demesurée. Le choix du système d'*Enture* était embarrassant, parce que les pieux subissaient des efforts de torsion, qui ne pouvaient manquer de rompre des entures médiocres. On a parfaitement réussi au moyen de manchons en tôle dont le dessin est indiqué fig. 174. Le pieu et la pièce additionnelle sont coupés carrément et frettés; l'un d'eux est armé d'une plaque horizontale en tôle; un goujon en fer pénètre dans l'axe de chacune des pièces, et enfin le système est consolidé au moyen d'un manchon formé de quatre plaques de tôle fixées par quatre cornières extérieures. La hauteur du manchon est de 70 centimètres dont 35 au-dessus et 35 au-dessous du plan de contact. On enfonce des vis à bois dans chaque pieu au travers de trous ménagés à cet effet. Ce système d'enture, a été soumis pour son coup d'essai à de rudes épreuves et on en est sorti triomphant. De nombreuses applications ont été faites, depuis la reconstruction du pont de Belle-Croix, et ce système d'entures est devenu d'un usage général dans le département de la Loire-Inférieure; aussi est-il recommandé aux constructeurs par M. l'Ingénieur en chef Lechalas.

C'est à l'obligeance de M. Lechalas que nous devons le dessin reproduit par la fig. 174 .dessin qu'il a bien voulu nous adresser en 1872.

Dans l'établissement d'une fondation à une grande profondeur d'eau, on facilite le battage des pieux au moyen d'un échafaud disposé par cases dans chacune desquelles est placé un pieu, et d'un châssis immergé presque au niveau du fond. Ce châssis a pour but de maintenir et de diriger le pied des pieux. C'est ainsi qu'ont été établies les fondations du pont de Bordeaux.

Le battage des pieux de fondation du pont de Rouen a été dirigé également à l'aide d'un châssis; mais on n'en a fait usage que pour enfoncer les doubles rangs de pieux jointifs qui entourent la fondation de chaque pile.

Chasse-pieu. Lorsque l'on doit battre des pieux au-dessous de l'eau, on se sert d'un chasse-pieu. C'est une pièce de bois de chêne garnie de frettes à ses extrémités et munie à sa partie inférieure d'un goujon en fer, qui s'engage dans la tête du pilot, préalablement percée au moyen d'une tarière.

L'opération du battage des palplanches s'exécute de la même manière que celle du battage des pieux.

Dans les encaissements, les palplanches sont battues les unes à côté des autres bien jointive-ment. On peut aussi les mettre en fiche et les battre par panneaux compris en-tre des pieux espacés de mètre en mè-tre ou de 1^{m}50 en 1^{m}50. Pour empêcher la disjonction des palplanches, on les place entre les moises qui relient les pieux, ou bien, si l'on tient à ce qu'elles soit bien solidaires, on les assemble à

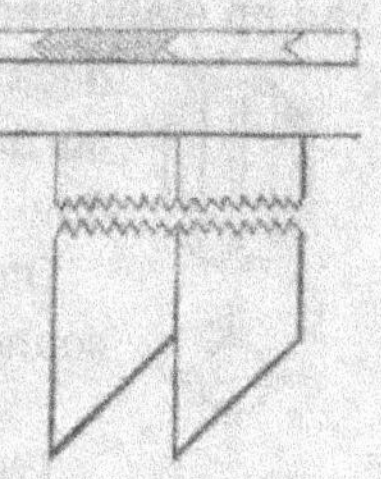

Fig. 175.

grain d'orge (fig. 175). On bat d'ailleurs à peu près simul-tanément les palplanches, et comme leur plus grande largeur est en haut, les panneaux sont serrés au fur et à mesure qu'ils descendent et pénètrent dans le sol.

§ IV. — MACHINES A BATTRE LES PIEUX.

175. BILLOT DE BOIS. — Lorsqu'il s'agit de battre des

pieux courts et grêles dans un sol peu résistant on se sert d'un billot de bois armé de bras ou de poignées et qui peut être soulevé par quatre ou six hommes (fig. 176 et 177).

Ce billot de bois s'appelle aussi *mouton à main*.

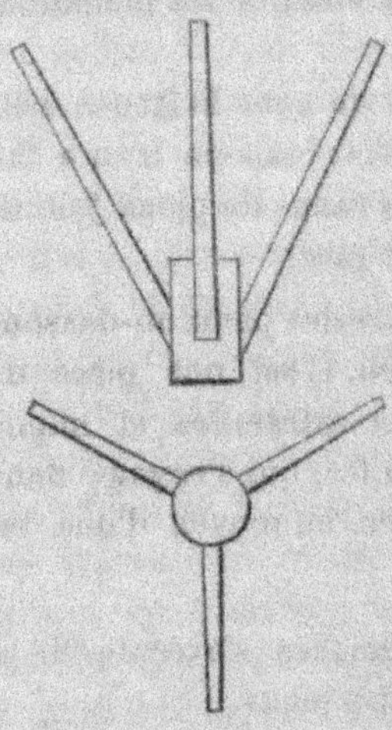

Fig. 176.

Fig. 177.

Mais, en général, les pieux, pilots et palplanches sont enfoncés au moyen de machines spéciales appelées *sonnettes*, dont la pièce principale est le mouton, qu'on élève à une certaine hauteur pour le laisser tomber sur la tête des pieux.

Les sonnettes sont placées soit sur des échafaudages, soit sur des bateaux. Dans le premier cas, on obtient un battage plus régulier. Si l'on est obligé de battre sur bateaux les pieux directeurs d'une fondation, on peut obtenir une précision suffisante dans le travail en établissant une ou plusieurs machines à cheval sur deux bateaux plats parallèles, rendus solidaires au moyen d'une plate-forme en madriers s'étendant sur leur double largeur.

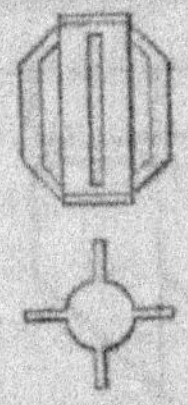

On distingue deux espèces de sonnettes : les sonnettes à tiraudes et les sonnettes à déclic.

176. Sonnettes a tiraudes. — Une sonnette à tiraudes se compose d'une base triangulaire appelée *patin*, de deux montants appelés *jumelles* et d'un mouton :

1° La base triangulaire, appelée *patin* et aussi *enrayure*, comprend une semelle A, une queue B assemblée à la semelle et deux contre-fiches D,D qui maintiennent la semelle et la queue dans une position perpendiculaire l'une à l'autre (fig. 178, B) ;

2° Les deux montants ou jumelles J,J, formant coulisses et assemblées verticalement à tenon et mortaise sur la semelle, sont coiffées à leur tête par un chapeau C (fig. 178, A). Ces jumelles sont maintenues à une distance de 0ᵐ10 à 0ᵐ12 l'une de l'autre, ce qui dépend de la grosseur du mouton dont on se sert, par deux contre-fiches inclinées F,F nommées *hanches*.

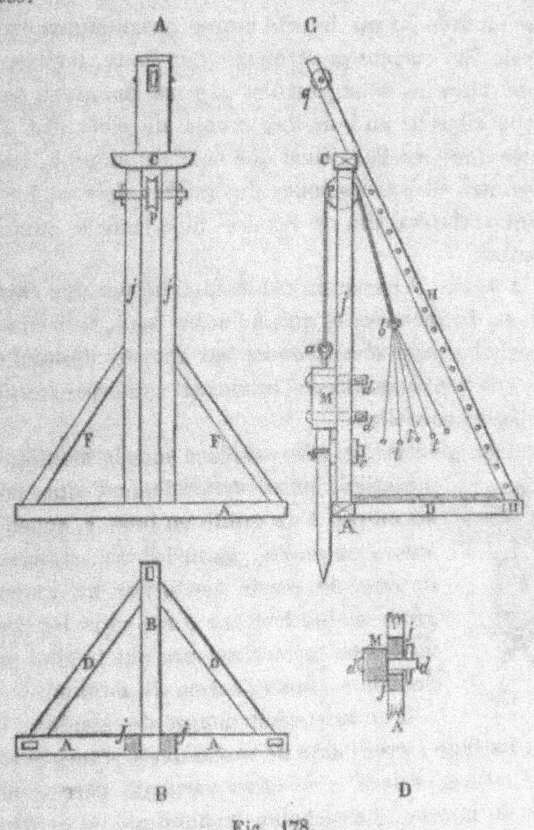

Fig. 178.

Une roue à gorge ou poulie P est placée entre les jumelles un peu au-dessous du chapeau c. Les jumelles sont maintenues verticalement de l'arrière à l'avant par un arc-boutant H, assemblé, d'une part, avec les jumelles, et, de l'autre, avec la queue du patin. Cet arc-boutant H est traversé par des chevilles ou échelons qui servent à monter jusqu'au haut des jumelles. Cette disposition a fait donner le nom d'*échelette* à l'arc-boutant.

Enfin une poulie *q*, au moyen de laquelle on met le pieu en fiche, est placée à l'extrémité supérieure de l'arc-boutant H ;

3° Le mouton M ou lourde masse prismatique en bois, bardée de fer, ou plus généralement en fonte. Il glisse verticalement entre les deux jumelles et y est maintenu par des guides ou ailerons en bois *d,d*, munis de clefs (fig. 178 C). Les faces des jumelles, ainsi que celle du mouton, qui s'applique contre elles et les joues des guides, doivent être constamment graissées afin de rendre plus facile le glissement du mouton.

Sur la poulie P passe un câble attaché par une extrémité à l'anneau du mouton, et qui, à l'autre bout, se termine par des cordelles appelées *tiraudes* au moyen desquelles les hommes élèvent le mouton et le laissent retomber sans lâcher pour cela les cordelles.

Quand un pieu P (fig. 179) est placé sous le mouton, on l'y maintient aussi verticalement que possible au moyen d'un guide en bois *e*, appelé *bonhomme* ou *gamin*, auquel il est attaché avec un bout de corde tordu par un garrot. Ce guide ou bonhomme glisse entre les deux jumelles au fur et à mesure que le pilot pénètre dans le sol sous l'action du mouton.

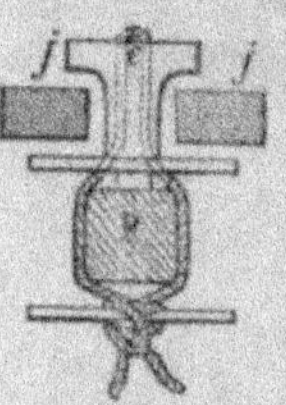

Fig. 179.

L'enrimeur est chargé de conduire le travail du battage ; avec l'aide de manœuvres il met le pieu en fiche, c'est-à-dire dans la position verticale correspondante à l'axe du mouton, l'attache au bonhomme et le dirige le mieux possible dans son mouvement de descente. L'enrimeur constate aussi la quantité dont le pieu s'enfonce par volée et cela au moyen d'une marque faite à l'avance par rapport à un repère fixe.

On appelle *volée* une série de trente coups d'un mouton tombant d'une hauteur moyenne de 1^m20 à 1^m30.

Il faut 3 minutes pour battre une volée de trente coups, savoir : 100 secondes pour le battage, 20 secondes pour le temps perdu et 60 secondes pour le repos de l'équipage ; en tout 180 secondes ou 3 minutes. Cependant on n'exige des ouvriers sonneurs, qui travaillent dix heures par jour, que douze volées par heure, ce qui porte à cinq minutes le temps moyen nécessaire pour battre une volée.

Lorsqu'il y a lieu de faire quelque autre manœuvre et d'arrêter le battage momentanément, on met le mouton au repos au moyen d'une tige en fer que l'on fait passer sous les guides et dans des trous pratiqués dans les jumelles de la sonnette. L'opération qui consiste à suspendre ainsi le mouton à une tige en fer et à le maintenir en repos s'appelle *mettre au renard*.

Le nombre d'ouvriers nécessaires pour la manœuvre d'une sonnette à tiraudes dépend du poids du mouton. Ce poids varie de 200 à 600 kilogrammes. En admettant que chaque homme puisse soulever 20 kilogrammes, il faudrait quinze hommes pour un mouton de 300 kilogrammes ; mais, en général, on ne peut guère exiger un effort de traction de plus de 15 kilogrammes par homme. On mettra vingt hommes pour un mouton de 300 kilogrammes. Avec un mouton plus pesant, le nombre des hommes dépassera vingt. Dans ce cas, l'obliquité des cordelles sur le câble affaiblit la puissance d'action de chaque sonneur, et, pour y remédier, on attache au câble un grand cercle autour duquel sont fixées les tiraudes. Pour agir tous exactement de la même manière, les ouvriers sonneurs ont l'habitude de chanter et de régler leurs mouvements sur leur chant cadencé.

En agissant sur les tiraudes, les ouvriers sonneurs font avec les bras un mouvement d'environ 0^m90 ; mais, en vertu de l'élasticité des cordelles et de la vitesse acquise, le mouton peut s'élever jusqu'à 1^m30.

Le mouton d'une sonnette à tiraudes est, ainsi que nous l'avons déjà dit, en bois ou en fonte.

Les moutons en bois ont la forme d'un bloc rectangulaire et doivent être garnis de frettes en fer à leur partie supérieure et à leur base. Le bois employé pour la confection des moutons doit être dur. Le mouton doit avoir des dimensions suffisantes pour peser au moins la moitié du poids des pieux ou, le plus souvent, pour être d'un poids égal et même supérieur à celui des pieux.

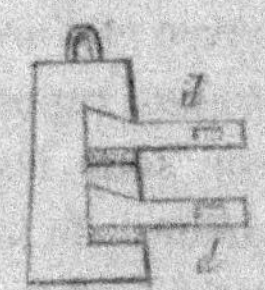

Les moutons en bois sont munis à leur face postérieure de deux guides *d*, *d* appelés aussi *oreilles* ou *ailerons*, qui s'engagent d'une part dans le mouton et de l'autre entre les jumelles de la sonnette. Ces guides ou oreilles sont maintenues par des clefs en bois.

Fig. 180.

La forme des moutons en fonte est celle d'une pyramide quadrangulaire tronquée (fig. 180). Une mortaise en forme de queue d'aronde est ménagée dans le mouton afin de recevoir les guides ou oreilles, qui sont également en bois. Lorsque ces guides sont introduits dans la mortaise, on garnit le vide qui se trouve en dessous au moyen d'un coin que l'on chasse à coups de marteau.

Fig. 181.

177. Sonnette à déclic. — La sonnette à déclic est celle dans laquelle le mouton est élevé, non plus à l'aide de tiraudes et à bras d'hommes, mais au moyen d'un câble qui vient s'enrouler sur un treuil à engrenages, ce qui permet d'élever le mouton à la hauteur que l'on veut (fig. 181).

Cette machine se distingue en outre de la précédente par un mécanisme particulier appelé *détente* ou *déclic* qui permet de déterminer la chute instantanée du mouton.

Le déclic est une espèce de pince ou tenaille qui permet de laisser retomber le mouton du haut de sa course pour le resaisir rapidement à la fin de sa chute et l'élever de nouveau.

Le treuil sur lequel s'enroule le câble qui soutient le mouton porte une roue dentée qui engrène avec un pignon q. L'axe de ce pignon est muni d'une manivelle m à chacune de ses extrémités, de sorte qu'il suffit d'agir sur ces deux manivelles pour faire tourner le treuil. En outre, l'arbre du pignon peut glisser dans le sens de sa longueur de manière à mettre le pignon en communication avec la roue dentée ou à le dégager de cette roue; de sorte qu'on peut engrener ou désengrener à volonté. L'arbre du treuil à engrenage est muni d'un frein au moyen duquel on peut tenir le mouton suspendu et en repos en empêchant le déroulement du câble autour du treuil.

Un déclic souvent employé est représenté par la figure 182. C'est une espèce de tenaille dont les branches sont réunies par un axe autour duquel on attache la corde qui sert à lever le mouton. Un ressort tient les branches supérieures de la pince ouvertes et les branches inférieures fermées. Cette tenaille est montée sur une pièce de bois bardée de fer et qui est maintenue dans sa position parallèle aux jumelles par une armature.

A une hauteur convenable, la sonnette présente une ouverture O qui va en se rétrécissant vers le haut et qui est formée par deux pièces de bois D, D.

Fig. 182.

Les extrémités inférieures de la tenaille sont terminées en forme de crochet et peuvent se loger dans l'anneau qui surmonte le mouton. Si donc on suppose l'anneau du mouton engagé dans la pince et que l'on fasse tourner les manivelles, le mouton s'élèvera. Un moment viendra où les branches supérieures de la pince s'engageront dans l'ouverture O et se resserreront de plus en plus en faisant fléchir le ressort qui maintenait leur écartement. La pince finira par s'ouvrir vers le bas et laissera échapper le mouton, qui tombera instantanément. C'est alors qu'au moyen d'un levier, on fait glisser l'axe du pignon pour supprimer la communication de ce dernier avec la roue à engrenages, et le déclic tombe à son tour avec son armature en entraînant la corde. Le choc du déclic contre le mouton fait ouvrir les branches inférieures, qui présentent à cet effet une forme convenable ; l'anneau est saisi de nouveau, et en faisant remonter le mouton au moyen des manivelles, on peut donner un nouveau coup.

A chaque chute du mouton, on est ainsi obligé de descendre le déclic pour le rattacher au mouton. C'est un inconvénient que l'on pourrait éviter en supprimant tout à fait le déclic et en suspendant directement le mouton au câble de la sonnette. On comprend qu'alors le mouton tomberait comme le déclic, en entraînant le câble et en faisant tourner le treuil et la roue d'engrenage en sens contraire du sens dans lequel on les avait fait tourner pour élever le mouton. Mais le mouton, étant d'un grand poids, userait promptement la corde et détériorerait le treuil par la rapidité de sa chute. Au moyen du déclic, le mouton tombe seul et le câble enroulé sur le treuil se déroule plus lentement.

Dans les sonnettes à déclic, le mouton est généralement d'un poids plus considérable que dans les sonnettes à tiraudes. Ce poids varie de 500 à 1000 kilogrammes, suivant le besoin. On en a même employé qui pesaient 2000 kilogrammes. La hauteur de chute varie de 3 à 5 mètres. A une hauteur plus grande, les moutons de 800 kilogrammes fendent les pilots.

Aux travaux d'Amboise, nous avons employé un déclic disposé plus simplement que le précédent et représenté par la figure 183. Le mouton est suspendu au câble par l'intermédiaire d'un crochet, qui se prolonge au-delà de son point d'attache avec le câble jusqu'en c. Au point c est fixée une cordelle *cd*, dite *cordelle d'échappement*, que l'on attache par son autre extrémité à l'une des jumelles de la sonnette en lui laissant une longueur telle, que, par suite du mouvement ascendant du mouton, elle se trouve tendue précisément au moment où le mouton arrive au haut de sa course. La tension de la corde fait décrocher le déclic, et le mouton tombe alors librement et vient frapper la tête du pilot.

On dégage ensuite le pignon de la roue d'engrenage, montée sur l'axe du treuil de la sonnette, et le crochet tombe à son tour sur le mouton en entraînant le câble.

Un ouvrier accroche de nouveau le mouton, et on recommence l'opération.

Un de nos collègues, M. Bernardeau, a perfectionné la manœuvre du déclic en guidant la descente du crochet au moyen d'une fourrure en bois qui glisse dans le sens vertical entre les deux jumelles de la sonnette. Cette fourrure n'est autre chose

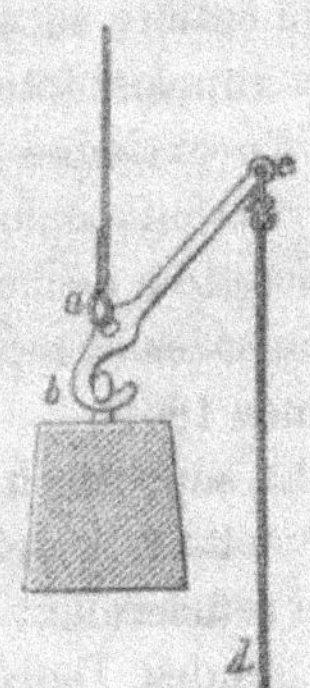

Fig. 183.

qu'un parallélipipède en bois de chêne de 0^{m}50 de hauteur sur 0^{m}15 d'équarrissage ; elle est maintenue entre les jumelles au moyen de plaques fixées sur sa face antérieure et sur sa face supérieure. Ces plaques sont donc extérieures aux jumelles. La fourrure est en outre rattachée à l'axe de suspension du crochet au moyen d'une équerre en fer.

Le déclic, dirigé ainsi dans son mouvement par la fourrure qui se trouve entre les jumelles, tombe exactement au droit de l'anneau du mouton, anneau qui doit avoir au moins 0^{m}10 d'ouverture. Il suffit, pour accrocher de nouveau le mouton, que l'un des manœuvres du treuil tire une cordelle de rappel pour faire redresser le crochet qui s'introduit dans l'anneau. Cette corde de rappel, fixée au bout du crochet comme la corde d'échappement, passe d'abord dans le nœud du câble, près du mouton, puis sur une poulie placée entre les deux jumelles au sommet de la sonnette, et vient tomber près des ouvriers occupés au treuil. Pour mettre un pieu en fiche ou changer la sonnette de place et maintenir par conséquent le mouton suspendu au crochet, il suffit de faire tendre la corde de rappel et de l'amarrer solidement au châssis du treuil. Le mouton ne peut s'échapper du crochet, et l'on n'a pas à craindre les graves accidents qui se produisent avec les tenailles. Le déclic, ainsi perfectionné, offre une entière sécurité aux ouvriers, n'exige pas une manœuvre supplémentaire pour accrocher et décrocher le mouton, et n'occasionne pas de pertes de temps. La description des perfectionnements que M. Bernardeau a apportés dans la sonnette à déclic a été donnée par les Annales des ponts et chaussées et reproduite par les Annales des conducteurs, année 1861.

La sonnette à déclic a une puissance plus grande que la sonnette à tiraudes et permet d'enfoncer encore des pieux qui refuseraient de descendre davantage avec une sonnette à tiraudes. Dans la sonnette à déclic, on ne se trouve limité ni par la hauteur de chute ni par le poids du mouton. Cependant le temps employé à la descente du déclic ne permet guère de battre plus d'une volée de trente coups pendant qu'on en peut battre deux ou trois avec une sonnette à tiraudes. Dans les terrains résistants, bien que la durée du battage soit presque double, les dépenses sont réduites aux quatre cinquièmes environ ; dans les terrains ordinaires, le temps du battage est quelquefois triple par les sonnettes à déclic, et l'économie que l'on pourrait réaliser sur la main-d'œuvre ne compense pas la perte de temps.

Dans certains terrains, le battage réussit mieux avec une

sonnette à déclic, tandis que dans d'autres il se fait mieux avec une sonnette à tiraudes. Il n'y a que l'expérience qui puisse décider la question. Il est généralement avantageux de commencer le battage à la tiraude et de le terminer avec le déclic. La sonnette à tiraudes sert à mettre en fiche ; et comme on peut élever le mouton à une hauteur aussi petite que l'on veut, on peut apporter de la précision dans l'opération, obtenir une pose régulière et obvier à une fausse direction. Mais lorsque l'on arrive aux terrains résistants, il y a lieu de terminer le travail avec la sonnette à déclic.

Pour se rendre compte de l'influence que le poids du mouton exerce sur l'enfoncement des pieux, nous allons faire voir que cet enfoncement est, pour un même pieu et pour un même mouton, proportionnel à la hauteur de chute, et qu'il y a avantage à augmenter le poids du mouton et à diminuer la hauteur de chute.

Désignons par M la masse du mouton, par V la vitesse qu'il possède au moment du choc, par m la masse du pieu et par v la vitesse commune au pieu et au mouton après le choc.

La quantité d'action avant le choc est MV et la quantité d'action après le choc est $(M + m)v$, d'où l'on a :

$$(M + m)v = MV$$

et par suite

$$v = \frac{MV}{M + m}.$$

Telle est la vitesse avec laquelle le pieu s'enfonce après le choc.

Le travail produit pour l'enfoncement d'un pieu sera donc

$$\frac{1}{2}(M + m)v^2 = \frac{1}{2}(M + m)\frac{M^2V^2}{(M + m)^2} = \frac{1}{2}\left(\frac{M^2V^2}{M + m}\right).$$

En désignant par h la chute du mouton, on aura $V^2 = 2gh$, d'où :

$$\frac{1}{2}(M+m)v^2 = \frac{1}{2}\left(\frac{2ghM^2}{M+m}\right) = \frac{Mgh}{1+\dfrac{m}{M}}.$$

Mais en désignant par P le poids du mouton et par p celui du pieu, on sait que $P = Mg$ et que les poids sont proportionnels aux masses, de sorte que la formule précédente devient

$$\frac{1}{2}(M+m)v^2 = \frac{Ph}{1+\dfrac{p}{P}}.$$

D'où l'on conclut : 1° que l'enfoncement est, pour un même mouton, proportionnel à la hauteur de chute h ; 2° que cet enfoncement est d'autant plus grand, que le dénominateur est plus petit, le produit Ph restant constant en variant P et h. Or la plus petite valeur du dénominateur serait 1 si la quantité $\dfrac{p}{P}$ était nulle, c'est-à-dire si P était infiniment grand. La plus petite valeur du dénominateur serait donc 1 pour $P = \infty$, ce que l'on ne peut obtenir. Il faut donc que le poids P du mouton soit le plus grand possible. Le produit Ph restant constant, et le facteur P augmentant, le facteur h diminuera.

Comme il arrive souvent que les pieux s'écrasent ou se fendent lorsque le mouton tombe de très-haut, il vaut généralement mieux se contenter d'une chute modérée de 3 ou 4 mètres et employer des moutons d'un plus grand poids.

Cherchons maintenant la manière de trouver la hauteur de chute qu'il convient de donner à un mouton pour produire sur le pieu un choc d'une puissance égale à la pression qu'il devra supporter plus tard.

Désignons par P le poids du mouton, par h la hauteur de chute, par R la résistance du terrain ou le frottement du pieu dans le sol, et par ω la quantité dont le pieu s'enfonce par le choc.

Le travail du mouton est Ph et celui de la résistance du terrain est $R\omega$; d'où l'on a :

$$R\omega = Ph$$

et

$$R = \frac{Ph}{\omega}.$$

P et R sont exprimés en kilogrammes et h et ω en mètres.

Si sous l'action du mouton le pieu n'entrait plus du tout, c'est-à-dire si l'on avait $\omega = o$, la résistance R serait infinie, car on aurait

$$R = \frac{Ph}{o} = \infty.$$

On doit donc chercher à se rapprocher autant que possible de cette valeur de R. Mais si l'on veut connaître approximativement la résistance du pieu, il faut admettre pour R une valeur bien supérieure à la charge qu'il devra supporter et pour ω une petite valeur.

Ainsi, pour un pieu de 0^m25 d'équarrissage et pouvant supporter 37 500 kilogrammes, on fera :

$$\omega = 0,01.$$

et

$$R = 75\,000.$$

Si P est égal à 250 kilogrammes, on aura

$$h = \frac{R\omega}{P} = \frac{75\,000 \times 0^m01}{250} = 3 \text{ mètres.}$$

On fera donc tomber le mouton sur le pieu d'une hauteur de 3 mètres jusqu'à ce que le pieu n'enfonce plus que de 0^m01 par coup de mouton.

Réciproquement, pour déterminer le poids à donner à un

mouton, connaissant la hauteur de chute $h = 3$ mètres et en supposant toujours $\omega = 0^m01$ et R $= 75\,000$ kilogrammes, il viendrait :

$$P = \frac{R\omega}{h} = \frac{75\,000 \times 0^m01}{3} = \frac{750}{3} = 250 \text{ kilogrammes.}$$

Il est facile de déterminer la grandeur de la force qui doit être appliquée à chaque manivelle pour soulever le mouton dans une sonnette à déclic.

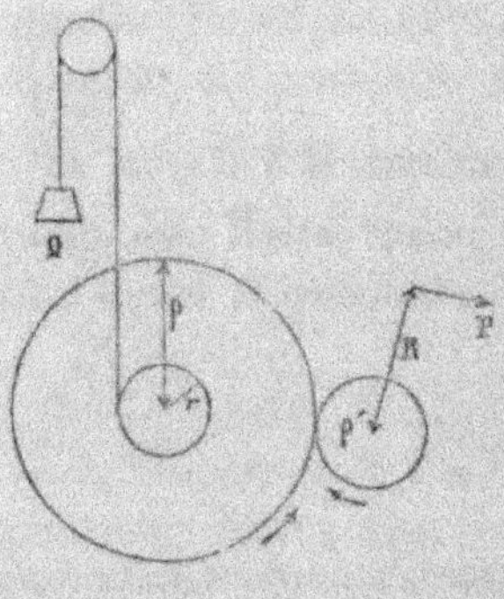

Désignons par Q le poids du mouton, par P la puissance ou l'effort à exercer sur les manivelles, par r le rayon du treuil, par R le rayon de la manivelle, par ρ le rayon de la roue dentée montée sur l'axe du treuil et par ρ' le rayon du pignon monté sur l'axe de la manivelle, lequel pignon commande la roue dentée (fig. 184).

Fig. 184.

Nous avons déjà dit que le rapport de la puissance à la résistance est égal au produit du rayon du treuil et des rayons des pignons divisé par le produit du rayon de la manivelle et des rayons des roues dentées. On aura donc :

$$\frac{P}{Q} = \frac{r\rho'}{R\rho}.$$

D'où

$$P = Q\frac{r\rho'}{R\rho} \tag{1}$$

Si l'on suppose que la roue dentée ait dix fois plus de dents que le pignon et que le bras de la manivelle soit trois fois plus grand que le rayon du treuil ou, ce qui revient au même, si $\rho = 10\rho'$ et R $= 3r$, la formule devient

$$P = Q \times \frac{1}{3} \times \frac{1}{10} = \frac{Q}{30}.$$

Comme deux hommes agissent ensemble sur les manivelles, chacun d'eux aura à exercer un effort moitié moindre, c'est-à-dire que l'on aura :

$$P = \frac{Q}{60}.$$

De sorte qu'en supposant le poids Q du mouton égal à 600 kilogrammes, l'effort à exercer par chacun des deux hommes sera :

$$P = \frac{600}{60} = 10 \text{ kilogrammes.}$$

D'où il résulte que l'effort à exercer par chacun des deux hommes n'est que la soixantième partie du poids du mouton.

La formule (1) nous permet de déterminer le nombre d'hommes nécessaire à la manœuvre d'une sonnette à déclic ; il suffit pour cela de diviser P ou $Q\frac{r\rho'}{R\rho}$ par le nombre de kilogrammes qu'un homme appliqué à une manivelle est capable d'élever. Cet effort moyen est de 8 kilogrammes.

La formule (1) ne tient pas compte des frottements et des roideurs des cordes sur la poulie et sur le treuil. Si l'on désigne par q la résistance de la roideur de la corde sur la poulie et par q' la résistance de la roideur de la corde sur le treuil, la formule (1) devient :

$$P = (Q + q + q')\frac{r\rho'}{R\rho}. \tag{2}$$

178. Sonnette a vapeur. — La sonnette à vapeur remplace avantageusement les sonnettes à tiraudes et à déclic dont l'emploi est long et coûteux. On peut employer la vapeur au battage des pieux en s'en servant comme moteur pour communiquer le mouvement aux treuils des sonnettes au moyen d'une locomobile. C'est ainsi que pour la reconstruction du pont d'Andé, sur la Seine, les pieux et palplanches ont été battus avec une sonnette à déclic, installée sur

un bateau et mue par une machine à vapeur, avec treuil
d'embrayage (fig. 185). Le mouton était du poids de 500

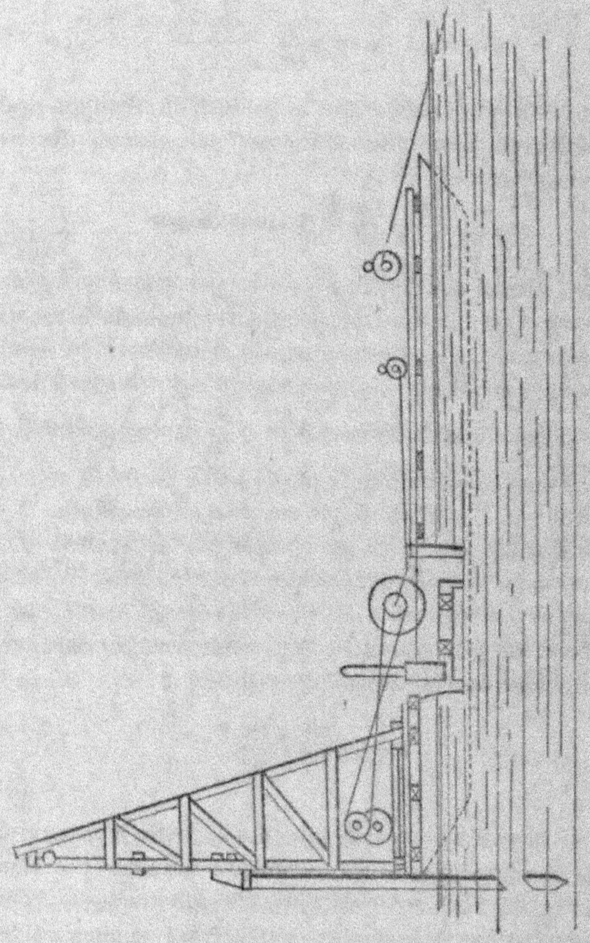

Fig. 186.

kilogrammes. Mais on peut aussi utiliser la vapeur plus
efficacement en la faisant agir directement sur le mouton.

Dans ce dernier cas, la manière dont fonctionne la sonnette à vapeur est facile à comprendre : un bâti en fonte B est fixé solidement sur la tête du pieu à enfoncer. Le mouton M (fig. 186) glisse entre deux coulisses en fer assemblées au bâti B et auxquelles est fixé un cylindre à vapeur C, dans lequel se meut un piston P portant une tige qui se rattache au mouton M par l'intermédiaire d'un ressort r.

L'entrée et la sortie de la vapeur sous le piston ont lieu comme à l'ordinaire, au moyen d'une boîte à tiroir. La vapeur est fournie par la chaudière d'une locomobile ordinaire installée au pied de la sonnette d'ou elle se rend sous le piston P par un tuyau flexible et qui peut suivre l'appareil mécanique dans son mouvement de descente.

Fig. 186.

En entrant dans le cylindre C, la vapeur soulève le piston, et elle s'échappe lorsque ce piston est arrivé au haut de sa course ; la pesanteur fait alors retomber le piston et le mouton avec lui. En retombant, le mouton vient frapper la tête du pilot qui s'enfonce, entraînant avec lui tout l'appareil mécanique. Le poids du mouton varie de 1600 à 2600 kilogrammes et la hauteur de chute dépasse rarement 0^{m}76. Le nombre de coups de mouton est de cinquante à soixante par minute.

Avec cette machine, le battage marche d'une manière très-expéditive, et comme chaque coup de mouton fait entrer le pieu d'une quantité beaucoup plus grande qu'un mouton des sonnettes ordinaires, les pieux n'éprouvent pas de déviation dans leur direction, parce que les obstacles accidentels ont beaucoup moins d'influence.

En Angleterre, un appareil de ce genre pesant 7 000 kilogrammes a été employé aux docks de Devonport ; il donnait soixante et dix à quatre-vingts coups par minute et en deux ou trois minutes un pieu de 9 à 12 mètres était enfoncé.

§ V. — RECEPAGE DES PIEUX.

179. Après le battage des pieux et palplanches, on procède à leur recepage, c'est-à-dire qu'on les coupe tous exactement dans un même plan de niveau déterminé par le projet, pour recevoir les chapeaux ou plates-formes.

Hors de l'eau et jusqu'à 0^{m}50 au-dessous, le recepage est une opération simple et facile. Le travail s'exécute, soit avec une scie passe-partout, soit avec une scie de charpentier manœuvrée par deux hommes.

Mais lorsque le recepage doit se faire sous l'eau, l'opération du recepage nécessite l'emploi de machines désignées sous le nom de *scies à recéper*.

On distingue les scies à lames horizontales et les scies à lames circulaires.

180. SCIE A LAME HORIZONTALE. — En général, une scie à lame horizontale se compose d'une lame de scie ordinaire adaptée à une armature en fer forgé, fixée elle-même à un cadre ou châssis horizontal en bois monté sur quatre roulettes en fonte. Ces roulettes servent à faire glisser le cadre dans le sens de son axe sur des pièces horizontales en bois placées sur l'échafaud.

Parmi ces machines, nous citerons la scie de M. Vallée, dont la description est donnée dans les cours de construction de l'Ecole centrale, la scie de M. Pochet, conducteur des ponts et chaussées, dont la description a été donnée par M. l'ingénieur en chef Jégou dans les *Annales des ponts et chaussées*, mois de mai et juin 1846, et enfin la scie à receper de M. Chitier, conducteur principal des ponts et chaussées, dont la description a été donnée dans les *Annales des conducteurs*, t. IV, p. 273, année 1860.

181. SCIE A LAME CIRCULAIRE. — La scie circulaire de M. Vauvilliers permet de receper les pieux à une grande profondeur sous l'eau. Elle se compose d'un arbre vertical à l'extrémité inférieure duquel est adaptée une scie circulaire que l'on met en mouvement au-dessus de l'échafaud.

L'arbre est maintenu dans sa position verticale au moyen d'un bâti en fer forgé solidement fixé à un cadre relié lui-même à deux coulisses mobiles sur un autre cadre placé sur l'échafaud.

182. SCIE OSCILLANTE. — Lorsqu'il ne s'agit que de receper des pieux à peu près à un même niveau au-dessous de l'eau, on se sert d'une scie oscillante représentée par la

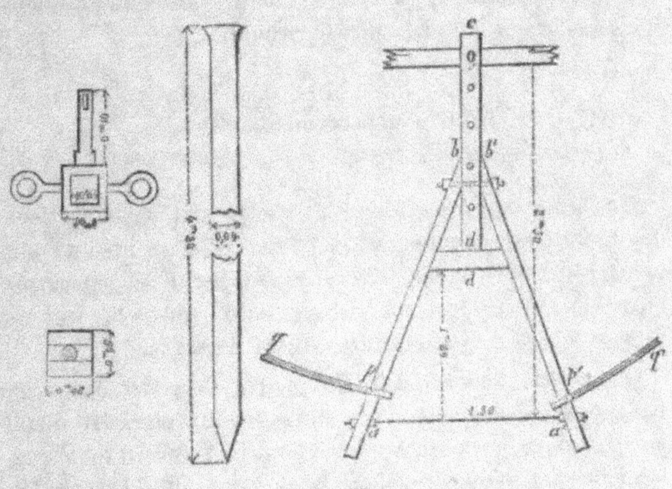

Fig. 187.

figure 187. Cette scie a été employée par nous aux travaux d'Amboise.

Une lame horizontale aa' de 0m10 de largeur est fixée à

deux pièces ab, $a'b'$ reliées à un troisième cd, sur laquelle elles sont assemblées et boulonnées en b et b'. Leur écartement est maintenu par l'entretoise d.

La pièce dc est percée de trous, ce qui permet de la suspendre à un axe horizontal en fer placé dans une traverse en bois supportée par des appuis.

L'axe horizontal ou goujon en fer peut aussi être adapté à une douille dans laquelle passe une tige carrée en fer, que l'on enfonce dans le sol à côté du pieu à déraser. On fait glisser la douille et on la fixe sur la tige à la hauteur que l'on veut au moyen de deux vis de pression. On suspend ensuite la scie au goujon et l'on imprime à la scie un mouvement de va-et-vient au moyen de deux perches pq, $p'q'$, fixées par deux pitons formant charnières en p et p'. Les deux perches servent en même temps à appuyer la scie contre le pieu, en ne les tirant pas dans un même plan vertical, et en plaçant le pilot dans l'angle obtus que forment alors les verges en projection horizontale.

§ VI. — ARRACHAGE DES PIEUX.

183. Pour que l'opération du battage soit exécutée dans des conditions convenables, la déviation d'un pieu ne doit pas excéder 0ᵐ15 et celle d'une palplanche 0ᵐ05. En conséquence, on exige que tout pieu et toute palplanche qui ne remplissent pas ces conditions soient arrachés.

On se sert, pour arracher les pieux, d'un fort levier en bois appelé *abatage*, que l'on place sur un chevalet établi solidement et servant de point d'appui. A défaut de chevalet pour point d'appui, on se sert du bord d'un bateau. Un anneau en fer circulaire ou elliptique, appelé *mordant*, est attaché à une chaîne en fer, fixée elle-même à l'extrémité du levier. On passe la tête du pieu dans le mordant qui, en se plaçant obliquement par rapport au pilot, lorsqu'on fait effort pour l'arracher, y imprime ses dents et s'y accroche avec assez de force pour l'entraîner avec lui.

La chaîne fixée à l'extrémité du levier peut aussi saisir le pieu soit à l'aide d'un boulon passé préalablement dans la tête du pieu, soit à l'aide d'un *tire-fond*. Le boulon ou le tire-fond peut être placé sous l'eau par un plongeur.

L'effort des hommes agissant à l'autre extrémité du levier suffit souvent pour déterminer l'arrachage du pilot. On peut, au besoin, charger l'extrémité du levier de poids en fonte, et si le pieu est hors de l'eau, on facilite l'opération en battant le pieu avec une masse ou avec un petit mouton. L'ébranlement produit par la percussion fait arracher le pieu avec moins de peine.

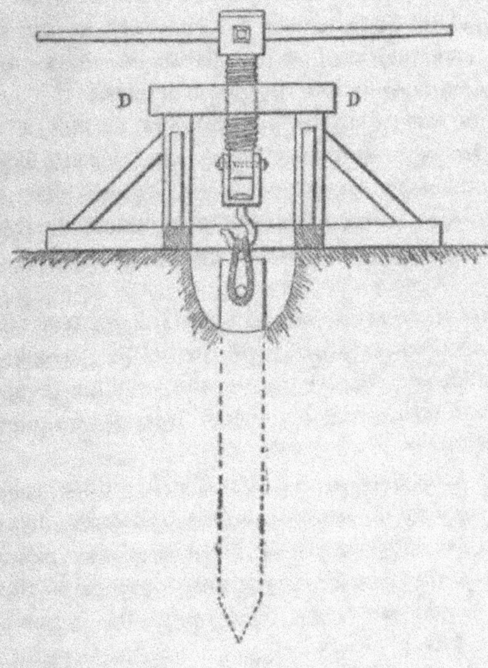

Fig. 188.

On peut aussi arracher les pieux au moyen de vis, de crics, d'une sonnette ou d'une chèvre que l'on fait agir de différentes manières.

La figure 188 représente une vis ou verrin en bois dont l'extrémité inférieure est munie d'une chape en fer fixée au moyen d'un boulon et portant un crochet qui reçoit un double cordage dont les boucles passent sous la grosse cheville en fer qui traverse le pieu.

La vis traverse un écrou taraudé et fixé dans un plateau D qui couronne le bâti en charpente.

Enfin la vis est terminée par une tête de cabestan, laquelle est traversée par deux leviers qui permettent de faire tourner la vis ou verrin et d'arracher le pieu.

Si le pieu à arracher se trouvait dans le lit d'une rivière, on établirait un plancher sur deux bateaux, et sur ce plancher, en forts madriers, on installerait un verrin avec son bâti, au-dessus de la tête du pieu à arracher.

Dans une rivière sujette aux marées, on met à profit la poussée de l'eau : à marée basse, on attache le pilot, au moyen de chaînes ou de cordages, à une forte traverse posée sur des corps flottants ; à la marée montante, ces corps, en s'élevant, produisent l'arrachage du pieu.

184. Résistance du sol a l'arrachage des pieux. — Pour déterminer la résistance du sol à l'arrachage des pieux, il faut arracher le pieu au moyen d'un levier ou de toute autre machine en se gardant bien de frapper sur la tête du pilot.

Chargé spécialement, en 1855, des études relatives à l'établissement d'un barrage mobile à Orléans, nous avons eu à faire des expériences sur l'arrachage des pieux battus dans le lit de la Loire. Pour arracher les pieux et déterminer la résistance du sol, nous avons opéré de la manière suivante (fig. 189) :

Un pieu de 5 mètres de longueur et de 0^m24 d'équarrissage ayant été battu et enfoncé presque complètement dans

le sol, fut ensuite arraché au moyen d'un levier AB placé
sur le bord d'un fort bateau.

Une grosse chaîne en fer, attachée à l'extrémité A du levier, saisissait le pieu au moyen d'un gros boulon passé
préalablement dans la tête du pieu. A l'extrémité B du levier

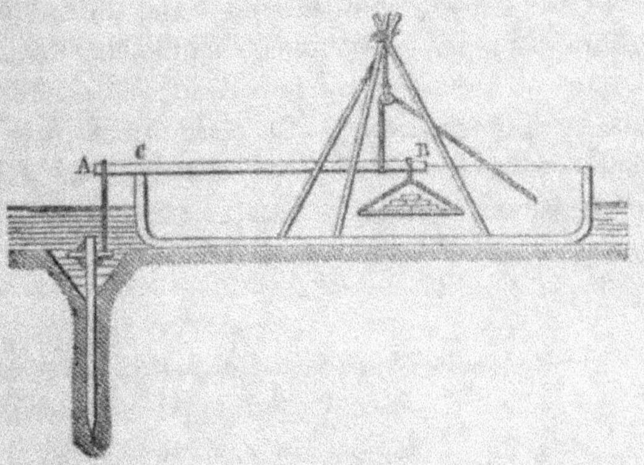

Fig. 189.

était suspendu un large plateau sur lequel on plaçait des
poids et des gueuses en fonte pour produire l'arrachage du
pieu. Le levier AB était en bois de chêne et avait 0^{m}27 d'é-
quarrissage au gros bout et 0^{m}16 au petit bout.

On mit dans le plateau jusqu'à 1100 kilogrammes pour
obtenir le soulèvement du pieu, et comme le bras de levier
CB était dix fois plus long que le bras de levier AC, il en
est résulté que la résistance du sol était égale à une force
de 11 000 kilogrammes.

Dans ces expériences, il est arrivé que des pieux se sont
quelquefois arrachés tout à coup, et d'autres fois que la
chaîne qui saisissait le pieu s'est rompue. Dans l'un et l'autre
cas, les poids placés sur le plateau tombaient et pouvaient,
dans leur chute, causer des avaries au bateau et écraser des
hommes. On aurait pu garantir le bateau au moyen d'une
épaisse couche de sable répandue sur le fond, ce qui eût
amorti le choc ; mais les ouvriers n'eussent point été protégés. Pour éviter tout accident aux hommes et au bateau,

nous avons pris la disposition indiquée par le croquis. Une chevrette, ou ensemble de trois grosses perches réunies solidement dans le haut à l'aide d'un cordage, fut placée dans le bateau. Au sommet de la chevrette était suspendue une poulie sur laquelle passait une cordelle attachée à l'extrémité du levier. Cette cordelle était retenue à son autre bout par des hommes qui la laissaient glisser lentement dans leurs mains au fur et à mesure que le plateau s'abaissait, c'est-à-dire que le pieu s'arrachait. Par cette disposition, il n'y avait plus, en cas de rupture de la chaîne, de secousse possible, ni par conséquent de danger à craindre pour les hommes.

ARTICLE IX.

Batardeaux.

185. Un batardeau est une construction provisoire qui a pour but d'intercepter, aussi complètement que possible, toute communication entre l'emplacement des fondations et les eaux extérieures.

La forme des batardeaux est celle d'une caisse sans fond, en charpente, composée de deux files de pieux parallèles et de planches jointives ou de palplanches, maintenues au sommet par des moises doubles et reliées entre elles par des traversines qui empêchent l'écartement des parois.

La caisse ainsi formée est ensuite remplie soit avec de la terre argileuse soit avec du béton, en ayant soin de draguer préalablement dans l'intérieur de la caisse et d'enlever la vase et les sables afin que la glaise ou le béton repose immédiatement sur un bon terrain.

L'argile étant insoluble dans l'eau se réduit en une pâte ductile et forme en se tassant un corroi solide et imperméable ; mais il faut pour cela que la terre soit pilonée avec le plus grand soin par couches successives de 0^m10 à 0^m15 et humectée ou abondamment arrosée pendant la sécheresse.

A défaut de terre glaise de qualité convenable, on exécute le batardeau avec du béton.

On doit donner à un batardeau une hauteur suffisante pour dépasser le niveau des crues afin de ne pas se trouver dans l'obligation d'interrompre momentanément l'exécution des travaux de maçonnerie.

Pour déterminer l'épaisseur à donner à un batardeau, désignons par H la hauteur de l'eau à soutenir (fig. 190), par h la hauteur du batardeau au-dessus du niveau de l'eau, par π le poids d'un mètre cube d'eau, par δ le poids d'un mètre cube de terre glaise ou de béton et par x l'épaisseur cherchée.

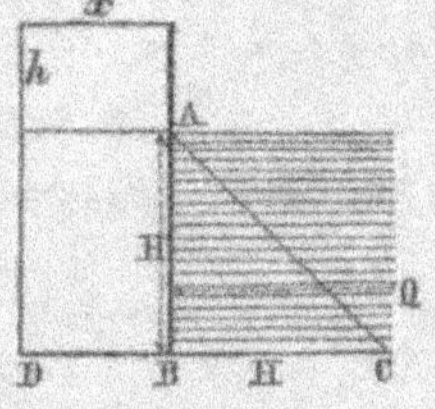

Fig. 190.

Appelons Q la pression de l'eau contre la face du batardeau. On sait que cette pression, par unité de longueur du batardeau, est égale au poids de l'eau multiplié par la surface d'un triangle rectangle ayant H pour hauteur et H pour base ; donc on aura :

$$Q = \pi \times H\,\frac{H}{2} = \pi\,\frac{H^2}{2}.$$

Mais la résultante de toutes les pressions qui s'exercent contre la face du batardeau passe par le centre de gravité du triangle ABC ; donc le centre de pression est situé au tiers de la hauteur H, à partir de la base.

Le moment de la pression Q par rapport au point D sera donc

$$Q\,\frac{H}{3} = \pi\,\frac{H^2}{2} \cdot \frac{H}{3} = \pi\,\frac{H^3}{6}.$$

Le volume du batardeau par unité de longueur est $(H+h)x$ et son poids $\delta (H+h)x$. Son moment par rapport au point D sera :

$$\delta (H+h)x \times \frac{x}{2} = \delta (H+h)\frac{x^2}{2}.$$

On aura donc pour l'équilibre :

$$\pi \frac{H^3}{6} = \delta (H+h)\frac{x^2}{2};$$

d'où

$$\pi \frac{H^3}{3} = \delta (H+h)x^2;$$

d'où

$$x^2 = \frac{\pi H^3}{3\delta (H+h)} = \frac{\pi H^2}{3\delta \left(1+\dfrac{h}{H}\right)},$$

et par suite

$$x = \frac{H}{\sqrt{3}} \sqrt{\frac{\pi}{\delta \left(1+\dfrac{h}{H}\right)},}$$

mais

$$\frac{1}{\sqrt{3}} = 0,59 ;$$

donc

$$x = 0,59H \sqrt{\frac{\pi}{\delta \left(1=\dfrac{h}{H}\right)}} = 0,59H \sqrt{\frac{\pi}{\delta}\left(1+\dfrac{H}{h}\right)}.$$

Telle est la formule qui sert à trouver l'épaisseur à donner à un batardeau.

Si la hauteur h du batardeau était nulle, on aurait :

$$x = 0,59H \sqrt{\frac{\pi}{\delta}}.$$

Pour faire l'application de cette dernière formule, nous

supposerons un batardeau de 1^{m}50 de hauteur, construit avec de la terre argileuse dont le poids du mètre cube est $\delta = 1600$ kilogrammes. Comme π représente le poids du mètre cube de l'eau, $\pi = 1000$ kilogrammes. Par conséquent l'épaisseur à donner à un batardeau, qui doit soutenir une charge de 1^{m}50 d'eau sera :

$$x = 0,59 \times 1^m 50 \sqrt{\frac{1\,000}{1\,600}} = 0^m,70.$$

Comme généralement les batardeaux doivent être assez solides pour résister à la poussée de l'eau et pouvoir servir au besoin de chemins de service, on est dans l'usage de leur donner un peu plus d'épaisseur que celle rigoureusement nécessaire pour soutenir le poids de l'eau. Cette épaisseur est souvent égale à la hauteur de la charge d'eau à soutenir. On n'augmente pas d'ailleurs la dépense d'une manière sensible, car les pilots et les palplanches sont ce qu'il y a de plus coûteux dans l'établissement d'un batardeau.

186. La construction d'un batardeau varie avec la charge d'eau à soutenir, avec la force du courant et avec les ressources dont on dispose dans la localité.

Nous distinguerons trois manières principales d'établir les batardeaux :

1° Si la profondeur d'eau est peu considérable et ne dépasse pas 1 mètre, par exemple, on peut se borner à établir une simple banquette en terre argileuse, pilonée avec soin et d'une épaisseur égale à la charge d'eau à soutenir.

On peut aussi, dans le même cas, battre autour de la fouille dans laquelle on doit faire des épuisements une file de pilots contre lesquels on adosse ensuite des vannages ou panneaux de planches jointives derrière lesquels on pilone de la terre franche ou de la terre argileuse.

Les panneaux de vannages peuvent être en planches non jointives ; mais il faut, dans ce cas, que les vides soient remplis par des platelages légers ou bien par des toiles goudronnées contre lesquelles viennent s'appuyer les terres.

2° Lorsque la profondeur d'eau est de 1ᵐ50 à 2 mètres, on construit le batardeau au moyen de deux files de pilots espacés d'environ 1ᵐ50 à 2 mètres et on adosse ensuite contre

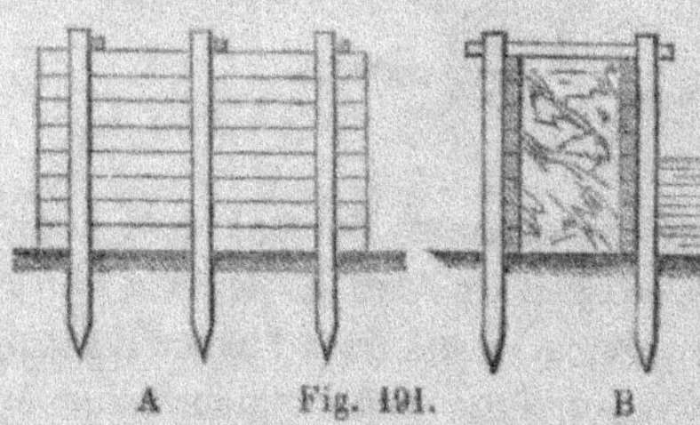

chaque file de pilots, du côté intérieur, des vannages en planches jointives reliées au sommet par des traversines. On donne à ce batardeau une épaisseur égale à la charge d'eau à soutenir et l'on remplit le coffrage avec de la terre glaise (fig. 191, A, B). Mais il faut, pour se décider à adopter ce batardeau, que le fond ne soit pas trop perméable à l'eau. Avant d'exécuter le corroi, on doit enlever les terres perméables du fond, au moins jusqu'à la profondeur à laquelle on veut épuiser.

3° Lorsqu'il y a lieu de descendre les épuisements à une profondeur de 3 mètres environ et qu'il faut draguer dans l'intérieur du batardeau afin d'arriver à des couches moins perméables, on remplace les vannages par des palplanches placées dans la ligne des pieux et battues à environ 1 mètre de fiche au-dessous du fond du batardeau (fig. 192).

Les pieux sont battus de distance en distance, 1ᵐ50 à 2 mètres, et reliés entre eux à leurs têtes par un double cours de moises entre lesquelles

on place les palplanches jointives. Les deux files de palplanches sont reliées entre elles de deux en deux pieux par des
liernes simples *ef* assemblées avec entailles sur les moises.
Ces liernes ont pour but d'empêcher l'écartement des palplanches, c'est-à-dire de résister à la poussée de la terre qui
remplit le coffre.

Quand on a plusieurs ouvrages à fonder, plusieurs piles
d'un pont par exemple, on doit examiner avec soin s'il y a
économie à les enceindre tous d'un même batardeau ou à
les fonder successivement. Si l'on prévoit peu d'épuisements, la première méthode est préférable ; mais si au contraire la perméabilité du terrain fait présumer qu'ils seront
abondants, on doit enceindre chaque pile d'un batardeau.

187. On peut avoir à établir un batardeau sur un fond de
rocher, et il arrive souvent que la
pointe des pieux, quoique armée d'un
sabot en fer, ne peut pas pénétrer dans
ce rocher.

Dans ce cas, on dispose le batardeau
de la manière suivante : on établit de
distance en distance, 1^m50 à 2 mètres,
des fermes en charpente composées
chacune de deux montants *ab*, *a'b'*
reliés à fleur d'eau par des moises
doubles (*m,m'*) et à 1 mètre environ
au-dessus de l'eau par une entretoise
cd (fig. 193). Les moises (*m,m*) empêchent l'écartement des montants, et
l'entretoise *cd* maintient l'écartement
dans le haut, où elles ne peuvent se
resserrer, de sorte que l'on peut

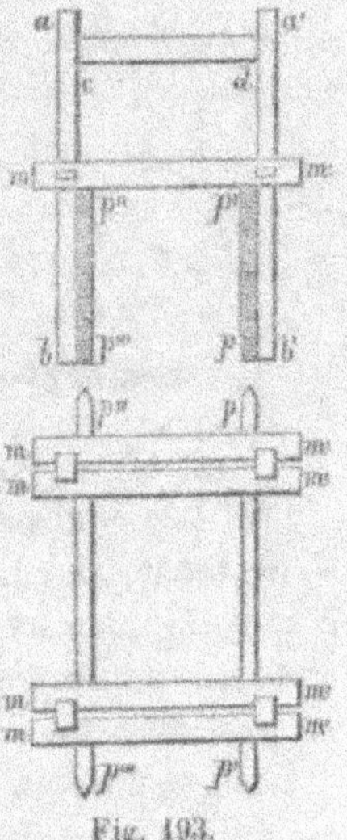

Fig. 193.

remblayer dans le batardeau sans crainte qu'il s'ouvre du
pied.

Les fermes ainsi disposées servent à soutenir des vannages en planches jointives placées horizontalement. Ces van-

nages sont adossés intérieurement contre les montants, et lorsqu'ils sont placés, on exécute le corroi ou bien l'on coule du béton.

On peut employer quelquefois une autre méthode, qui consiste à forcer le rocher pour former les alvéoles des pieux à l'aide desquels on construit la carcasse du batardeau ; alors pour maintenir le pied des palplanches, on fait descendre le long des pieux des moises embrassantes.

Il est d'ailleurs entendu que, dans tous les cas, il faut, avant de faire le remblai du batardeau, que le gravier, la vase ou le sable qui peut recouvrir le rocher soit enlevé entièrement, sans quoi le batardeau ne serait pas étanche et sa solidité pourrait quelquefois se trouver compromise. On arrive à nettoyer parfaitement le fond du batardeau par l'emploi du scaphandre.

ARTICLE X.

Des épuisements. — Machines à épuiser.

188. Les épuisements dans les enceintes de fondations s'effectuent avec des machines dont le choix se détermine d'après la quantité d'eau à enlever, la hauteur à laquelle cette eau doit monter, l'espace et le nombre d'hommes dont on peut disposer.

Les machines à épuiser doivent satisfaire à plusieurs conditions essentielles : 1° elles doivent se prêter facilement aux variations de hauteur à laquelle on déverse les eaux ; 2° elles doivent occuper le moindre espace possible et être faciles à déplacer et à transporter.

La machine à épuiser la plus avantageuse est celle qui

permet d'élever au plus bas prix 1 mètre cube d'eau à une hauteur déterminée. Il résulte de là que les meilleures machines à épuiser ne sont pas toujours celles où l'effet utile est le plus grand, par rapport à la force dépensée par le moteur, condition que l'on cherche toujours à remplir dans les machines qui doivent fonctionner d'une manière continue.

Les moteurs employés pour mettre en mouvement les machines à épuiser sont : les hommes, les chevaux, les ânes, les roues hydrauliques et les machines locomobiles.

Les hommes agissent à l'aide de leviers ou de manivelles, les chevaux et les ânes agissent au moyen de manèges, les roues hydrauliques au moyen de la force d'un courant d'eau, et les locomobiles au moyen de la vapeur.

Les machines à épuiser sont : les seaux, les écopes, le baquet ou van, la pelle hollandaise, la vis d'Archimède, la noria, le chapelet vertical ou incliné, la roue à tympan, la roue à godets et les pompes.

Le travail exécuté par des ouvriers qui épuisent l'eau au moyen des seaux, d'écopes ou de baquets prend le nom de *baquetage*.

Les seaux sont en bois ou en zinc et ont la forme de cylindres ou de troncs de cônes renversés. Ils se manient à la main ou bien au moyen d'un treuil. Quand on fait usage du treuil, on suspend deux seaux à la corde de manière que l'un arrive au fond du puisard en même temps que l'autre au-dessus du batardeau. On utilise ainsi la descente du seau vide à la remonte de celui qui est plein.

189. L'*écope* est une longue pelle en bois munie d'un manche avec laquelle les bateliers jettent l'eau de leurs bateaux. L'écope est préférable aux seaux, mais on ne peut l'employer que pour des épuisements peu importants et lorsque l'eau n'a besoin d'être élevée qu'à une faible hauteur.

190. La *pelle hollandaise* n'est autre chose qu'une grande écope suspendue par son manche et au moyen d'une corde à une chevrette à trois pieds. Un homme prend le bout du manche de la pelle, et par un mouvement d'oscillation, il effleure les couches supérieures de la nappe d'eau ; la pelle se remplit et l'eau est jetée à une certaine distance par-dessus les bords de la fouille de l'enceinte.

La figure 194 indique une autre disposition de la pelle hollandaise. La pelle s'emplit et se vide par un mouvement de bascule imprimé au moyen d'une perche AB formant balancier et qui tourne autour d'un axe horizontal.

Il résulte des expériences de M. Perronnet qu'un homme peut élever 68 litres d'eau à 1 mètre de hauteur par minute et 34 litres si la hauteur est de 1^{m}80, ce qui donne par

Fig. 194.

heure de travail un effet utile moyen de 3 876 kilogrammètres ; M. Morin donne 5 750 kilogrammètres quand l'homme travaille avec un seau léger, 6 000 s'il travaille avec une écope ordinaire et 15 000 si c'est avec une écope hollandaise.

D'où l'on voit que la pelle hollandaise est très-avantageuse et qu'un homme peut élever 15 mètres cubes d'eau par heure de travail à 1 mètre de hauteur. Mais cette machine, comme les seaux et les écopes ordinaires, ne peut être employée avec avantage que dans les épuisements de peu d'importance et lorsque la hauteur à laquelle on doit élever l'eau est très-petite.

191. La *van* est un baquet mis en mouvement par deux hommes et dont on se sert quelquefois avec avantage pour épuiser les eaux d'une fouille lorsque la hauteur du bord de

la fouille au-dessus de la surface de l'eau n'excède pas 2 mètres.

192. La *noria* est une machine qui se compose d'une série de godets en métal fixés le long d'une courroie ou d'une chaîne sans fin qui passe sur deux roues (fig. 195).

Le mouvement est imprimé à la roue, soit par des hommes agissant sur une manivelle, soit par des animaux à l'aide d'un manège, soit enfin par une locomobile ; les roues sont armées de dents qui s'engagent dans les mailles de la chaîne et font monter les godets. Ces godets s'emplissent en passant dans le puisard sous la roue inférieure et se vident en passant sur la roue supérieure. L'eau tombe dans une auge ou dans un chéneau en bois qui la conduit hors du chantier.

Un inconvénient que présente cette machine, c'est de laisser retomber une partie de l'eau puisée par les godets, à mesure que ceux-ci s'élèvent. Un autre inconvénient, c'est d'être obligé, afin que les godets puissent se vider, de monter l'eau au-dessus du niveau auquel on veut l'élever, ce qui augmente le travail de la machine. Malgré ces défauts, l'effet utile de la noria est presque égal aux 0,90 du travail dépensé, et cette machine offre, en outre, l'avantage de pouvoir élever les eaux bourbeuses, ce qui ne peut se faire avec les chapelets.

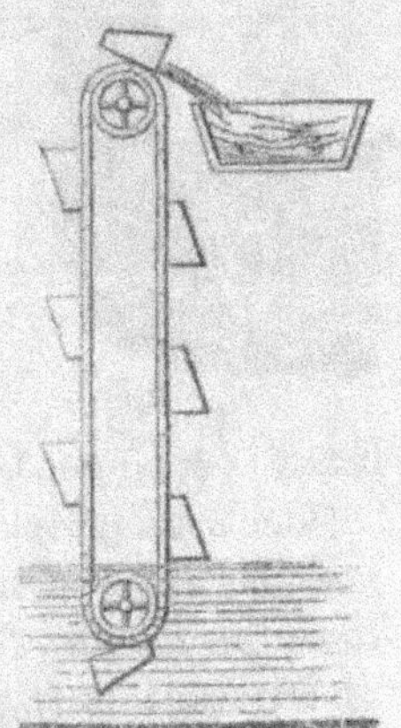

Fig. 195.

Avec deux chevaux occupés à la manœuvre d'une noria, on peut, d'après les expériences de Navier, élever 70 mètres cubes d'eau à 3ᵐ60 de hauteur ou 252 mètres cubes à 1 mètre de hauteur. L'effet utile de la noria est donc de 252 000 kilogrammètres pour les deux chevaux ou 126 000 kilogrammètres par cheval. Or un cheval attelé à un manège produit un travaïl équivalent à 144 mètres cubes d'eau élevés à 1 mètre, ce qui représente 144 000 kilogrammètres. Le rapport de l'effet utile au travail dépensé est donc $\frac{126\,000}{144\,000}$ ou 0,88 ; donc l'effet utile de la noria serait les 0,88 du travail dépensé.

193. Le *chapelet vertical* est une machine qui se compose d'un tuyau vertical appelé *buse*, dans lequel se meut une chaîne sans fin à laquelle sont fixés des disques ou des plaques de cuir appelées *patenôtres* (fig. 196). Les disques ou les plaques de cuir sont circulaires ou carrées, selon que la buse est cylindrique ou rectangulaire. L'une des extrémités de la buse plonge dans le puisard, tandis que l'autre laisse échapper cette eau dans un chéneau par lequel elle s'écoule au dehors.

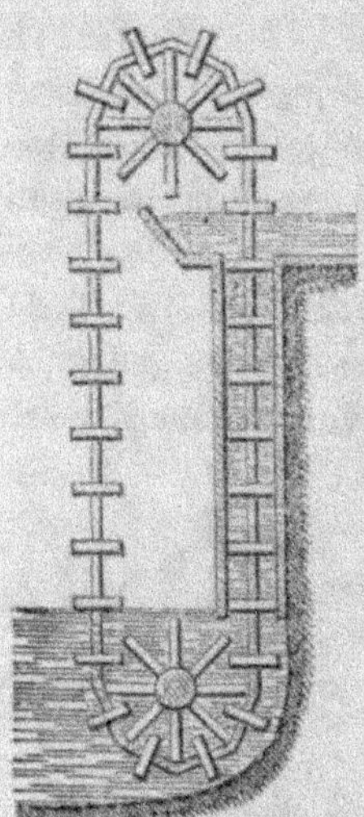

Fig. 196.

La chaîne sans fin tourne sur un tambour placé tangentiellement à l'axe de la buse. Le mouvement est imprimé au tambour par des hommes agissant sur des manivelles ou bien par des animaux agissant au moyen de manèges.

On fait usage du chapelet vertical lorsqu'il s'agit d'élever l'eau à plus de 4 mètres de hauteur ; la longueur de la buse est en général de 4 à 6 mètres.

Pour manœuvrer un chapelet, on emploie quatre à huit hommes agissant sur des manivelles et faisant vingt à trente tours par minute. Chacun de ces hommes produit par heure un effet utile de 15 mètres cubes d'eau élevés à 1 mètre, ce qui représente 15 000 kilogrammètres. L'effet utile moyen de la machine est ordinairement égal aux 0,65 du travail dépensé.

194. Le *chapelet incliné* se distingue de la machine pré-

cédente en ce que la buse verticale est remplacée par un
canal incliné en bois. La chaîne sans fin portant les patenôtres est tendue sur deux tambours placés aux deux
extrémités du canal et tangentiellement à son axe (fig. 197).

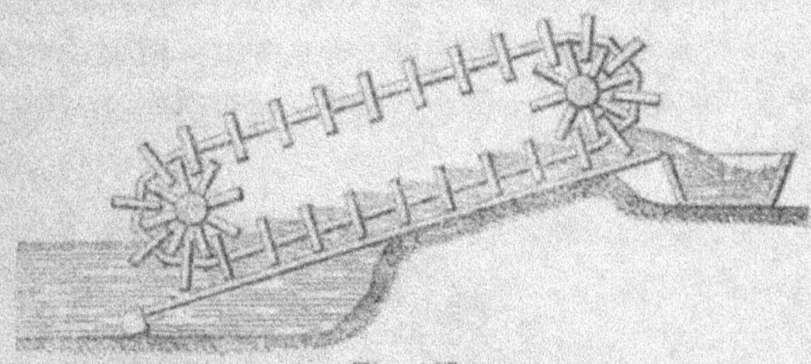

Fig. 197.

Si le canal est fermé de toutes parts, la branche descendante de la chaîne repose sur le dessus du canal ; mais si ce
canal n'est pas couvert, la branche descendante de la chaîne
repose alors sur un plancher construit au-dessus du canal
en bois.

Comme il est ordinairement nécessaire de laisser beaucoup de jeu aux patenôtres dans le canal, il se fait des pertes d'eau considérables, et l'effet utile de cette machine n'est
que les 0,40 du travail dépensé.

Un homme agissant sur une manivelle et faisant un effort
de 8 kilogrammes avec une vitesse de 0^m75 par seconde
peut produire un travail de $0^m75 \times 8 \times 3\,600 = 21\,600$ kilogrammètres par heure, ce qui représente 21 600 kilogram-
mes d'eau élevés à 1 mètre de hauteur. L'effet utile n'étant
que les 0,40 du travail dépensé, il en résulte qu'un homme
n'élèvera réellement que 8 640 kilogrammes d'eau à 1 mètre
de hauteur et par heure. Le faible rendement de cette machine fait que son emploi est peu avantageux.

195. La *vis d'Archimède* ou vis hollandaise est une machine composée d'un cylindre intérieur ou noyau cylindrique d'un petit diamètre, de deux ou trois cloisons contour-

nées en hélices autour de ce noyau, et enfin d'une enveloppe cylindrique extérieure en planches cerclée en fer et fixée solidement sur les bords des cloisons hélicoïdales. L'intervalle compris entre les spires de chaque cloison forme un canal hélicoïdal qui circule dans toute la longueur de la vis et qui a pour hauteur la distance des deux cylindres. Trois cloisons forment donc trois canaux parallèles entre eux (fig. 198).

Fig. 198.

Le diamètre du cylindre extérieur varie de 0^m40 à 0^m50 et celui du noyau est ordinairement trois fois plus petit. La longueur de la vis varie entre dix et quinze fois le diamètre extérieur de l'enveloppe, selon que ce diamètre est plus ou moins fort.

L'inclinaison de l'hélice sur son axe est ordinairement de 60 degrés.

Le mouvement de rotation de la vis autour de son axe peut être imprimé au moyen d'une manivelle fixée au noyau cylindrique. La vitesse que l'on donne généralement à la vis est de quarante tours par minute.

Lorsqu'on veut employer la vis d'Archimède à l'épuisement d'un bassin, on l'installe de manière que son extrémité inférieure plonge dans l'eau du bassin et que son axe fasse un angle de 30 à 45 degrés avec l'horizon, angle plus petit que l'inclinaison de l'hélice sur son axe. En faisant ensuite tourner la vis dans un sens contraire à celui de l'hélice, l'eau s'introduira dans chaque canal hélicoïdal par l'orifice inférieur et montera de spire en spire, puis viendra s'écouler par l'orifice supérieur dans le bassin qui doit la recevoir. Pour que la vis fonctionne le plus avantageusement possible, il faut que le niveau de l'eau s'élève un peu au-dessus du centre de la base du noyau, sans immerger complètement cette base.

Outre la simplicité de cette machine, elle offre encore l'avantage d'occuper peu d'espace et de pouvoir être déplacée avec facilité.

Avec la vis d'Archimède on peut élever l'eau à une hauteur de 3 mètres à 3^{m}30. Cette machine étant manœuvrée par huit ou dix hommes peut élever 45 mètres cubes d'eau par heure à la hauteur de 3^{m}30, ce qui équivaut à 148^{m}50 à la hauteur de 1 mètre. Il en résulte donc pour chaque homme un effet utile de 18,50 à 14,85 par heure. On peut donc admettre que chacun des ouvriers occupés à cette machine peut produire un effet utile de 15 mètres cubes d'eau élevés à 1 mètre par heure. Or un homme agissant sur une manivelle peut élever 8 kilogrammes par seconde ou 28 800 kilogrammes par heure à 1 mètre de hauteur. Donc le rapport de l'effet utile au travail dépensé est de $\dfrac{15\ 000}{28\ 000} = 0,52$.

Ainsi l'effet utile de la vis d'Archimède n'est guère que la moitié du travail moteur. Ce faible résultat est dû aux frottements de la vis sur ses supports, en raison de son propre poids et du poids de l'eau qu'elle élève.

L'emploi de la vis d'Archimède cesse d'être avantageux lorsqu'il s'agit de n'élever que de faibles quantités d'eau à une grande hauteur.

Nous ferons remarquer que, dans le mouvement de la vis, l'eau monte à chaque révolution d'une hauteur égale à la projection du pas de l'hélice sur la verticale.

Pour expliquer la manière dont la vis d'Archimède fonctionne, réduisons cette machine à sa plus grande simplicité. Concevons qu'un tube de verre ait été enroulé en hélice autour d'un axe AB et que l'orifice T peut plonger dans l'eau pendant une partie de chaque révolution (fig. 199).

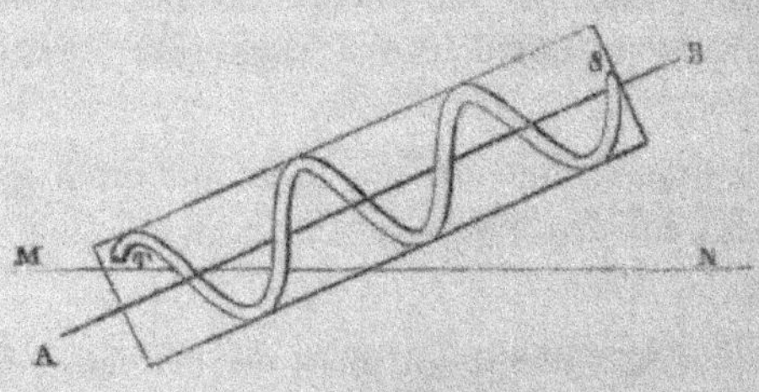

Fig. 199.

Quand on fera tourner la machine, l'extrémité inférieure T du tube de verre décrira une circonférence de cercle dont le plan perpendiculaire à l'axe du cylindre sera incliné à l'horizon. Si une portion de cette circonférence plonge dans l'eau, l'orifice T du tube de verre pénétrera dans ce liquide, puis en sortira, y pénétrera de nouveau et ainsi de suite. Au moment où cet orifice T sortira de l'eau, le tube contiendra une certaine quantité de liquide, qui se trouvera ainsi isolée et qui, pendant la rotation de la machine, viendra à chaque instant occuper la partie inférieure de la spire dans laquelle elle est engagée. Cette eau contenue dans le tube marchera donc progressivement le long du cylindre et finira par s'écouler à sa partie supérieure.

A chaque tour que l'on fera faire au cylindre, une nouvelle quantité de liquide s'engagera dans le tube, qui en contiendra ainsi dans chacune de ses spires. Ces masses d'eau qui sont élevées simultanément sont séparées les unes des autres par l'air qui s'est introduit dans le tube pendant que l'orifice T était hors de l'eau. La quantité d'air qui pénètre dans le tube n'est pas suffisante pour remplir complètement l'espace compris entre deux masses d'eau successives, en conservant la même force élastique; cet air est donc obligé de se dilater, et il en résulte que la pression atmosphérique qui s'exerce librement par l'ouverture supérieure S du tube de verre fait retomber une portion de chaque masse d'eau dans la spire qui est au-dessous d'elle, de sorte qu'il ne sort pas pendant chaque révolution de l'appareil autant d'eau par l'ouverture S qu'il en entre par l'orifice T. Pour éviter cet inconvénient, on pratique sur le tube de verre, de distance en distance, de très-petits trous par lesquels l'air extérieur entre dans le tuyau, sans cependant laisser sortir l'eau. Cet inconvénient n'existe pas dans la vis d'Archimède qu'on emploie dans les épuisements, puisque l'air atmosphérique y circule librement autour du noyau cylindrique dans toute la longueur du canal hélicoïdal.

Il est indispensable que l'orifice T du tube de verre ne plonge pas constamment dans le liquide pendant toute la durée de chaque révolution, sans quoi l'eau du tube ne serait pas séparée de l'eau du puisard et ne pourrait pas être élevée. En effet, le tube de verre et le réservoir inférieur dans lequel il plonge formeraient dans ce cas un système de vases communiquants, et par conséquent les surfaces libres dans le tube et dans le réservoir devraient toujours se trouver à un même niveau.

Il est facile de comprendre aussi que, pour que l'eau puisse s'élever dans le tube, il faut que l'inclinaison de l'élément de l'hélice sur l'axe soit plus grande que l'inclinaison de l'axe sur l'horizon.

En Hollande et en Allemagne, on emploie beaucoup une machine d'épuisement dite *vis hollandaise*, qui n'est qu'une modification de la vis d'Archimède. Imaginons que dans cette dernière machine on ait supprimé l'enveloppe cylindrique extérieure des hélices, il ne restera plus que les cloisons hélicoïdales et le noyau central auquel elles sont fixées. Concevons de plus qu'une pareille vis soit installée à l'intérieur d'un coursier demi-circulaire fixe dans lequel elle puisse tourner, on aura ainsi la vis hollandaise. On ne doit laisser entre les cloisons et le coursier dans lequel la vis tourne que le jeu nécessaire pour qu'il n'y ait pas de frottement. Dans la vis d'Archimède, tout le poids de l'eau que

contient la vis est supporté par son axe et tend à produire
la flexion du noyau; dans la vis hollandaise, au contraire,
les parois du coursier qui l'enveloppent en partie supportent une des composantes du poids de cette eau, composante qui est normale à l'axe du canal, tandis que la vis n'a
à supporter que l'autre composante qui est parallèle à son
axe; il en résulte que les frottements de l'axe sur ses supports sont moins grands dans la vis hollandaise que dans la
vis d'Archimède; mais il faut faire marcher la vis hollandaise avec une grande vitesse, si l'on veut éviter une perte
considérable d'eau entre les cloisons et le coursier. Le mouvement est souvent communiqué à cette machine par un
moulin à vent.

196. Le *tympan* consiste en un tambour creux mobile autour de son axe et dans
lequel sont des cloisons
contournées en spirales;
ces cloisons partent du
centre dans la direction
des rayons et s'étendent
jusqu'à la surface du
tambour suivant des
directions tangentielles
(fig. 200).

La roue à tympan
puise l'eau à sa circon-
férence et la déverse
près de son axe. L'une
des bases ou joues du

Fig. 200.

tambour et quelquefois les deux portent une large ouverture circulaire dont le centre se trouve sur l'axe de rotation.

On fait plonger le tympan d'une petite quantité dans l'eau
qu'il s'agit d'élever. Le niveau que prend l'eau dans l'intervalle des cloisons, quand la roue est en repos, est le même

que le niveau extérieur, puisque cet intervalle communique avec l'air atmosphérique par l'ouverture centrale pratiquée dans l'axe des bases du tambour.

Lorsque le tympan possède un mouvement de rotation dans le sens de la flèche, les extrémités des cloisons sortent successivement du bassin et emportent dans leur mouvement la masse d'eau qui s'introduit entre elles. Le liquide ainsi entraîné coule peu à peu sur la surface des cloisons, de manière à se placer constamment au point le plus bas ; il s'élève par conséquent, eu égard à la forme des cloisons, et il se rend au niveau de l'ouverture centrale par laquelle il sort du tambour.

Le mouvement de rotation peut être imprimé à la roue à tympan par des hommes au moyen d'une roue à cheville, par des animaux au moyen d'un manége, par une roue hydraulique ou enfin par une machine à vapeur.

Le tympan utilise les 0,65 et même les 0,70 du travail moteur ; il a par conséquent un rendement plus grand que la vis d'Archimède. On n'en fait usage que pour les épuisements qui restent longtemps dans des conditions constantes, car il ne peut élever l'eau avec avantage qu'à la hauteur pour laquelle son diamètre a été déterminé. Il est d'ailleurs d'une installation assez difficile. C'est au moyen d'un tympan qu'on élève, à Avignon, les eaux nécessaires aux irrigations des rizières de la Camargue.

La figure que nous avons donnée représente un tympan à quatre cloisons. On en fait aussi à deux cloisons. Un de ces tympans, de 3^m50 de rayon et d'une largeur de 1 mètre, montait par heure 2 400 mètres cubes d'eau à 2 mètres de hauteur. La roue plongeait à une profondeur de 1 mètre et faisait dix tours par minute. Les ouvertures latérales par lesquelles l'eau s'écoulait avaient chacune 1 mètre de diamètre.

197. La *roue à godets* est une roue hydraulique ordinaire au pourtour de laquelle sont fixés des augets. La roue tour-

nant dans un sens convenable, les augets s'emplissent d'eau au point le plus bas de leur course et se vident à la partie supérieure de la roue au moyen d'ouvertures pratiquées à la surface intérieure de la roue. L'eau est recueillie dans des caisses placées à l'intérieur de la roue sous les augets supérieurs, puis elle se rend dans des canaux en bois par lesquels elle s'écoule. On fait usage de cette roue pour élever les eaux nécessaires aux irrigations.

198. POMPES. — Les pompes sont aujourd'hui employées presque exclusivement dans les travaux d'épuisements ; aussi nous n'avons parlé des machines précédentes que pour mémoire.

Les pompes dont on fait généralement usage aujourd'hui sont les pompes aspirantes de M. Letestu, les pompes aspirantes de M Durieux et les pompes centrifuges de M. Coignard et de MM. Neut et Dumont.

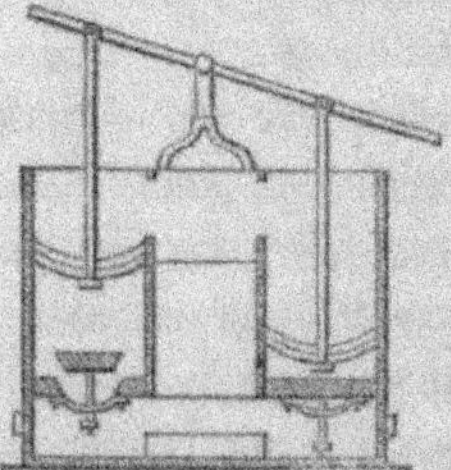

Fig. 201.

199. POMPES LETESTU. — Aux travaux d'Amboise, nous avons employé une pompe Letestu représentée en coupe par la figure 201. Cette machine se compose de deux corps de pompes accouplés de 0m40 de diamètre chacun, montés sur plateau en bois. Chaque corps de pompe n'est autre chose qu'un cylindre en cuivre laminé de 1 mètre de hauteur. Dans chaque cylindre se trouve un piston conique en tôle de fer, percé d'un grand nombre de trous. Ces cônes sont creux et renversés. Dans l'intérieur de chacun d'eux se trouve un second cône en cuir fort de 0m009 d'épaisseur, qui n'est fixé au premier que dans le bas, vers le sommet du cône ; dans toute sa partie supérieure, il s'en détache quand le piston descend pour laisser entrer l'eau par les trous pratiqués dans le cône en fer, et lorsque le piston remonte, le cuir s'appli-

que au contraire contre les trous et retient l'eau qui a traversé le piston.

Les deux corps de pompes sont reliés à leur partie inférieure par un cylindre horizontal appelé *entretoise*. Au milieu de ce cylindre horizontal (fig. 202) est pratiqué un orifice auquel est adapté un tuyau d'aspiration en cuir double qui amène l'eau dans les corps de pompes. Ce tuyau d'aspiration a 0^m16 de diamètre.

Les deux corps de pompes sont en outre réunis à leur partie supérieure

Fig. 202.

par un autre cylindre horizontal appelé *dégorgeoir*. Ce dégorgeoir porte une ouverture rectangulaire D, par laquelle l'eau s'échappe pour tomber dans un chenal en bois qui la conduit hors du chantier.

Une soupape conique est placée dans chaque corps de pompe au niveau de la partie supérieure de l'entretoise horizontale. Cette soupape consiste en un clapet tronc conique en métal, qui peut fermer exactement une ouverture dont les bords sont également coniques. Ce clapet est muni d'une tige fixée en son milieu, qui sert à le diriger dans son mouvement. A cet effet, la tige du clapet traverse une bride qui est disposée au-dessous, et elle se termine par une tête destinée à empêcher la soupape de trop s'éloigner de l'ouverture qu'elle doit fermer (fig. 202).

Les deux pistons sont fixés chacun à une tige et mis en mouvement par un balancier qui est mû lui-même soit par des hommes, soit par une machine locomobile.

Ainsi qu'on le voit, chaque corps de pompe est à simple effet; mais, comme les deux cylindres communiquent à un même tuyau d'aspiration et que l'un des pistons descend pendant que l'autre monte, il en résulte un mouvement continu dans l'aspiration et l'écoulement de l'eau, et la machine est par le fait à double effet.

Ce genre de pompe s'applique parfaitement à l'épuisement des eaux chargées de vase et même de graviers. La forme et la disposition des pistons permettent à ces matières de pénétrer sans obstacle au-dessus d'eux pendant leur course descendante et de retomber immédiatement au fond de ces cônes, puisqu'il n'y a aucun point d'appui vers le bord supérieur des garnitures en cuir. Ces matières ne peuvent donc produire dans les corps de pompes les frottements durs et les dégradations que les mêmes circonstances occasionnent ordinairement dans les autres genres de pompes.

La machine s'installe sur le bord de la fouille dans laquelle se trouvent les eaux à épuiser. Le tuyau d'aspiration fixé latéralement à la partie inférieure du corps de pompe se développe sur le talus de la fouille et se prolonge jusqu'à l'eau. Les tuyaux d'aspiration ont d'ailleurs une longueur variable selon le besoin et se raccordent par des tubulures en cuir fondu.

Au bas de chaque corps de pompe se trouve une ouverture circulaire de 0^m20 de diamètre que l'on peut fermer et ouvrir à volonté. Cette ouverture, appelée *regard*, permet de visiter les corps de pompes et d'en extraire les matières qui se seraient introduites au fond de chaque cylindre.

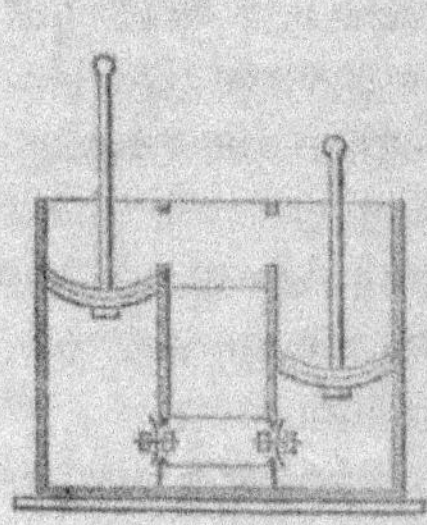

Fig. 203.

Il est des pompes Letestu dans lesquelles la soupape, au lieu d'être placée horizontalement, comme l'indique la figure 201, est posée dans le sens vertical et s'applique contre l'ouverture qui sert de communication entre l'entretoise horizontale et le corps de pompe (fig. 203). Dans ce cas, la soupape consiste en une plaque de tôle percée de trois trous et sur laquelle s'applique une rondelle de cuir fixée au centre au moyen d'un boulon. Quand le vide se fait, l'eau pénètre dans le corps de pompe en passant à travers les trous de la plaque de tôle et en faisant plisser la rondelle de cuir. Cette rondelle présente, à notre avis, l'inconvénient de se dessécher et de se contracter, ce qui occasionne une perte de temps lorsqu'il s'agit d'enrayer et de faire fonctionner une pompe qui est restée quelque temps sans servir. En outre, la plaque de tôle s'oxyde, les trous se bouchent, la pompe devient dure à manœuvrer et ne rend pas tout l'effet dont elle est susceptible. La disposition de la soupape indiquée par la figure 201 nous paraît préférable.

Produit de la pompe. — Désignons par c la course du piston, par r le rayon du cylindre dans lequel se meut le piston, par V le volume débité par coup de piston, par n le nombre de coups de piston par minute et par D le débit total par seconde des deux corps de pompes. On aura :

Volume débité par chaque coup de piston. . . . $V = \pi r^2 c$
Débit par minute et par corps de pompe. . . . . $n\pi r^2 c$
Débit par minute des 2 corps de pompes. . . . . $D = 2n\pi r^2 c$

Dans la machine que nous venons de décrire, la course de chaque piston est de 0^m24, le rayon de chaque cylindre est de 0^m20 et le nombre de coups de piston par minute est de 13 ; de sorte que l'on a :

Vol. déb. par chaque coup de piston. $V = 3,14 \times 0,20^2 \times 0,24 = 30^{\text{lit}}$
Déb. par min. des 2 corps de pompes. $D = 2 \times 13 \times 30 = 780^{\text{lit}}$

En désignant par h la hauteur d'ascension de l'eau, et par $\mho$ l'effet utile par minute des deux corps de pompes, il viendra :

Effet utile par minute des 2 corps de pompes. . $\mho = Dh = 780 \times h$

Si $h = 1$ mètre, on a $\mho = 780$ kilogrammètres pour l'effet utile par minute.

Or l'effet utile d'un manœuvre exercé agissant alternativement dans le sens vertical est de 5^{km}50 par seconde ou de 330 kilogrammètres par minute. Si donc on désigne par N le nombre d'hommes nécessaire à la manœuvre de la pompe, il viendra ;

$$N = \frac{\mho}{330} = \frac{Dh}{330} = \frac{2nh\pi r^2 c}{330}$$

et dans le cas qui nous occupe, le nombre d'hommes nécessaire à la manœuvre de la pompe est :

$$N = \frac{780}{330}\, h = \frac{78}{33}\, h = 2,36\, h.$$

Ainsi pour $h=1$ il faudrait plus de deux hommes ; on en mettra donc trois par chaque mètre de hauteur. Pour une ascension de 4 mètres, il faudrait donc douze hommes. Mais comme les ouvriers sont divisés en deux brigades égales, l'une à la manœuvre et l'autre au repos, se relayant toutes les demi-heures, le nombre total des hommes à employer à la pompe pendant une période de dix heures sera de vingt-quatre pour une ascension de 4 mètres de hauteur.

Lorsque les épuisements sont importants, on se sert d'une locomobile pour transmettre le mouvement aux pompes.

L'usage de la machine à vapeur locomobile comme moteur présente une grande économie sur l'emploi des hommes, et le débit d'un même appareil est d'autant plus grand que la vitesse imprimée par la locomobile est plus grande.

Par l'emploi de cette machine comme moteur, nous avons obtenu vingt-deux coups de piston par minute et pour chaque corps de pompe, et par suite un débit de 1300 litres avec la pompe à deux cylindres de 0^{m}40 de diamètre.

Outre la pompe à deux corps de 0^{m}40 de diamètre, on trouve encore chez M. Letestu, 118, rue du Temple, à Paris, des pompes à deux corps de 0^{m}25 et de 0^{m}14 de diamètre chacun.

Le débit par minute de la pompe à deux cylindres de 0^{m}25 de diamètre et à raison de treize coups de piston par corps est de 250 à 300 litres pour les deux cylindres. Le nombre d'hommes nécessaire pour la manœuvre de cette pompe est de trois par 2 mètres de profondeur. Avec la locomobile on peut donner vingt-deux coups de piston par minute et obtenir un débit de 460 litres pour les deux cylindres.

Le débit par minute de la pompe à deux cylindres de 0^{m}14 de diamètre et à raison de treize coups de piston par corps est de 100 litres pour les deux cylindres. Le nombre d'hommes nécessaire pour la manœuvre de cette pompe est d'un par 2 mètres de profondeur. Avec la locomobile, on peut

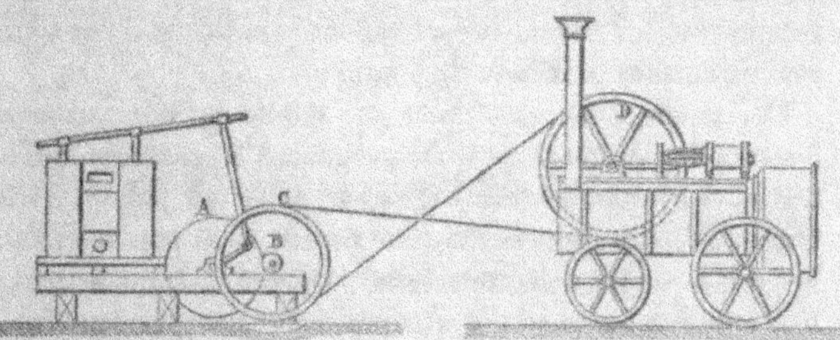

donner vingt-deux coups de piston par minute et obtenir un débit de 150 litres.

Les pompes Letestu servent à élever les eaux depuis 1^{m}50 de hauteur jusqu'à 9^{m}50 au maximum. Elles sont aujourd'hui d'un usage

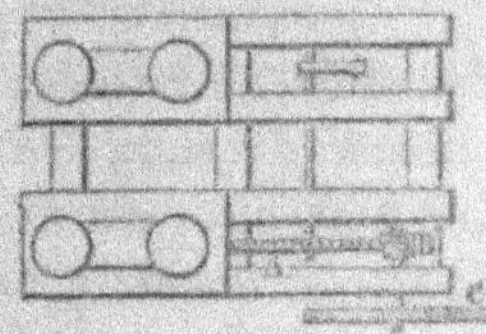

Fig. 204.

courant dans les travaux d'épuisements ; la simplicité des appareils, la facilité de leur transport, de leur installation et de leur entretien, et enfin l'avantage de produire par homme un plus grand débit leur ont fait donner la préférence sur les anciennes machines d'épuisement.

Dans les épuisements considérables, on peut installer deux pompes à deux corps et leur communiquer le mouvement au moyen d'une seule locomobile. C'est ce qui a été fait aux travaux du pont construit sur la Loire, à Andrezieux, pour la ligne du chemin de fer de Saint-Etienne à Clermont. Cette installation, que nous avons relevée, est représentée par la figure 204.

Les deux pompes à deux corps de même diamètre sont placées sur un bâti en bois de chêne qui porte également les organes de transmission de mouvement.

La transmission de mouvement se compose d'une roue dentée A, commandée par un pignon B ; d'une poulie-volant C, montée sur le même arbre en fer forgé ; d'une manivelle placée à l'autre extrémité de l'arbre portant la roue dentée A, dont l'un des rayons sert également de manivelle ; de deux bielles en fer, articulées à une extrémité de chaque balancier et à la manivelle correspondante ; enfin d'une courroie en cuir de 10 mètres de longueur.

Une poulie-volant dont l'axe est monté sur une machine locomobile communique le mouvement à la courroie, qui le transmet à la poulie-volant C et par suite au pignon B. Ce pignon fait alors tourner la roue dentée A et par suite l'arbre qui porte les deux manivelles, lesquelles transmettent à leur tour le mouvement à chaque balancier par l'intermédiaire des bielles.

Deux pompes à deux corps de 0^m40 de diamètre installées de cette manière peuvent donner, à raison de vingt-deux coups de piston par minute, un débit de 2 600 litres par minute. Avec des corps de pompes de 0^m25 de diamètre, on aurait un débit de 920 litres par minute et avec des corps de pompes de 0^m14 on aurait un débit de 300 litres.

On peut, au besoin, faire marcher la machine locomobile avec une vitesse plus grande et obtenir dans chaque corps de pompe jusqu'à trente coups de piston par minute. On peut donc avoir un débit plus ou moins grand, suivant la vitesse avec laquelle on fait marcher la locomobile.

Prix des pompes Letestu.

Une pompe à 2 corps de 0^{m}40 de diamètre, montée sur
plateau en bois, avec balancier et leviers. . . . . .   1 250 fr.
Les tuyaux d'aspiration de 6 mètres de longueur, avec
un coude en cuivre et une crépine en tôle.   500
La caisse et l'emballage.   25

    Prix de la pompe à 2 corps de 0^{m}40 de diamètre.   1 775 fr.

Une pompe à 2 corps de 0^{m}25 de diamètre, en tôle gal-
vanisée, et montée sur plateau en bois, avec balancier
et leviers. . . . .   852 fr.
Les tuyaux d'aspiration et accessoires.   225
La caisse et l'emballage.   23

    Prix de la pompe à 2 corps de 0^{m}25 de diamètre.   1 100 fr.

Une pompe à 2 corps de 0^{m}14 de diamètre, en tôle gal-
vanisée, et montée sur plateau en bois, avec balancier
et leviers . . . .   547 fr.
Les tuyaux d'aspiration et accessoires.   188
La caisse et l'emballage.   20

         755 fr.

La transmission de mouvement pour 2 pompes à 2 corps
de 0^{m}40 de diamètre et comprenant 4 paliers en
fonte avec coussinets en bronze, 1 roue et son pignon,
1 poulie volant, 2 arbres en fer forgé, manivelles,
bielles et une courroie en cuir. . . . .   1 250 fr.
Le bâti en bois de chêne portant les pompes et la transmission.   250
La caisse et l'emballage de la transmission.   30

Prix de la transmission pour 2 pompes à 2 corps de 0^{m}40
de diamètre. . . . .   1 530 fr.

La transmission de mouvement pour 2 pompes à 2 corps de 0^m25 de diamètre et comprenant les mêmes organes que ci-dessus. . . . . 1 050 fr.

Le bâti en chêne portant les pompes et la transmission. 160

La caisse et l'emballage de la transmission. 25

Prix de la transmission pour 2 pompes à 2 corps de 0^m25 de diamètre. . . . . 1 235 fr.

La transmission du mouvement pour 2 pompes à 2 corps de 0^m14 de diamètre . . . . 800 fr.

Le bâti en chêne. 90

La caisse et l'emballage de la transmission. 22

Prix de la transmission pour 2 pompes à 2 corps de 0^m14 de diamètre. . . . . 912 fr.

La transmission de mouvement pour 1 seule pompe à 2 corps de 0^m40 de diamètre, y compris le bâti en chêne et l'emballage. . . . . 2 810 fr.

La transmission de mouvement pour 1 seule pompe à 2 corps de 0^m25 de diamètre, y compris le bâti en chêne et l'emballage. . . . . 1 967 fr.

Cette même transmission, pour 1 seule pompe à 2 corps de 0^m14 de diamètre, y compris bâti et emballage. . 1 360 fr.

Une *locomobile* de la force de 4 chevaux, environ. . . 5 000 fr.

Une locomobile de la force de 6 chevaux, environ. . . 6 000

Une locomobile de la force de 8 chevaux, environ. . . 7 000

200 Pompes Durieux. — Les pompes de M. Durieux se composent, comme celles de M. Letestu, de deux corps accouplés et montés sur un plateau en bois (fig. 205).

Les corps de pompe ont 1 mètre de hauteur et 0^m30 de diamètre intérieur. Les pistons sont également coniques,

percés de trous et recouverts d'une garniture en cuir. Ces
cônes ont 0^{m}13 de hauteur. Quant aux soupapes, elles sont

placées à l'intérieur même
de l'entretoise et chacune
d'elles forme un angle de
45 degrés lorsqu'elle est
fermée (fig. 205.).

Chaque clapet ne pesant
que 500 grammes peut être
soulevé facilement par l'eau
qui passe de l'entretoise
dans l'un des corps de
pompe. Chaque soupape retombe ensuite d'elle-même
lorsque le piston correspondant opère sa course descendante.

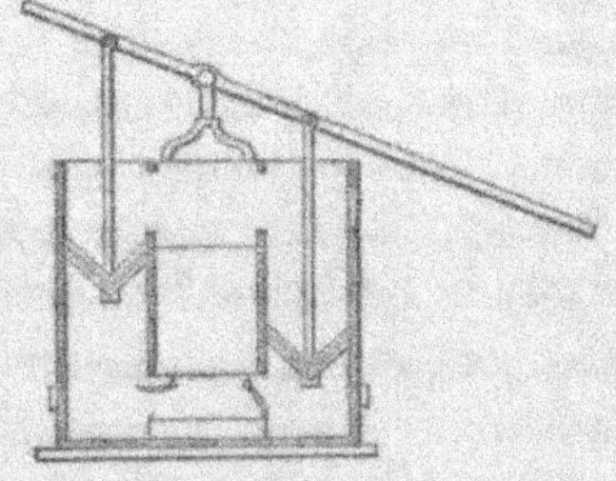

Fig. 205.

La disposition des soupapes permet ainsi aux pistons de
descendre jusqu'au bas des cylindres et de leur donner une
course de 0^{m}28 avec une machine locomobile. Cette course
peut même atteindre 0^{m}30 à 0^{m}35 lorsque la pompe est mue
à bras d'homme.

Si la pompe est mue à bras d'homme, on peut donner
dix-huit coups de piston par minute ; si elle est mue par une
locomobile, on peut donner vingt-deux à trente coups de
piston par minute.

Produit de la pompe. — Le volume d'eau débité par coup
de piston et par chaque cylindre est ;

$$V = \pi r^2 c = 3,14 \times \overline{0,15}^2 \times 0,28 = 20 \text{ litres.}$$

Le volume d'eau débité par coup de piston et pour les deux
corps de pompe est donc de 40 litres.

En manœuvrant la pompe à bras d'homme et en donnant
dix-huit coups par minute, le débit total des deux corps de
pompe sera donc de $40 \times 18 = 720$ litres par minute.

En faisant marcher la pompe à l'aide d'une locomobile et

en donnant vingt-cinq coups par minute, le débit total des deux corps de pompe sera de 40×25=1 000 litres.

Les pompes Durieux ne sont ni lourdes ni volumineuses : on peut les transporter et les installer facilement. Elles ont donné des résultats satisfaisants aux travaux d'épuisements exécutés dans les fouilles pour fondations des murs du quai de Bondy, à Lyon : chaque pompe à deux corps a débité par minute 800 litres d'eau élevés à 4 mètres de hauteur.

Ces pompes ont également fonctionné d'une manière très-satisfaisante et avec beaucoup de régularité dans les travaux d'épuisements des quatre piles du viaduc de la Seine à Auteuil, chemin de fer de ceinture (certificat en date du 22 juin 1864, délivré par M. l'ingénieur de Villers).

M. Boulé, ingénieur à Melun, a également fait usage des pompes Durieux aux travaux de fondations des barrages de la Cave et de la Citanguette-sur-Seine, et en a été satisfait (certificat du 3 mai 1864).

Le prix d'une pompe Durieux, à double corps, de 0^{m}30 de diamètre, avec 7 mètres de tuyaux en tôle de 0^{m}16 de diamètre et un coude à articulation, est de 1 000 francs.

On trouve aussi chez M. Durieux, quai de la Charité, n° 21, à Lyon, des pompes installées sur une locomobile et fonctionnant sans l'intermédiaire de courroies, tous les mouvements étant en fer.

M. Durieux possède également une autre machine faisant fonctionner huit pompes accouplées (seize corps de pompes). La machine et les pompes peuvent être fixées dans un bateau.

Enfin on trouve aussi chez M. Durieux des pompes à deux corps, de 0^{m}20 de diamètre, que l'on peut mettre en mouvement soit à bras, soit à l'aide d'une machine.

201. Pompes centrifuges. — La pompe centrifuge de Gwynne, dont MM. Neut et Dumont, de Lille, sont cessionnaires, se compose d'un corps de pompe ou cylindre creux,

dans lequel se meut une roue à aubes ou palettes, courbes ou planes, installées obliquement.

Cette roue à aubes est montée sur un arbre qui traverse le cylindre (fig. 206). Comme on le voit, l'organe essentiel de ces pompes n'est autre chose qu'une sorte de ventilateur à aubes courbes ou planes.

La roue à aubes développe la force centrifuge par son mouvement de rotation. On doit faire tourner cette roue dans un sens tel que chaque cloison courbe marche du côté vers lequel elle présente sa convexité.

Chacune des deux faces du cylindre est formée d'un disque qui présente en son milieu une large ouverture circulaire. Enfin une cloison plane, placée perpendiculairement à l'axe et au milieu de l'épaisseur de la roue, la divise en deux parties symétriques l'une de l'autre.

Un tuyau d'aspiration T, communiquant avec le réservoir des eaux à élever, se divise en deux branches, à partir de la plaque B, et vient s'emboucher de part et d'autre aux deux ouvertures circulaires des faces du cy-

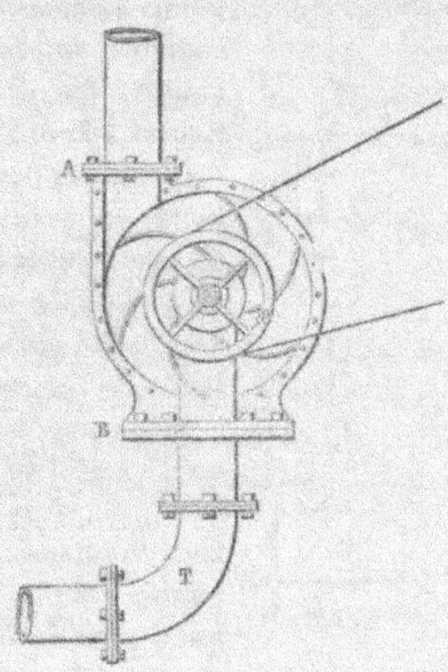

Fig. 206.

lindre. Un tuyau d'ascension A aboutit également au corps de pompe. La force centrifuge développée par le mouvement de rotation de la roue à aubes fait le vide dans le tuyau d'aspiration et attire l'eau dans le corps de pompe, où elle pénètre par le centre de la roue. La même force centrifuge projette le liquide à la circonférence du cylindre et le refoule dans le tuyau d'ascension. L'eau s'élève peu à peu dans ce

tuyau jusqu'à ce qu'elle s'échappe par l'orifice de sortie. Le
vide formé au centre du corps de pompe est rempli par le
liquide qui monte dans le tuyau d'aspiration en vertu de la
pression atmosphérique, et le même effet se reproduisant
constamment, il en résulte que la pompe donne un jet continu et remplit l'objet d'une pompe à double effet, tout en
étant à la fois aspirante et foulante.

Il est à remarquer que les pompes centrifuges n'ont ni
pistons ni clapets.

A l'extrémité de l'arbre qui porte la roue à aubes, et en
dehors du corps de pompe, est fixée une
poulie-volant, commandée soit par une
courroie, soit par une roue dentée. Cette
poulie-volant P est représentée dans les
figures 206 et 207.

Quand la pompe est installée, on l'a-
morce en versant de l'eau dans le corps
de pompe et les tuyaux d'aspiration jusqu'à ce qu'ils soient remplis. La machine
est ensuite mise en mouvement par la rotation de l'arbre.

Si la pompe est située au-dessus de l'eau
qu'il s'agit d'élever, il est nécessaire que
son tuyau d'aspiration soit muni à son extrémité inférieure d'un clapet de pied pour
retenir l'eau qu'on verse dans la pompe et
aussi pour qu'elle reste amorcée quand on

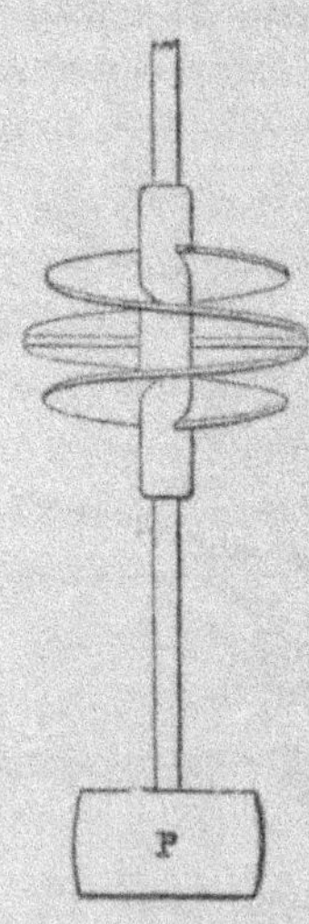

Fig. 207.

l'arrête. Cette pompe élève l'eau à des hauteurs qui corres-
pondent exactement à la vitesse circonférentielle du disque
de rotation.

202. M. Coignard, de Paris, a inventé un système de
pompe dans lequel la roue à aubes est remplacée par une
hélice à larges filets, représentée en plan par la figure 207.

Par suite d'un perfectionnement apporté par M. Coignard
dans la construction de sa nouvelle pompe, il est parvenu à

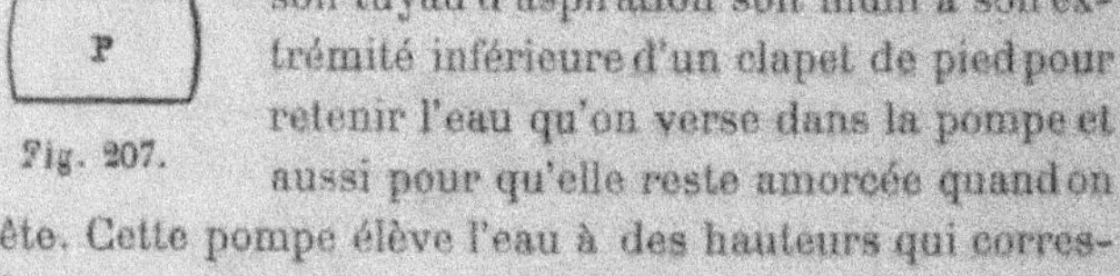

éviter le désamorçage occasionné par la rentrée et le cantonnement de l'air dans le corps de pompe ; aussi sa pompe ne désamorce jamais.

La pompe Coignard est appelée *pompe hélicoïde centrifuge*.

203. AVANTAGES DES POMPES CENTRIFUGES. — Les pompes centrifuges sont appelées à rendre de grands services à l'agriculture et à l'industrie. Les diverses applications qui ont été faites de ces pompes à l'exécution des grands travaux publics et à l'industrie privée, dans des circonstances variées, ont démontré qu'elles possèdent les avantages suivants :

L'usage de ces pompes est d'une simplicité et d'une facilité extrême ; leur montage peut se faire en quelques heures par un ouvrier quelconque.

Leur rendement répond à tous les besoins ; elles peuvent être construites pour élever plusieurs mètres cubes d'eau par seconde.

Leur mouvement est continu. Elles sont toujours aspirantes et élévatoires, et peuvent à volonté être placées verticalement jusqu'à 8 ou 9 mètres au-dessus du niveau de l'eau à élever, et le tuyau de refoulement peut être porté horizontalement à une distance considérable.

Elles refoulent et montent l'eau à toutes les hauteurs. Celles employées dans les travaux publics élèvent l'eau de 5 à 25 mètres.

Leur construction simple et solide rend toute détérioration impossible ; leur fonctionnement est d'une régularité et d'une permanence qu'aucun accident ne saurait altérer.

Dans les installations fixes, ces pompes occupent très-peu de place.

Appliquées aux épuisements ou à d'autres usages qui demandent des installations provisoires, elles sont, en raison de leur petit volume, faciles à déplacer, à transporter et à manier (une pompe Gwynne, débitant 1 200 hectolitres à l'heure, ne pèse que 150 kilogrammes).

On peut augmenter facilement leur débit en augmentant la vitesse.

On peut, suivant le degré de leur puissance, les faire fonctionner au moyen d'un manège par des moteurs hydrauliques, par des machines à vapeur fixes ou locomobiles, au moyen, en un mot, de tous les moteurs en usage, naturels ou mécaniques.

Elles peuvent être actionnées directement par des locomobiles, sans transmissions intermédiaires.

Elles aspirent sans inconvénient les corps tenus en suspension ou en dissolution dans l'eau, tels que chaux, vase, sable ou gravier. Ces corps les traversent sans laisser trace de leur passage et sans altérer le mécanisme de la pompe.

MM. Neut et Dumont sont arrivés à obtenir 50 à 55 pour 100 d'effet utile.

L'effet utile des pompes hélicoïdes centrifuges de M. Coignard est, en moyenne, de 70 pour 100 de la force employée à les faire mouvoir ; cet effet utile peut varier de 55 à 85 pour 100, suivant que la puissance du moteur est mieux appropriée à la puissance de la pompe et mieux en rapport avec le débit qu'on exige d'elle.

Cet effet utile ne s'altère aucunement par l'usage des pompes.

Nous ajouterons que les pompes rotatives sont surtout avantageuses lorsque la hauteur d'eau à épuiser dépasse 10 mètres, puisqu'on peut les installer en contre-bas du bord de la fouille et qu'au moyen du tuyau d'ascension on peut refouler l'eau à la hauteur que l'on veut. Tant que cette hauteur du tuyau d'ascension n'est pas très-grande (25 mètres au plus pour les pompes des travaux publics), les machines donnent de bons résultats.

Le tableau suivant indique le diamètre des pompes et les débits correspondants.

Numéro de la pompe.	Diamètre des pompes.	Diamètre des tuyaux.	Débit en hectolitres par minute	Débit en mètres cubes par heure.	OBSERVATIONS.
1° Pompes centrifuges à roue à aubes de Gwynne.					
1	0,16	0,075	2 à 4	12 à 24	S'adresser pour les prix à MM. Neut et Dumont, à Lille, et à Paris, boulevard du Prince-Eugène, n° 114.
2	0,20	0,10	6 à 10	36 à 60	
3	0,25	0,125	10 à 20	60 à 120	
4	0,30	0,15	20 à 30	120 à 180	
5	0,35	0,20	30 à 40	180 à 240	
6	0,455	0,27	50 à 65	300 à 390	
7	0,56	0,35	120 à 150	720 à 900	
8	0,72	0,43	200 à 250	1200 à 1500	
2° Pompes hélicoïdes centrifuges.					
2	0,18	0,06	3 à 5	20 à 30	S'adresser pour les prix et renseignements à M. Coignard et Cⁱᵉ, rue Vaugirard, 76, à Paris.
3	0,24	0,08	6 à 10	35 à 65	
4	0,33	0,11	10 à 18	65 à 108	
5	0,43	0,15	18 à 30	108 à 180	
6	0,54	0,18	30 à 40	180 à 250	
7	0,60	0,20	40 à 50	250 à 290	
8	0,70	0,245	50 à 60	290 à 360	
9	0,75	0,28	60 à 80	360 à 470	
10	0,80	0,32	80 à 100	470 à 576	
11	0,85	0,35	100 à 130	576 à 780	
12	0,90	0,40	130 à 170	780 à 1000	
13	0,95	0,45	170 à 220	1000 à 1290	
14	1,00	"	220 à 270	1290 à 1620	

Les accessoires des pompes comprennent d'ailleurs un clapet de pied avec crépine à armature et un bassin en tôle formant réservoir d'amorçage. La machine Coignard comprend en outre un extracteur d'air monté sur la pompe. Les tuyaux ne sont point compris dans les accessoires des pompes.

Pour une pompe débitant 100 à 200 mètres cubes à l'heure, il faut une locomobile de la force de 4 chevaux et coûtant environ 5 000 francs ; pour un débit de 400 mètres cubes à l'heure, il faut une locomobile de 6 chevaux, coûtant environ 6 000 francs ; et pour un débit de 600 mètres cubes d'eau à l'heure, il faut une locomobile de 8 chevaux, coûtant environ 7 000 francs.

203 *bis*. Pompe turbine a force centrifuge de M. Harant. — M. Harant, conducteur des ponts-et-chaussées en congé, aujourd'hui inspecteur à la compagnie du chemin de fer du Nord, à Namur, a obtenu, à l'Exposition Universelle de 1878, la plus haute récompense donnée aux pompes : Une médaille d'argent.

La pompe Harant est représentée par la fig. 208.

Elle se compose :

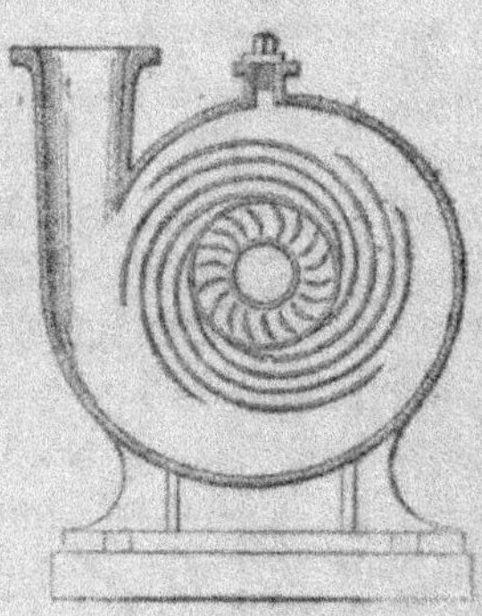

Fig. 208.

1° D'une couronne annulaire fixe, qui fait suite au tuyau d'aspiration et qui verse l'eau latéralement par des couloirs, dans une direction déterminée. Cette couronne, divisée par des directrices, est figurée au centre de la figure ;

2° D'une roue mobile, tournant sans frottement autour de la couronne fixe, et recevant l'eau sur des aubes destinées à lui communiquer la force centrifuge voulue ;

3° De deux disques creux emboîtant les parties précédentes. Le disque antérieur porte au centre : d'un côté, la couronne annulaire ; de l'autre une tubulure destinée à recevoir le tuyau d'aspiration ; il se termine à la circonférence en forme de tuyau cylindro-conique pour recevoir l'eau évacuée par les aubes.

Le disque postérieur sert de couvercle, il est traversé par l'arbre de commande de la roue, dont l'extrémité prend un point d'appui sur le fond de la couronne annulaire fixe.

Le mérite de ces dispositions consiste en ce que l'eau atteint les aubes sans choc et les quitte sans vitesse, ce qui fait que la roue, sur laquelle l'eau agit, donne son maximum d'effet.

Les principaux avantages de cette pompe sont :

1° Suppression des remous et des chocs ; par suite, augmentation de rendement.

2° Grande puissance pour un petit volume de l'appareil ;

3° Montage facile n'exigeant pas de fondations dans la plupart des cas.

Le tableau qui suit donne avec les prix des pompes turbines Harant, leurs débits et leurs forces ascensionnelles, correspondant aux vitesses de rotation indiquées colonne 3.

NUMÉROS des POMPES	Diamètre à l'introduction de l'eau	Nombre de Tours par minute	DÉBIT correspondant en hectolitres par minute	Force ascensionnelle	PRIX
1	2	3	4	5	6
1	0,04	1800	2 à 3 hect.	6 m	350 fr.
2	0,05	1700	4 — 6	8	400
3	0,06	1600	6 — 9	10	450
4	0,07	1500	10 — 14	12	625
5	0,08	1400	16 — 20	14	800
6	0,09	1300	22 — 26	15	950
7	0,10	1200	30 — 34	16	1100
8	0,12	1100	45 — 50	17	1300
9	0,14	1000	70 — 80	18	1600
10	0,16	900	90 — 100	20	1900
11	0,18	800	106 — 120	22	2250
12	0,20	700	130 — 150	24	2700

Le débit d'une pompe centrifuge est proportionnel à sa vitesse de rotation, c'est-à-dire au nombre de tours que fait la roue dans l'unité de temps ; et la force ascensionnelle est proportionnelle au carré de ce même nombre de tours ; d'où il résulte que le tableau précédent permet de calculer le débit et la force ascensionnelle d'une pompe d'un numéro donné, pour une vitesse de rotation quelconque.

Ainsi, par exemple, si l'on réduit à moitié la vitesse de rotation indiquée pour la pompe n° 12, son débit sera réduit à moitié et sa force ascensionnelle au quart.

La pompe turbine Harant peut être appliquée avec avantage dans les grands travaux publics, irrigations, dessèchements etc.; elle constitue un organe d'épuisement à rendement supérieur.

S'adresser, pour tous renseignements, à M. Victor Lefèvre, conducteur des ponts-et-chaussées, rue Montpensier, 10, à Paris, lequel a donné une description détaillée de cette pompe dans les annales des conducteurs des ponts-et-chaussées, en mai 1879.

203 *ter*. POMPE ROTATIVE DE GREINDL. — Cette pompe, à piston rotatif à action continue, réunit les avantages de la pompe centrifuge à ceux de la pompe ordinaire à piston, et les liquides aspirés, au maximum pratique de profondeur, peuvent être refoulés d'une façon continue à des hauteurs quelconque, cent mètres et davantage au besoin; tandis qu'une pompe centrifuge ne dépasse guère 15 à 20 mètres en pratique.

La pompe se compose d'une caisse dans laquelle se meuvent deux rouleaux cylindriques tangents.

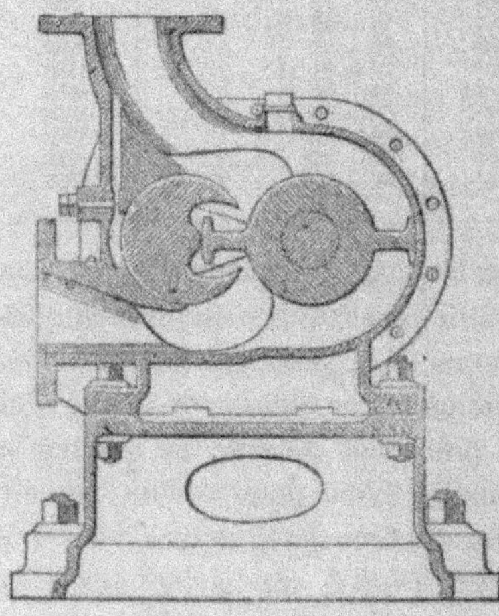

Fig. 209.

Le rouleau de droite (fig. 209) porte deux ailettes qui font office de piston, et qui dans leur mouvement de rotation entrent alternativement dans une échancrure de forme épicycloïdale, ménagée sur toute la longueur du rouleau de gauche. Deux engrenages reliant les axes donnent au rouleau de gauche une vitesse double de la vitesse du rouleau de droite, ce qui assure le fonctionnement successif des deux palettes dans l'échancrure unique.

La force employée peut être utilisée presque complètement, et les causes ordinaires de perte d'effet utile sont complètement supprimées, ce qui permet d'obtenir un rendement bien supérieur à celui de la plupart des autres systèmes connus. L'expérience a prouvé que cette pompe peut donner 80 p. 0/0 d'effet utile.

Le système n'exige ni ressorts, sujets à se déranger fréquemment, ni cuirs, ni caoutchoucs, ni garniture d'aucune espèce.

Les palettes rencontrent le liquide sans aucun choc sensible.

L'installation est d'ailleurs des plus simples et n'exige que très-peu de frais.

La vitesse normale étant très-restreinte, l'appareil n'est nullement sujet à se déranger. Une pompe de 2500 litres par minute marche 140 tours seulement, et peut marcher à une vitesse moindre.

Sans rien changer proportionnellement au rendement, pour une pompe d'un débit quelconque, les quantités d'eau peuvent varier à volonté dans certaines limites en changeant la vitesse. *C'est un avantage que ne peuvent donner les pompes centrifuges.*

Les pompes Greindl réunissent donc deux qualités essentielles : rendement supérieur et élévation à toute hauteur.

Les frais d'entretien sont pour ainsi dire nuls, la vitesse de rotation n'étant pas très-grande, ni par suite l'usure rapide. De plus, grâce à la simplicité du système, le prix d'achat est très-réduit.

Le tableau ci-après donne le tarif des pompes Greindl.

NUMÉROS	DIAMÈTRE des TUYAUX	NOMBRE DE TOURS par minute.	DÉBIT		PRIX au-dessous de 25 mètres d'élévation.
			En litres par minute.	En hectolitres par heure.	
0	0,050	180	50	30	465
1	0,070	160	150	90	600
2	0,085	160	300	180	770
3	0,105	150	550	330	1050
4	0,140	150	1000	600	1700
5	0,170	145	1500	900	2100
6	0,220	140	2500	1500	2600
7	0,240	110	3300	1980	3100
8	0,280	100	4500	2700	4700

Sur la demande de M. Poillon, ingénieur civil, M. Guillain, ingénieur des ponts-et-chaussées, chargé des travaux du port de Dunkerque, a fait fonctionner en 1875, sur les chantiers de construction, une pompe du système Greindl comparativement avec une pompe centrifuge dans le but de constater quelles sont les dépenses de houille, eau et huile que comportent respectivement ces deux systèmes de pompes, dans les mêmes conditions de travail effectif mesuré en eau montée. La dépense de la pompe Greindl s'est élevée aux 4/7 de celle de la pompe centrifuge.

M. Guillain résume comme suit son opinion sur la comparaison à établir entre les deux pompes :

« La pompe Greindl bien construite et bien montée, pré-
« sente de sérieux avantages sur la pompe centrifuge pour
« l'élévation des liquides qui ne contiennent qu'une petite
« quantité de matériaux solides en suspension, elle a un
« meilleur rendement en toutes circonstances, mais surtout
« quand le débit ne doit pas être constant, et que le seul
« moyen dont on puisse disposer pour le diminuer, consiste
« à diminuer la vitesse du moteur. »

— La pompe Greindl doit être bien construite et le joint latéral de la pompe doit être fait exactement à l'épaisseur voulue, par un ouvrier exercé.

S'adresser, pour tous renseignements, à M. Poillon, ingénieur constructeur, 78, boulevard Saint-Germain, à Paris.

ARTICLE XI.

Nouveaux procédés de fondations.

204. Les nouveaux procédés de fondations dans les ouvrages d'art consistent dans les fondations avec pieux à vis et dans les fondations tubulaires.

§ I. — FONDATION AVEC PIEUX A VIS.

205. Les pieux à vis ou à hélice sont des tiges cylindriques en bois ou en métal terminées à leur extrémité inférieure par une vis cylindrique ou conique, généralement en fonte et quelquefois en fer forgé.

Les tiges sont pleines ou creuses ; les tiges pleines peuvent être en bois, en fer forgé ou en fonte. Les tiges creuses sont en tôle ou en fonte. Il est aussi des tiges où le fer est uni à la fonte.

Les vis cylindriques servent dans les terrains mous ou peu consistants et les vis coniques dans les sols résistants.

Pour les terrains facilement pénétrables, la vis a un diamètre égal à celui du pieu et se termine par une pointe en forme de tarière. Cette vis est couronnée par un disque hélicoïdal d'environ 1^{m}20 de diamètre et qui fait tout au plus un tour et demi autour du pieu.

Dans les terrains résistants, la vis est conique et comprend trois spires autour du pieu.

Pour obtenir l'enfoncement des pieux à vis, il suffit d'appuyer la pointe d'un pieu sur le terrain et de faire tourner la tige au moyen de leviers et d'une tête de cabestan dont elle est coiffée. La vis pénètre dans le sol jusqu'à ce que l'on trouve des couches d'une résistance absolue.

Ce système de fondation est simple, économique, expéditif et applicable dans toute espèce de terrains, sables, vases, argiles, marnes, calcaires, sauf la roche dure et compacte. Les vis pénètrent entre les pierres et les cailloux de grosseur moyenne en les déplaçant. Leur emploi souffre peu d'exceptions dans les ports, les vallées et les lits de rivière, où le terrain est ordinairement formé d'alluvions et ne contient que des roches de transport en masses isolées.

Les pieux à vis ont été employés avantageusement à la fondation de plusieurs ponts et viaducs sur la ligne du chemin de fer de l'Ouest. En Angleterre surtout, on s'en est servi avec succès dans les fondations d'un grand nombre de ponts, et dans tous les cas, ce système a donné des résultats satisfaisants.

Les pieux à vis et à tige en métal sont enfoncés dans l'emplacement d'une fondation jusqu'à ce que leur tête soit descendue au niveau de l'étiage; puis on applique sur ces pieux une plate-forme en fonte sur laquelle on élève la maçonnerie.

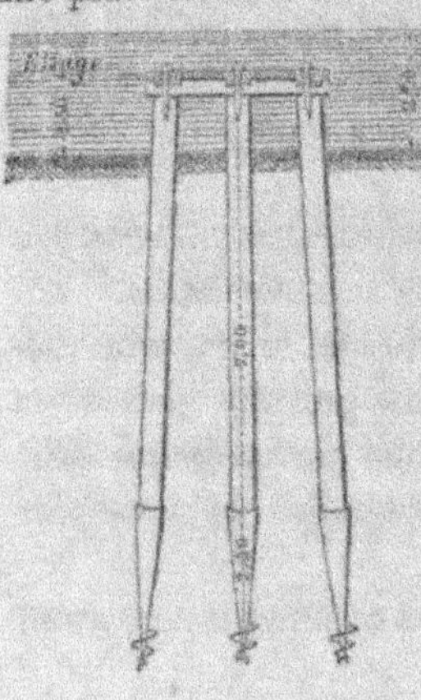

Fig. 210.

Si les tiges des pieux à vis sont en bois, on les recèpe à un même niveau au-dessus de l'étiage, 0^{m}30 environ, puis on relie les files transversales par des longrines posées sur la tête des pieux. Sur les traversines, on fixe des longrines qui relient à leur tour les files longitudinales de pieux. Enfin on pose sur les traversines et entre les longrines une plate-forme en bois sur laquelle on élève la première assise de maçonnerie (fig. 210).

Des enrochements sont ensuite exécutés dans les intervalles des pieux et autour de la fondation, depuis le fond du lit jusqu'à la hauteur de la plate-forme.

Que les pieux soient enfoncés par le mouvement de rotation ou par le battage, il est évident que la manière de s'établir ensuite sur pilotis reste la même, c'est-à-dire qu'on peut fonder soit sur grillage, soit par caisson.

Des pieux de 9 mètres de longueur et de 0^m30 d'équarrissage ont pénétré dans un banc de craie, après avoir traversé une couche de sable de 5 mètres d'épaisseur.

L'emploi des pieux à vis a lieu non-seulement pour les fondations, mais leur usage est encore précieux pour les amarres.

Pour déterminer dans chaque cas particulier le diamètre à donner au disque supérieur de la vis et sa profondeur de fiche, on devra reconnaître par des sondages la résistance du terrain et tenir compte de la puissance nécessaire pour faire pénétrer la vis dans le sol. Les dimensions et les dispositions de détail de la vis varient à l'infini, selon les circonstances de son emploi.

Fig. 211.

La figure 211 représente une vis en fonte à tige pleine, en fer forgé, pour jetées, ponts, etc. Son poids est de 60 kilogrammes.

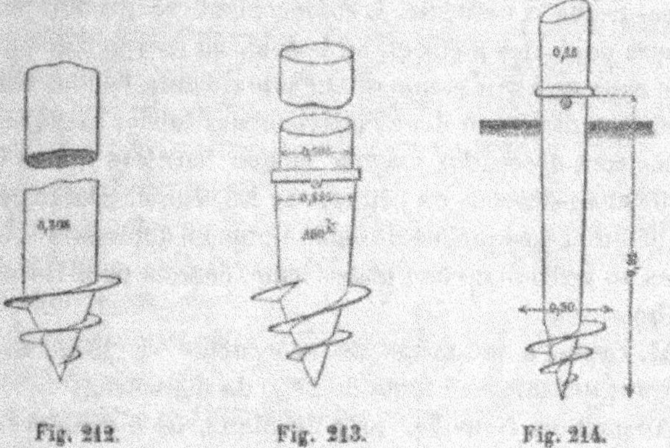

Fig. 212.   Fig. 213.   Fig. 214.

La figure 212 représente une vis à tige creuse, en fonte.

La figure 213 est un pieu à tige pleine en bois, et à vis creuse en fonte. Son poids est de 180 kilogrammes.

La figure 214 représente une vis pour poteaux de télégraphes électriques. Son poids est de 25 kilogrammes.

On trouve dans les *Annales de la construction* publiées par M. Oppermann, année 1855, d'excellents renseignements sur l'emploi des pieux à vis et des amarres hélicoïdales.

§ II. — FONDATIONS TUBULAIRES.

206. Les fondations tubulaires consistent à enfoncer dans le sol des tubes en métal soit à l'aide d'une action mécanique directe, soit à l'aide du vide ou de la pression atmosphérique, soit enfin à l'aide de l'air comprimé.

Ces tubes peuvent être de forme cylindrique ou carrée ; ces derniers prennent plus spécialement le nom de caissons.

207. FONDATION A L'AIDE D'UN PROCÉDÉ MÉCANIQUE. — Ce procédé consiste à faire pénétrer à travers la vase une série de tubes annulaires en fonte ou en tôle, en les faisant descendre successivement les uns au-dessus des autres. Les segments qui composent les tubes sont boulonnés au fur et à mesure de la descente. L'enfoncement se produit par le propre poids des pieux et, au besoin, au moyen d'une pression exercée à leur sommet. On aide encore à l'enfoncement, en draguant la vase dans l'intérieur des tubes. Lorsque les tubes sont descendus jusqu'à ce que leur tête soit à 0^{m}20 ou 0^{m}30 au-dessous de l'étiage, on les remplit généralement de béton et quelquefois de sable ; puis on applique sur leurs têtes un grillage ou une plate-forme, comme pour les pilots en bois.

M. Brunel a fait usage de ce système en 1852, en employant des tubes en fonte de 2^{m}50 de diamètre.

Au pont de Neuville, près du Mans, on a employé des

tubes en tôle de 1ᵐ80, composés de six segments boulonnés, et on les a enfoncés au moyen de procédés mécaniques.

Le procédé de fondation à l'aide d'une action mécanique est très-simple et ne présente rien de particulier dans l'application.

Au lieu de colonnes tubulaires en métal, on en a employé quelquefois en maçonnerie, et dans ce cas, les colonnes ne sont autre chose que des puits isolés. Dans ce cas, on commence par placer sur l'emplacement de la fondation un anneau en charpente d'un diamètre égal à celui du puits maçonné ; le pourtour de cet anneau est garni d'un cercle vertical en fonte dont la partie inférieure qui dépasse l'anneau en bois, est taillée tout autour en lame de couteau, afin de faciliter sa pénétration dans le terrain. On construit ensuite sur cet anneau de charpente une maçonnerie de 1ᵐ50 environ de hauteur que l'on recouvre par un deuxième anneau relié au précédent avec des tiges en fer garnies de boulons. Cela fait, on creuse le sol au-dessous de la base du puits, ce qui le force à descendre peu à peu. Quand il est enfoncé de 1ᵐ50, on enlève la frette supérieure et l'on construit une nouvelle zone de maçonnerie de 1ᵐ50 de hauteur recouverte également par une frette en fonte rattachée à son tour avec la frette inférieure ; on creuse de nouveau dans l'intérieur du puits et on le fait ainsi descendre d'une nouvelle hauteur de 1ᵐ50. L'opération se continue ainsi jusqu'à ce que le puits soit arrivé à la profondeur voulue.

On vérifie ensuite si la base de la colonne maçonnée repose bien par toutes ses parties sur le rocher, car autrement, il faudrait effectuer en sous-œuvre des travaux de raccords plus ou moins faciles.

Cette vérification faite, on remplit l'intérieur du puits avec du béton ou de la maçonnerie et on obtient ainsi un solide pilier de fondation.

On peut donner aux puits jusqu'à 4 et même 5 mètres de diamètre.

Ce système de fondation ne réussit bien que dans les

terrains sablonneux ou composés de vase molle, et encore faut-il ne pas être gêné par l'eau.

Au lieu de puits cylindriques, on peut établir des puits à section carrée. C'est ainsi qu'au port de Saint-Nazaire on a exécuté des puits de 6^{m}00 de côté et espacés entre eux de 7^{m}50 d'axe en axe ; ces puits étaient reliés entre eux, à leur sommet, par des voûtes en maçonnerie.

Le tunnel de Londres, sous la Tamise, a été établi par Brunel, au moyen de puits foncés, de 15 mètres de diamètre, et qui ont jusqu'à 25 mètres de profondeur.

Pour construire dans un terrain peu consistant des puits très-rapprochés les uns des autres, il faut éviter de foncer deux puits successifs l'un après l'autre, car la force de déversement qui agirait sur le premier puits par l'effet de l'enfoncement du second, pourrait amener des accidents graves. Dans ce cas, il convient, après la construction du premier puits, de commencer l'enfoncement du troisième et de construire ensuite le deuxième.

Les travaux de fondations des *ouvrages maritimes* s'exécutent assez souvent au moyen de puits isolés. Une application heureuse de cette méthode a été faite à Saint-Nazaire, à Rochefort, et notamment au port militaire de Lorient, pour la fondation de piles de ponts et de murs de quais. A travers une couche de vase de 12 à 15 mètres d'épaisseur, on a descendu jusqu'au rocher de grands puits de forme rectangulaire, de 3 mètres sur 6 mètres, dont les parois maçonnées ont 1^{m}00 à 1^{m}20 d'épaisseur et reposent sur une plate-forme en charpente, à section triangulaire pour former tranchant. La plate-forme étant échouée sur la vase, on maçonne constamment sur le haut du puits au fur et à mesure de sa descente, que l'on provoque en déblayant la vase à l'intérieur ; les épuisements à faire sont très-peu de chose et on régularise l'enfoncement en adoptant une marche rationnelle, basée sur l'observation des effets de déversements qui se produisent, et sur la recherche de leur cause. Quand on est arrivé près du rocher, on achève la maçonnerie en sous-œuvre en enlevant le cadre en charpentes et en remplissant l'intérieur du puits en béton. Cette méthode est simple et économique, puisque le mètre cube des puits ainsi descendus à 15 et 18 mètres au-dessous des hautes mers ne ressort qu'à 45 francs.

208. Fondation a l'aide du vide. — L'idée d'agir, non plus sur le pilot creux, mais sur le sol, au moyen du vide atmosphérique, est due à M. le docteur Potts, d'Angleterre.

Dans ce système de fondation, on emploie des pieux creux en fonte ou en tôle formés par une réunion de tubes superposés. Chaque pieu est ouvert par le bas et fermé hermétiquement à son extrémité supérieure, qui est en communication avec une machine pneumatique par l'intermédiaire d'un tuyau. Ce pieu est en partie engagé dans le sol baigné par l'eau, sol qui peut être de la vase, du sable ou de l'argile. En faisant le vide à l'aide de la machine pneumatique, l'eau et le sol extérieur tendront à s'introduire dans le tube en vertu de la pression atmosphérique. Le courant d'eau qui se fera à la partie inférieure sapera le terrain sous le pieu, et ce pilot à base tranchante s'enfoncera par son propre poids augmenté de la pression atmosphérique sur son extrémité supérieure. On peut faciliter l'enfoncement à l'aide de surcharges additionnelles sur la tête du pieu. Lorsque le tube est plein, on l'ouvre et on extrait, par un moyen quelconque, l'eau et les matières qu'il contient, puis on le referme pour recommencer l'opération jusqu'à ce que l'on soit descendu à la profondeur voulue.

On peut aussi, pour vider le tube de temps en temps, éviter l'enlèvement du couvercle ou de la calotte pendant l'enfoncement du pieu. Pour cela, il suffit d'introduire dans le pieu un cylindre muni de clapets s'ouvrant de bas en haut, dans lequel on fait le vide, en agissant sur les matières contenues dans le pieu, comme le pieu agissait sur le terrain environnant. Quand le cylindre est plein, on l'enlève au moyen d'une chaîne. On peut ainsi vider le pieu sans avoir besoin de pelles ni de dragues.

L'enfoncement de tubes par le vide n'est point applicable dans les terrains d'argile ou de gravier compacte.

M. Robert Stephenson a fait une application intéressante de ce système de fondation à la construction d'un viaduc dans l'île d'Anglesey, sur le chemin de Chester à Holyhead. La pile centrale de ce viaduc fut établie sur une plate-forme en fonte supportée par dix-neuf pilots ou tubes en fonte de 0^m355 de diamètre extérieur. L'épaisseur de la fonte était de 0^m037. Les tubes, de 4^m88 de longueur totale, avaient 3^m66 de fiche dans le sable et 1^m22 au-dessus du sol, de sorte que leurs têtes se trouvaient au niveau de l'étiage.

Lorsqu'un pieu était arrivé à sa profondeur, on le vidait d'environ 1^m80 et on le remplissait de béton.

Sur les dix-neuf pilotis, on posa une plate-forme en fonte, puis on éleva la maçonnerie. Chaque pilot supporte près de 27 kilogrammes par centimètre carré.

Ces fondations, exécutées en 1847, n'ont pas bougé depuis.

Au pont de Great-Pee-Dee, dans les États-Unis d'Amérique, on a employé des tubes cylindriques en fonte de 1^m828 de diamètre extérieur et 1^m727 de diamètre intérieur. Ce sont des anneaux circulaires de 0^m05 d'épaisseur, formés de sections superposées de 2^m75 de hauteur l'une et boulonnées ensemble par leurs rebords. Les tubes ont été enfoncés dans le sable à une profondeur moyenne de 4 mètres. Des expériences ont démontré que ces tubes pouvaient résister à tous les efforts sans l'aide d'un remplissage. Néanmoins, par excès de précaution, on les a remplis avec du sable, qui, par l'effet de sa pression latérale, contribue presque autant à la stabilité du pont que si les piles étaient fondées sur du sable au lieu de reposer sur les colonnes tubulaires qui contiennent ce sable.

Dans le procédé de fondation par le vide, les appareils

sont en dehors de l'enceinte, et leur installation est moins coûteuse que dans le système ordinaire, attendu qu'il n'y a ni échafauds dans l'eau ni sonnettes à établir. Les tubes, comme les pieux à vis, s'enfoncent dans les sables où des pilots en bois, battus à coups de mouton, auraient beaucoup de difficulté à pénétrer.

Les procédés de fondation à l'aide du vide paraissent abandonnés aujourd'hui et ont fait place à un système plus perfectionné ; c'est-à-dire qu'au lieu de faire le vide dans les tubes, on y comprime de l'air de manière à empêcher l'introduction de l'eau et à permettre aux ouvriers de travailler à l'intérieur.

209. FONDATION A L'AIDE DE L'AIR COMPRIMÉ. — C'est à M. Triger, ingénieur français, que l'on doit la première application du système tubulaire. Cet ingénieur, chargé de l'exploitation des houillères de Chalonnes (Maine-et-Loire) se servit, vers 1845, de l'air comprimé pour ouvrir un puits de mine dans un terrain où pénétraient les eaux de la Loire. Dès que le puits fut arrivé au niveau de l'eau, il y fit descendre un tube en fonte formé d'anneaux cylindriques boulonnés entre eux, après avoir établi sur sa partie supérieure un appareil auquel on a donné le nom d'*écluse à air*. Il y comprima de l'air au moyen d'une machine soufflante et refoula l'eau à la partie inférieure du tube par-dessous ses bords, de sorte que les ouvriers purent travailler au forage sans être incommodés par les eaux. Au fur et à mesure que le tube s'enfonçait on y ajoutait de nouveaux anneaux par sa partie supérieure.

En 1852, en commençant les travaux d'une pile du pont de Rochester, on rencontra les fondations en bois et maçonnerie d'un ancien pont ; cette circonstance obligea les ingénieurs anglais à modifier le procédé Potts. M. Hugues, qui dirigeait les travaux sous les ordres de M. Cubitt, se rappelant les résultats obtenus par l'emploi de l'air comprimé dans les mines de Chalonnes, eut l'idée de donner au pilot le ca-

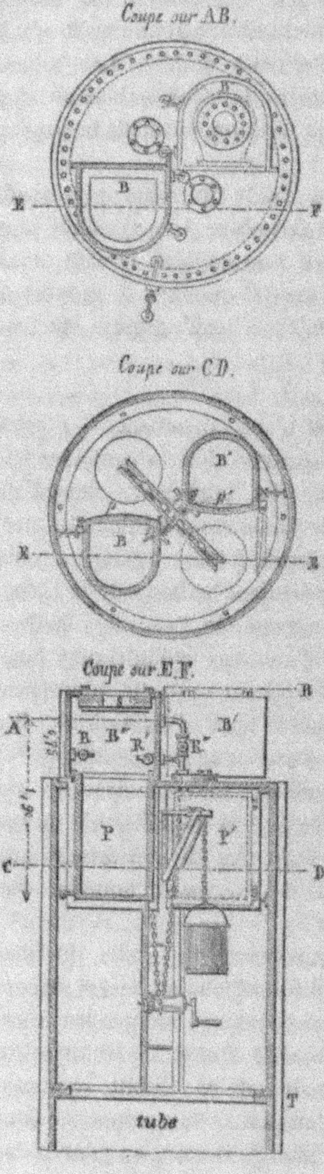

Coupe sur AB.

Coupe sur CD.

Coupe sur EF.

tube

Fig. 215.

ractère d'une *cloche à plongeur*, en substituant l'air comprimé au vide.

Ces procédés ont été employés depuis aux fondations du grand pont de Mâcon, sur la Saône, du pont de Bordeaux et du pont sur l'Allier à Moulins.

Pour enfoncer un tube à l'aide de l'air comprimé, on descend sur le fond de la rivière et dans l'emplacement de la fondation un cylindre en fonte ou tube en tôle, composé d'une série d'anneaux et d'une hauteur plus ou moins grande, suivant la profondeur du terrain que l'on veut traverser. Ce tube est surmonté d'un tambour cylindrique en tôle de même diamètre (fig. 215) qui remplit l'office de cloche pneumatique. Le tambour est ouvert par le bas et fermé hermétiquement à son sommet par une plaque circulaire en fer, boulonnée sur la nervure du joint (fig. 215). Ce couvercle est percé de deux trous par lesquels on introduit deux cages ou chambres à air en fonte BB', destinées à servir d'intermédiaire entre l'intérieur du tube et l'extérieur. Ces deux cages, appelées aussi *chambres d'équilibre*, sont placées à peu près moitié à l'intérieur du tambour, moitié en dehors ; leur section horizontale présente la forme d'un D. La partie du tambour qui n'est pas occupée par les chambres à air et qui est séparée du reste du cylindre par un plancher percé de deux ouvertures circulaires est appelée *chambre d'extraction* (*Traité élémentaire des chemins de fer*, par Perdonnet).

Chacune des chambres à air est munie à sa partie supérieure d'un clapet que l'air comprimé maintient fermé, et d'une autre ouverture placée latéralement et semblable à une porte ordinaire. Cette porte établit la communication entre la chambre à air et l'intérieur du tube. A l'aide d'une grue placée entre les chambres à air et manœuvrée par un treuil, on peut élever les déblais dans des bennes et les déposer dans les sas à air. Ces deux sas sont mis alternativement en rapport avec l'air extérieur et avec l'intérieur du tube par des séries de robinets R et R', manœuvrables de l'intérieur ou de l'extérieur. Les déblais sont ensuite enlevés par l'ouverture supérieure de chaque chambre à air au moyen d'un treuil placé au sommet du cylindre. Des échelles placées dans le tube permettent aux ouvriers de circuler facilement.

L'air comprimé que l'on envoie dans le tube au moyen d'un conduit et d'une pompe à air exerce une pression qui refoule l'eau en dessous du tube quand le sol est assez perméable ou dans un siphon quand il est imperméable. Les ouvriers placés dans le tube creusent le sol et mettent les déblais dans un panier ou dans une benne que l'on monte jusque dans l'une des chambres d'équilibre d'où on l'enlève ensuite à l'extérieur. On continue de la même manière à creuser le sol dans l'intérieur du tube en augmentant la pression de l'air dans ce tube toutes les fois que cela est nécessaire.

Lorsque le pilot s'est enfoncé de la hauteur d'un segment

du tube, on enlève le tube supérieur avec son couvercle et les sas à air pour ajouter une nouvelle section à la colonne, puis on le replace pour continuer le fonçage.

Le tube étant rempli d'air comprimé, tend à se soulever et il faut, pour le maintenir en équilibre, employer un système de contre-poids et exercer une forte charge sur la partie supérieure du tube.

En travaillant dans l'air comprimé, les ouvriers se fatiguent beaucoup et si la hauteur d'eau jointe à la hauteur de la fondation dans le sol dépasse 25 mètres, les ouvriers ne peuvent résister à la compression.

Lorsque le tube a atteint la profondeur voulue, on exécute au fond une couche de ciment romain pour empêcher l'introduction de l'eau par le bas, puis on achève de remplir le tube avec du béton.

L'une des piles du pont de Rochester repose sur deux files composées de trois pilots chacune. Ces pilots de 2 mètres de diamètre sont espacés sur la largeur de la pile, c'est-à-dire dans le sens transversal de 2^{m}37 d'axe en axe. Leur espacement suivant la longueur de la pile, c'est-à-dire dans le sens longitudinal, est de 2^{m}87, également d'axe en axe. Deux pilots ont également été enfoncés, l'un dans l'emplacement de l'avant-bec, l'autre dans l'emplacement de l'arrière-bec : en tout huit pilots pour supporter une plate-forme en fonte de 12^{m}97 de longueur et 4^{m}37 de largeur. La longueur de cette plate-forme, non-compris les parties qui supportent l'avant et l'arrière-bec, est de 8^{m}60.

Les pilots de 8^{m}20 de longueur ont pénétré de 1^{m}75 dans le terrain résistant après avoir traversé une couche de sable de 5 mètres de hauteur ; leur partie libre dans l'eau, depuis le fond du lit jusqu'à leurs têtes, c'est-à-dire jusqu'au niveau de l'étiage, était de 1^{m}50.

Chaque pieu est formé de trois anneaux ou segments superposés de 2^{m}75 de hauteur. Les pilots sont remplis de béton.

Sur la plaque de fonte qui couronne les pieux, on a élevé la pile en maçonnerie de pierre de taille.

Au *pont de Mâcon*, on a enfoncé dans l'emplacement de chaque pile une seule file composée de trois pilots creux. Ces tubes, de 3 mètres de diamètre, sont espacés de 4 mètres d'axe en axe ou de 1 mètre entre eux.

Avant de commencer l'enfoncement des pilots, on a établi une enceinte rectangulaire de 16 mètres de longueur sur 7 mètres de largeur en palplanches jointives. Ces palplanches de 10 mètres de longueur ont 6 mètres de fiche dans le sol et 4 mètres depuis le fond du lit jusqu'au niveau de l'étiage. Dans cette enceinte, on a dragué le terrain sur une épaisseur de 2 mètres, c'est-à-dire jusqu'à 6 mètres au-dessous de l'étiage. Après l'enfoncement des tubes, on a coulé du béton dans l'enceinte et tout autour des pilots jusqu'au niveau de l'étiage. Les pilots ont été également remplis de béton ; ils ont 15 mètres de longueur et 9 mètres de fiche au-dessous du béton. Enfin l'enceinte de palplanches est protégée par un enrochement exécuté tout au pourtour, jusqu'à l'étiage.

Les piles au-dessus de l'eau sont formées par trois colonnes cylindriques de 2^m50 de diamètre, raccordées chacune avec le tube inférieur correspondant, par une partie tronc-conique. Ces trois colonnes sont en fonte et remplies de béton comme les tubes de fondation ; elles sont, en outre, reliées entre elles par des panneaux en fonte.

Le *pont de Bordeaux* a été construit en 1859. Les piles sont composées chacune de deux tubes en fonte supportant des poutres droites en tôle formant le tablier du pont.

Au lieu de faire reposer directement sur la tête du pilot des contre-poids destinés à le maintenir en équilibre, on remplaça ces contre-poids par une simple pression hydraulique obtenue au moyen de leviers disposés sur la tête du tube et dont les extrémités aboutissaient aux tiges verticales de presses hydrauliques installées sur l'échafaudage.

Avec une pression hydraulique, il n'est plus nécessaire d'enlever des contre-poids ni le tambour ou cloche pneumatique, lorsqu'il y a lieu d'ajouter un nouveau segment pendant l'enfoncement.

La pression hydraulique suffit pour maintenir le tube en équilibre et le redresser pendant la descente, plus facilement que les contre-poids.

Les anneaux en fonte du pont de Bordeaux ont 3^{m}60 de diamètre et 0^{m}04 d'épaisseur; ils sont superposés et assemblés entre eux au moyen de brides serrées par des boulons.

La cage à air est placée dans l'intérieur même de la colonne, à sa partie supérieure.

Au *pont d'Argenteuil*, édifié en 1861, chaque pile est formée de deux cylindres en fonte, reliés entre eux par des entretoises en fer. Chaque pilot est composé d'anneaux superposés de 1^{m}00 de hauteur et 0^{m}038 d'épaisseur; ils ont 3^{m}60 de diamètre; mais au-dessus de l'étiage, ce diamètre se réduit à 3 mètres.

L'anneau de fond est plus épais que les autres de 0^{m}005 et sa base est taillée en biseau, afin de faciliter sa pénétration dans le sol.

La cage ou écluse à air (fig. 216) se compose d'un cylindre C fixé sur le dernier anneau du tube; il est traversé concentriquement par un autre cylindre D qui dépasse le premier d'une certaine hauteur. L'espace annulaire compris entre les deux cylindres est divisé en deux sections égales par deux cloisons verticales E; chacune des deux parties séparées par les cloisons est éclairée par une lentille placée dans la base supérieure. Dans chacune des parties, les deux cylindres sont munis de portes s'ouvrant de l'extérieur à l'intérieur. Une machine à vapeur met en mouvement, par l'intermédiaire de poulies, le câble auquel sont suspendues les bennes. L'un des deux compartiments E du cylindre C sert à recevoir les déblais pendant que l'autre sert au passage des ouvriers. Un simple Siphon L descend jusqu'au fond du tube et sert à épuiser les eaux qui peuvent s'y trouver.

Enfin l'air comprimé est envoyé par les pompes au moyen d'un tuyau.

Sur l'anneau de fond de la colonne, repose un tronc de cône formé d'une armature en fer, lequel tronc de cône est lui-même surmonté d'une cheminée en tôle de 1m10 de diamètre, concentrique au tube. L'espace cylindroconique, réservé à la base du tube, constitue la chambre de travail pour les ouvriers occupés à creuser le sol.

Au sommet de la cheminée centrale est adaptée l'écluse à air ; et c'est par cette cheminée qu'on envoie l'air comprimé ; c'est également par là que s'effectue le transport des dé-

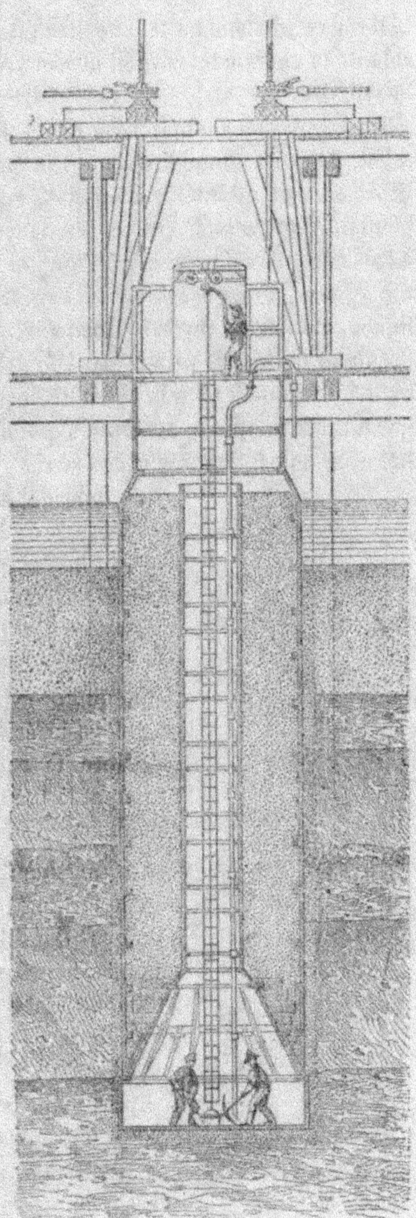

Fig. 216. — Coupe d'une pile perpendiculairement à l'axe du Pont.

blais par les bennes. Une échelle de fer, accolée aux parois de la cheminée, permet aux ouvriers de descendre dans le cylindre.

En garnissant de béton, au fur et à mesure de l'enfoncement, l'espace annulaire compris entre la cheminée et le tube, on a pu maintenir celui-ci en équilibre et le redresser pendant l'opération. Avec ce mode de procéder, il n'est plus nécessaire d'avoir recours à l'emploi de contre-poids, comme au pont de Rochester, ni à l'emploi de presses hydrauliques, comme au pont de Bordeaux.

Quand on ajoute un anneau à la colonne, il faut en même temps en ajouter un à la cheminée centrale qui doit s'allonger à mesure que le système s'enfonce ; puis on garnit de béton le pourtour de la cheminée.

Fig. 217.

Le fonçage achevé, on procède au remplissage de la chambre de travail, avec du béton que l'on descend par le sas à air avec l'air comprimé.

Lorsque l'on juge que la hauteur de cette couche de béton est suffisante pour équilibrer la sous-pression du sol, on enlève le sas à air et on achève à l'air libre le remplissage du tube en projetant le béton directement dans la cheminée.

Au *pont sur l'Allier, à Moulins*, chemin de fer de Moulins à Montluçon, on a enfoncé dans l'emplacement de chaque pile deux tubes seulement, ayant 2ᵐ50 de diamètre chacun et espacés de 8ᵐ60 d'axe en axe ou de 6ᵐ10 entre eux (fig. 217).

Après avoir traversé une couche de sable d'une épaisseur moyenne de 1ᵐ50, ces pilots ont pénétré à travers un terrain de marne sur une profondeur moyenne d'environ 3^m20. La profondeur moyenne atteinte au-dessous de l'étiage a été de 6^m70.

Les pilots sont composés de segments de 1 mètre de hauteur superposés les uns sur les autres.

Les piles du pont sont formées par des cylindres de 2 mètres de diamètre raccordés chacun avec le tube inférieur correspondant, par une partie tronc-conique. Ces deux colonnes sont remplies de béton, comme les tubes auxquels elles font suite; elles sont, en outre, reliées entre elles par des entretoises.

Le pont de Moulins repose sur deux culées en maçonnerie et huit piles tubulaires en fonte; il se compose de deux grandes poutres longitudinales en tôle de 2^m80 de hauteur et reliées l'une à l'autre par des poutrelles transversales également en tôle. La voie de fer et le plancher sont supportés par des longrines longitudinales aussi en tôle et assemblées et rivées avec les poutrelles.

Les poutres longitudinales sont espacées l'une de l'autre de 8^m60 d'axe en axe.

Le pont est formé de sept travées de 40 mètres d'ouverture et de deux travées extrêmes de 18 mètres d'ouverture.

Le mouvement de descente des pilots tubulaires doit être guidé par un système de charpente. Au pont de Moulins, le tube à enfoncer était guidé par trois châssis fixés aux échafaudages.

Le procédé des fondations tubulaires est expéditif, économique, et d'une installation facile. Il n'entrave point la navigation et il permet en outre de descendre les fondations à de grandes profondeurs.

Des détails très-intéressants sur ce système de fondation sont donnés par M. Oppermann dans les *Nouvelles Annales de la construction*.

210. FONDATION PAR CAISSONS. — PONT DU RHIN A KEHL. — Le pont sur le Rhin, à Kehl, a été établi à 100 mètres

environ en amont du pont de bateaux dans un fond de gravier d'une profondeur à peu près indéfinie.

Les piles et les culées ont été exécutées pendant l'année 1859.

L'application du système tubulaire au moyen de tubes en fonte de 3 mètres de diamètre présentait, dans l'espèce, des difficultés sérieuses et devait entraîner dans une perte de temps considérable.

Il y a, en effet, beaucoup de difficultés à enfoncer des tubes en fonte de 3 mètres de diamètre, et ces difficultés augmentent dans des proportions notables, selon la nature des terrains à traverser.

Il arrive parfois que, quels que soient les poids additionnels dont on les charge, et bien que leur surface extérieure soit parfaitement lisse, les tubes s'enfoncent à peine, par suite de la pression exercée sur leurs parois par les terrains traversés et des frottements qui en sont la conséquence.

Dans ces circonstances mêmes, un enfoncement subit de plus de 1 mètre d'ampleur succède quelquefois à un *statu quo* opiniâtre pendant un certain laps de temps.

Souvent aussi, il arrive que les tubes ont inopinément des mouvements de soulèvement de plus de 2 mètres de hauteur, ou qu'en opérant l'enfoncement d'un tube, on dérange ceux qui sont déjà en place.

Si ces difficultés ou ces inconvénients ont eu lieu lorsqu'il s'agissait d'enfoncer des tubes à une profondeur de 10 à 12 mètres, *à fortiori* les aurait-on rencontrés pour les piles du pont du Rhin dont les fondations ont été descendues de 15 à 20 mètres.

D'un autre côté, dans le système de fondation tubulaire, les tubes d'une pile ne peuvent être enfoncés que successivement et l'extraction des déblais, surtout au travers des écluses d'air, est très-lente et fort dispendieuse. Il faut manœuvrer l'écluse chaque fois qu'on doit opérer un passage d'ouvriers ou sortir des déblais ; il faut la démonter et interrompre le travail au fur et à mesure de l'addition d'anneaux à la cheminée, et il en résulte une perte de temps considérable.

Dans l'espèce et avec l'emploi du système tubulaire, il eût fallu plus de deux campagnes pour exécuter les fondations du pont du Rhin, attendu que le régime à maintenir dans les eaux du fleuve n'aurait pas permis de travailler à deux piles en même temps.

M. l'ingénieur Fleur Saint-Denis, guidé par M. l'ingénieur en chef Vuigner, a trouvé un autre système plus simple, plus économique et exigeant moins de temps dans l'exécution.

Au lieu de cylindres en fonte, il a employé pour les fondations des deux piles intermédiaires du pont, trois caissons en tôle, de 5^{m}50 de largeur, 5^{m}50 de longueur et 3^{m}60 de hauteur, juxtaposés.

Pour les deux piles-culées, il a employé quatre caissons en tôle juxtaposés, de 7 mètres de largeur chacun, 5^{m}80 de longueur et 3^{m}60 de hauteur. Ces quatre caissons forment ensemble, avec le jeu nécessaire pour l'emplacement des rivets, une surface de 23^{m}50 de longueur sur 7 mètres de largeur.

Les caissons sont en tôle de 8 millimètres d'épaisseur, rectangulaires, fermés dans le haut et complètement ouverts à leur partie inférieure. Le poids de chaque caisson, de 7 mètres de largeur sur 5^{m}80 de longueur et 3^{m}40 de hauteur, est d'environ 33 000 kilogrammes.

Chaque caisson porte trois tuyaux ou cheminées en tôle ; deux de ces cheminées sont latérales et ont 1 mètre de diamètre ; elles partent de la paroi supérieure ou couvercle du caisson et s'élèvent au-dessus de l'eau. Ces cheminées, dites *cheminées à air*, sont destinées au passage des ouvriers et de l'air envoyé par des machines soufflantes, montées sur des bateaux rangés le long des piles. Une écluse à air est établie à l'extrémité supérieure de chacune des cheminées à air. La troisième cheminée, dite *cheminée de service*, se trouve au centre du caisson et a 1^{m}50 de diamètre ; elle s'élève jusqu'au-dessus de l'eau et descend à travers le caisson jusqu'au fond du lit du fleuve. Cette cheminée centrale est ouverte par les deux bouts et contient une noria, machine à draguer, qui fonctionne dans l'eau et dont les godets enlèvent le fond du lit. Cette noria est mue par la vapeur.

Les trois cheminées sont disposées de façon à pouvoir être enlevées après l'opération.

Les quatre caissons, placés à côté les uns des autres, reliés entre eux, munis chacun de trois cheminées soit douze pour le travail d'une pile, ont été immergés dans l'espace qui leur était préparé. Ils étaient suspendus au-dessus de leur emplacement, à des verrins, au moyen desquels on modérait et réglait la descente ; une fois descendus au fond de l'eau, leur partie supérieure s'élevait de 0^{m}60 environ au-dessus du niveau des eaux.

Ceci fait, on envoyait, au moyen de machines soufflantes, de l'air comprimé dans les cheminées latérales et par conséquent dans le caisson. L'eau se retirait des deux cheminées latérales et du caisson, mais non de la cheminée centrale, qui restait pleine d'eau, puisque la pression inférieure étant plus forte, le liquide montait jusqu'à la hauteur du niveau de l'eau dans le fleuve.

La pression de l'air comprimé étant plus forte que celle de l'eau, qui tendait à pénétrer dans le caisson par la partie inférieure, les huit ouvriers qui étaient dans chaque caisson pouvaient y travailler, enlever le gravier que la noria, logée dans la cheminée centrale, portait en dehors.

Les hommes qui travaillaient dans l'intérieur des caissons n'avaient, pour ainsi dire, qu'à pousser dans les godets des norias les graviers qu'ils déblayaient successivement tout autour du caisson. Les godets des norias se vidaient au sommet de la chaîne dans un conduit incliné en bois, par lequel le gravier glissait dans un bateau où il était recueilli.

Les ouvriers se servaient, pour descendre et remonter, de l'une des cheminées à air dont les écluses n'étaient manœuvrées que pour cette opération.

L'emploi du double système de tube à air libre avec noria et d'écluses à air permet d'éviter toute interruption dans le travail de fonçage des caissons.

Les caissons se sont enfoncés peu à peu dans le lit du fleuve et la pression de l'air qui y était contenu augmentait naturellement ; on a poussé ainsi jusqu'à 20 mètres de profondeur.

Au fur et à mesure de leur enfoncement, les bords des caissons en tôle étaient surmontés d'un fort cuvelage ou coffrage en bois établi par panneaux de 1 mètre de hauteur fermés de quatre côtés par des madriers en sapin, revêtu à l'extérieur de feuilles de tôle de 0^m003 d'épaisseur. Ce cuvelage imperméable était destiné à contenir de l'eau au-dessus du caisson en tôle et à permettre plus tard l'épuisement de la partie supérieure pour la pose à sec des premières assises de pierre de taille au-dessous du niveau des eaux ordinaires.

Afin de contre-balancer la sous-pression de l'eau et de vaincre les frottements latéraux qui offraient une résistance à l'enfoncement, on coula du béton au-dessus des caissons en tôle dans l'intérieur des cuvelages en bois, en protégeant suffisamment les cheminées pour ne pas apporter obstacle à leur enlèvement.

Lorsqu'on avait coulé du béton à une hauteur suffisante pour n'avoir plus à craindre l'effet de la sous-pression, on épuisait l'eau contenue dans les cuvelages et on exécutait à sec une maçonnerie en hourdage ordinaire.

Lorsque les caissons ont été descendus à 20 mètres, c'est-à-dire à la profondeur voulue, les ouvriers les remplissaient de maçonnerie en se retirant ; on enlevait ensuite les cheminées de service et les cheminées à air et on coulait du béton pour remplir les vides qu'elles avaient laissés.

On a eu ainsi un massif de maçonnerie et de béton de 7 mètres de large, 23 mètres de long et 20 mètres de hauteur. C'est sur ce bloc que l'on a monté la maçonnerie de chaque pile, qui est en granit des Vosges et de la forêt Noire.

Pendant l'opération, les machines soufflantes manœuvraient avec leur machine à vapeur pour comprimer l'air dans les caissons de manière à y maintenir l'eau à un niveau déterminé et assez abaissé pour permettre le travail de déblai dans l'intérieur des caissons ; d'autres machines à vapeur faisaient marcher les norias.

Les inconvénients résultant pour les ouvriers d'un travail prolongé dans un air comprimé ne sont pas très-dangereux, car la pression ne dépassait pas trois atmosphères à la fin du travail. Il y avait sans doute pour eux gêne dans le commencement, mais ils s'y habituaient insensiblement.

Telle est, en résumé, la marche qui a été suivie, et ces détails suffisent pour faire comprendre les difficultés et le haut intérêt qu'a présentés cette colossale entreprise.

Avec ce système on n'a point à craindre le soulèvement des caissons et il n'y a pas à craindre non plus qu'en enfonçant un caisson on vienne en déranger un autre déjà placé, puisque les caissons de fondation d'une même pile sont enfoncés à la fois.

Pour les trois dernières piles, on a supprimé le cuvelage en bois et on a élevé sur les caissons en tôle, au fur et à mesure de leur descente, un massif continu de maçonnerie paramentée en libages ou en moellons smillés ; on a aussi supprimé les cheminées centrales en tôle à partir du couvercle du caisson en se bornant à paramenter en briques les parois du puits contenant la noria. Enfin on a réuni d'une manière invariable les quatre caissons d'une même pile, et on a établi entre eux des communications qui ont facilité beaucoup le travail en permettant aux ouvriers de se porter facilement d'un caisson dans l'autre suivant les besoins.

Ces modifications ont eu pour résultat une économie notable, surtout dans la durée du travail.

M. Fleur Saint-Denis se proposait d'enfoncer un seul

caisson de très-grande dimension pour chaque pile. Il n'a divisé la pile entre plusieurs caissons que d'après les conseils d'ingénieurs haut placés dans le corps des ponts et chaussées qui craignaient que l'enfoncement ne fût pas régulier, soit dans le sens longitudinal, soit dans le sens transversal.

Il y a lieu de penser toutefois qu'il n'eût pas été impossible de fonder chaque pile au moyen d'un seul caisson, car les modifications introduites dans les trois dernières piles reviennent à peu près à cela, puisque les caissons juxtaposés, réunis d'une manière invariable et communiquant entre eux, n'en forment en réalité qu'un seul; toutefois la division en quatre caissons entraînant un plus grand nombre de cheminées d'extraction, a eu pour résultat de faciliter et d'abréger singulièrement le travail d'enlèvement des déblais, et par suite la durée de la descente, et, sous ce rapport, il est heureux qu'elle ait été adoptée dès le principe.

Les fondations des quatre piles ont été descendues uniformément à 20 mètres au-dessous de l'étiage ou 22 mètres environ au-dessous des eaux moyennes. La première a été terminée en 68 jours, la deuxième en 35, la troisième en 25 et la quatrième en 22, sans aucun accident.

Les maçonneries des piles ont été élevées à partir du niveau de l'étiage, et des enrochements protègent les fondations depuis le fond du lit jusqu'à la hauteur de l'étiage.

Le tablier du pont de Kehl repose sur deux culées et sur quatre piles.

Les procédés employés pour les fondations du pont de Rochester constituent le système des fondations tubulaires et peuvent être considérés comme une application perfectionnée du procédé de M. Tiger.

La première application de l'invention de M. Tiger aux fondations des ponts ayant été faite en Angleterre par MM. Hugues et Cubitt, l'opinion publique a accordé aux Anglais la priorité dans la découverte des procédés de fondations tubulaires à l'aide de l'air comprimé dans des tuyaux en fonte composés d'anneaux successifs.

Les fondations du pont du Rhin ont rendu à l'invention de M. Tiger le caractère français que lui avait fait perdre sa première application en Angleterre.

Il y a, en effet, loin du système tubulaire au système de caisson surmonté de chambres à air et de cheminée de service, sur lequel on maçonne à sec, au fur et à mesure de son enfoncement.

Dans le système de fondations tubulaires, il est nécessaire, pour empêcher les tubes de se soulever, lorsqu'ils sont à une assez grande profondeur, de les charger de très-forts contre-poids qu'il faut enlever ensuite. Cet inconvénient grave n'existe pas dans le système nouveau, puisque la maçonnerie exécutée au-dessus du caisson au fur et à mesure qu'il s'enfonce, forme naturellement cette surcharge, qui devient permanente et utile.

Par suite de l'exécution de ces maçonneries, pendant la descente du caisson, la pile est fondée dans les meilleures conditions de solidité possible, lorsque le caisson est descendu à la profondeur voulue.

La grande cheminée de service ou centrale, qui traverse le caisson, étant disposée pour que les eaux s'y maintiennent au niveau du fleuve, on peut y opérer incessamment et sans éclusage l'enlèvement des produits du draguage [1].

210 *bis*. PONT SUR LE SCORFF A LORIENT. — Les fondations par caissons, au pont de Kehl, ayant été très-coûteuses, un procédé plus économique a été employé pour la construction du pont sur le Scorff, à Lorient.

---

[1] Nous avons fait ce résumé d'après l'intéressant ouvrage publié en 1861 par M. Emile Vuigner, ingénieur en chef, et M. Fleur Saint-Denis, ingénieur principal. Cet ouvrage contient de nombreux détails pratiques sur les dispositions générales et d'exécution du pont sur le Rhin à Kehl.

Le rocher, recouvert d'une couche de vase de 14 mètres d'épaisseur, se trouvait à 21 mètres au-dessous des hautes mers (fig. 218 et 219.)

Aux caissons juxtaposés, on substitua, pour la construction des piles, un seul caisson occupant tout l'emplacement de la pile, ce qui amena une réduction de dépenses et facilita les manœuvres.

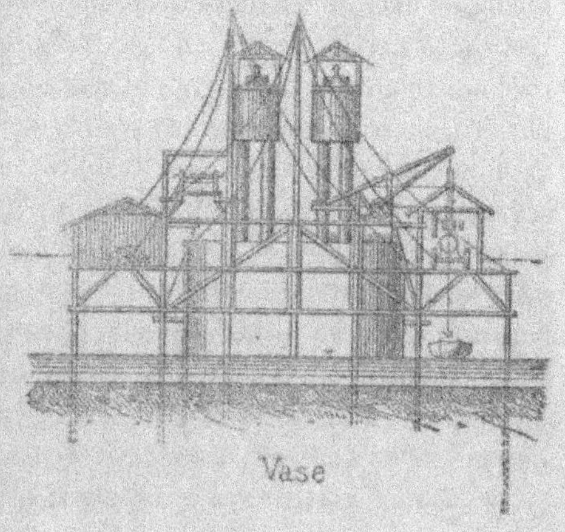

Fig. 218.

Le caisson proprement dit constitue la chambre de travail. On le construit sur la rive et on l'amène sur le lieu d'emploi en le faisant flotter. Quand il est en place, on établit sur le plafond la maçonnerie qui augmente de poids en s'élevant et force le caisson à s'enfoncer graduellement. Au fur et à mesure de la descente du caisson, on entoure cette maçonnerie d'une

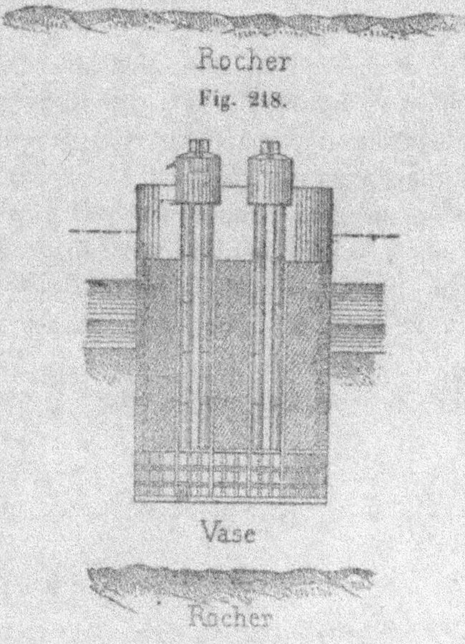

Fig. 219.

enveloppe en tôle étanche, comme on le fait pour les anneaux de cheminées dans les fondations tubulaires ordinaires. Cette enveloppe fait l'office de batardeau et forme le prolongement des parois latérales de la chambre de travail ; elle remplit le même rôle que les caissons du pont de Kehl, sauf qu'elle est destinée à être détruite à la longue ; aussi les parements de la maçonnerie intérieure doivent être disposés en conséquence pour résister plus tard au choc des vagues. La forme du caisson est celle que l'on veut donner à la pile ; c'est un rectangle terminé par deux demi-cercles. Deux cheminées cylindriques voisines l'une de l'autre et surmontées d'un sas à air commun dépassent le dessus du caisson et sont placées à chacune des extrémités de l'axe des piles, et au droit du centre des demi-cercles.

210 *ter*. — Pour la construction du *pont de Nantes*, de nouvelles modifications ont encore été apportées aux caissons et aux chambres à air.

Nous ne nous étendrons pas davantage sur le système de fondations à l'aide de l'air comprimé, car en définitive, ce procédé est très-coûteux et exige en outre de grandes précautions pour garantir la vie des ouvriers contre les accidents ; aussi, son emploi doit être réservé pour les cas où les moyens de fondations ordinaires sont insuffisants.

Les divers procédés de fondations des ponts de Bordeaux, d'Argenteuil, de Lorient et de Nantes sont indiquées avec dessins détaillées, dans les annales des conducteurs des ponts-et-chaussées, année 1872.

FIN DU TOME PREMIER.